U0351251

AutoCAD 2014 建筑与室内设计

王兴宏 编著

清华大学出版社

北京

内 容 简 介

本书以案例讲解为主，循序渐进地将 AutoCAD 2014 的常用知识点融合到案例中，带领读者快速掌握 AutoCAD 2014 的操作技能。同时，本书设置了“设计思路与流程”、“制作关键点”、“专业提示”等栏目，让读者在学习案例的同时，还能掌握相应的行业应用知识与设计思路。每章后面的“设计深度分析”一节，更是从专业设计角度对行业应用进行解析，带领读者掌握实际工作技能。

全书分为 8 章，分别从 AutoCAD 2014 建筑与室内设计领域选取的典型案例进行讲解，如绘制建筑平面图、绘制建筑立面图、绘制建筑剖面图、绘制家居设计图、绘制茶楼设计图、绘制别墅设计图、绘制室内水电图。读者通过这些案例的学习，能掌握 AutoCAD 2014 的绝大部分功能。同时本书还配备了多媒体视频教学光盘，并且提供了书中案例的源文件、相关素材和效果文件，读者可以借助光盘内容更好、更快地学习 AutoCAD 2014。

本书面向 AutoCAD 2014 的初、中级用户，包括 AutoCAD 的初学者、对建筑制图有一些了解或想学习这方面知识的技术人员等，本书旨在帮助读者用较短的时间快速且熟练地掌握使用 AutoCAD 2014 绘制各种各样建筑实例的技能，提高建筑制图的设计质量。本书也可作为大专院校相关专业及 AutoCAD 培训班的教材。

图书在版编目（CIP）数据

AutoCAD 2014 建筑与室内设计/王兴宏编著. --北京：清华大学出版社，2015
创意课堂
ISBN 978-7-302-38680-3

Ⅰ. ①A…　Ⅱ. ①王…　Ⅲ. ①建筑设计-计算机辅助设计-AutoCAD 软件 ②室内装饰设计-计算机辅助设计-AutoCAD 软件　Ⅳ. ①TU201.4 ②TU238-39

中国版本图书馆 CIP 数据核字（2014）第 283775 号

责任编辑：张　玥　薛　阳
封面设计：常雪影
责任校对：梁　毅
责任印制：李红英

出版发行：清华大学出版社
网　　址：http://www.tup.com.cn, http://www.wqbook.com
地　　址：北京清华大学学研大厦 A 座　　邮　　编：100084
社 总 机：010-62770175　　邮　　购：010-62786544
投稿与读者服务：010-62776969，c-service@tup.tsinghua.edu.cn
质 量 反 馈：010-62772015，zhiliang@tup.tsinghua.edu.cn
印 装 者：北京嘉实印刷有限公司
经　　销：全国新华书店
开　　本：185mm×260mm　　**印　张**：13.25　　**字　数**：327 千字
附光盘 1 张
版　　次：2015 年 6 月第 1 版　　**印　次**：2015 年 6 月第 1 次印刷
印　　数：1～2000
定　　价：59.00 元

产品编号：060030-01

前　言

本书针对应用型教育发展的特点，侧重应用和实践训练。全书以案例为主线，理论与实训紧密结合，辅之以自我训练，有很强的实践性。

全书选取典型行业应用领域的经典案例，将 AutoCAD 2014 的常用功能融于其中。通过对本书的学习，读者不仅可以系统地掌握 AutoCAD 2014 的基础知识、基本操作及相关方法和技巧，还可以掌握工程制图、建筑与室内设计等相关知识。

内容导读

全书共分为 8 章，结构安排得当，重点突出，讲解细致。案例的设置严格遵循实际的行业操作规范，使读者能够学以致用。同时案例讲解遵循由浅入深的原则，有利于初、中级读者的学习与提高。

案例中所涉及的知识点，包括 AutoCAD 基础知识、绘制及编辑平面图形、精确绘制图形、标注图形尺寸、创建文字、符号与表格、AutoCAD 图块、规划与管理图层、认识 AutoCAD 三维设计环境、绘制三维图形、编辑与渲染三维图形、建筑设计、室内设计等知识，可以使读者全方位地了解和掌握 AutoCAD 2014 的知识点。

本书特点

案例式教学　将知识点融入案例中，这种实训式教学方法，避免了枯燥的知识点讲解，更有利于读者掌握相关知识点，同时掌握相应的行业应用知识和技巧，并且有利于读者融会贯通。

由浅入深，循序渐进　案例设置遵循由浅入深的原则，有利于初、中级读者学习与提高，并且可兼顾不同需求的读者翻阅了解自己需要的学习内容。

技术手册　书中的每一章都是一个专题，不仅可以让读者充分掌握该专题的知识和技巧，而且能举一反三，掌握实现同样效果的更多方法。

老师讲解　本书附带多媒体教学光盘，每个案例都有详细的动态演示和声音解说，就像有一位专业的老师在读者身旁亲自授课。读者不仅可以通过书本研究每一个操作细节，还可以通过多媒体教学领悟到更多技巧。

本书在编写的过程中承蒙广大业内同仁的不吝赐教，使得本书在编写内容上更贴近实际，谨在此一并表示由衷的感谢。

编　者

目　　录

第 1 章　掌握 AutoCAD 必备知识

学习目标

AutoCAD（Auto Computer Aided Design）计算机辅助设计是一款图形设计软件，利用它可以快速、便捷地绘制出不同的图形对象。

本章介绍启动与退出 AutoCAD、认识操作界面、设置绘图环境和管理 AutoCAD 图形文件等必备知识。通过本章的学习，可以为建筑与室内的设计打下良好的基础。

效果展示

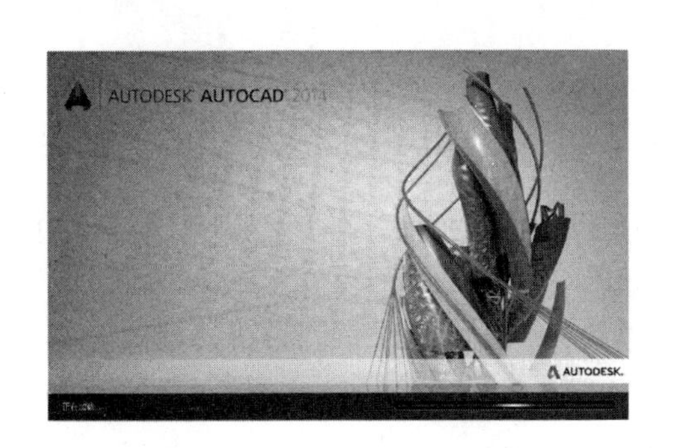

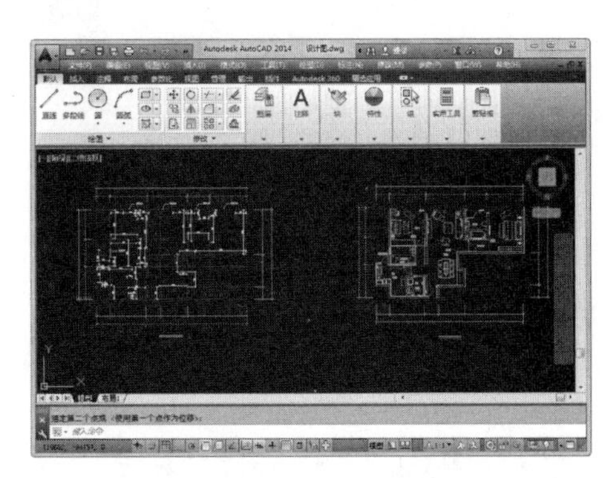

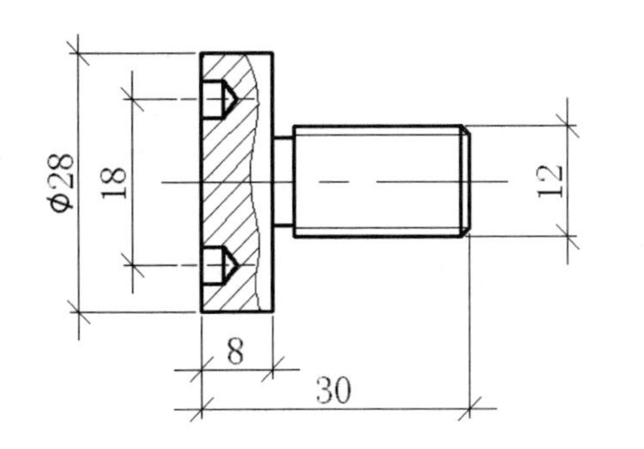

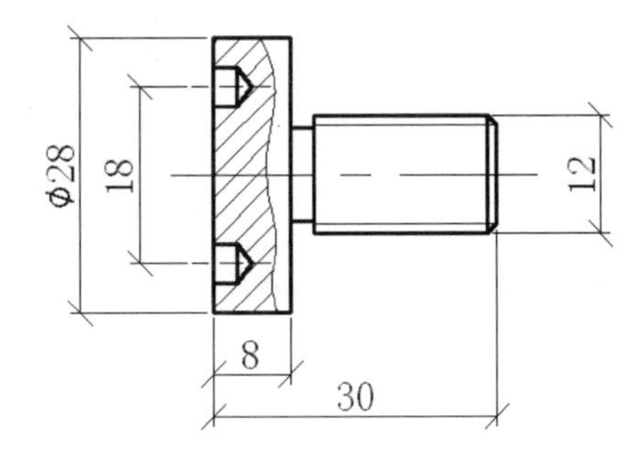

1.1　认识 AutoCAD

在建筑与室内设计领域，AutoCAD 的应用极为广泛，使用 AutoCAD 可以创建出尺寸精确的建筑结构图与施工图，为以后的施工提供参照依据。

1.1.1 启动 AutoCAD

在应用 AutoCAD 之前，首先要安装好 AutoCAD 应用程序，该程序的安装方法与大多数软件相同，在启动安装盘以后，根据安装向导一步一步地操作即可。

安装好 AutoCAD 以后，用户可以通过如下 3 种常用方法启动 AutoCAD 应用程序。

- 单击“开始”菜单按钮，然后在“程序”列表中选择相应的命令启动 AutoCAD 应用程序，如左下图所示。
- 使用鼠标双击桌面上的 AutoCAD 的快捷方式图标，可以快速启动 AutoCAD 应用程序，如右下图所示。

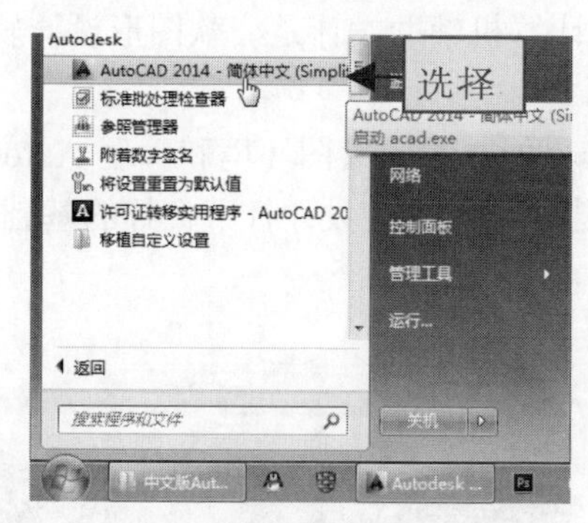

选择命令

双击快捷方式图标

启动 AutoCAD 程序后，将出现如左下图所示的启动画面，随后将进入 AutoCAD 的欢迎窗口，取消左下方的“启动时显示”复选框，然后单击“关闭”按钮，如右下图所示，将进入 AutoCAD 的工作界面，并且在下次启动 AutoCAD 时，将跳过此欢迎窗口。

启动画面

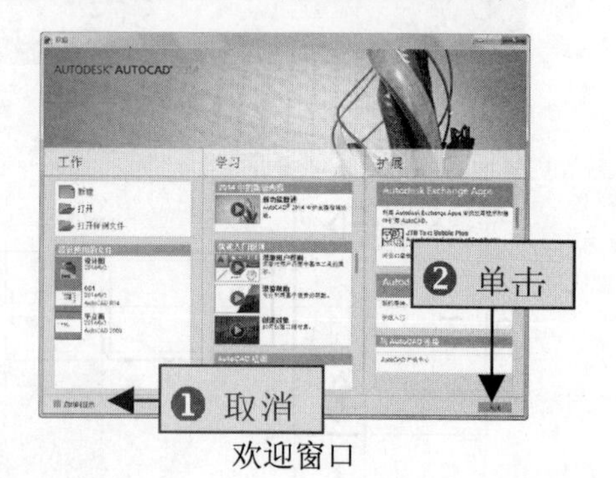

欢迎窗口

专业提示：使用鼠标双击存放在计算机中的 AutoCAD 文件，也可以启动 AutoCAD 应用程序并打开双击的 AutoCAD 文件。

1.1.2 认识 AutoCAD 工作界面

在默认状态下，AutoCAD 2014 的工作界面主要包括标题栏、功能区、绘图区、命令行和状态栏 5 个部分，如下图所示。

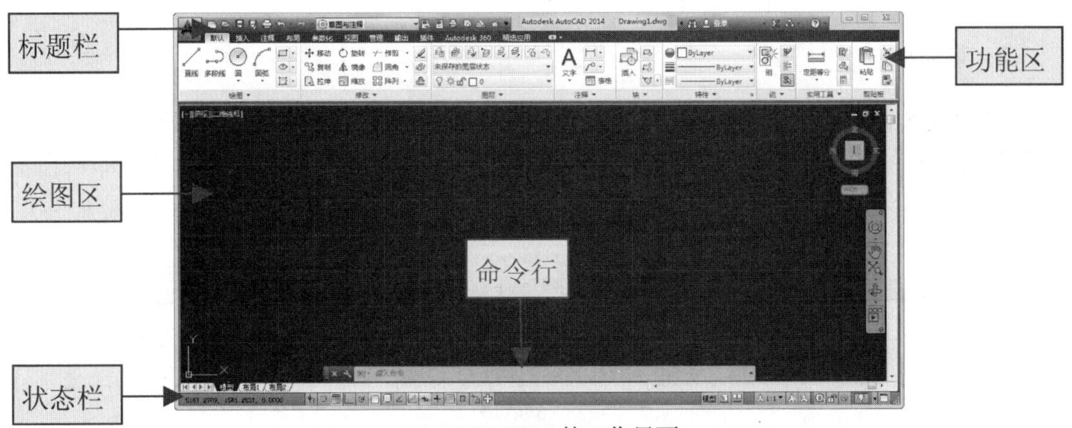

AutoCAD 2014 的工作界面

1. 标题栏

标题栏位于 AutoCAD 程序窗口的顶端，用于显示当前正在执行的程序名称以及文件名等信息。在程序默认的图形文件下显示的是 AutoCAD Drawing1.dwg，如果打开的是一张保存过的图形文件，显示的则是打开文件的文件名，如下图所示。

标题栏

- 程序图标　标题栏的最左侧是“程序图标”按钮，单击该按钮，可以展开 AutoCAD 用于管理图形文件的命令，如新建、打开、保存、打印和输出等，如左下图所示。
- “快速访问”工具栏　在“程序图标”按钮的右方是“快速访问”工具栏，用于存储经常访问的命令。单击“快速访问”工具栏右侧的按钮，可以弹出工具按钮选项菜单供用户选择，如右下图所示。

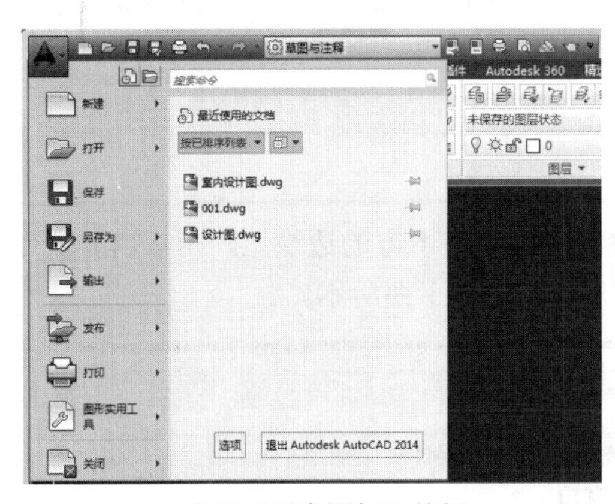

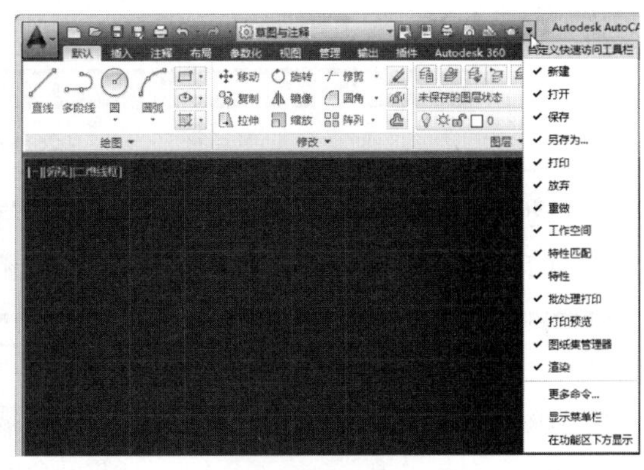

应用“程序图标”按钮　　自定义快速访问工具栏

- 窗口控制按钮　标题栏的最右侧存放着三个按钮，依次为“最小化”按钮、“恢复窗口大小”按钮、“关闭”按钮，单击其中的某个按钮，将执行相应的操作。

2. 菜单栏

在默认状态下，AutoCAD 2014 的工作界面没有显示菜单栏。用户可以单击“快速访问”工具栏右侧的按钮▾，可以在弹出的工具选项菜单中选择“菜单栏”命令，即可在标题栏下方显示菜单栏，如下图所示。

显示菜单栏

3. 功能区

AutoCAD 的功能区位于标题栏的下方，在功能面板上的每一个图标都形象地代表一个命令，用户只需单击图标按钮，即可执行该命令。功能区包括“默认”、“插入”、“注释”、“布局”、“参数化”、“视图”、“管理”和“输出”等 11 个部分，单击其中的功能标签，将进入相应的功能区。

4. 绘图区

AutoCAD 的绘图区是绘制和编辑图形以及创建文字和表格的区域。绘图区包括控制视图按钮、坐标系图标、十字光标等元素，默认状态下该区域为深蓝色。

5. 命令行

命令行位于整个绘图区的下方，用户可以在命令窗口中通过键盘输入各种操作的英文命令或它们的简化命令，然后按 Enter 键或 Space 键即可执行该命令。

同早期的 AutoCAD 版本有些不一样，AutoCAD 2014 的命令行呈单一的条状，显示在绘图区的下方，如下图所示。

命令行

拖动命令窗口最左端的标题按钮，然后将放在窗口左下方的边缘上，可以将其紧贴在窗口的边缘并铺展开，显示为传统的命令窗口样式，如下图所示。

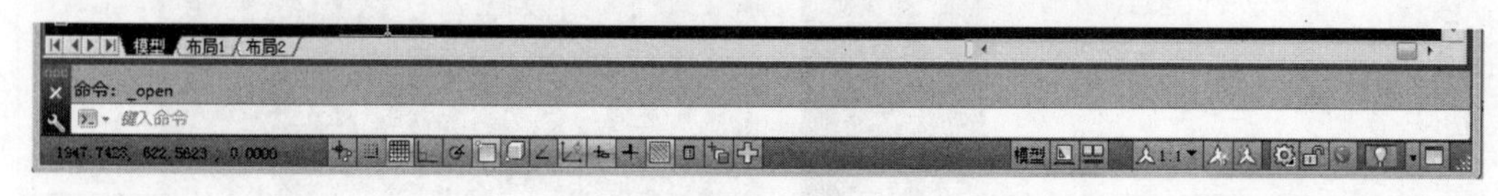

展开命令窗口

6. 状态栏

状态栏位于整个窗口最底端，在状态栏的左边显示了绘图区中十字光标中心点目前的坐标位置，右边显示绘图时的动态输入和布局等相关状态。

1.1.3　退出 AutoCAD

当完成 AutoCAD 的使用后，可以使用如下两种常用方法退出 AutoCAD 应用程序。

- 单击“程序”图标按钮，然后在弹出的菜单中选择“退出 Autodesk AutoCAD 2014”命令，即可退出 AutoCAD 应用程序，如左下图所示。
- 单击 AutoCAD 应用程序窗口右上角的关闭按钮退出 AutoCAD 应用程序，如右下图所示。

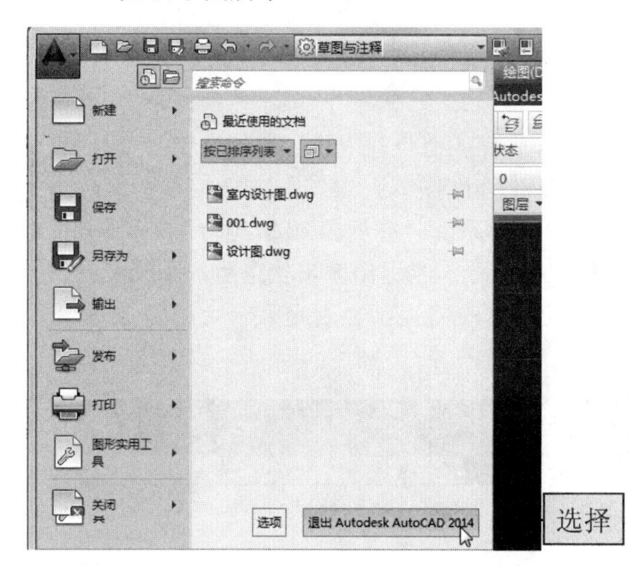

选择“退出 Autodesk AutoCAD 2014”命令

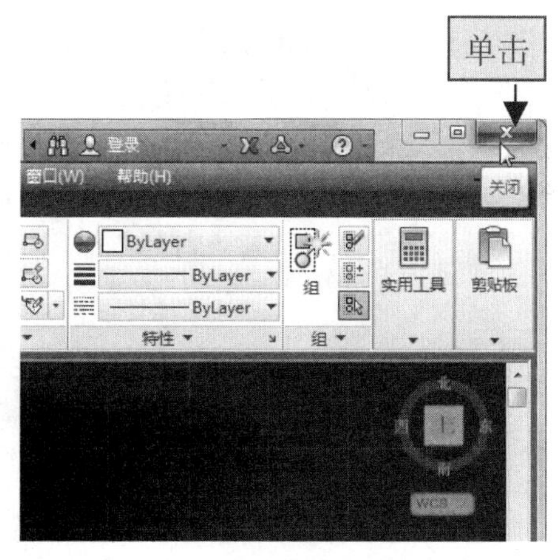

单击关闭按钮

1.2　AutoCAD 命令调用方法

AutoCAD 命令的执行方式主要包括鼠标操作和键盘操作。鼠标操作是使用鼠标选择的命令或单击工具按钮来调用命令，而键盘操作是直接输入命令语句来调用操作命令，这也是 AutoCAD 执行命令的特有之处。

1.2.1　执行菜单命令

在工作界面中显示菜单栏后，即可通过菜单执行各种命令。例如，单击打开“绘图”菜单，然后选择“矩形”命令，可以执行“矩形”命令，如左下图所示。

1.2.2　使用工具执行命令

在“草图与注释”工作空间中，用户可以通过单击功能区中的工具按钮执行相应的命令。例如，选择“常用”功能区，在“绘图”面板中单击“多段线”按钮，即可执行“多段线”命令，如右下图所示。

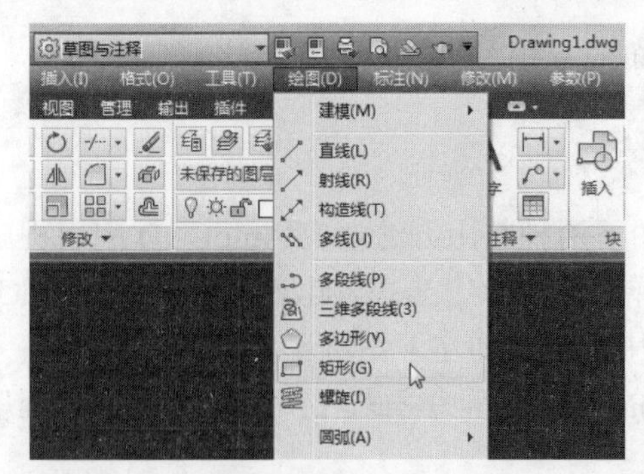

选择“矩形”命令

单击“多段线”按钮

1.2.3 在命令行中执行命令

启动 AutoCAD 后进入图形界面，在屏幕底部的命令行中显示有“命令：”的提示，表明 AutoCAD 处于准备接收命令状态，如左下图所示。

输入命令名后，按 Enter 键或 Space 键，此时系统会提示相应的信息或子命令。根据这些信息选择具体操作，最后按 Space 键退出命令，当退出编辑状态后，系统又回到待命状态。例如，输入“直线”命令 1 并确定，系统将提示“指定第一个点”，如右下图所示。

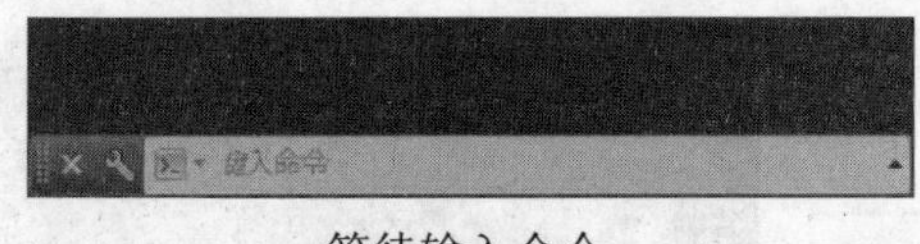

等待输入命令

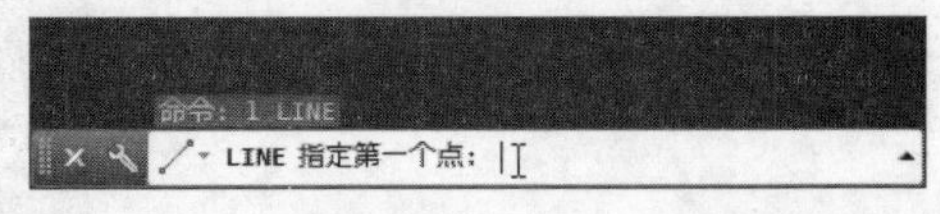

输入命令并确定

专业提示：在 AutoCAD 中执行确定操作时，除了在输入文字等特殊情况下，通常可以使用按 Space 键代替按 Enter 键进行确定操作。

当输入某命令后，AutoCAD 会提示输入命令的子命令或必要的参数，当这些信息输入完毕后，命令功能才能被执行。在 AutoCAD 命令执行过程中，通常有很多子命令出现，关于子命令中一些符号的规定如下。

- / 用于分隔信息中的提示选项，大写字母表示命令缩写方式，可直接通过键盘输入，输入命令时可以不用区分命令字母的大小写。
- <> 表示其内为预设值（系统自动赋予初值，可重新输入或修改）或当前值。如按 Space 键或 Enter 键，则系统将接受此预设值。

专业提示：在 AutoCAD 中，大部分的操作命令都存在简化命令，用户可以通过输入简化命令，提高工作效率。例如，C 是“圆（Circle）”命令的简化命令。

1.2.4 终止命令

在执行 AutoCAD 操作命令的过程中，按 Esc 键，可以随时终止 AutoCAD 命令的执行。如果中途要退出命令，可按 Esc 键，有些命令需要连续按两次 Esc 键。如果要终止正在执行中的某命令，可在“命令：”状态下输入 U（放弃），并按 Space 键进行确定，即可回到上次操作前的状态，如左下图所示。

1.2.5　重复命令

若要重复上一个已经执行的命令，则直接按 Enter 键或 Space 键即可；也可以在命令窗口中右击，然后在弹出的菜单中选择使用过的命令，如右下图所示。

另外，使用键盘上的上下方向键在命令执行记录中搜寻，回到以前使用过的命令，选择需要执行的命令后按 Enter 键即可。

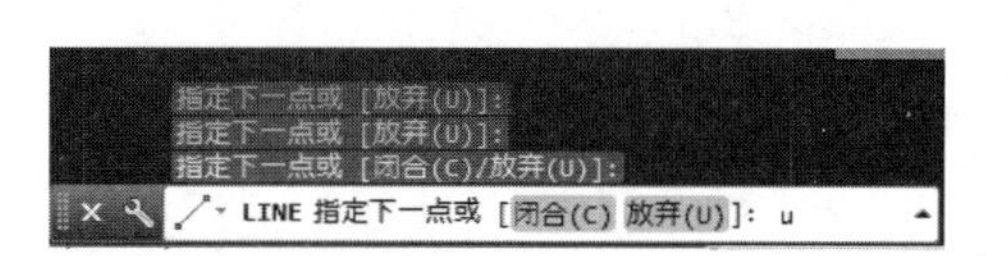

输入放弃命令

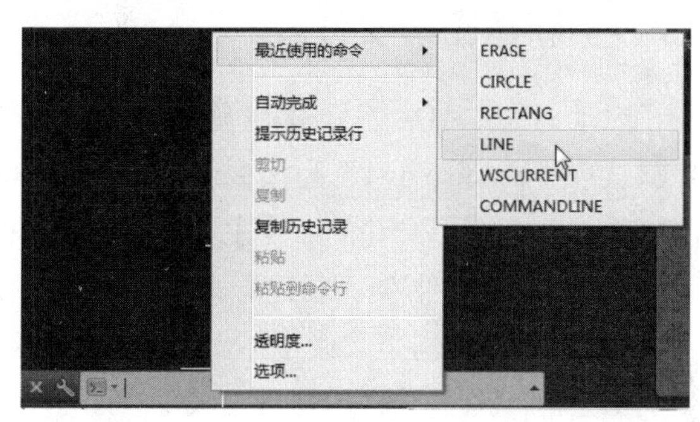

选择之前的命令

1.2.6　透明命令

在 AutoCAD 中，当执行某个命令过程中需要用到其他的命令，而又不希望退出当前执行的命令，此时就需要用到透明命令。透明命令多为辅助功能，如正交、极轴、对象捕捉等辅助功能。执行该类命令时，应在输入命令前输入单引号“’”，执行完透明命令后将继续执行原命令。

1.2.7　放弃命令

在 AutoCAD 中，系统提供了图形的恢复功能。使用图形恢复功能，可对绘图过程中的操作进行取消，执行该命令有如下 4 种常用方法。

- 单击“自定义快速访问”工具栏中的“放弃”按钮。
- 选择“编辑”|“放弃”命令。
- 输入 UNDO（简化命令 U）命令语句，然后按 Space 键进行确定。
- 按 Ctrl+Z 组合键。

1.2.8　重做命令

在 AutoCAD 中，系统提供了图形的重做功能。使用图形重做功能，可以重新执行前面放弃的操作。执行“重做”命令有如下 4 种方法。

- 单击“自定义快速访问”工具栏中的“重做”按钮。
- 选择“编辑”|“重做”命令。
- 输入 REDO 命令语句，然后按 Space 键进行确定。
- 按 Ctrl+Y 键。

1.3 AutoCAD 的文件管理

要使用 AutoCAD 进行设计制图工作时，就需要熟练掌握 AutoCAD 图形文件的管理操作，包括新建文件、保存文件、打开文件、加密文件和关闭文件等。

1.3.1 新建图形文件

启动 AutoCAD 之后，系统将自动新建一个名为“Drawing1”的图形文件。该图形文件默认以“acadiso.dwt”为模板。用户也可以根据需要新建图形文件，以完成更多的绘图操作。新建图形文件的命令主要有如下几种调用方法。

- 选择“文件”|“新建”命令。
- 在快速访问工具栏中单击“新建”按钮。
- 在命令行中执行 NEW 命令。

执行上述任意一个新建文件命令后，将打开如左下图所示的“选择样板”对话框，在“名称”列表框中选择样板文件，在该对话框右侧的“预览”栏中可预览到所选样板的样式，单击打开(O)▼按钮，即可创建基本样板基础上的图形文件。

单击“打开”按钮打开(O)▼右侧的▼按钮，可弹出如右下图所示的快捷菜单，在其中可选择图形文件的绘制单位。如选择“无样板打开 - 英制”命令，将使用英制单位为计量标准绘制图形；如选择“无样板打开 - 公制”命令，将使用公制单位为计量标准绘制图形。

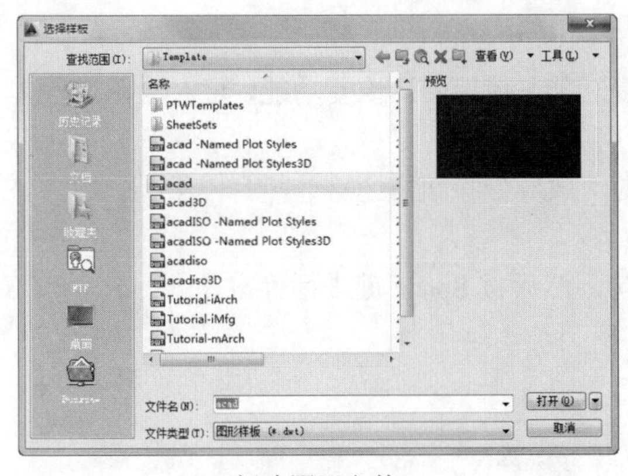

新建图形文件

创建无样板图形文件

专业提示：按 Ctrl+N 键，可以快速打开“选择样板”对话框，进行新建文件的操作。

1.3.2 保存图形文件

保存图形文件就是将新创建或修改过的图形文件保存在计算机中，保存图形并不一定是在图形绘制完成后才进行保存，在图形文件创建后，以及在图形的编辑过程中都可以对其进行保存，以避免因计算机发生死机或停电等意外情况造成的损失。

1. 保存新图形文件

保存新图形文件也就是对未进行保存过的图形以文件的形式进行保存，“保存”命令主要有如下几种调用方法。

- 选择“文件”|“保存”命令。
- 单击快速访问工具栏中的“保存”按钮。
- 在命令行中执行 SAVE 命令。

执行上述任意一种保存文件命令后，将打开“图形另存为”对话框，在“保存于”下拉列表框中选择图形文件的保存位置，在“文件类型”下拉列表框中选择文件保存的类型，在“文件名”后的文本框中输入要保存的文件名称，单击“保存”按钮 保存(S) ，即可保存图形文件。

例如，对启动 AutoCAD 后创建的“Drawing1.dwg”图形文件进行保存，设置文件名为“练习.dwg”，其操作步骤如下。

1 设置保存参数	2 保存文件的结果
❶启动 AutoCAD 2014，在快速访问工具栏中单击“保存”按钮，打开“图形另存为”对话框。 ❷在“保存于”下拉列表框中指定文件的保存位置，在“文件名”选项后的文本框中输入“练习”。	单击“保存” 按钮 保存(S) ，完成对当前文件的保存操作，并自动关闭“图形另存为”对话框，返回到 AutoCAD 2014 工作界面，在标题栏将显示保存文件的名称，如下图所示。
	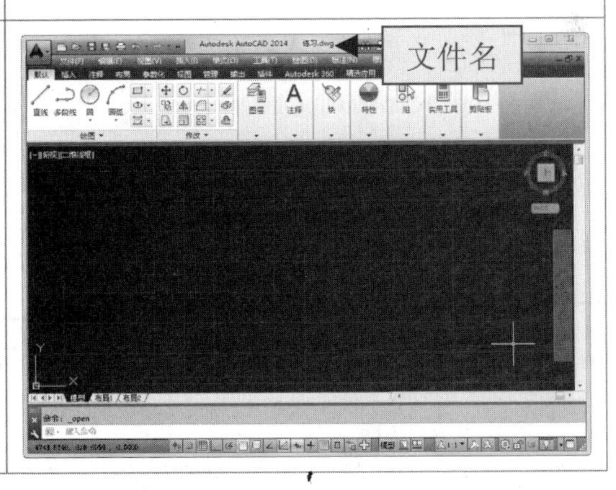

在 AutoCAD 中用户可以将图形以不同的文件类型进行保存，在“图形另存为”对话框中单击“文件类型”后的下拉按钮，在打开的下拉列表框中选择文件的类型，在 AutoCAD 2014 中可以保存的图形文件的格式有如下几种类型。

- dwg　AutoCAD 默认的图形文件类型。
- dxf　包含图形信息的文本文件或二进制文件，可供其他 CAD 程序读取该图形文件的信息。

- dws　二维矢量文件，使用这种格式可以在网络上发布 AutoCAD 图形。
- dwt　AutoCAD 样板文件，新建图形文件时，可以基于样板文件创建图形文件。

专业提示：按 Ctrl+S 组合键，可以快速对当前文件进行保存操作。

2. 另存为其他图形文件

当用户不确定图形文件修改后的效果是否满意时，可以执行“另存为”命令，将修改后的文件另存为一个名称的图形文件，“另存为”命令主要有如下两种调用方法。

- 选择“文件”|“另存为”命令。
- 在命令行中执行 SAVEAS 命令。

执行上述任意一种另存为其他图形文件命令后，将打开“图形另存为”对话框，然后按照保存图形文件的方法对图形文件进行保存，即首先应选择要保存的文件类型，然后选择文件的保存位置，最后指定图形文件的名称，用户可在该基础上任意改动，而不影响原文件。

专业提示：对已存在的图形进行保存时，如果用“另存为”命令，将打开“图形另存为”对话框，以指定文件类型、文件名或存放位置；如果用“保存”命令，将以原文件名及路径进行保存。

1.3.3　打开图形文件

在计算机中如果已经保存有 AutoCAD 图形文件，用户可以通过“打开”命令将其打开，然后进行查看和编辑操作。“打开”命令主要有如下几种调用方法。

- 选择“文件”|“打开”命令。
- 单击快速访问工具栏中的“打开”按钮。
- 在命令行中执行 OPEN 命令。

执行以上任意一种操作后，将打开“选择文件”对话框，在“查找范围”下拉列表框中选择要打开的文件路径，在“名称”列表框中选择要打开的图形文件后，单击“打开”按钮打开(O)，即可打开该图形文件。

例如，打开本章素材文件“设计图.dwg”，其操作步骤如下。

1 选择文件的位置	2 打开图形文件
❶单击快速访问工具栏中的“打开”按钮，打开“选择文件”对话框。 ❷在“查找范围”下拉列表框中选择文件所在的位置。	❶在文件列表中选择要打开的“设计图.dwg”文件。 ❷单击“打开”按钮，即可将“设计图.dwg”文件打开。

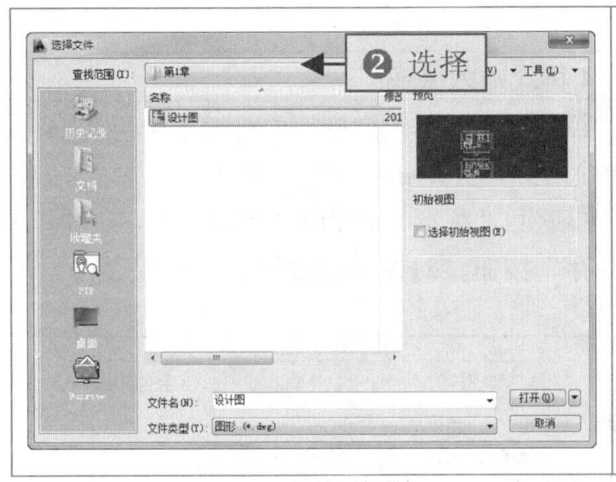

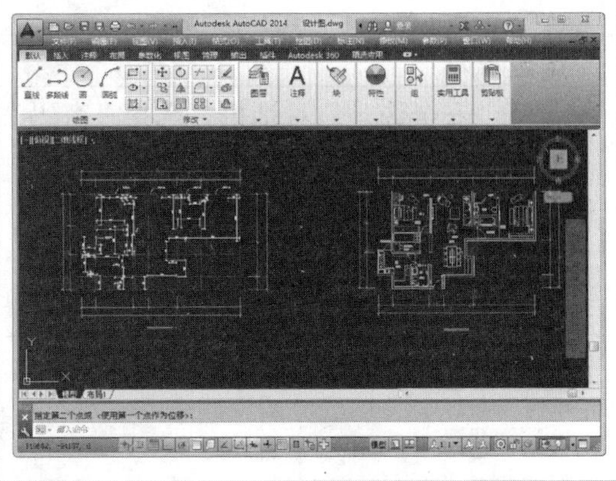

专业提示：按 Ctrl+O 组合键，可以快速打开“选择文件”对话框进行文件的打开操作。

1.3.4　加密图形文件

对图形进行加密，可以拒绝未经授权的人员查看该图形，有助于在进行工程协作时确保图形数据的安全，加密后的图形文件在打开时，只有输入正确的密码后才能对图形进行查看和修改。

例如，将本章中的“展厅方案图.dwg”素材图形文件进行加密保存，设置密码为 135，其操作步骤如下。

1 打开素材文件	2 另存图形文件
❶单击快速访问工具栏中的“打开”按钮 。 ❷打开本章中的“展厅方案图.dwg”素材图形文件。	❶在命令行中输入 SAVEAS 命令并确定。 ❷在打开的“图形另存为”对话框中单击“工具”下拉按钮。 ❸选择“安全选项”选项。
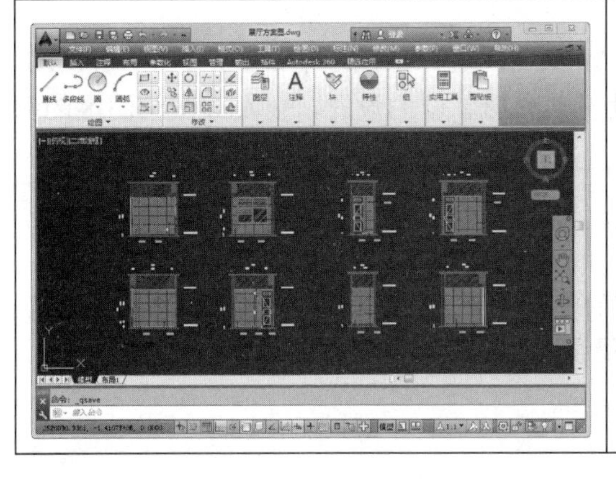	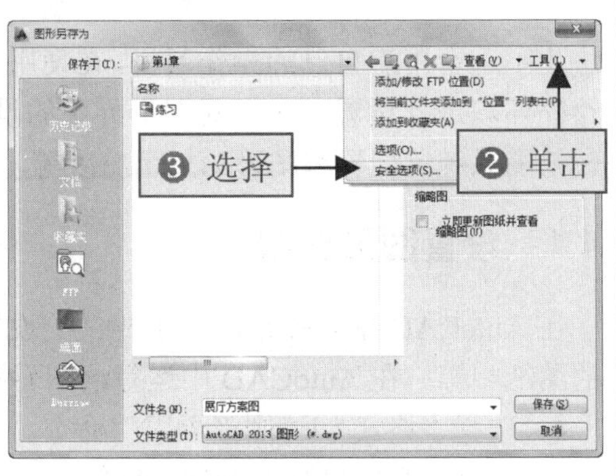

3 设置密码	4 再次输入密码
❶打开“安全选项”对话框，选择“密码”选项卡。 ❷在“用于打开此图形的密码或短语”下方的文本框中输入密码 135 单击“确定”按钮。	❶在打开的“确定密码”对话框中再次输入 135，并单击“确定”按钮。 ❷返回“图形另存为”对话框，单击“保存”按钮，对图形文件进行加密保存。
	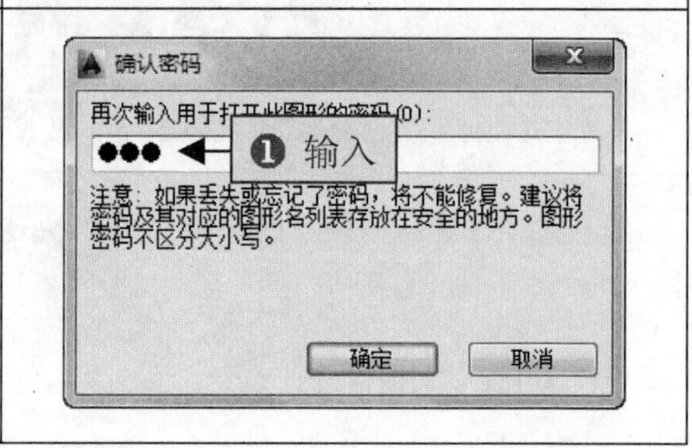

1.3.5 关闭图形文件

关闭 AutoCAD 的图形文件与退出 AutoCAD 软件不同，关闭图形文件只是关闭当前编辑的图形文件，而不会退出 AutoCAD 软件。关闭图形文件主要有以下几种方法。

- 选择“文件”|“关闭”命令。
- 单击当前文件窗口右上方的“关闭”按钮✖。
- 在命令行中执行 CLOSE 命令。

1.4 AutoCAD 的环境设置

为了适合用户自己的操作习惯，在使用 AutoCAD 进行绘图之前，可以先对 AutoCAD 的绘图环境进行设置，包括对图形界限的设置、图形单位的设置，以及改变绘图区的颜色、绘图系统的配置和图形的显示精度等。

1.4.1 设置图形界限

在 AutoCAD 中与图纸的大小相关的设置就是绘图界限，设置绘图界限的大小应与选定的图纸相等。在 AutoCAD 中运行绘图界限设置的命令有如下两种常用方法。

- 选择“格式”|“图形界限”命令。
- 在命令行中执行 LIMITS 命令。

执行了以上的操作后，根据命令行上的提示，即可对绘图界限的尺寸进行设置。在设置绘图界限的过程中，其具体操作及系统提示如下。

命令提示	操作及含义
命令：LIMITS	在命令行输入图形界限命令并确定
重新设置模型空间界限：	系统提示
指定左下角点或 [开（ON）/关（OFF）] <0.0000，0.0000>：	设置绘图区域左下角坐标
指定右上角点 <420.0000,297.0000>：	输入图纸大小，然后按 Space 键进行确定
命令：LIMITS	重复执行图形界限命令
重新设置模型空间界限：	系统提示
命令：LIMITS	重复执行图形界限命令
指定左下角点或 [开（ON）/关（OFF）] <0.0000，0.0000>：	输入 ON 选择“开”选项，或输入 OFF 选择“关”选项

专业提示：如果将界限检查功能设置为“关闭（OFF）”状态，绘制图形时则不受设置的绘图界限的限制。如果将绘图界限检查功能设置为“开启（ON）”状态，绘制图形时在绘图界限之外将受到限制。

1.4.2　设置图形单位

AutoCAD 使用的图形单位包括毫米、厘米、英尺、英寸等十几种单位，可供不同行业的绘图需要。在使用 AutoCAD 绘图前应该进行绘图单位的设置。用户可以根据具体工作需要设置单位类型和数据精度。

在 AutoCAD 中，启动设置绘图单位的命令有如下两种常用方法。

- 选择“格式”|“单位”命令。
- 在命令行中执行 UNITS 命令。

执行以上任意一种操作后，将打开“图形单位”对话框，如左下图所示。在该对话框中，可为图形设置坐标、长度、精度、角度的单位值，其中各选项的含义如下。

- “长度”　用于设置长度单位的类型和精度。在“类型”下拉列表中，可以选择当前测量单位的格式；在“精度”下拉列表，可以选择当前长度单位的精确度。
- “角度”　用于控制角度单位类型和精度。在“类型”下拉列表中，可以选择当前角度单位的格式类型；在“精度”下拉列表中，可以选择当前角度单位的精确度；“顺时针”复选框，用于控制角度增角量的正负方向。
- “光源”　用于指定光源强度的单位。
- “方向”按钮　用于确定角度及方向。单击该按钮，将打开“方向控制”对话框，如右下图所示。在对话框中可以设置基准角度和角度方向，当选择“其他”选项后，下方的“角度”按钮才可用。

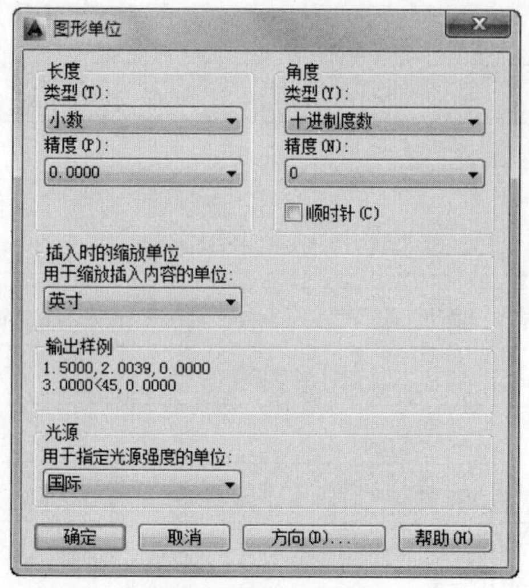

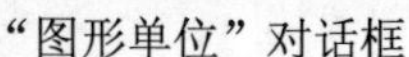
"图形单位"对话框

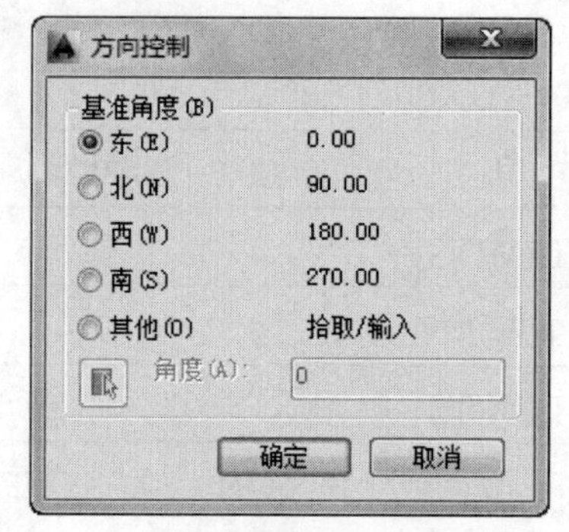

"方向控制"对话框

1.4.3 改变环境颜色

在 AutoCAD 中，用户可以根据个人习惯设置环境的颜色，从而使工作环境更舒适。例如，首次启动 AutoCAD 时，绘图区的颜色为深蓝色，用户也可以根据自己的喜好和习惯在"选项"对话框中设置绘图区的颜色。

例如，将绘图区的颜色设置为白色的操作如下。

1 打开"选项"对话框	**2 单击"颜色"按钮**
选择"工具"|"选项"命令，打开"选项"对话框。	❶在"选项"对话框中选择"显示"选项卡。 ❷单击"窗口元素"选项组中的"颜色"按钮。
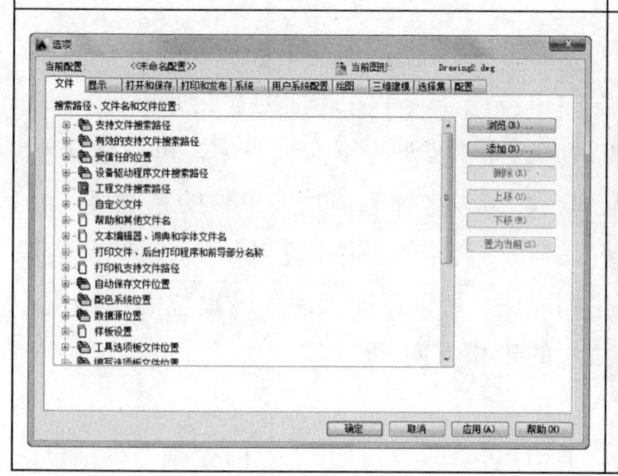	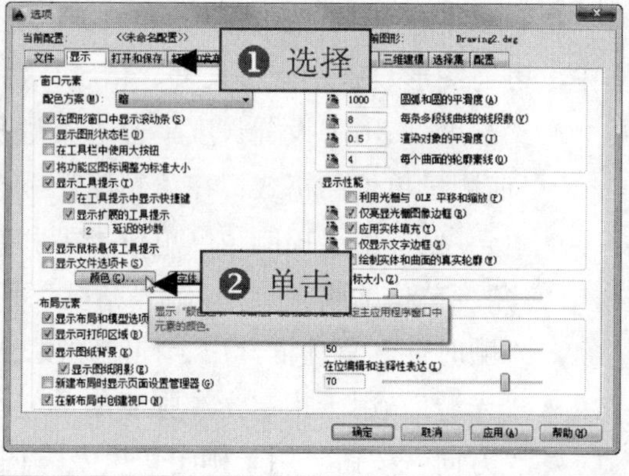

<table>
<tr><th>3 设置绘图区颜色</th><th>4 改变绘图区颜色</th></tr>
<tr><td>❶在打开的“图形窗口颜色”对话框中依次选择“二维模型空间”和“统一背景”选项。❷单击“颜色”下拉按钮，在弹出的列表中选择“白”选项。</td><td>❶在“图形窗口颜色”对话框中单击“应用并关闭”按钮。❷返回“选项”对话框单击“确定”按钮，即可将绘图区的颜色修改为白色，如下图所示。</td></tr>
<tr><td colspan="2">专业提示：在命令行中输入 OPTIONS（OP）命令并确定，也可以打开“选项”对话框。</td></tr>
<tr><td>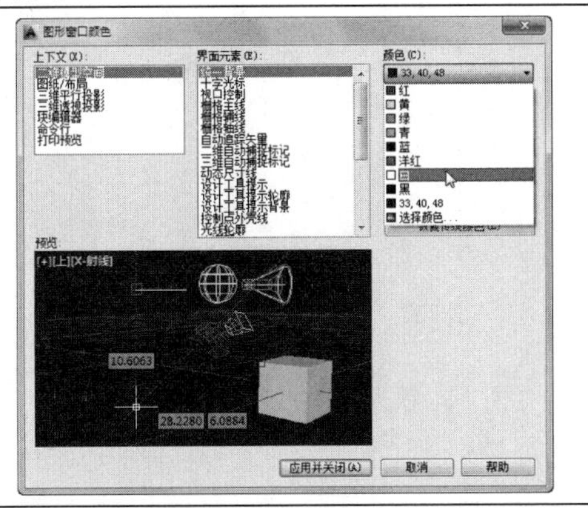</td><td>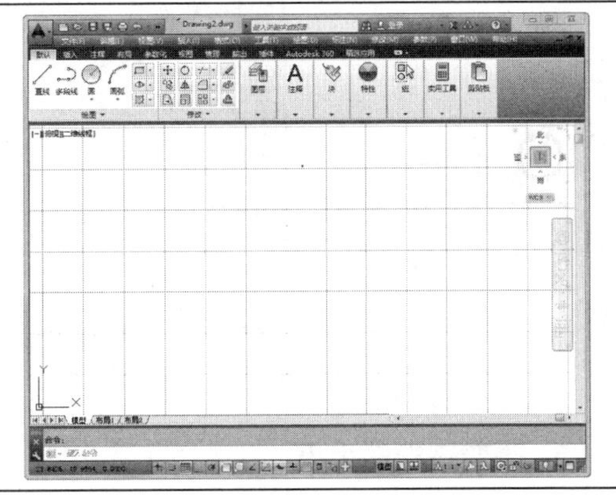</td></tr>
</table>

1.4.4　设置光标样式

在 AutoCAD 中，用户可以设置光标的样式，包括控制十字光标的大小、改变捕捉标记的大小、改变拾取框状态以及夹点的大小。

1. 控制十字光标的大小

选择“工具”|“选项”命令，打开“选项”对话框，然后选择“显示”选项卡，用户可以在“十字光标大小”选项组中根据自己的操作习惯，调整十字光标的大小，十字光标可以延伸到屏幕边缘。

例如，在“显示”选项卡中拖动右下方“十字光标大小”选项组的滑块▯，如左下图所示，即可调整光标长度，如右下图是将十字光标调大后的效果。

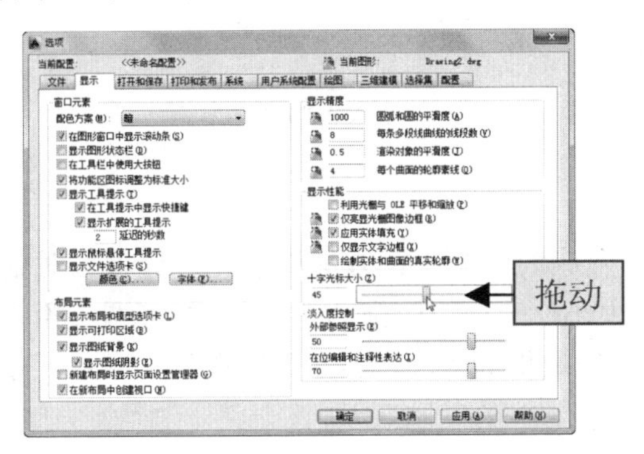

拖动滑块

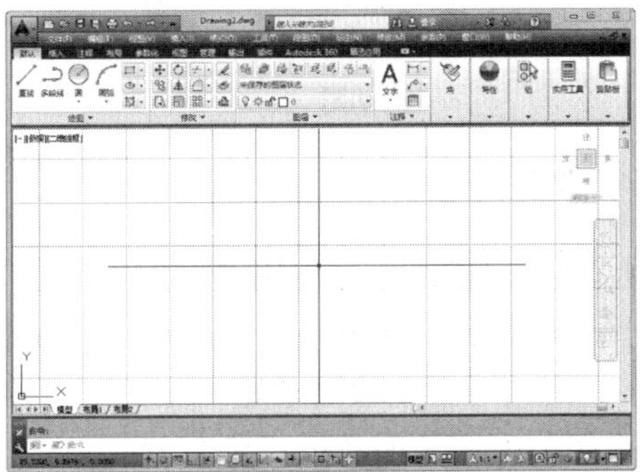

较大的十字光标

2. 改变捕捉标记的大小

改变捕捉标记的大小可以帮助用户更方便地捕捉对象。选择“工具”|“选项”命令，打开“选项”对话框，然后选择“绘图”选项卡，拖动“自动捕捉标记大小”选项组中的滑块，即可调整捕捉标记的大小，在滑块左边的预览框中可以预览捕捉标记的大小，如左下图所示。如右下图所示为较大的中点捕捉标记的样式。

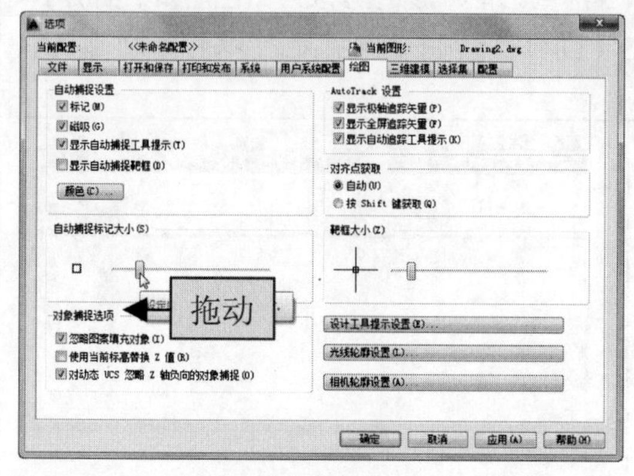

拖动滑块

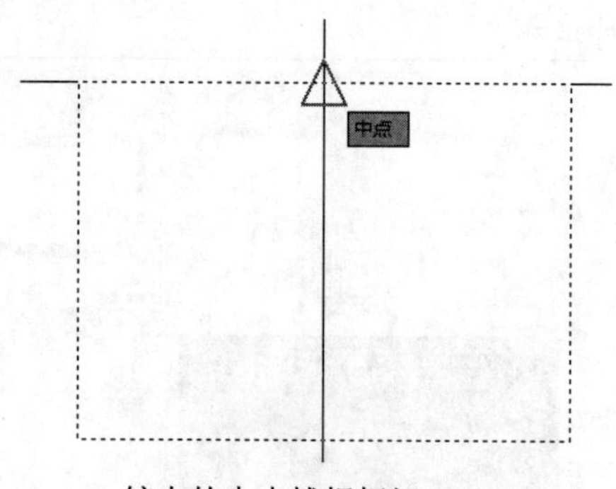

较大的中点捕捉标记

3. 改变靶框的大小

选择“工具”|“选项”命令，打开“选项”对话框，然后选择“绘图”选项卡，在“靶框大小”选项组中拖动“靶框大小”的滑块，可以调整靶框的大小，在滑块左边的预览框中可预览靶框的大小，如左下图所示。右下图为较大的靶框形状。

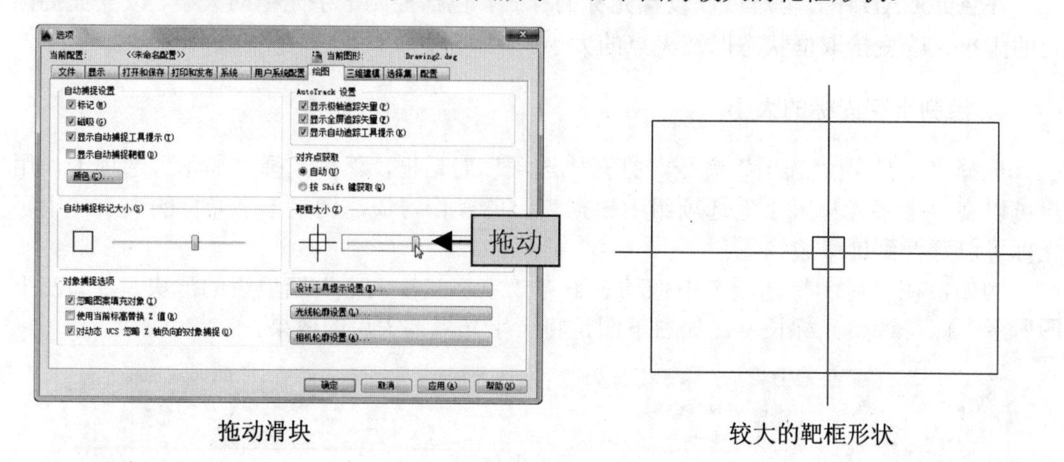

拖动滑块　　　　较大的靶框形状

4. 改变拾取框

拾取框是指在执行编辑命令时，光标所变成的一个小正方形框。在“选项”对话框中选择“选择集”选项卡，然后在“拾取框大小”选项组中拖动滑块，即可调整拾取框的大小。在滑块左边的预览框中，可以预览拾取框的大小，如左下图所示。如右下图所示展现了拾取图形时拾取框的形状。

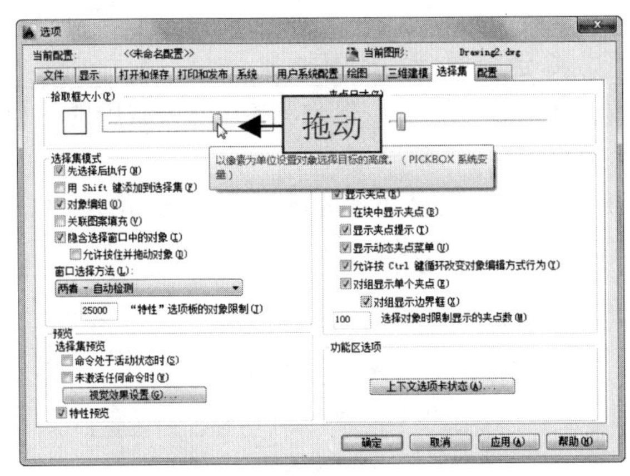

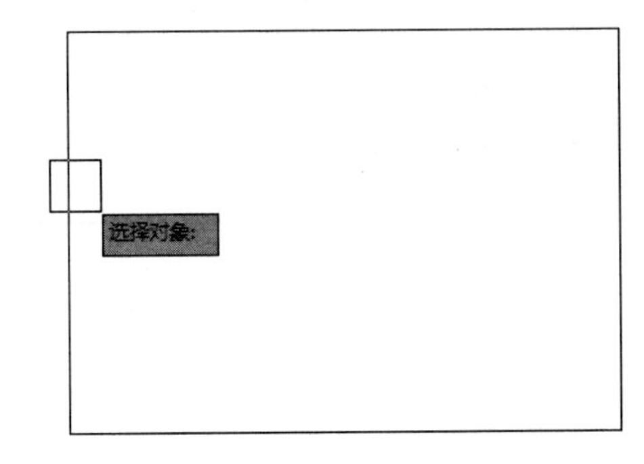

拖动滑块　　　　较大拾取框

5. 改变夹点的大小

在 AutoCAD 中，夹点是选择图形后，在图形的节点上所显示的图标。用户通过拖动夹点的方式，可以改变图形的形状和大小。为了准确地选择夹点对象，用户可以根据需要设置夹点的大小，其方法如下。

在“选项”对话框中选择“选择集”选项卡，然后在“夹点大小”选项组中拖动滑块，即可调整夹点的大小。在滑块左边的预览框中，可以预览夹点的大小，如左下图所示。右下图展现了矩形的多个夹点。

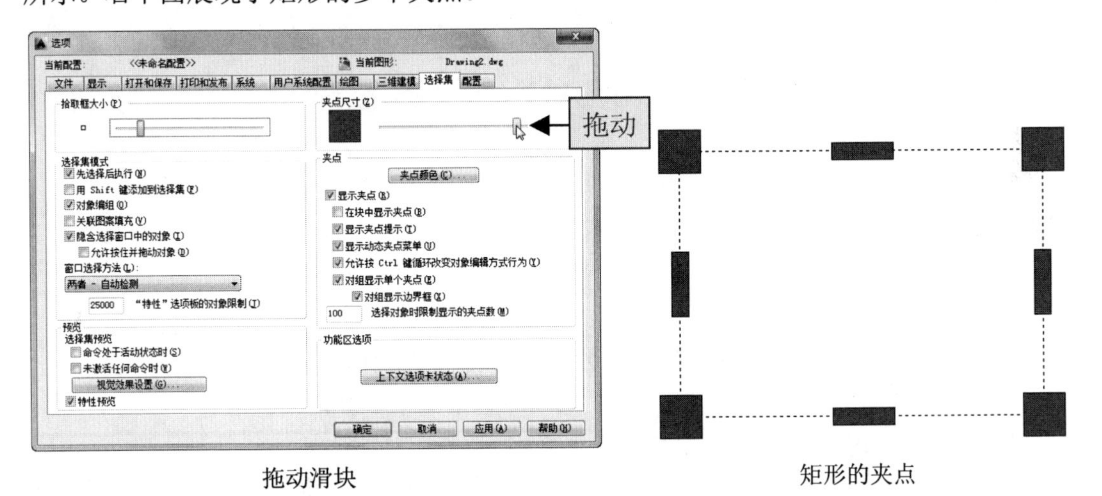

拖动滑块　　　　矩形的夹点

1.4.5　改变文件自动保存的时间

在绘制图形的过程中，通过开启自动保存文件的功能，可以防止在绘图时因意外造成的文件丢失，将损失降低到最小。例如，改变文件自动保存时间间隔为 5 分钟的方法如下。

<table>
<tr><th>1 选择“打开和保存”选项卡</th><th>2 选择要合并的素材</th></tr>
<tr><td>❶选择“工具”|“选项”命令，打开“选项”对话框。
❷在打开的“选项”对话框中选择“打开和保存”选项卡。</td><td>❶选中“文件安全措施”选项组中的“自动保存”复选框。
❷在“保存间隔分钟数”的文本框中设置好自动保存的时间间隔为 5 并确定。</td></tr>
<tr><td>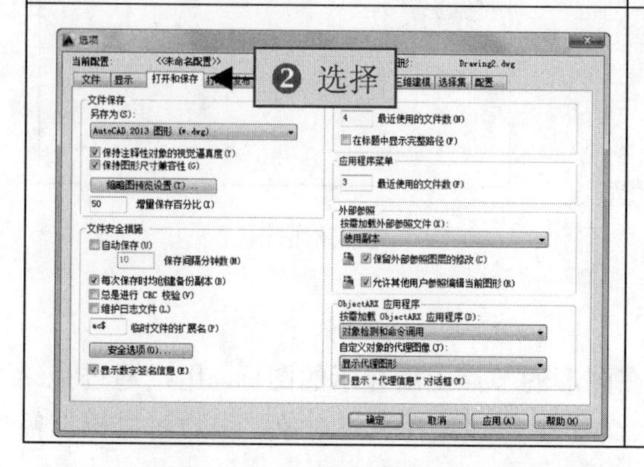
</td><td>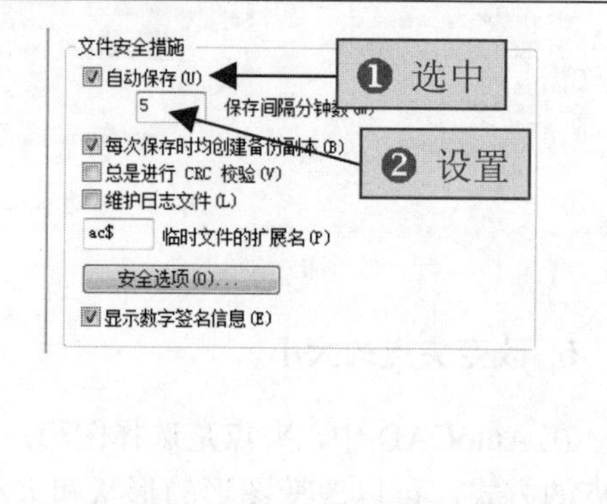
</td></tr>
</table>

专业提示：自动保存后的备份文件的扩展名为.ac$，此文件的默认保存位置在系统盘\Documents and Settings\Default User\Local Settings\Temp 目录下。当需要使用自动保存后的备份文件时，可以在备份文件的默认保存位置下，找出并选择该文件，将该文件的扩展名.ac$修改为.dwg，然后即可将其打开。

1.5 AutoCAD 的视图控制

在 AutoCAD 中，用户可以对视图进行缩放和平移操作，以便观看图形的效果。另外，也可以进行全屏显示视图、重画与重生成图形等操作。

1.5.1 视图缩放

使用“视图缩放”命令可以对视图进行放大或缩小操作，以改变图形的显示大小，方便用户进行图形的观察。执行缩放视图的命令包括如下 3 种常用方法。

- 选择“视图”|“缩放”命令。
- 单击“视图”标签，再单击“二维导航”面板中的“范围”下拉按钮，在弹出的列表中选择相应的缩放工具按钮，如左下图所示。
- 在命令行中执行 ZOOM（简化命令 Z）命令。

在命令行中执行 ZOOM（Z）命令，系统将提示“[全部（A）中心点（C）动态（D）范围（E）上一个（P）比例（S）窗口（W）对象（O）] <实时>:”的信息，如右下图所示。然后只需在该提示后输入相应的字母后按 Space 键，即可进行相应的操作。

缩放视图命令中各选项的含义和用法如下。

- 全部（A） 输入 A 后按 Space 键，将在视图中显示整个文件中的所有图形。

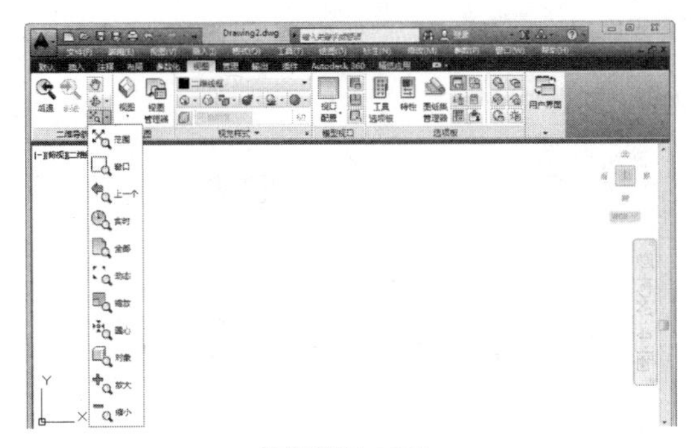

应用缩放工具

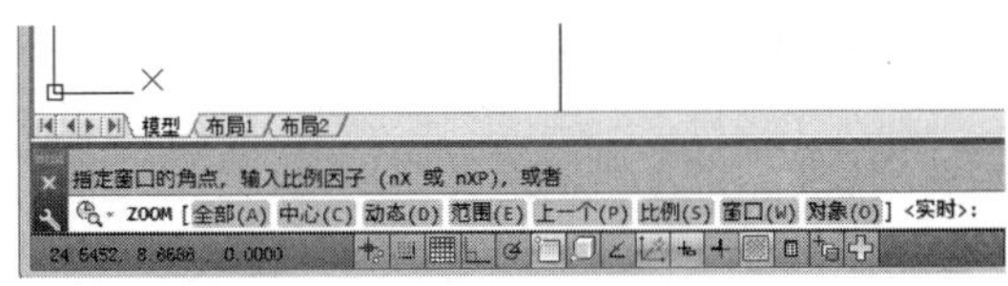

视图缩放命令提示

- 中心点（C）　输入 C 后按 Space 键，然后在图形中单击指定一个基点，再输入一个缩放比例或高度值来显示一个新视图，基点将作为缩放的中心点。
- 动态（D）　就是用一个可以调整大小的矩形框去框选要放大的图形。
- 范围（E）　用于以最大的方式显示整个文件中的所有图形，同“全部（A）”的功能相同。
- 上一个（P）　执行该命令后可以直接返回到上一次缩放的状态。
- 比例（S）　用于输入一定的比例来缩放视图。输入的数据大于 1 即可放大视图，小于 1 并大于 0 时将缩小视图。
- 窗口（W）　用于通过在屏幕上拾取两个对角点来确定一个矩形窗口，然后该矩形框内的全部图形将放大至整个屏幕。
- <实时>　执行该命令后，鼠标将变为🔍，按住鼠标的左键，来回推拉鼠标即可放大或缩小视图。
- 对象（O）　执行该命令后，可以通过选择需要的对象，将其最大化显示在绘图区中。

1.5.2　平移视图

平移视图是指对视图中图形的显示位置进行相应的移动，移动前后视图只是改变图形在视图中的位置，而不会改变图形之间的位置，如左下图和右下图所示分别是平移前后的对比效果。

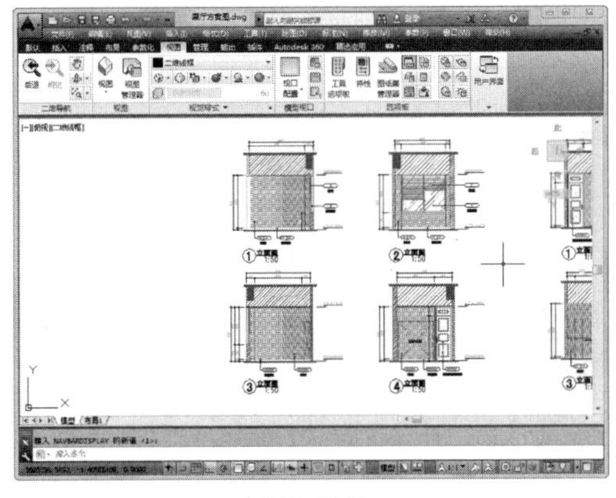

平移视图前

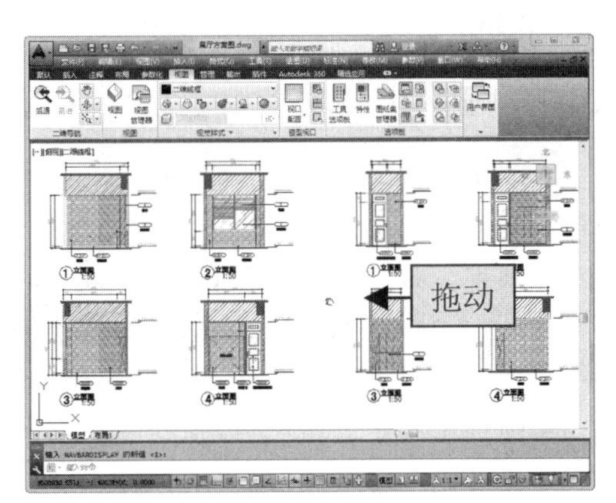

平移视图后

执行平移视图的命令包括如下 3 种常用方法。

- 选择“视图”|“平移”命令。
- 在命令行中执行 PAN（简化命令 P）命令。
- 单击“视图”标签，再单击“二维导航”面板中的“平移”按钮。

1.5.3 重画与重生成视图

下面将学习重画和重生成图形的方法，读者可以使用“重画”和“重生成”命令，对视图中的图形进行更新操作。

1. 重画视图

图形中某一图层被打开或关闭或者栅格被关闭后，系统自动对图形刷新并重新显示，栅格的密度会影响刷新的速度。使用“重画”命令可以重新显示当前视窗中的图形，消除残留的标记点痕迹，使图形变得清晰。

执行重画图形的命令包括如下两种方法。

- 选择“视图”|“重画”命令。
- 在命令行中执行 REDRAWALL（简化命令 REDRAW）命令。

2. 重生成视图

使用“重生成”命令能将当前活动视窗所有对象的有关几何数据及几何特性重新计算一次（即重生）。此外，OPEN 命令打开图形时，系统自动重生成视图。

执行重生成图形的命令包括如下两种方法。

- 选择“视图”|“全部重生成”命令。
- 在命令行中执行 REGEN（简化命令 RE）命令。

1.6 应用辅助绘图功能

本节将介绍 AutoCAD 辅助功能的设置。通过对辅助功能进行适当的设置，可以提高用户制图的工作效率和绘图的准确性。

1.6.1 应用正交功能

在绘图过程中，使用正交功能可以将光标限制在水平或垂直轴向上，同时也限制在当前的栅格旋转角度内。使用正交功能就如同使用了直尺绘图，使绘制的线条自动处于水平和垂直方向，在绘制水平和垂直方向的直线段时十分有用，如左下图所示。

在 AutoCAD 中启用正交功能的方法十分简单，只需要单击状态栏上的“正交模式”按钮，如右下图所示，或直接按 F8 键就可以激活正交功能。

专业提示：在 AutoCAD 中绘制正交或非正交线段时，可以通过按 F8 键，在打开和关闭正交功能之间进行切换。

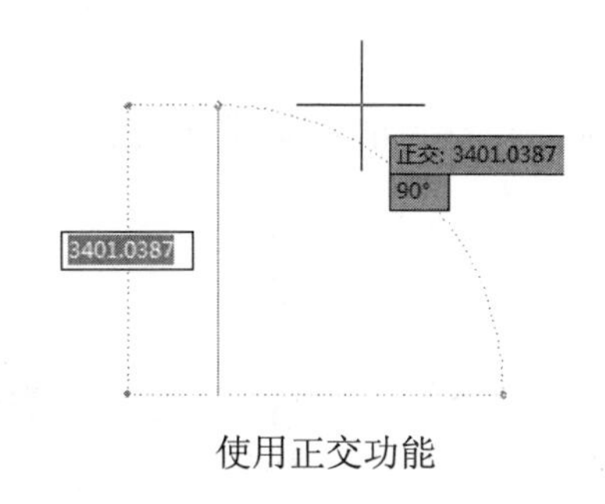

使用正交功能

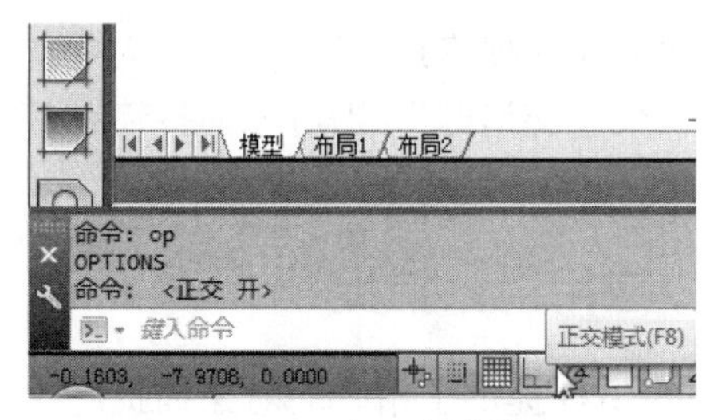

开启正交功能

1.6.2　应用极轴追踪

极轴追踪是以极轴坐标为基础，显示由指定的极轴角度所定义的临时对齐路径，然后按照指定的距离进行捕捉，如左下图所示。

在使用极轴追踪时，需要按照一定的角度增量和极轴距离进行追踪。选择“工具”|“绘图设置”命令，在打开的“草图设置”对话框中选择“极轴追踪”选项卡，在该选项卡中，可以启动极轴追踪，如右下图所示。

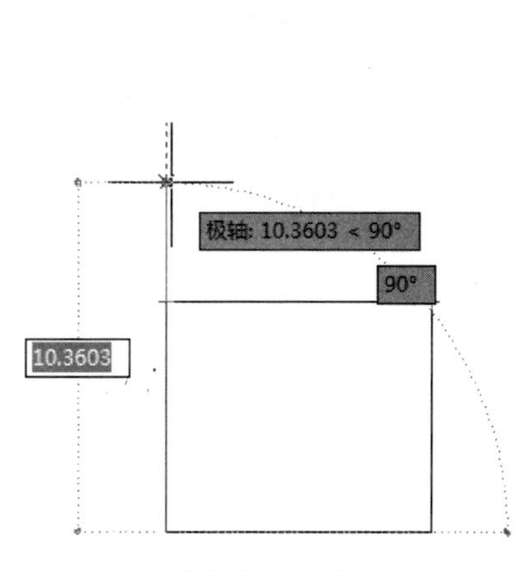

启用极轴追踪

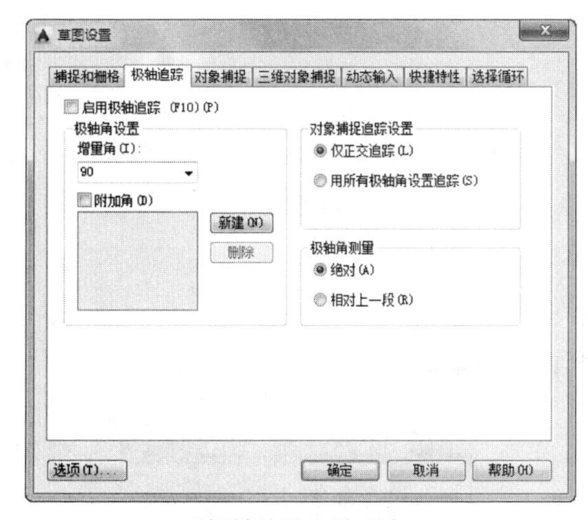

“极轴追踪”选项卡

在“极轴追踪”选项卡中常用选项的含义如下。

- “启用极轴追踪”　用于打开或关闭极轴追踪。也可以通过按 F10 键来打开或关闭极轴追踪。
- “极轴角设置”　设置极轴追踪的对齐角度。
- “增量角”　设置用来显示极轴追踪对齐路径的极轴角增量。可以输入任何角度，也可以从列表中选择 90、45、30、22.5、18、15、10 或 5 这些常用角度。
- “附加角”　对极轴追踪使用列表中的任何一种附加角度。注意附加角度是绝对的，而非增量的。
- “角度列表”　如果选定“附加角”，将列出可用的附加角度。要添加新的角度，单击“新建”按钮即可。要删除现有的角度，则单击“删除”按钮。
- “删除”　删除选定的附加角度。

- “对象捕捉追踪设置” 设置对象捕捉追踪选项。
- “仅正交追踪” 当对象捕捉追踪打开时，仅显示已获得的对象捕捉点的正交（水平/垂直）对象捕捉追踪路径。

1.6.3 应用对象捕捉

AutoCAD 提供了精确的对象捕捉特殊点功能，运用该功能可以精确绘制出所需要的图形。进行精确绘图之前，需要进行正确的对象捕捉设置。用户可以在“草图设置”对话框中的“对象捕捉”选项卡中，或者在“对象捕捉”工具中进行对象捕捉的设置。

1. 设置对象捕捉

选择“工具”|“绘图设置”命令，或者右击状态栏中的“对象捕捉”按钮，然后在弹出的菜单中选择“设置”命令，如左下图所示，打开“草图设置”对话框，在该对话框的“对象捕捉”选项卡中，可以根据实际需要选择相应的捕捉选项，进行对象特殊点的捕捉设置，如右下图所示。

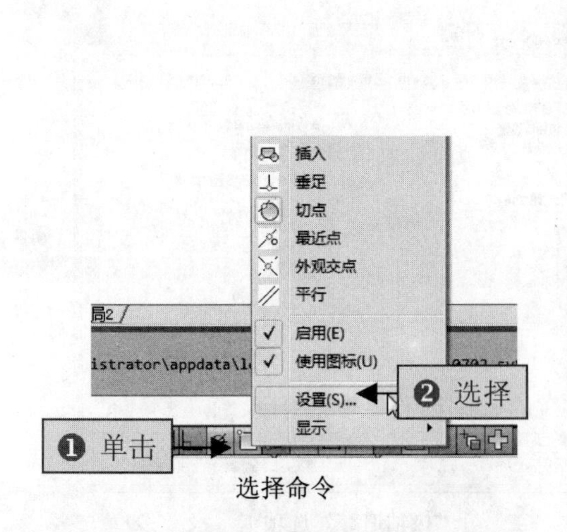

选择命令

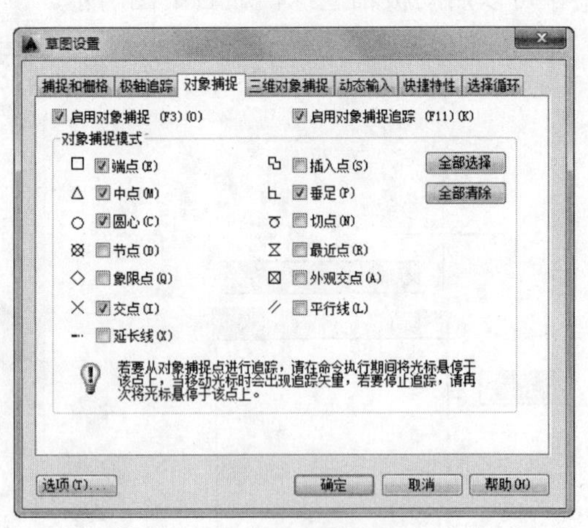

对象捕捉设置

启用对象捕捉设置后，在绘图过程中，当鼠标靠近这些被启用的捕捉特殊点时，将自动对其进行捕捉，如左下图和右图所示分别为启用了中点捕捉和圆心捕捉功能的效果。

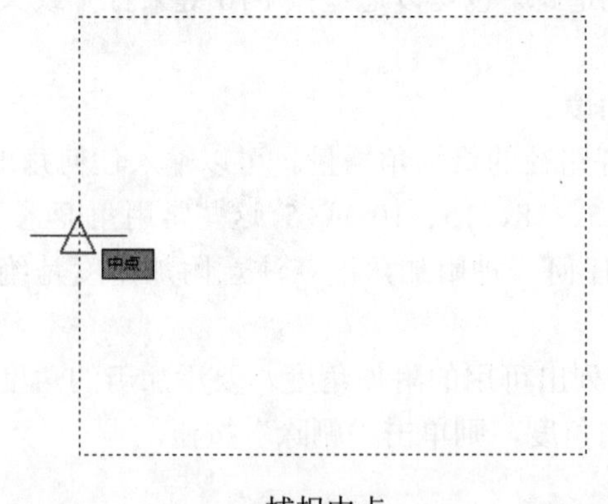

捕捉中点

圆心

捕捉圆心

在“对象捕捉”选项卡中主要选项的含义如下。

- “启用对象捕捉” 打开或关闭执行对象捕捉。当对象捕捉打开时，在“对象捕捉模式”下选定的对象捕捉处于活动状态。
- “启用对象捕捉追踪” 打开或关闭对象捕捉追踪。使用对象捕捉追踪，在命令中指定点时，光标可以沿基于其他对象捕捉点的对齐路径进行追踪。要使用对象捕捉追踪，必须打开一个或多个对象捕捉。
- “对象捕捉模式” 列出可以在执行对象捕捉时打开的对象捕捉模式。
- “全部选择” 打开所有对象捕捉模式。
- “全部清除” 关闭所有对象捕捉模式。

在对象捕捉模式中，各选项的含义如下。

- “端点” 捕捉到圆弧、椭圆弧、直线、多线、多段线、样条曲线、面域或射线最近的端点，或捕捉宽线、实体或三维面域的最近角点。
- “中点” 捕捉到圆弧、椭圆、椭圆弧、直线、多线、多段线、面域、实体、样条曲线或参照线的中点。
- “圆心” 捕捉到圆弧、圆、椭圆或椭圆弧的圆点。
- “节点” 捕捉到点对象、标注定义点或标注文字起点。
- “象限点” 捕捉到圆弧、圆、椭圆或椭圆弧的象限点。
- “交点” 捕捉到圆弧、圆、椭圆、椭圆弧、直线、多线、多段线、射线、面域、样条曲线或参照线的交点。
- “延长线” 当光标经过对象的端点时，显示临时延长线或圆弧，以便用户在延长线或圆弧上指定点。注意在透视视图中进行操作时，不能沿圆弧或椭圆弧的尺寸界线进行追踪。
- “插入点” 捕捉到属性、块、形或文字的插入点。
- “垂足” 用于捕捉圆弧、圆、椭圆、椭圆弧、直线、多线、多段线、射线、面域、实体、样条曲线或参照线的垂足。
- “切点” 捕捉到圆弧、圆、椭圆、椭圆弧或样条曲线的切点。当正在绘制的对象需要捕捉多个垂足时，将自动打开“递延垂足”捕捉模式。
- “最近点” 捕捉到圆弧、圆、椭圆、椭圆弧、直线、多线、点、多段线、射线、样条曲线或参照线的最近点。
- “外观交点” 捕捉到不在同一平面但是可能看起来在当前视图中相交的两个对象的外观交点。
- “平行线” 将直线、多段线、射线或构造线限制为与其他线性对象平行。

2. 应用对象捕捉工具

右击任务栏的“对象捕捉”按钮，在弹出的菜单列表中可以选择对象捕捉工具按钮，如左下图所示，其中各个工具按钮的含义与“草图设置”对话框的“对象捕捉”选项卡中对应选项的含义相同。将鼠标指向菜单列表中的“显示”选项，可以在出现的子菜单中打开或关闭状态栏中对应的工具，如右下图所示。

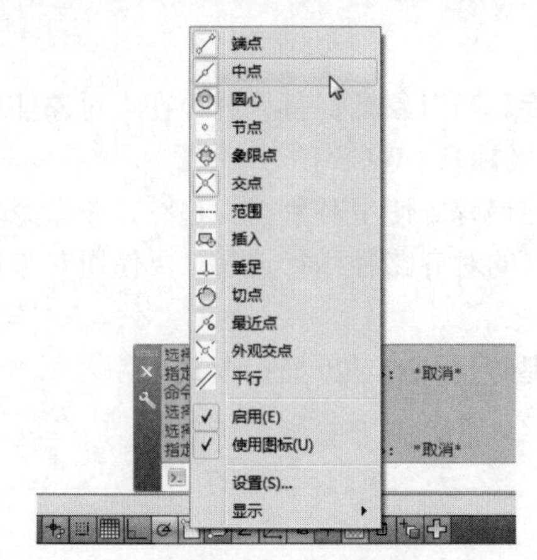

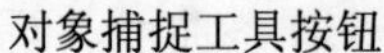

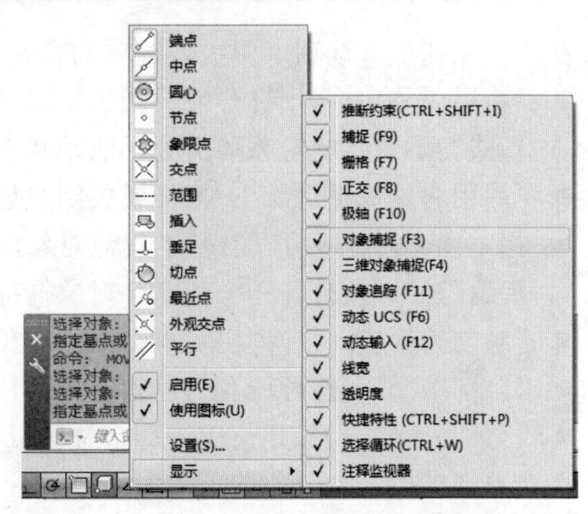

对象捕捉工具按钮　　　　　　控制状态栏中的工具

1.6.4 应用对象捕捉追踪

在绘图过程中，除了需要掌握对象捕捉的设置外，也需要掌握对象捕捉追踪的相关知识和应用方法，从而提高绘图的效率。

选择“工具”|“绘图设置”命令，打开“草图设置”对话框，然后选择“对象捕捉”选项卡，再选中“启用对象捕捉追踪”选项，即可启用对象捕捉追踪功能。

启用对象捕捉追踪后，在拾取某个特定对象捕捉点时（如左下图所示的圆心），光标可以沿着该对象捕捉点的对齐路径进行追踪，如右下图所示。

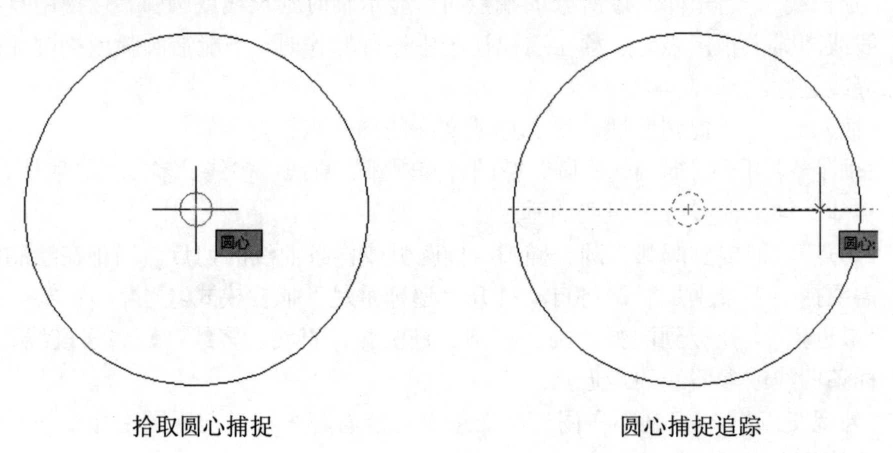

拾取圆心捕捉　　　　　　圆心捕捉追踪

专业提示：按 F11 键可以在打开与关闭对象捕捉追踪功能之间进行切换。

1.7 AutoCAD 的坐标应用

在 AutoCAD 中绘制图形时，其精确度要求非常高，在无法使用对象捕捉、对象捕捉追踪、极轴追踪等功能确定图形的位置时，就必须通过输入坐标值的方式来精确定位。

1.7.1　认识坐标系

在 AutoCAD 中，坐标系可分为两大类：世界坐标系（WCS）和用户坐标系（UCS），各种坐标系的含义如下。

1. 世界坐标系

在世界坐标系中，*X* 轴是水平的，*Y* 轴是垂直的，*Z* 轴垂直于 *XY* 平面。当 *Z* 轴坐标为 0 时，*XY* 平面就是进行绘图的平面，它的原点是 *X* 轴和 *Y* 轴的交点（0,0）。

2. 用户坐标系

用户坐标系是以世界坐标系为基础，根据绘图需要经过平移或旋转而得到的新的坐标系。它是不固定的、可移动的坐标系，用户可以在绘图过程中根据需要进行定义和删除。

根据坐标轴的不同，坐标系又可分为直角坐标系、极坐标系、球坐标系和柱坐标系，在 AutoCAD 中使用最广泛的是直角坐标系，而极坐标系在需要进行角度定位时使用比较方便，下面就分别对直角坐标系和极坐标系进行介绍。

- 直角坐标系　直角坐标系也叫笛卡儿坐标系，它有 *X*、*Y* 和 *Z* 三个坐标轴，在二维平面绘图中一般只有 *X*、*Y* 轴的平面二维坐标，*X* 轴沿水平方向向右，*Y* 轴沿垂直方向向上，坐标原点是 *X* 轴与 *Y* 轴的交点，其坐标值表达方式为（0,0）。如左下图所示图形中 *A* 点的绝对直角坐标为（20,20），*B* 点的绝对直角坐标为（60,20）。
- 极坐标系　极坐标系是通过用“距离<角度”的方式来确定坐标点的位置的，如右下图所示图形中指定 *A* 点的坐标为（30<60）。

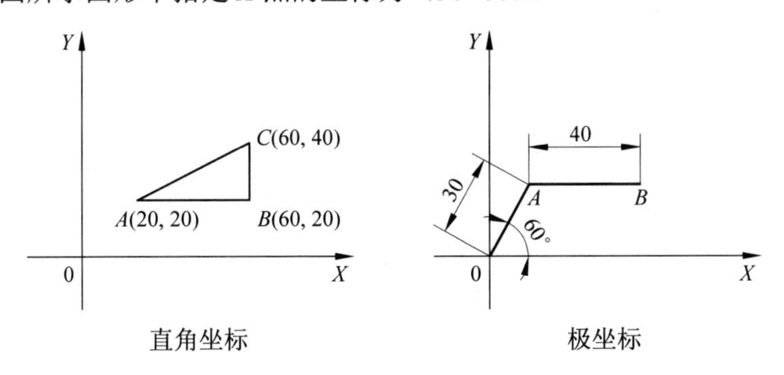

直角坐标　　　　极坐标

1.7.2　输入坐标

在 AutoCAD 中绘制图形对象时，经常需要输入点的坐标值来确定线条或图形的位置、大小或方向。输入坐标点时，可以通过输入绝对直角坐标、相对直角坐标、绝对极坐标、相对极坐标和动态输入等方法来确定。

1. 输入绝对直角坐标

绝对坐标的输入方法是，以坐标原点（0,0,0）为基点来定位其他所有的点，用户可以通过输入（*X*,*Y*,*Z*）坐标来确定点在坐标系中的位置。

其中，*X* 值表示此点在 *X* 方向到原点间的距离；*Y* 值表示此点在 *Y* 方向到原点间的距离；*Z* 值表示此点在 *Z* 方向到原点间的距离。如果输入的点是二维平面上的点，则可省略 *Z* 坐标值。例如，在左下图中 *A* 点的绝对坐标点（10,10,0）与输入（10,10）相同。

2. 输入相对直角坐标

相对直角坐标的输入方法是以某点为参考点，然后输入相对位移坐标的值来确定点，相对直角坐标与坐标系的原点无关，只相对于参考点进行位移，其输入方法是在绝对直角坐标前添加“@”符号。例如，在左下图中 *B* 点的坐标点相对于 *A* 点在 *X* 轴上向右移动了 20 个绘图单位，其输入方法是（@20,0）。

3. 输入绝对极坐标

绝对极坐标输入法，就是以指定点距原点之间的距离和角度来确定线段，距离和角度之间用尖括号“<”分开。例如，在右下图中 *A* 点的坐标距离坐标原点的长度为 25，角度为 30°，绝对极坐标的输入方法是 25<30。

4. 输入相对极坐标

相对极坐标与绝对极坐标较为类似，不同的是，绝对极坐标的距离是相对于原点的距离，而相对极坐标的距离则是指定点到参照点之间的距离，而且在相对极坐标值前要加上“@”符号。例如，在右下图中的 *A* 点基础上指定 *B* 点的极坐标，其相对极坐标为@40<0。

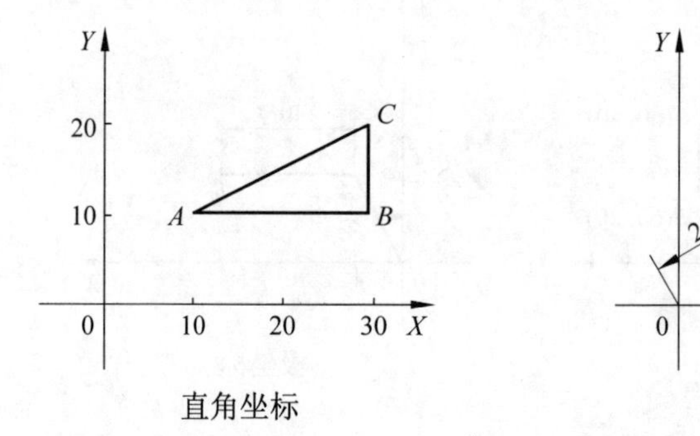

直角坐标　　极坐标

1.7.3 动态输入坐标值

使用动态输入功能可以在图形绘制时的动态文本框中输入坐标值，而不必在命令行中进行输入。

单击状态栏的“动态输入”按钮，可以开启动态输入功能，使用该功能可以在光标附近看到相关的操作信息，而无须再看命令提示行中的提示信息了。在动态输入开启的情况下，还可以直接在动态命令框中输入数据或命令。例如，绘制圆时，在指定圆的圆心后，在动态文本框中输入圆的半径为 5（如左下图所示）并确定，即可绘制指定半径的圆，如右下图所示。

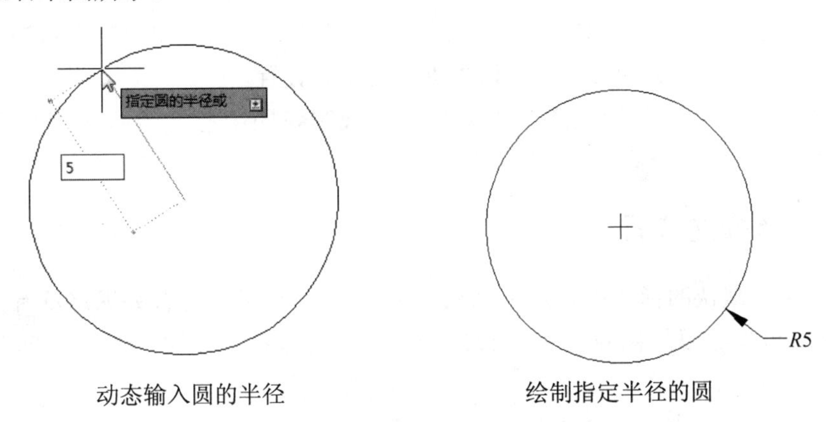

动态输入圆的半径　　　　绘制指定半径的圆

1.8　AutoCAD 的尺寸标注

尺寸标注样式决定着尺寸各组成部分的外观形式。在没有改变尺寸标注格式时，当前尺寸标注格式将作为预设的标注格式。系统预设标注格式为 STANDARD，用户可以根据实际情况在“标注样式管理器”对话框中进行重新建立，并控制尺寸标注样式的操作。

1.8.1　标注的组成元素

一般情况下，尺寸标注由尺寸界线、尺寸线、尺寸文本、尺寸箭头和圆心标记组成，如下图所示。

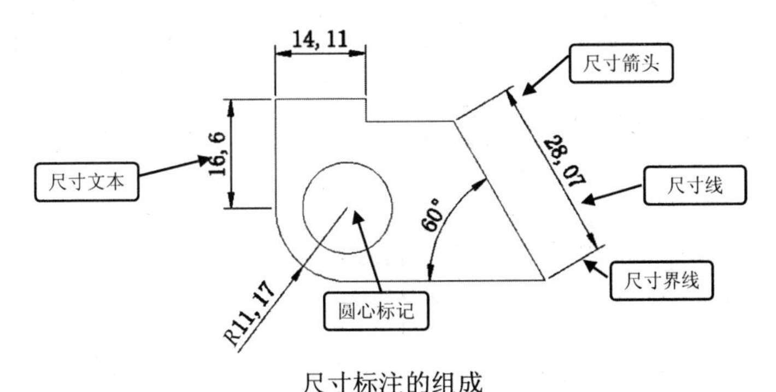

尺寸标注的组成

- 尺寸线　在图纸中使用尺寸来标注距离或角度。在预设状态下，尺寸线位于两个尺寸界线之间，尺寸线的两端有两个箭头，尺寸文本沿着尺寸线显示。
- 尺寸界线　尺寸界线是由测量点引出的延伸线。通常尺寸界线用于直线型及角度型尺寸的标注。在预设状态下，尺寸界线与尺寸线是互相垂直的，用户也可以将它改变到自己所需的角度。AutoCAD 可以将尺寸界线隐藏起来。
- 尺寸箭头　箭头位于尺寸线与尺寸界线相交处，表示尺寸线的终止端。在不同的情况使用不同样式的箭头符号来表示。在 AutoCAD 中，可以用箭头、短斜线、开口箭头、圆点及自定义符号来表示尺寸的终止。

- 尺寸文本　尺寸文本是用来标明图纸中的距离或角度等数值及说明文字的。标注时可以使用 AutoCAD 中自动给出的尺寸文本，也可以自己输入新的文本。尺寸文本的大小和采用的字体可以根据需要重新设置。
- 圆心标记　圆心标记通常用来标示圆或圆弧的中心，由两条相互垂直的短线组成。

1.8.2　新建标注样式

AutoCAD 默认的标注格式是 STANDARD，用户可以根据有关规定及所标注图形的具体要求，新建需要的标注样式，新建标注样式可以在“标注样式管理器”对话框中进行。

打开“标注样式管理器”对话框包括如下 3 种常用方法。

- 选择“格式”|“标注样式”命令。
- 选择“注释”标签，单击“标注”面板中的“标注样式”按钮。
- 在命令行中执行 DIMSTYLE（简化命令 D）命令。

例如，新建“建筑” 标注样式的操作方法如下。

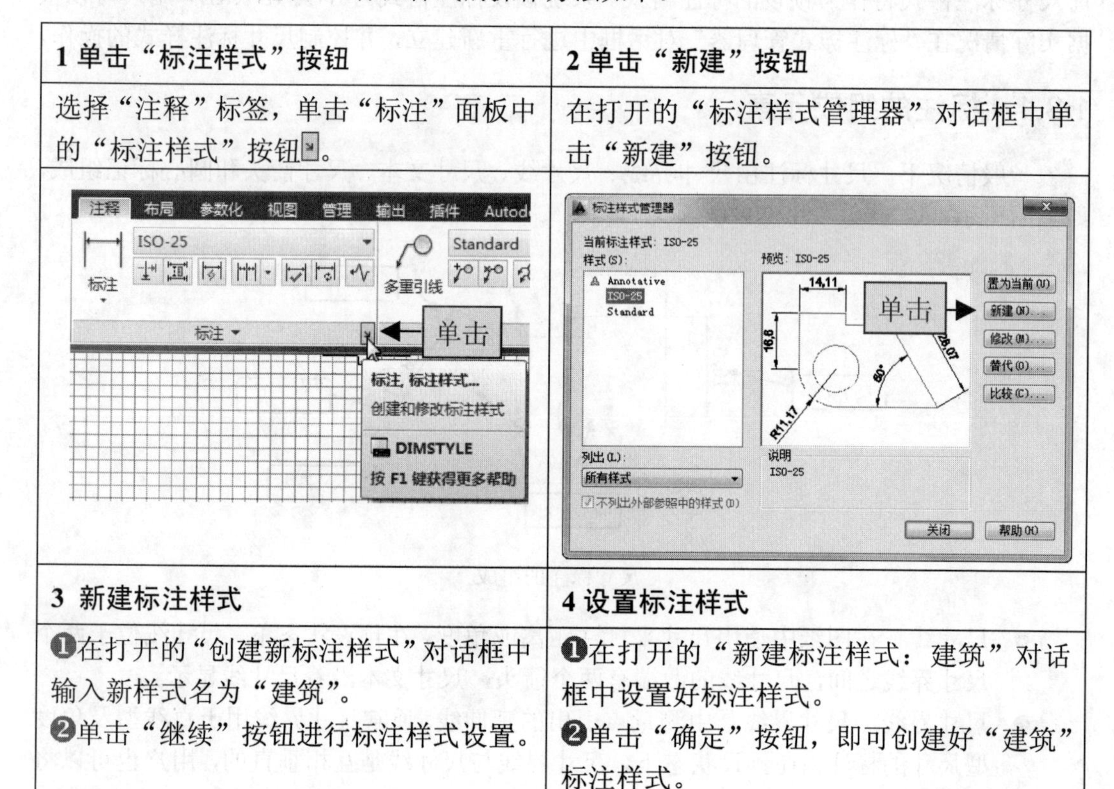

1 单击“标注样式”按钮	2 单击“新建”按钮
选择“注释”标签，单击“标注”面板中的“标注样式”按钮。	在打开的“标注样式管理器”对话框中单击“新建”按钮。
3 新建标注样式	4 设置标注样式
❶在打开的“创建新标注样式”对话框中输入新样式名为“建筑”。 ❷单击“继续”按钮进行标注样式设置。	❶在打开的“新建标注样式：建筑”对话框中设置好标注样式。 ❷单击“确定”按钮，即可创建好“建筑”标注样式。

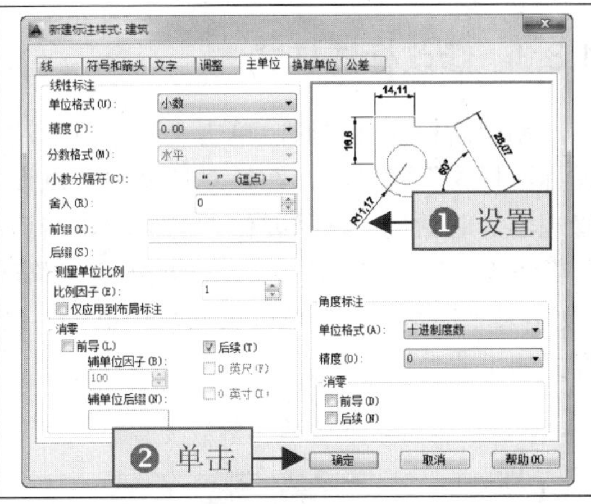

“标注样式管理器”对话框中常用选项的作用如下。

- “置为当前”　单击该按钮，可以将选定的标注样式设置为当前标注样式。
- “新建”　单击该按钮，将打开“创建新标注样式”对话框，用户可以在该对话框中创建新的标注样式。
- “修改”　单击该按钮，将打开“修改当前样式”对话框，用户可以在该对话框中修改标注样式。
- “替代”　单击该按钮，将打开“替代当前样式”对话框，用户可以在该对话框中设置标注样式的临时替代。
- “比较”　单击该按钮，将打开“比较标注样式”对话框，在该对话框中可以比较两种标注样式的特性，也可以列出一种样式的所有特性。
- “帮助”　单击该按钮将打开相关的帮助窗口，用户可以在此查找到需要的帮助信息。

在“创建新标注样式”对话框中可以创建新的标注样式，其中常用选项的含义如下。

- “新样式名”　在该文本框中可以输入新样式的名称。
- “基础样式”　在该下拉列表中，可以选择一种基础样式，如左下图所示，在该样式的基础上进行修改，从而建立新样式。
- “用于”　这里可以限定所选标注格式只用于某种确定的标注形式，用户可以在下拉式列表框中选取所要限定的标注形式，如右下图所示。
- “继续”　单击该按钮，将打开用于设置新建标注样式的“新建标注样式”对话框。

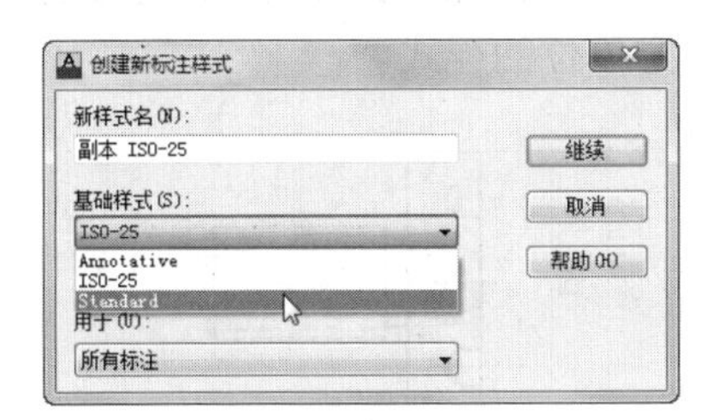

选择基础样式

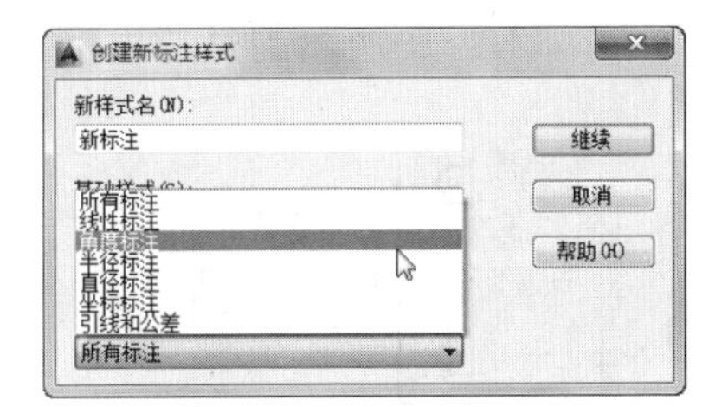

选取限定的标注形式

1.8.3 修改标注样式

创建新标注样式时，单击“创建新标注样式”对话框中的“继续”按钮，打开“新建标注样式”对话框，在该对话框中可以设置新的尺寸标注格式。也可以在“标注样式管理器”对话框中选择要修改的标注，然后单击“修改”按钮，如左下图所示，在打开的“修改标注样式：建筑”对话框中可以修改标注样式，其中包括“线”、“符号和箭头”、“文字”、“调整”、“主单位”、“换算单位”以及“公差”等，如右下图所示。下面对标注样式的主要参数进行介绍。

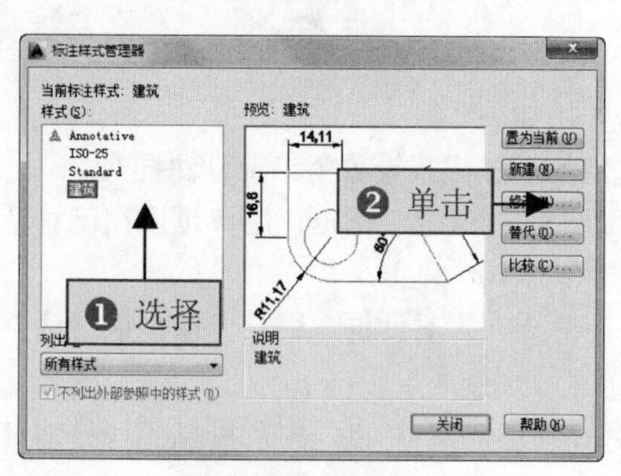

选择要修改的样式

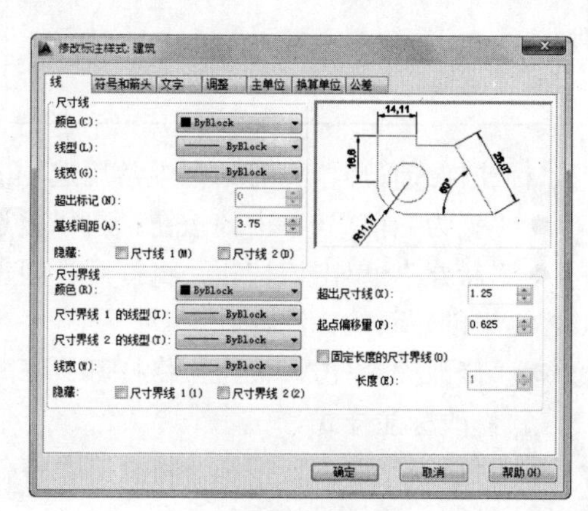

修改标注样式

1. 设置标注尺寸线

在“线”选项卡中，“尺寸线”区域可以设置尺寸线的颜色、线型、线宽以及超出尺寸线的距离、起点偏多量的距离等内容，其中常用选项的含义如下。

- “颜色” 单击“颜色”列表框右侧的下拉按钮，可以在打开的“颜色”下拉列表中选择尺寸线的颜色。
- “线型” 在“线型”下拉列表中，可以选择尺寸线的线型样式，单击“其他”选项可以打开“选择线型”对话框，从中选择其他线型。
- “线宽” 在“线宽”下拉列表中，可以选择尺寸线的线宽。
- “超出标记” 当使用箭头倾斜、建筑标记、积分标记或无箭头标记时，使用该文本框可以设置尺寸线超出尺寸界线的长度。如左下图所示的是没有超出标记的样式；如右下图所示的是超出标记长度为 3 个单位的样式。

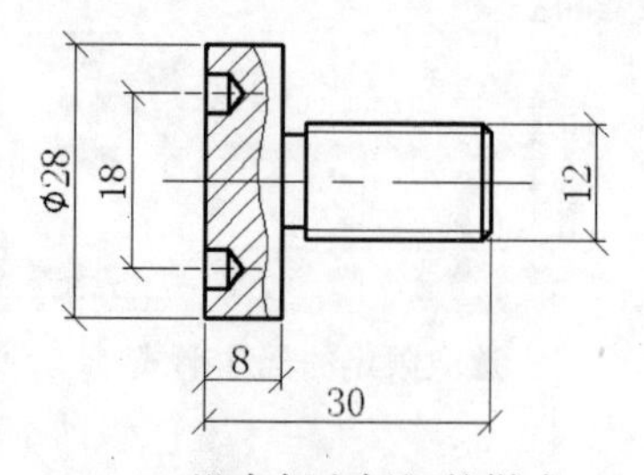

没有超出标记的样式

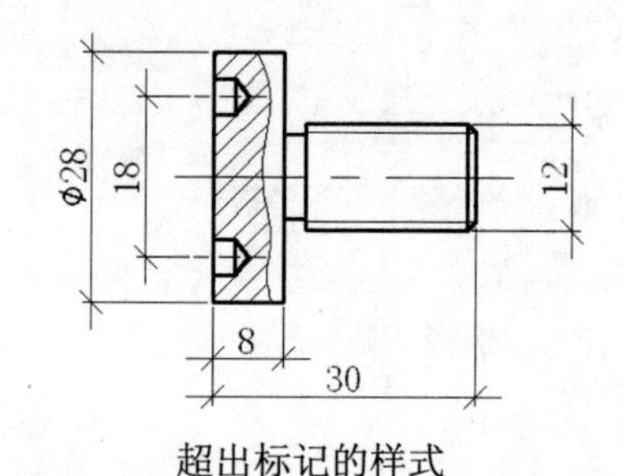

超出标记的样式

- “基线间距”　设置在进行基线标注时尺寸线之间的间距。
- “隐藏”　用于控制第一条和第二条尺寸线的隐藏状态，通过选中或取消其后的“尺寸线 1”或“尺寸线 2”来实现。

在“尺寸界线”区域可以设置尺寸界线的颜色、线型和线宽等，也可以隐藏某条尺寸界线。其中常用选项的含义如下。

- “颜色”　在该下拉列表中，可以选择尺寸界线的颜色。
- “尺寸界线 1 的线型”　可以在相应下拉列表中选择第一条尺寸界线的线型。
- “尺寸界线 2 的线型”　可以在相应下拉列表中选择第二条尺寸界线的线型。
- “线宽”　在该下拉列表中，可以选择尺寸界线的线宽。
- “超出尺寸线”　用于设置尺寸界线伸出尺寸的长度。
- “起点偏移量”　设置标注点到尺寸界线起点的偏移距离。
- “固定长度的尺寸界线”　选中该复选框后，可以在下方的“长度”文本框中设置尺寸界线的固定长度。
- “隐藏尺寸界线”　用于控制第一条和第二条尺寸界线的隐藏状态。

2. 设置标注符号和箭头

在“修改标注样式”对话框中选择“符号和箭头”选项卡，在该选项卡中可以设置符号和箭头样式与大小、圆心标记的大小、弧长符号以及半径与线性折弯标注等，如左下图所示。其中常用选项的含义如下。

- “第一个”　在该下拉列表中选择第一条尺寸线的箭头样式，如右下图所示。

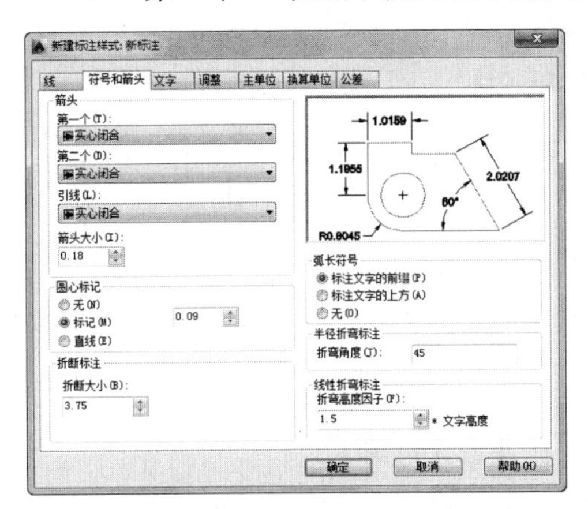

选择“符号和箭头”选项卡

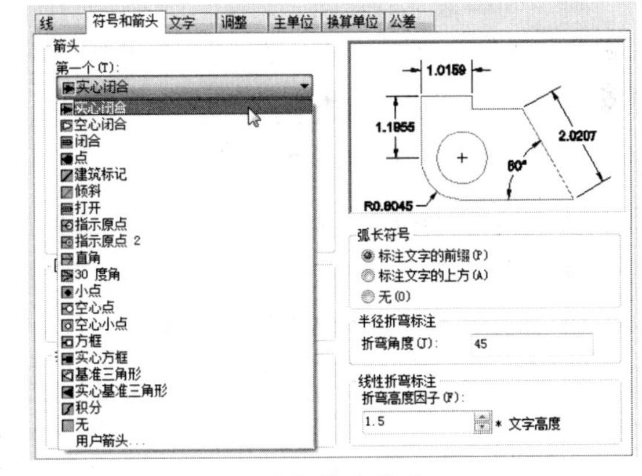

选择箭头样式

- “第二个”　在该下拉列表中，可以选择第二条尺寸线的箭头。
- “引线”　在该下拉列表中，可以选择引线的箭头样式。
- “箭头大小”　用于设置箭头的大小。
- “圆心标记”选项组　用于控制直径标注和半径标注的圆心标记以及中心线的外观。
- “折断标注”选项组　用于控制折断标注的间距宽度，其中的“折断大小”文本框用于显示和设置折断标注的间距大小。

- “弧长符号”选项组　用于控制弧长标注中圆弧符号的显示。
- “半径折弯标注”选项组　用于控制折弯（Z 字形）半径标注的显示，通常在圆或圆弧的中心点位于页面外部时创建。其中的“折弯角度”选项用于确定在折弯半径标注中尺寸线的横向线段的角度。
- “线性折弯标注”选项组　用于控制线性标注折弯的显示。当标注不能精确表示实际尺寸时，将折弯线添加到线性标注中。通常情况下，实际尺寸比所需值小。在“折弯高度因子”文本框中可以设置形成折弯角度的两个顶点之间的距离。

3. 设置标注文字

选择“文字”选项卡，在该选项卡中可以设置文字外观、文字位置和文字对齐的方式，如左下图所示。

“文字外观”选项组中各选项含义如下。

- “文字样式”　在该下拉列表中，可以选择标注文字的样式。单击右侧的...按钮，将打开如右下图所示的“文字样式”对话框，可以在该对话框设置文字样式。

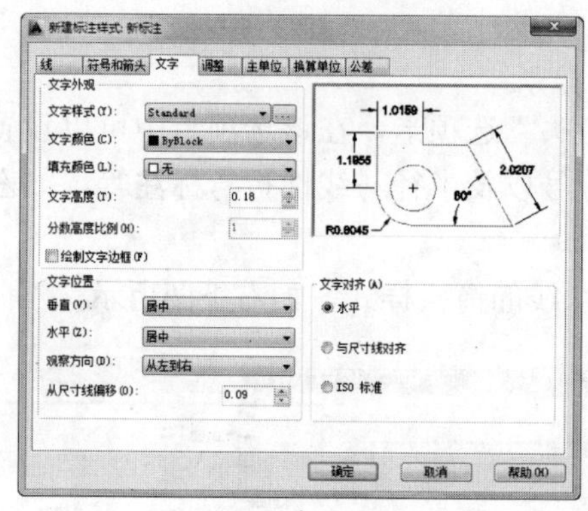

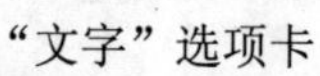
“文字”选项卡

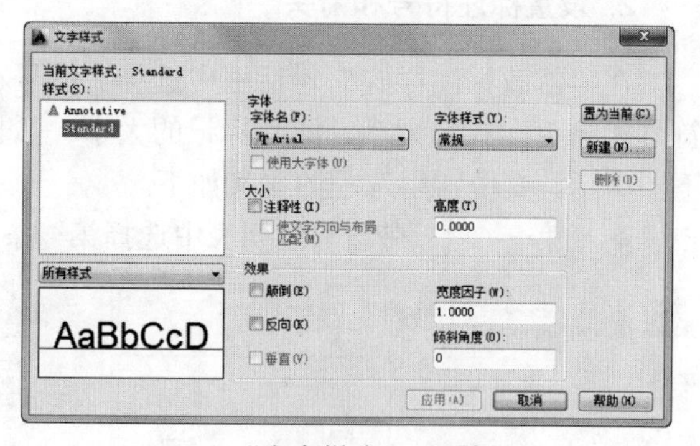

“文字样式”对话框

- “文字颜色”　在该下拉列表中，可以选择标注文字的颜色。
- “填充颜色”　在该下拉列表中，可以选择标注中文字背景的颜色。
- “文字高度”　设置标注文字的高度。
- “分数高度比例”　设置相对于标注文字的分数比例，只有当选择了“主单位”选项卡中的“分数”作为“单位格式”时，此选项才可用。

“文字位置”选项组用于控制标注文字的位置，其中常用选项的含义如下。

- “垂直”　在该下拉列表中，可以选择标注文字相对于尺寸线的垂直位置。
- “水平”　在该下拉列表中，可以选择标注文字相对于尺寸线和尺寸界线的水平位置。
- “从尺寸线偏移”　设置标注文字与尺寸线的距离。

“文字对齐”选项组用于控制标注文字放在尺寸界线外边或里边时的方向是保持水平还是与尺寸界线平行，其中各选项的含义如下。

- “水平”　水平放置文字。

- “与尺寸线对齐”　文字与尺寸线对齐。
- “ISO 标准”　当文字在尺寸界线内时，文字与尺寸线对齐。当文字在尺寸界线外时，文字水平排列。

4. 调整尺寸样式

选择“调整”选项卡，可以在该选项卡中设置尺寸的尺寸线与箭头的位置、尺寸线与文字的位置、标注特征比例以及优化等内容，如左下图所示。

5. 设置尺寸主单位

选择“主单位”选项卡，在该选项卡中可以设置线性标注和角度标注，如右下图所示。其中“线性标注”选项组用于设置“单位格式”、“精度”、“舍入”、“测量单位比例”和“消零”等内容；“角度标注”选项组用于设置“单位格式”、“精度”和“消零”等内容。

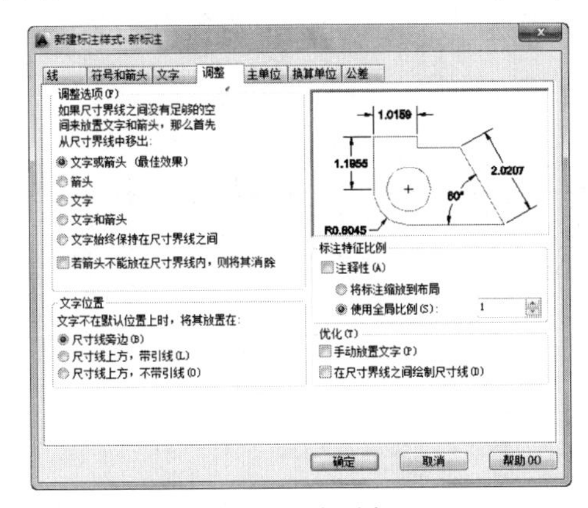

“调整”选项卡

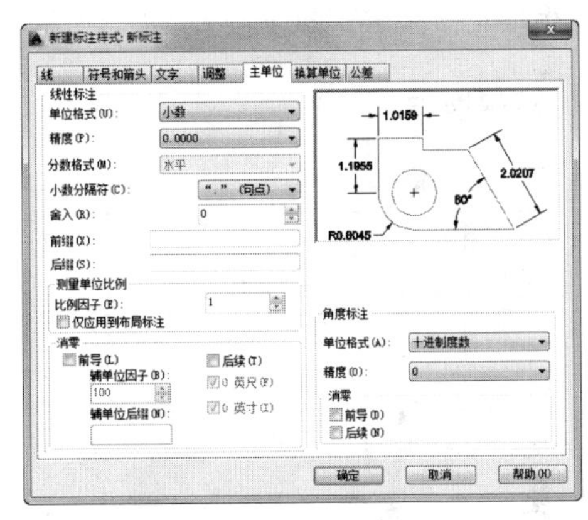

“主单位”选项卡

专业提示：在设置标注样式时，应根据行业标准设置小数的位数，在没有特定要求的情况下，可以将主单位的精度设置在一位小数内，这样有利于在标注中更清楚地查看数字内容。

第 2 章　绘制建筑平面图

学习目标

建筑平面图是表示建筑物在水平方向房屋各部分的组合关系，通常由墙体、柱、门、窗、楼梯、阳台、尺寸标注、轴线和说明文字等元素组成。绘制建筑平面图的目的在于直观地反映出建筑的内部使用功能、建筑内外空间关系、装饰布置及建筑结构形式等。

本章将学习建筑平面图的绘制方法。在学习绘制建筑平面图之前，首先学习建筑平面图的基本知识和绘图流程，然后根据建筑设计流程绘制建筑平面图中的各个元素。

效果展示

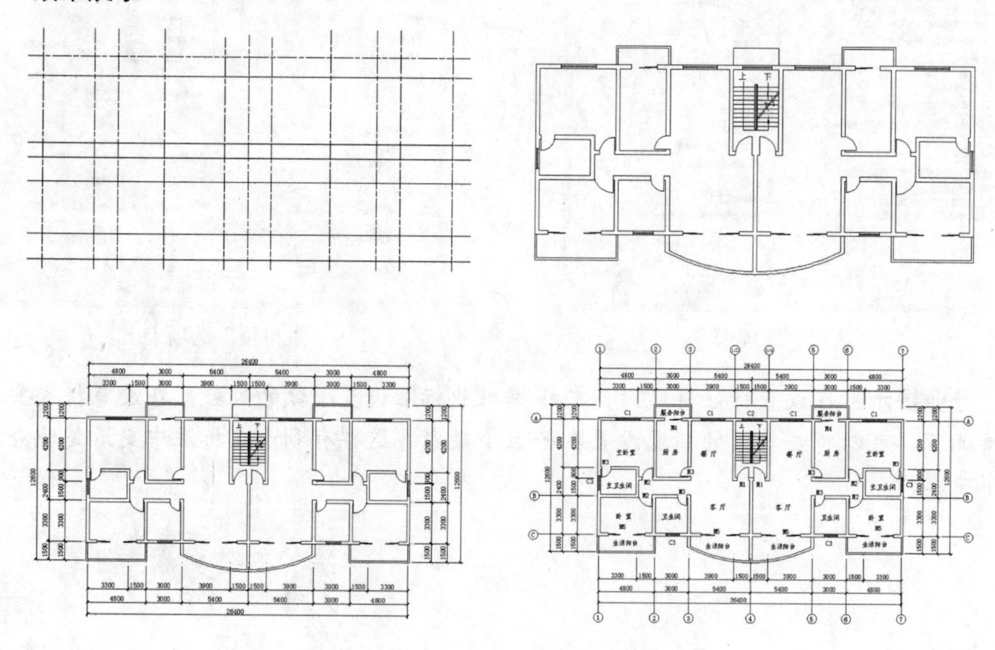

2.1　建筑平面图基础

在绘制建筑平面图之前，首先要了解建筑平面图的一些基本知识，包括认识建筑平面图和了解建筑平面图的绘制流程。

2.1.1　认识建筑平面图

建筑平面图是使用一个假想的水平剖切平面沿房屋略高于窗台的部位剖切，移去上面部分，对剩余部分进行正投影而得到的水平投影图。建筑平面图能直观地反映出建筑的内部使用功能、建筑内外空间关系、交通联系、装饰布置、空间流线组织及建筑结构形式等。

建筑平面图表达的内容很多，主要包括建筑物的平面形式、房间的数量、大小、用途、房间之间的联系、门窗类型及布置情况等许多问题。建筑平面图是施工放线和编制工程预算的依据。

用户可以通过以下几个方面进行建筑平面图的识读。

（1）先看图名、比例，对照总平面图定出房屋朝向，并找出主要出入口及次要出入口的位置。

（2）查看平面形式，房间的数量及用途，建筑物的外形尺寸，即外墙面到外墙面的总尺寸，以及轴线尺寸与门窗洞口间尺寸。轴线间尺寸横向称为开间，轴线间尺寸纵向称为进深。楼梯平面图中带长箭头细线被称为行走线，用来指明上、下楼梯的行走方向。

（3）查看门窗的类型、数量与设置情况。门的编号用 M-1、M-2 等表示，窗的编号用 C-1、C-2 等表示，通过不同的编号查找各种类型门窗的位置和数量，通过对照平面图中的分段尺寸（靠近外墙的一段尺寸）可查找出各类门窗洞口尺寸。门窗具体构造还要参照门窗明细表中所用的标准图集。

（4）深入查看各类房间内的固定设施及内部尺寸。

（5）在掌握了以上所有内容后，便可逐层识读。在识读各楼层平面图时应注意着重查看房间的布置、用途及门窗设置，以及它们之间的不同之处，尤其应注意各种尺寸及楼地面标高等问题。

2.1.2　建筑平面图的绘制流程

在一般情况下，用户可以参照以下几个环节进行建筑平面图的绘制。

（1）设置绘图环境；

（2）绘制定位轴线；

（3）绘制墙体；

（4）绘制门窗；

（5）绘制楼梯；

（6）绘制建筑物的其他细部；

（7）尺寸标注及文字标注；

（8）绘制建筑轴号。

2.2 绘制建筑平面图

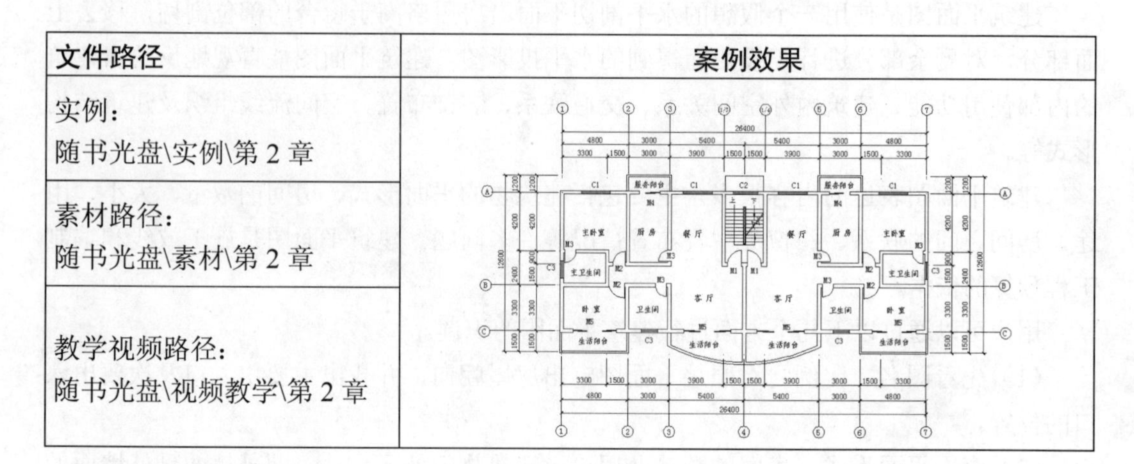

文件路径	案例效果
实例： 随书光盘\实例\第 2 章	
素材路径： 随书光盘\素材\第 2 章	
教学视频路径： 随书光盘\视频教学\第 2 章	

设计思路与流程

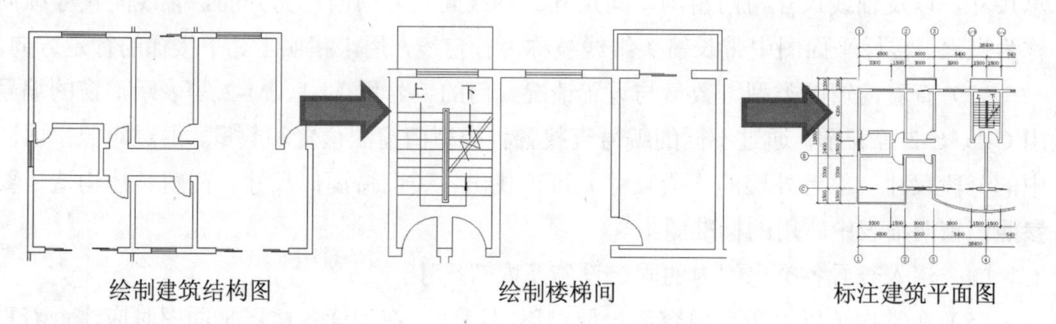

绘制建筑结构图　　绘制楼梯间　　标注建筑平面图

制作关键点

在本例的制作中，墙体、门窗、圆弧阳台、楼梯间和标注等内容是比较关键的地方。

- 绘制墙体　绘制建筑墙体时，通常使用“多线”命令通过捕捉轴线绘制墙体线。在绘制墙体线时，注意设置多线的比例与墙体宽度要一致，普通墙体的宽度通常为 240mm，阳台墙体和隔断墙体的宽度通常为 120mm。
- 绘制建筑门窗　建筑平面图中的门通常比室内装修图中的门要宽 100mm，这是因为建筑门窗是原始框架的尺寸，装修图中的门窗是添加门窗基层后的尺寸。建筑平开门通常使用直线和圆弧表示，平面窗户通常使用四条直线表示。
- 绘制圆弧阳台　绘制圆弧阳台时，需要对一方的结构图进行镜像复制，然后在该基础上绘制圆弧阳台。在绘制圆弧时，可以通过指定圆弧的起点和端点，然后指定圆弧的半径得到。
- 绘制楼梯间　楼梯图形的梯步可以使用“阵列”进行创建，楼梯走向标线可以使用“多段线”命令绘制出来。
- 标注　标注建筑图时，需要先设置好标注样式，主要设置标注的尺寸线、标注箭头、文字高度和标注单位的精度。

2.2.1　设置绘图环境

<table>
<tr><td>1 保存图形文件</td><td>2 设置保存参数</td></tr>
<tr><td>❶双击桌面上的 AutoCAD 2014 快捷图标，启动 AutoCAD 2014 应用程序。
❷单击快速访问工具栏中的“保存”按钮保存图形文件。</td><td>❶打开“图形另存为”对话框，在“保存于”下拉列表中设置文件保存的位置。
❷在“文件名”文本框中输入文件的名称。
❸单击“保存”按钮对文件进行保存。</td></tr>
<tr><td>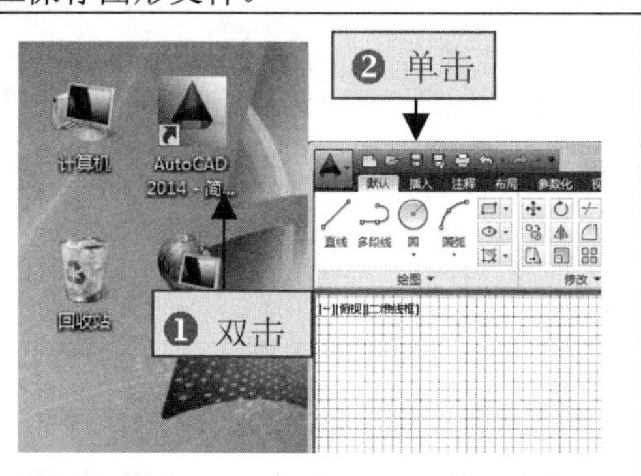</td><td>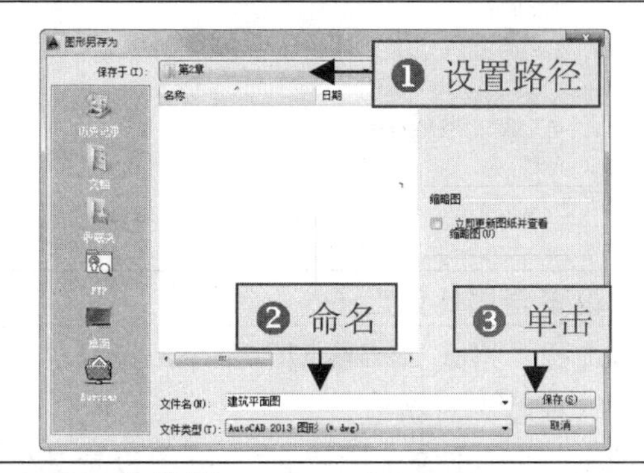</td></tr>
<tr><td>3 取消栅格显示</td><td>4 显示菜单栏</td></tr>
<tr><td>单击状态栏中的“栅格显示”按钮，取消绘图区中的栅格效果。</td><td>❶单击快速访问工具栏右方的下拉按钮。
❷在弹出的菜单中选择“显示菜单栏”命令。</td></tr>
<tr><td>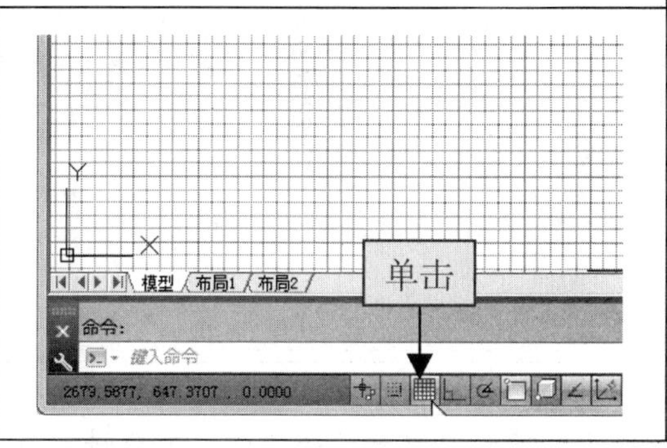</td><td>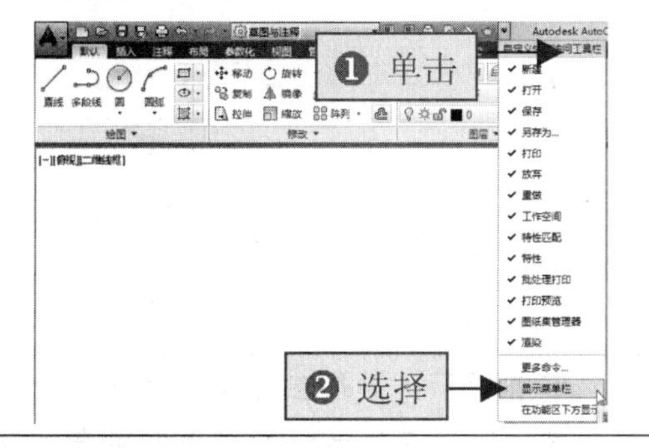</td></tr>
<tr><td colspan="2">专业提示：在绘制图形的操作中，通常需要隐藏绘图区中的栅格，这样有利于对绘图区中的图形进行查看。用户也可以按 F7 键快速隐藏栅格。</td></tr>
<tr><td>5 设置图形单位</td><td>6 取消线宽显示</td></tr>
<tr><td>❶选择“格式”|“单位”命令，打开“图形单位”对话框。
❷设置插入内容的单位为“毫米”，然后单击“确定”按钮。</td><td>❶选择“格式”|“线宽”命令，打开“线宽设置”对话框。
❷取消“显示线宽”复选框，然后单击“确定”按钮。</td></tr>
<tr><td colspan="2">专业提示：取消线宽的显示后，图形中的粗线条也将统一显示为细线效果，这有利于绘图时对图形进行观察，取消线宽显示并不会影响线条的打印效果。</td></tr>
</table>

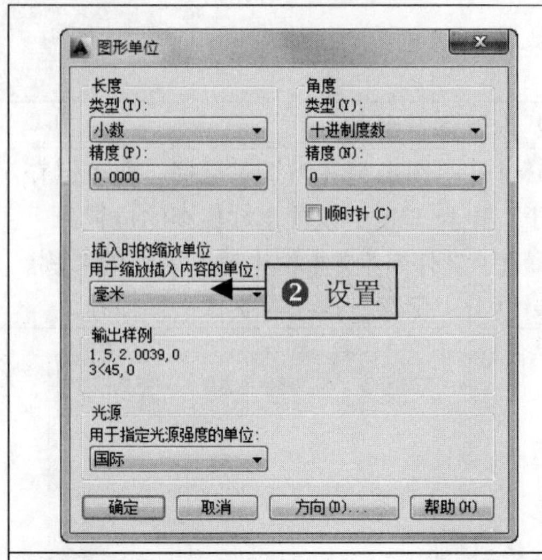

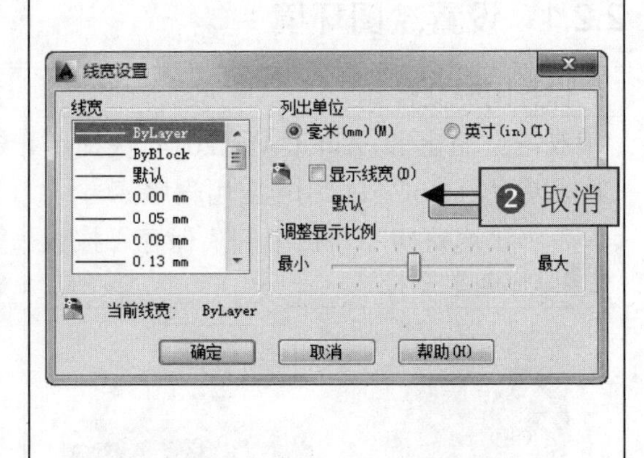

7 设置全局比例因子	8 设置对象捕捉
❶选择“格式”|“线型”命令，打开“线型管理器”对话框。 ❷在“全局比例因子”文本框中设置其值为 50。	❶选择“工具”|“绘图设置”命令，打开“草图设置”对话框。 ❷选择“对象捕捉”选项卡，进行对象捕捉选项设置。

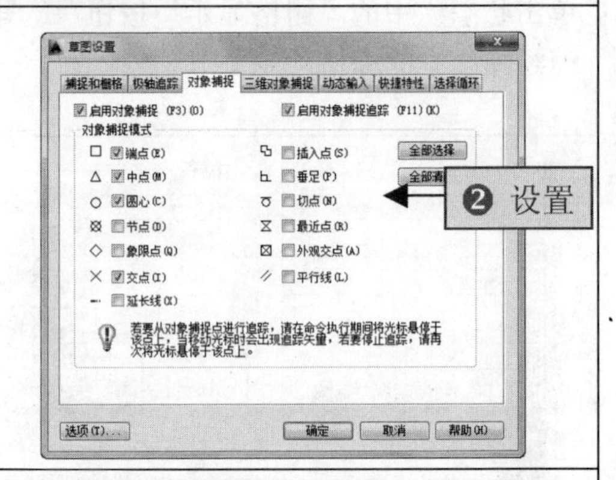

专业提示：如果在打开的“线型管理器”对话框中没有显示下方的“详细信息”选项组，可以在对话框的左上方单击“显示细节”按钮，显示该选项组，然后进行全局比例因子的设置。

2.2.2 创建建筑图层

1 新建“轴线”图层	2 设置图层颜色
❶在命令行中执行“图层”命令 Layer (LA)。 ❷在打开的图层特性管理器中单击“新建图层”按钮。 ❸将新建的图层命名为“轴线”。	❶单击“轴线”图层的颜色图标■白。 ❷在打开的“选择颜色”对话框中设置图层的颜色为红色并单击“确定”按钮。

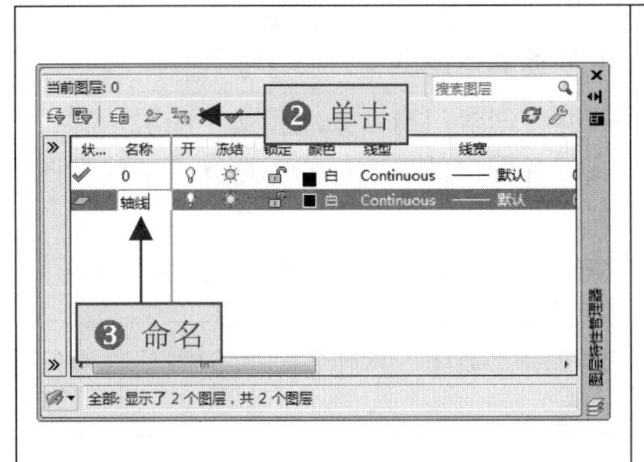

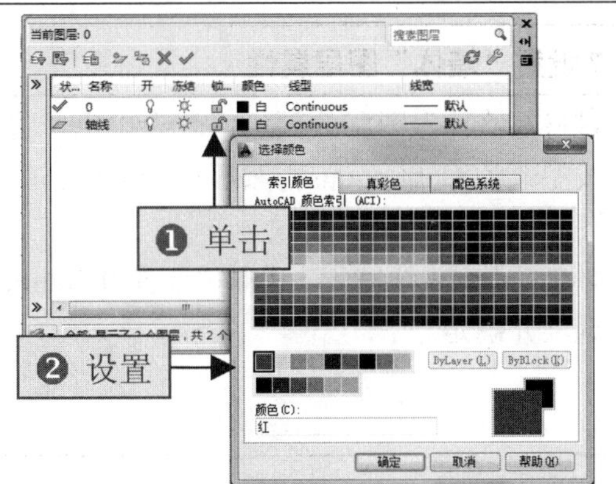

3 设置线型

❶单击“轴线”图层的线型图标 Continuous ，打开“选择线型”对话框。

❷单击“加载”按钮，打开“加载或重载线型”对话框。

4 加载线型

❶在打开的“加载或重载线型”对话框中选择 ACAD_ISOO8W100 选项。

❷单击“确定”按钮返回“选择线型”对话框。

5 选择线型

❶在【选择线型】对话框中选择加载的线型 ACAD_ISOO8W100。

❷单击“确定”按钮。

6 新建“墙体”图层

❶单击“新建图层”按钮 。

❷将新建的图层命名为“墙体”。

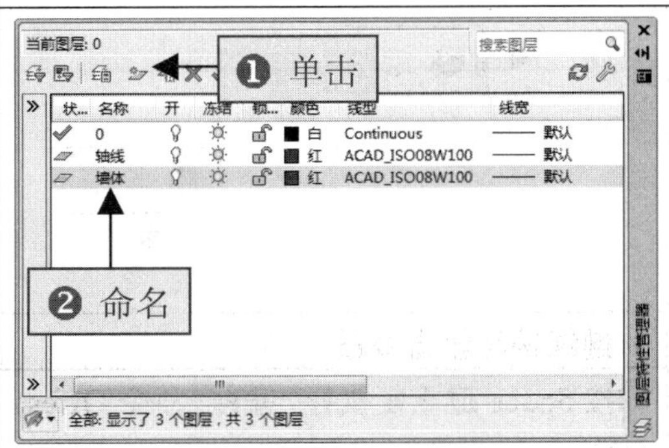

7 设置“墙体”图层属性	8 创建其他图层
❶将“墙体”图层的颜色修改为白色，将线型改为 Continuous，然后单击“墙体”图层的线宽图标。 ❷在打开的“线宽”对话框中选择 0.30mm 选项并确定。	❶继续创建门窗、标注和文字图层，并设置好各图层的属性，然后选择“轴线”图层。 ❷单击“置为当前”按钮，将“轴线”图层设置为当前层。 ❸单击“关闭”按钮，关闭图层特性管理器。

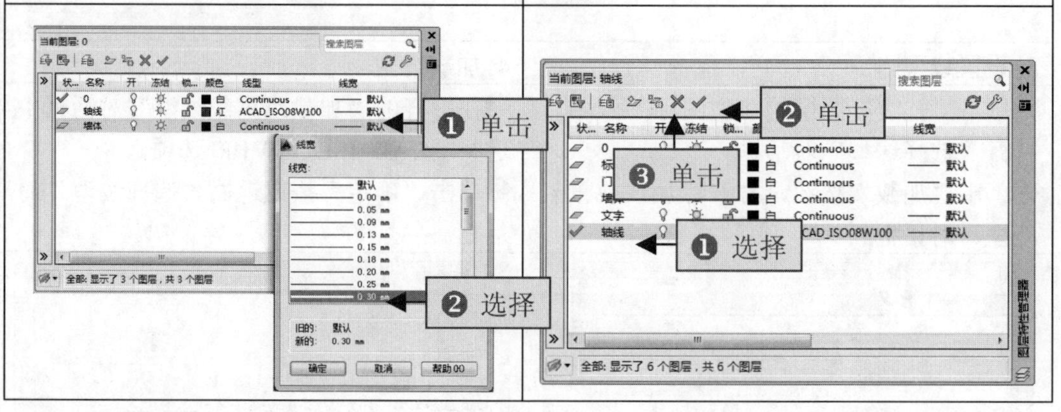

2.2.3 绘制建筑轴线

1 绘制线段	2 偏移线段
❶在命令行中执行“直线”命令 Line（L），绘制一条长 28600 的水平线段。 ❷按 Space 键重复执行 Line（L）命令，绘制一条长 15000 的垂直线段。	❶在命令行中执行“偏移”命令 Offest（O），设置偏移距离为 3300。 ❷选择垂直线段作为偏移对象，在线段右方指定偏移方向，将垂直线段向右偏移一次。

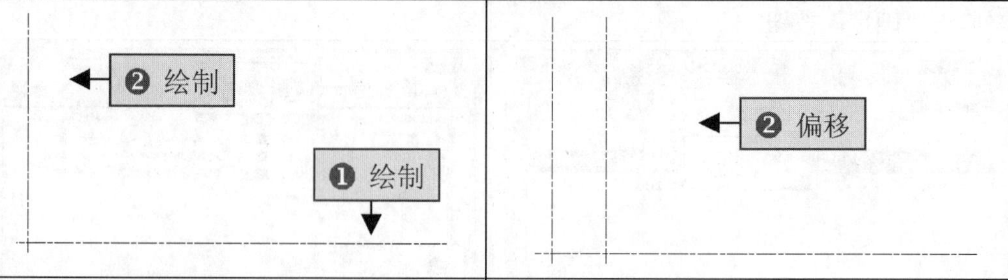

3 继续偏移垂直线段	4 偏移水平线段
❶按 Space 键重复执行“偏移”命令 Offest（O）。 ❷将右方的垂直线段向右偏移，偏移距离依次为 1500、3000、3900、1500。	❶按 Space 键重复执行“偏移”命令 Offest（O）。 ❷将水平线段向上偏移，偏移距离依次为 1500、3300、1500、900、4200、1200。

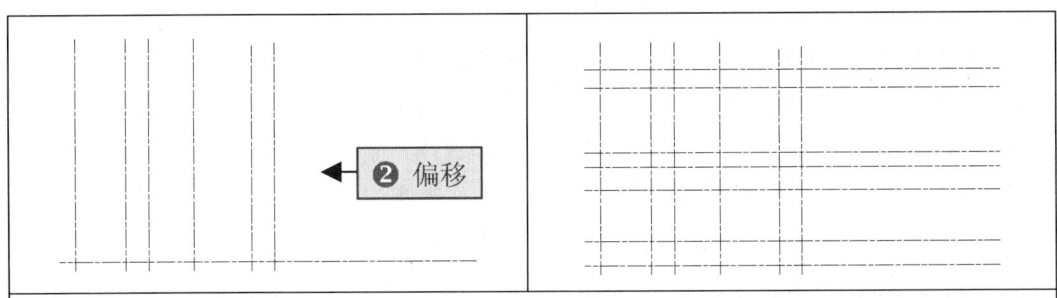

专业提示： 在 AutoCAD 中创建多个偏移对象时，通常是在后面一个偏移对象上进行继续偏移，这样更容易计算偏移距离和选择偏移的对象。

2.2.4　绘制建筑墙体

1 设置“墙体”图层为当前层	2 执行“多线”命令
❶单击“图层”面板中的“图层控制”下拉列表框。 ❷在图层列表中选择“墙体”为当前层。	❶在命令行中执行“多线”命令 MLine（ML）。 ❷依次设置比例为 240、对正类型为“无（Z）”。
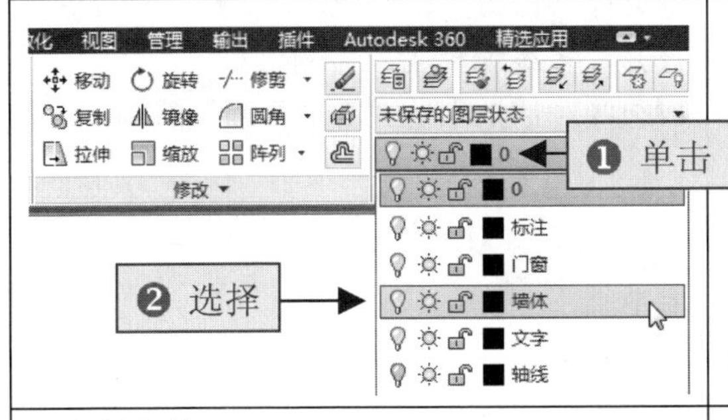	命令: ML MLINE 当前设置: 对正 = 上, 比例 = 1.00, 样式 = STANDARD 指定起点或 [对正(J)/比例(S)/样式(ST)]: S 输入多线比例 <1.00>: 240 当前设置: 对正 = 上, 比例 = 240.00, 样式 = STANDARD 指定起点或 [对正(J)/比例(S)/样式(ST)]: J 输入对正类型 [上(T)/无(Z)/下(B)] <上>: Z 当前设置: 对正 = 无, 比例 = 240.00, 样式 = STANDARD MLINE 指定起点或 [对正(J) 比例(S) 样式(ST)]:
3 绘制多线	**4 继续绘制多线**
❶在左上方的第二个轴线交点处单击指定多线的起点。 ❷依次指定多线的其他点，绘制一条多线作为墙体线。	按 Space 键重复执行 MLine（ML）命令，继续绘制其他比例为 240 的多线。
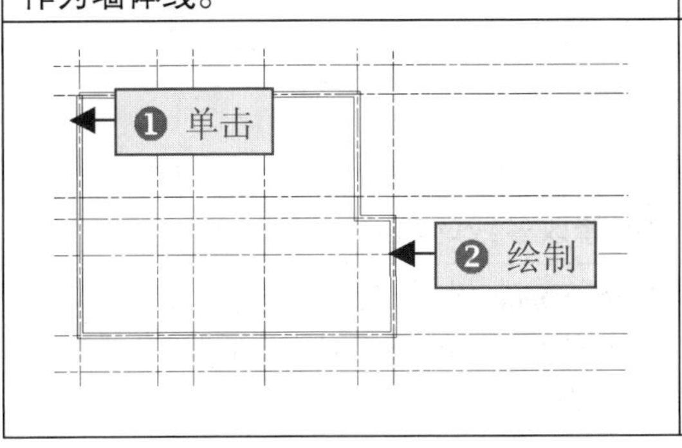	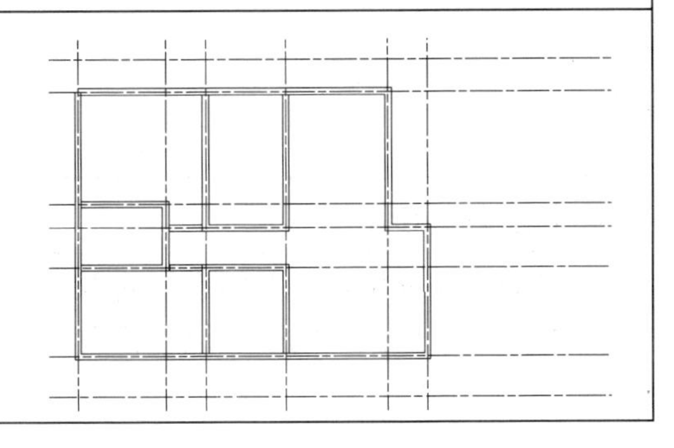

5 设置多线比例为 120

❶按 Space 键重复执行 MLine（ML）命令，然后输入 S 并确定。

❷根据系统提示设置多线比例为 120。

6 绘制阳台线

❶在图形上方通过捕捉轴线的交点绘制上方阳台线。

❷在图形下方通过捕捉轴线的交点绘制下方阳台线。

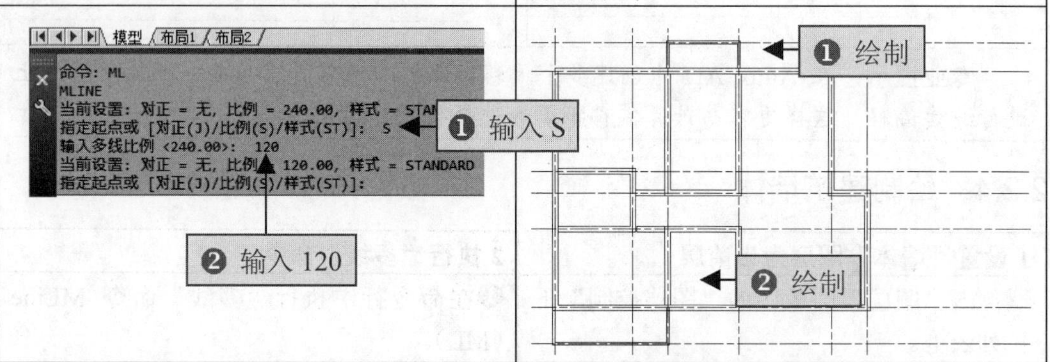

7 隐藏"轴线"图层

❶单击"图层"面板中的"图层控制"下拉列表框。

❷在图层列表中单击"轴线"图层前面的"开/关"按钮将其关闭。

8 单击"T 形打开"选项

❶选择"修改"|"对象"|"多线"命令，打开"多线编辑工具"对话框。

❷选择对话框中的"T 形打开"选项。

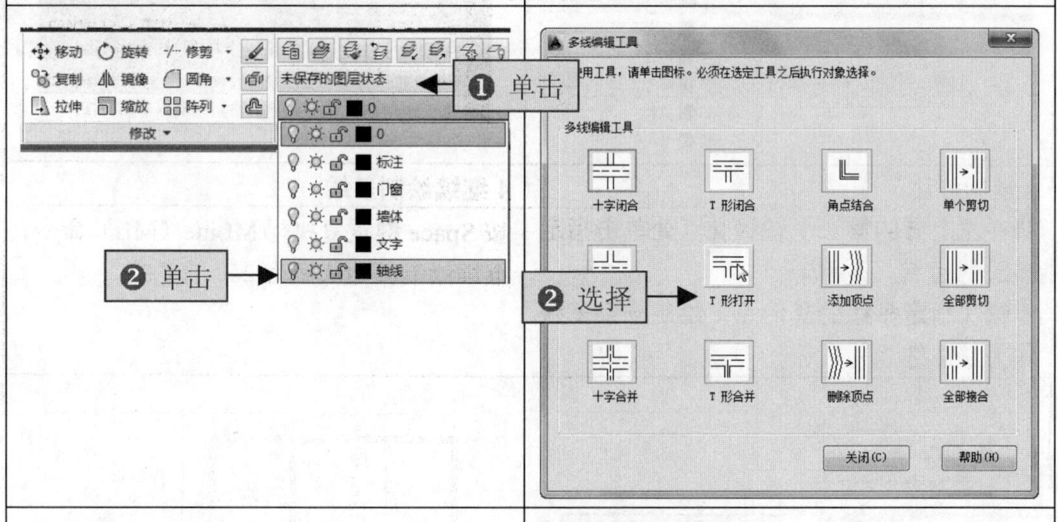

9 修改多线的接头

❶选择第一条要编辑的多线进行修改。

❷选择第二条要编辑的多线进行修改。

10 修改多线的角点

❶按 Space 键重复执行修改多线命令，在打开的"多线编辑工具"对话框中选择"角点结合"选项。

❷对图形左上角的角点进行修改。

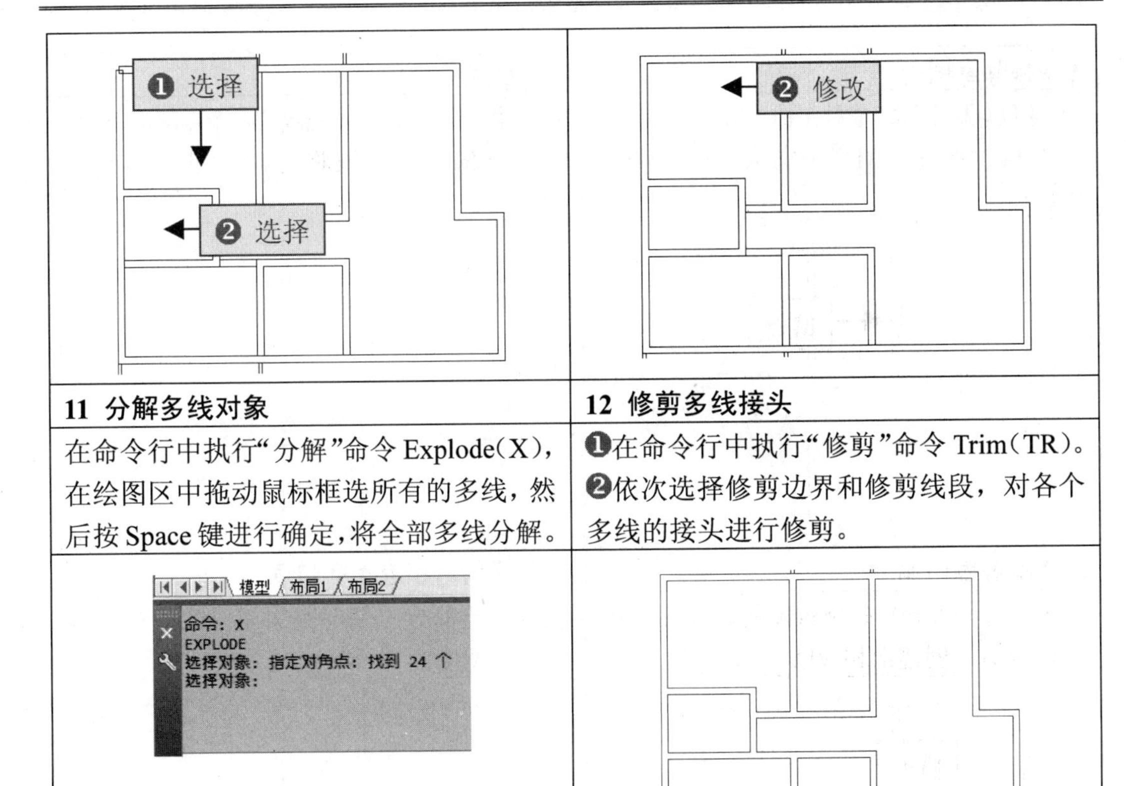

11 分解多线对象	12 修剪多线接头
在命令行中执行“分解”命令 Explode(X)，在绘图区中拖动鼠标框选所有的多线，然后按 Space 键进行确定，将全部多线分解。	❶在命令行中执行“修剪”命令 Trim(TR)。❷依次选择修剪边界和修剪线段，对各个多线的接头进行修剪。

2.2.5　绘制建筑门洞

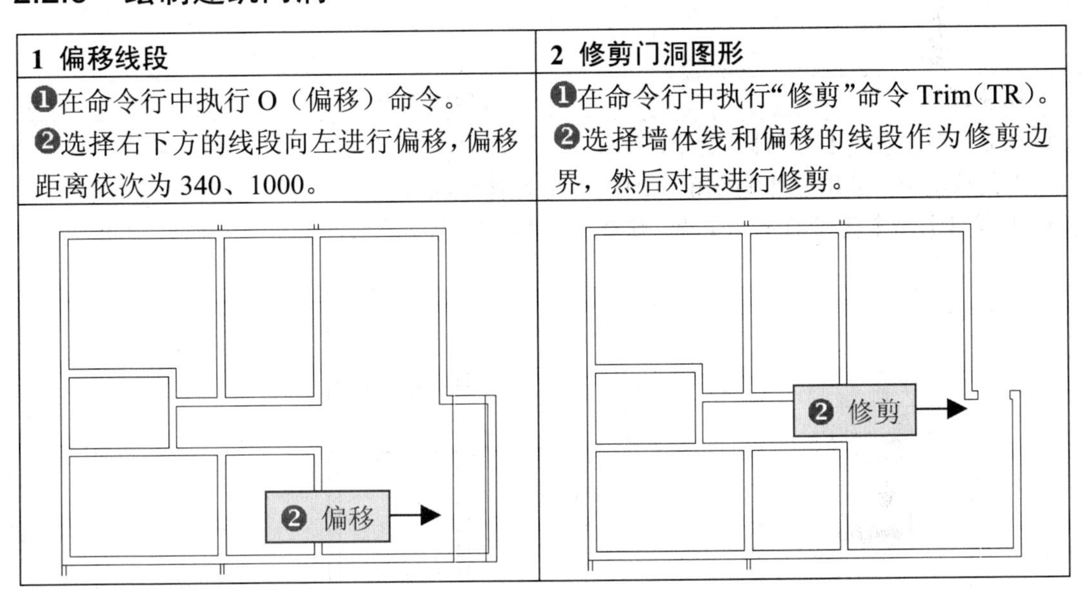

1 偏移线段	2 修剪门洞图形
❶在命令行中执行 O（偏移）命令。❷选择右下方的线段向左进行偏移，偏移距离依次为 340、1000。	❶在命令行中执行“修剪”命令 Trim(TR)。❷选择墙体线和偏移的线段作为修剪边界，然后对其进行修剪。

3 偏移卧室墙线

使用 O（偏移）命令对主卧室右方的墙线向左进行偏移，偏移距离依次为 100、900。

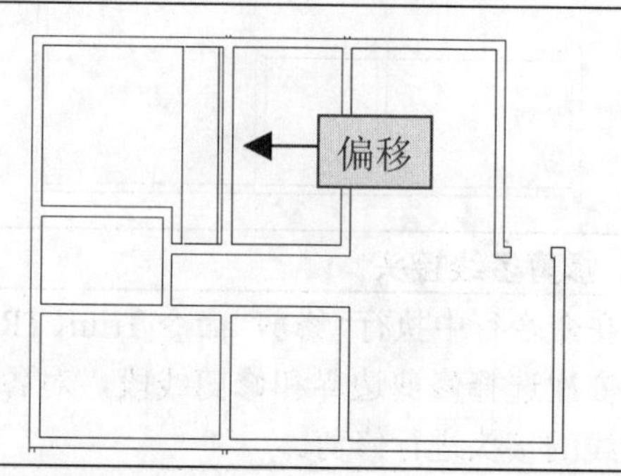

4 移动偏移线段

❶在命令行中执行“移动”命令 Move（M）。
❷选择偏移的线段将其向下进行适当移动。

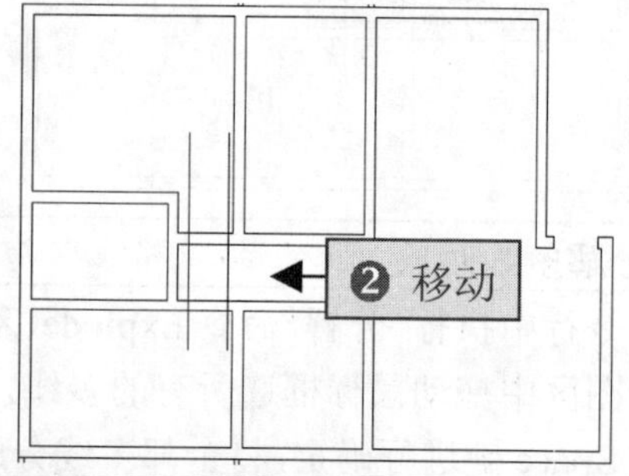
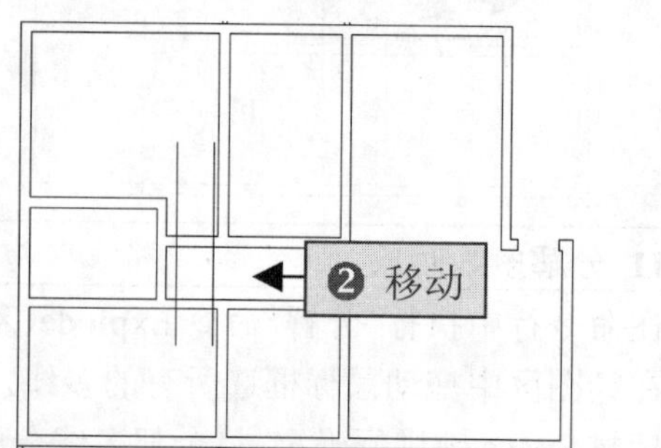

5 修剪卧室门洞

使用 TR（修剪）命令对偏移线段和墙体进行修剪，创建出相应的门洞。

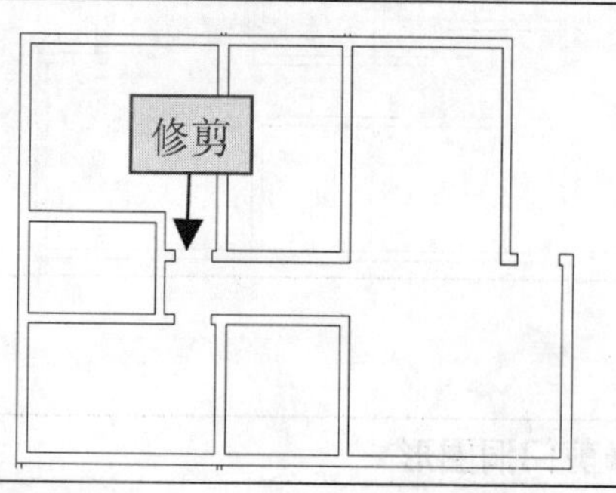

6 创建厨房和卫生间门洞

使用同样的方法创建厨房和卫生间门洞，门洞的宽度为 800。

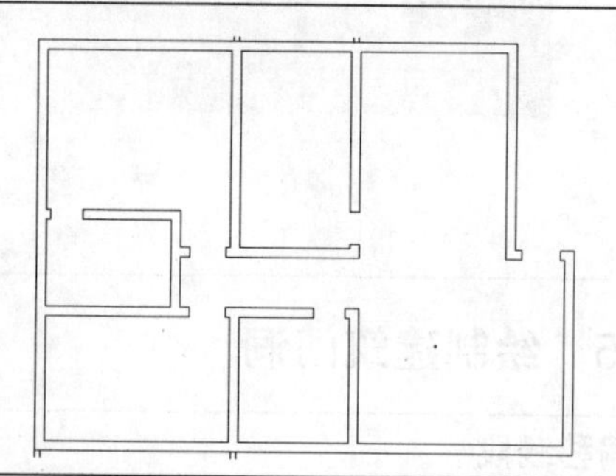

7 绘制线段

❶在命令行中执行 L（直线）命令，在客厅下方的线段中点处指定直线的第一个点。
❷垂直向下指定线段的下一个点，绘制一条线段。

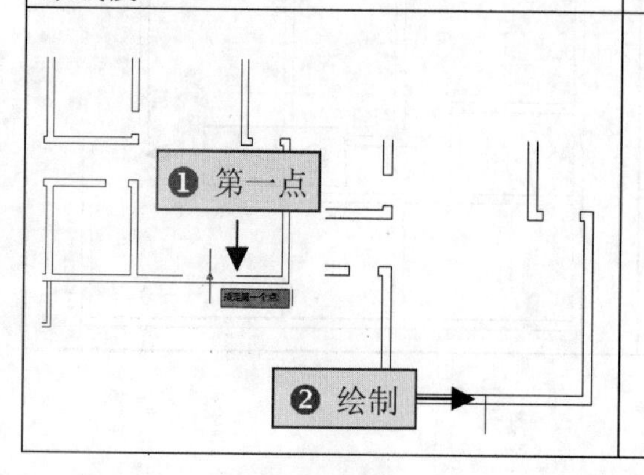

8 偏移线段

❶在命令行中执行 O（偏移）命令，设置偏移距离为 1600。
❷将绘制的线段向左右分别偏移一次。

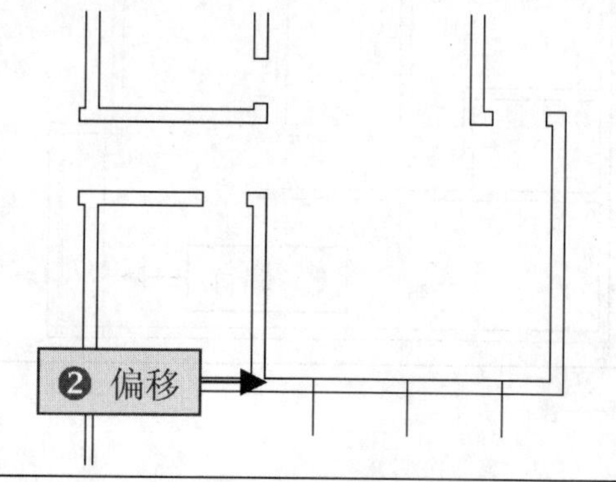

9 修剪图形	10 创建卧室和厨房推拉门洞
❶在命令行中执行“删除”命令 Erase（E），选择中间的垂直线段将其删除。 ❷在命令行中执行 TR（修剪）命令，对偏移的线段和墙线进行修剪。	❶使用同样的方法创建卧室的推拉门洞，门洞的宽度为 3200。 ❷继续创建厨房的推拉门洞，门洞的宽度为 1500。
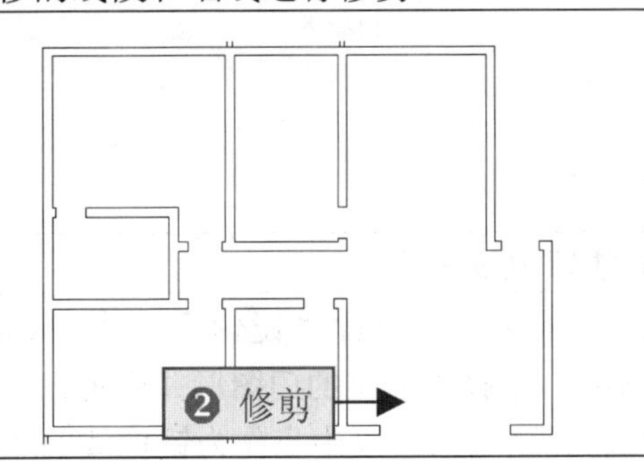	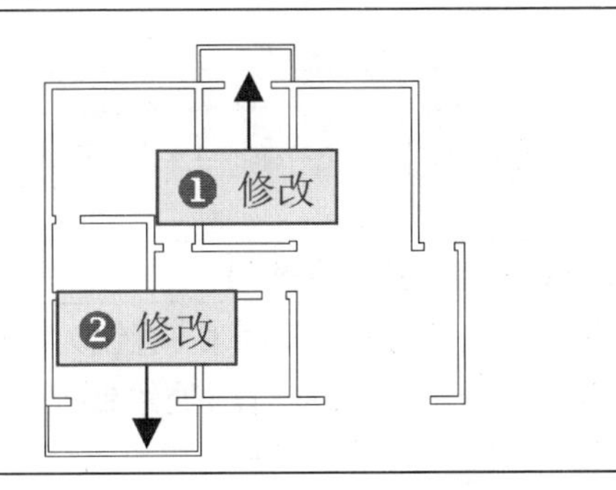

2.2.6　绘制门窗图形

1 将“门窗”设置为当前层	2 绘制线段
❶单击“图层”面板中的“图层控制”下拉列表框。 ❷在图层列表中选择“门窗”为当前层。	❶在命令行中执行 L（直线）命令，在客厅进门的墙洞线段中点处指定线段的第一点。 ❷向上移动光标，绘制一条长为 1000 的线段。
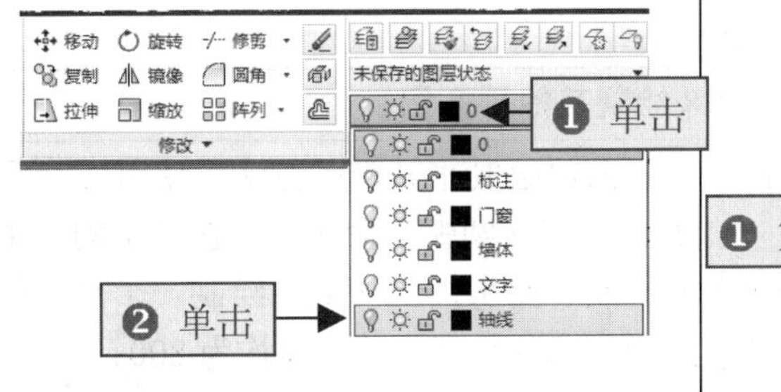	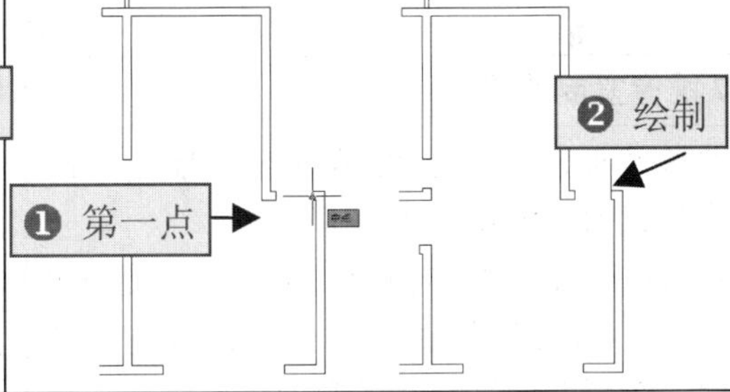
3 指定圆弧起点	4 创建圆弧
❶在命令行中执行“圆弧”命令 ARC（A），然后指定圆弧的起点。 ❷当系统提示“指定圆弧的第二个点或[圆心(C)/端点(E)]：”时，输入 C 并确定，启用“圆心”选项。	❶在线段下方指定圆弧的圆心。 ❷当系统提示“指定圆弧的端点或 [角度(A)/弦长(L)]:”时，在墙洞右方的中点指定圆弧的端点，绘制圆弧作进户门的开门路线。

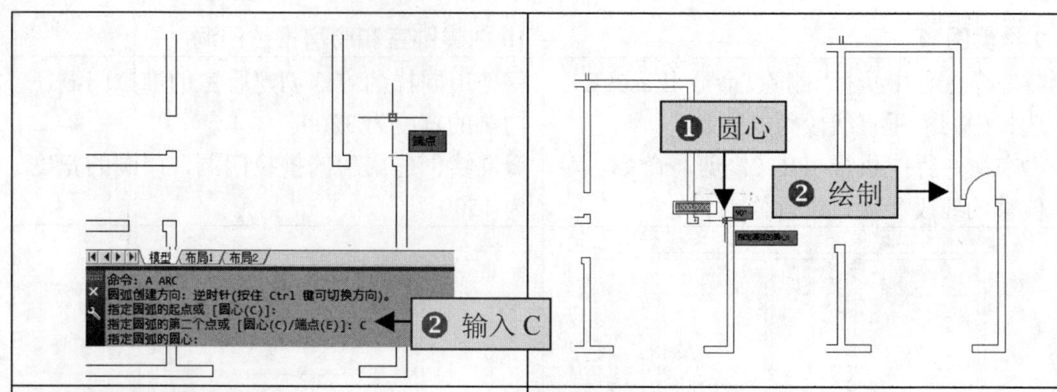

5 绘制主卧室的平开门

参照上述的方法，使用 L（直线）和 C（圆弧）命令在主卧室门洞处绘制平开门图形，该门的宽度为 900。

6 执行镜像操作

❶在命令行中执行“镜像”命令 Mirror（MI），选择主卧室的门图形并确定。

❷捕捉过道的线段中点作为镜像线的第一个点。

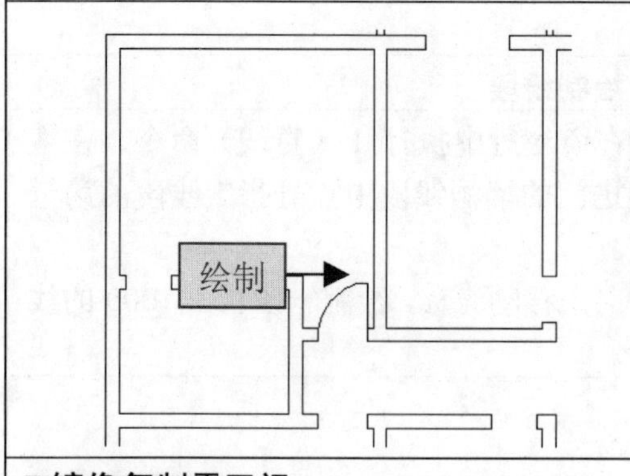

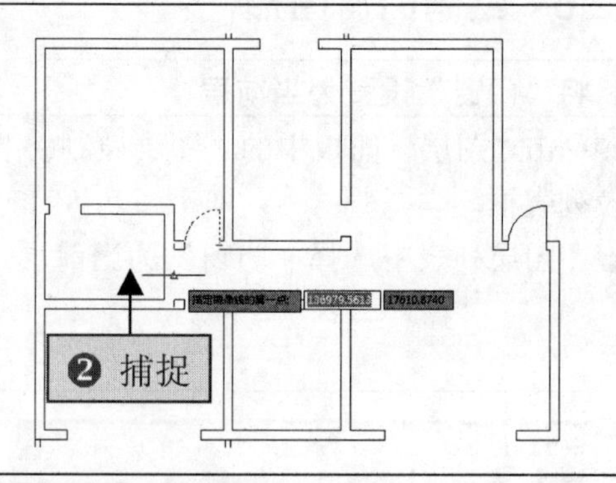

7 镜像复制平开门

❶水平向右移动光标，在水平线任意位置指定镜像线的第二个点。

❷当系统提示“要删除源对象吗？[是(Y)/否(N)] <N>:”时，直接按 Space 键进行确定，对平开门进行镜像复制。

8 绘制其他平开门

参照前面绘制平开门的方法，使用 L（直线）和 C（圆弧）命令分别在卫生间、主卫生间和厨房的门洞处各绘制一个平开门图形，这些平开门的宽度均为 800。

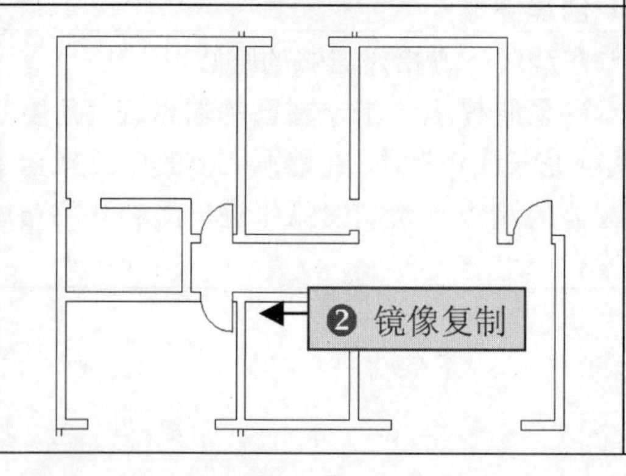

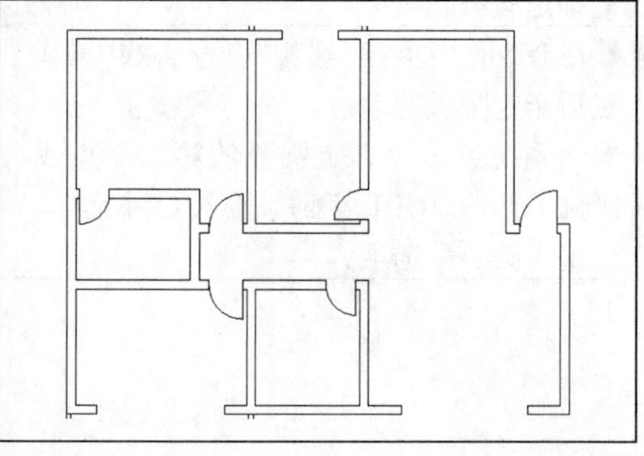

9 绘制矩形	10 复制矩形
❶在命令行中执行“矩形”命令 Rectang（REC），然后在客厅门洞的左方中点处指定第一个角点。 ❷输入矩形另一个角点的坐标为“@800,40”并确定，绘制一个长为 800、宽为 40 的矩形。	❶在命令行中执行“复制”命令 Copy（CO），然后选择绘制的矩形作为复制对象。 ❷在矩形左上方端点处指定复制基点，在矩形的下方线段的中点处指定复制的第二点，对矩形复制一次。
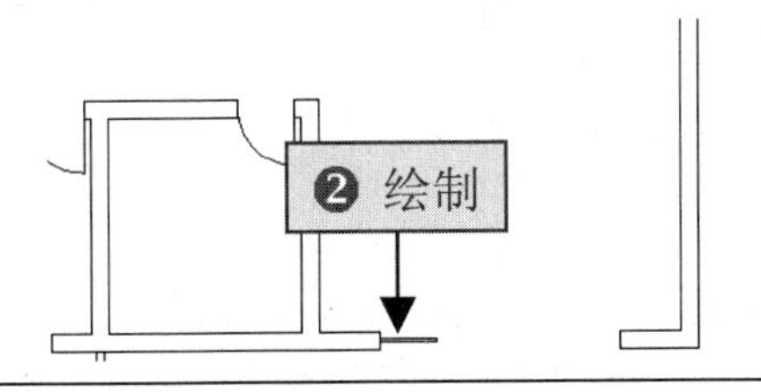	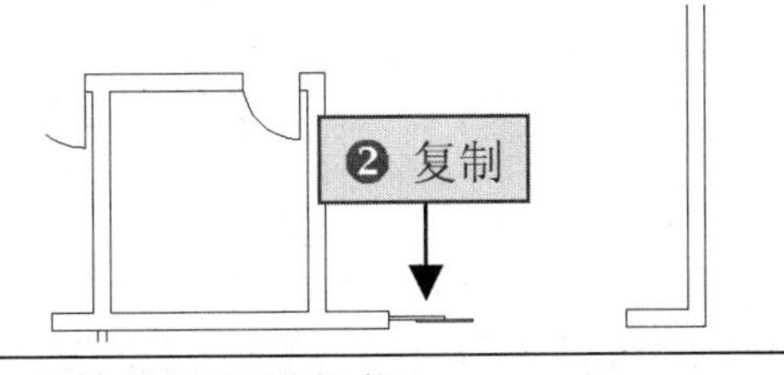
11 创建推拉门图形	**12 创建其他的推拉门**
在命令行中执行 CO（复制）命令，对创建的两个矩形进行复制，创建出客厅的推拉门图形。	❶使用 CO（复制）命令将客厅推拉门复制到卧室门洞中。 ❷使用 REC（矩形）命令在厨房上方门洞处绘制一个长为 750、宽为 40 的矩形，然后进行复制，创建出厨房推拉门。
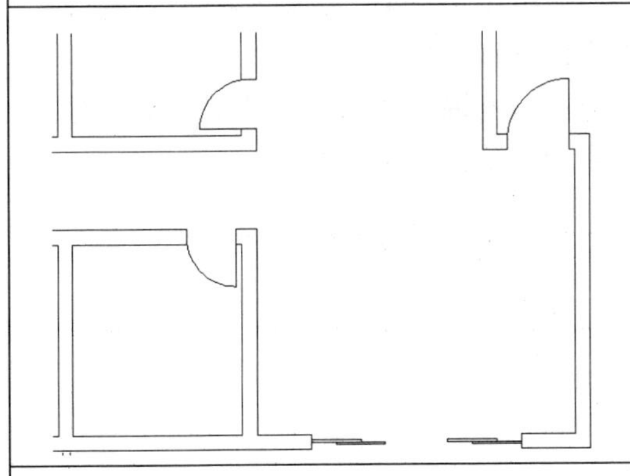	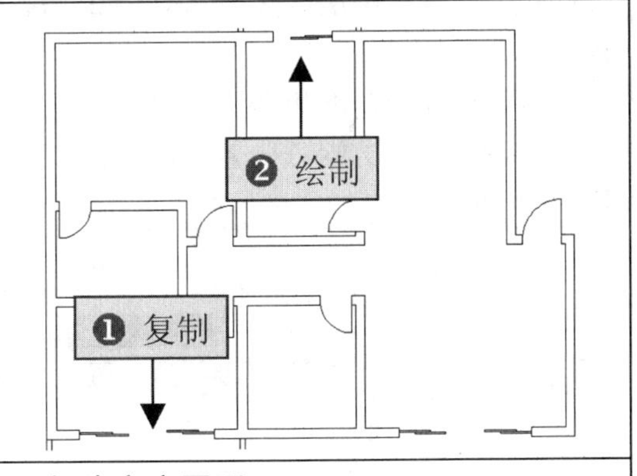
13 绘制矩形	**14 创建窗户图形**
在命令行中执行 REC（矩形）命令，在绘图区绘制一个长为 1200、宽为 240 的矩形。	❶使用 X（分解）命令将矩形分解。 ❷使用 O（偏移）命令将矩形上下线段向中间偏移 80。
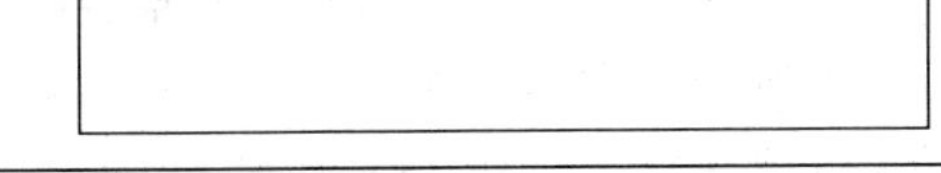	
15 移动窗户图形	**16 绘制其他窗户**
❶在命令行中执行 M（移动）命令，选择创建好的窗户图形。	使用前面应用的方法，继续绘制主卫生间、主卧室和餐厅中的窗户图形，主卫生间窗

❷捕捉窗户上方的中点作为移动的基点，然后捕捉卫生间下方内墙线的中点作为移动的第二点，进行窗户图形移动。	户的宽度为 1200，主卧室和餐厅中窗户的宽度为 2100。
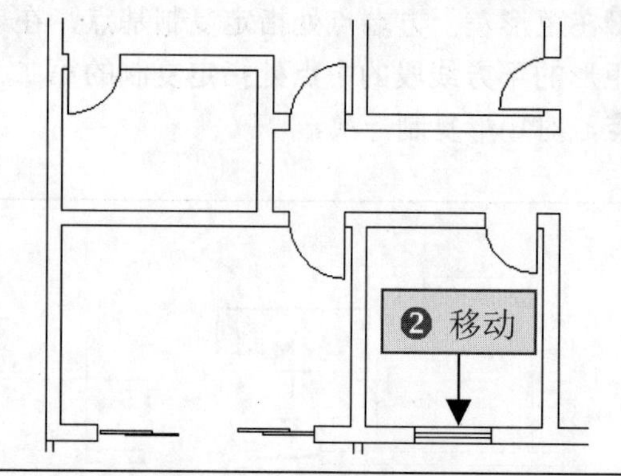	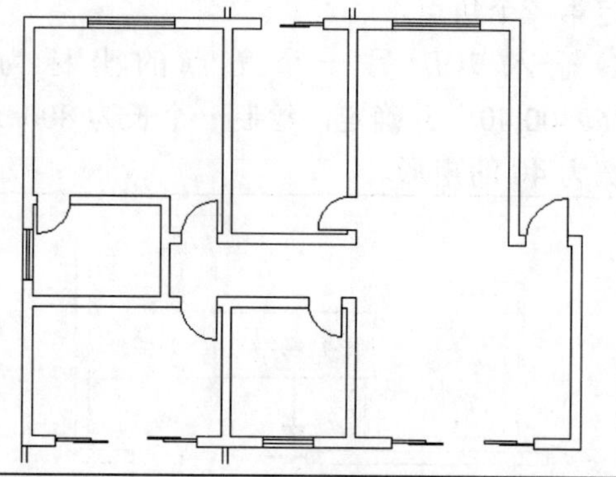

专业提示：在绘制本例主卫生间窗户时，也可以将卫生间的窗户直接复制过来，然后将其旋转 90° 即可。

2.2.7 绘制弧形阳台

1 指定镜像线的第一点	2 指定镜像线的第二点
❶打开“轴线”图层，然后执行 MI（镜像）命令。 ❷选择创建好的图形和垂直轴线并确定。在右方轴线的上方端点位置单击，指定镜像线的第一点。	❶当系统提示“指定镜像线的第二点:”时，垂直向下移动光标。 ❷捕捉右方轴线与水平轴线的其他任意交点作为镜像线的第二个点。
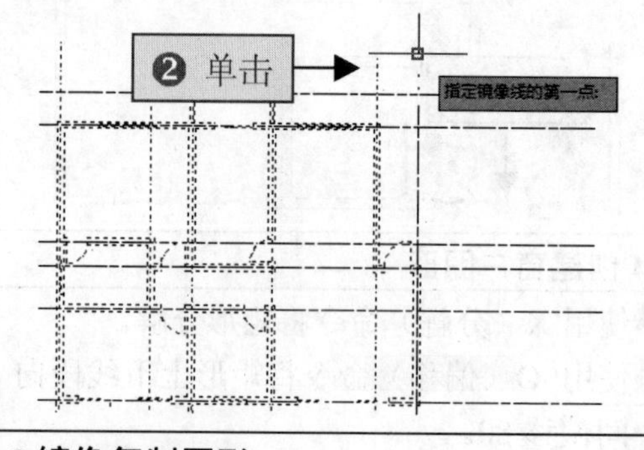	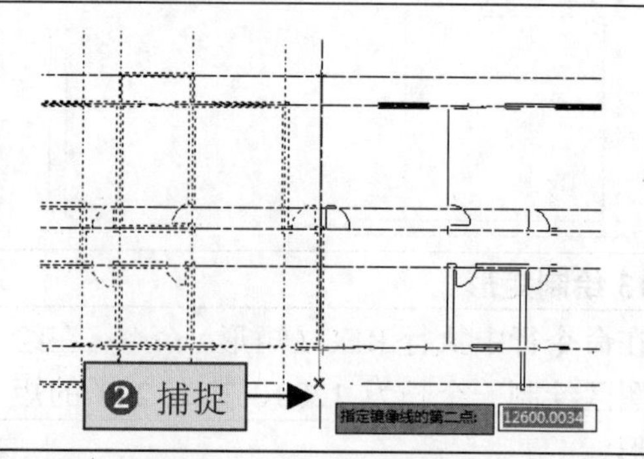
3 镜像复制图形	**4 绘制多线**
当系统提示“要删除源对象吗？[是(Y)/否(N)] <N>:”时，按 Space 键直接进行确定，镜像复制图形。	执行 ML（多线）命令，通过捕捉轴线的交点，在图形下方绘制 3 条多线，两方多线的长度为 920，中间多线的长度为 2060。

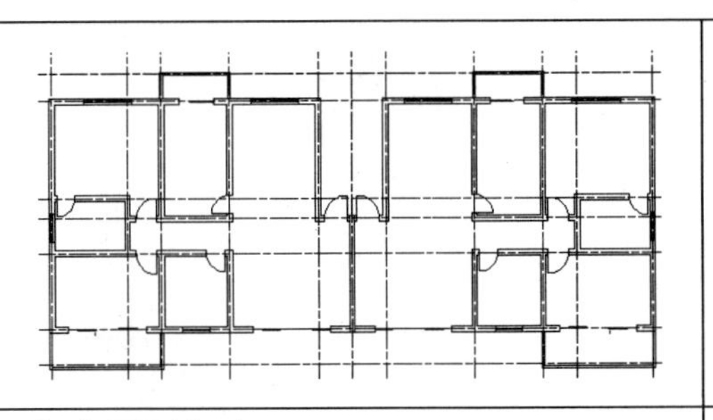	
5 指定圆弧起点	**6 启用“端点”选项**
❶关闭“轴线”图层，然后在命令行中执行 A（圆弧）命令。 ❷在端点处指定圆弧的起点。	系统提示“指定圆弧的第二个点或 [圆心(C)/端点(E)]: ”时，输入 e 并确定，启用“端点”选项。
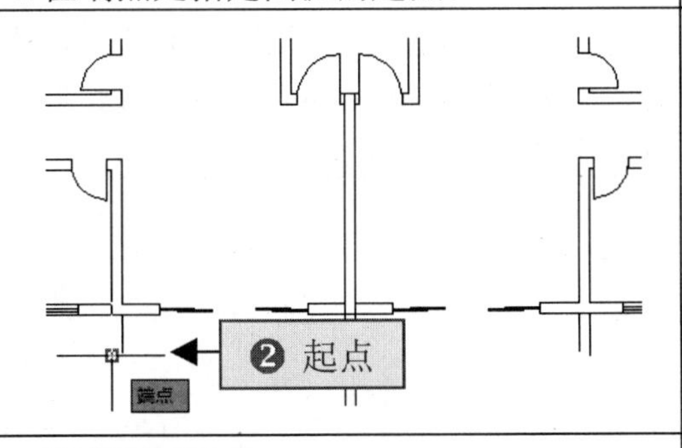	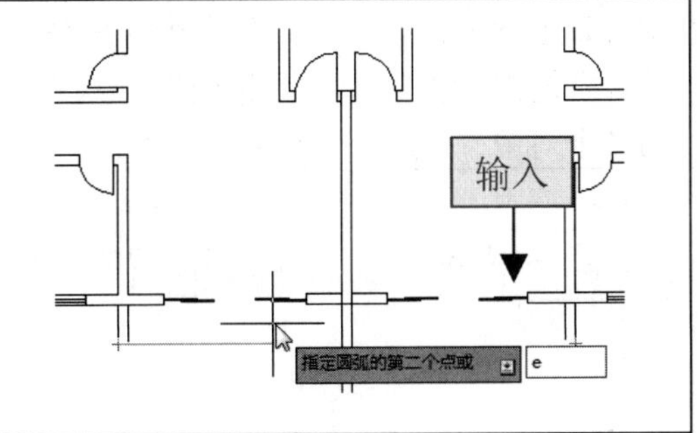
7 指定圆弧端点	**8 启用“半径”选项**
当系统提示“指定圆弧的端点:”时，指定圆弧的端点。	系统提示“指定圆弧的圆心或 [角度(A)/方向(D)/半径(R)]:”时，输入 r 并确定，启用“半径”选项。
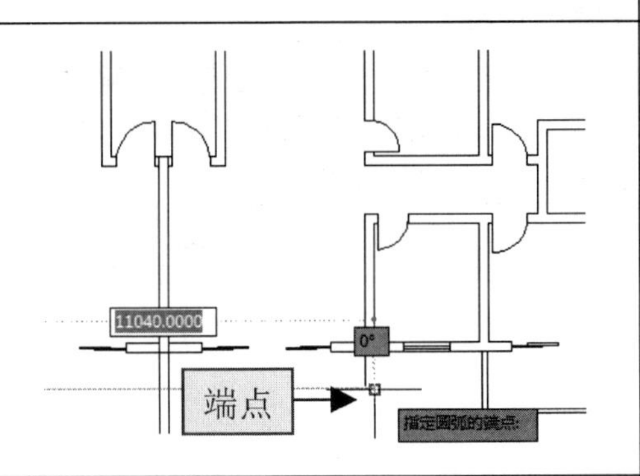	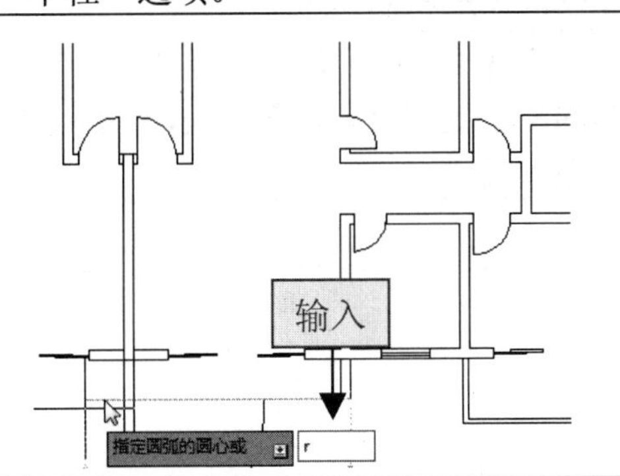
9 指定圆弧的半径	**10 偏移并修剪圆弧**
当系统提示“指定圆弧的半径:”时，输入圆弧半径为 12320 并确定。	❶使用 O(偏移)命令将圆弧向上偏移 200。 ❷使用 TR（修剪）命令对圆弧和相交的墙线进行修剪。

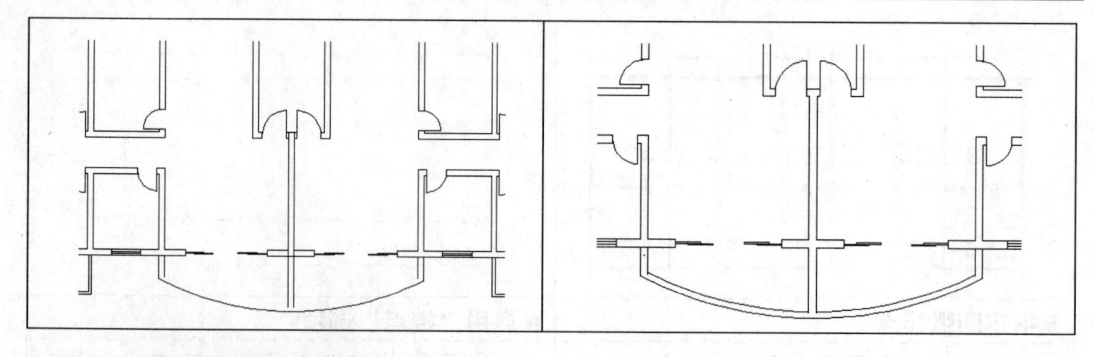

2.2.8 绘制楼梯间图形

1 选择合并的线段	2 合并线段
❶在命令行中执行“合并”命令（JOIN）。❷当系统提示“选择源对象或要一次合并的多个对象:”时，选择要合并的线段。	当系统提示“选择要合并的对象:”时，选择右方对应的线段，即可将源线段和当前线段合并为一条线段。
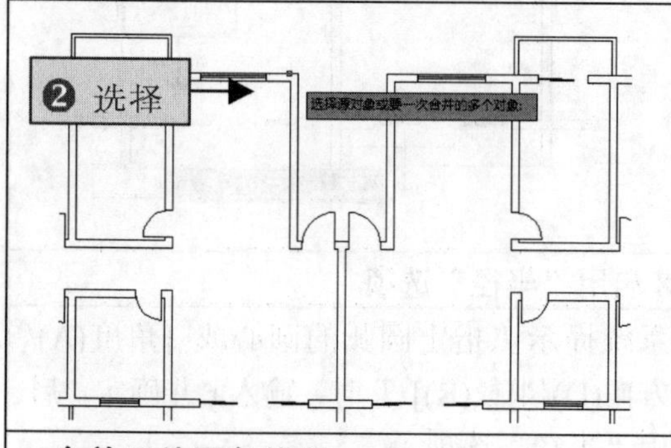	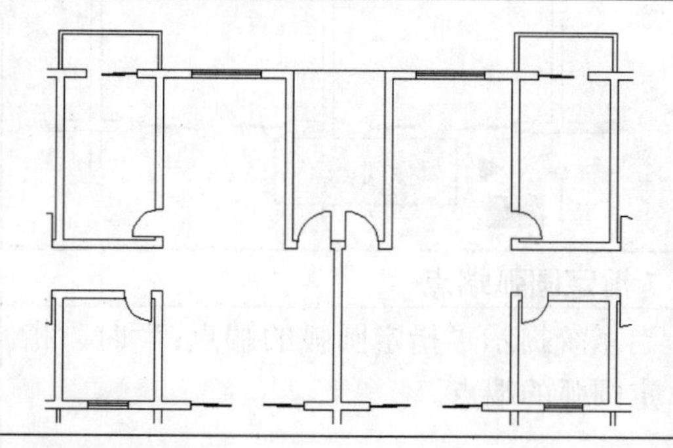
3 合并另外两条线段	**4 绘制矩形**
使用上述介绍的方法，执行“合并”命令（JOIN），选择另外两条墙线，将其合并为一条线段。	❶在命令行中执行 REC（矩形）命令。❷通过捕捉线段的交点，绘制一个长为 2760、宽为 1200 的矩形。
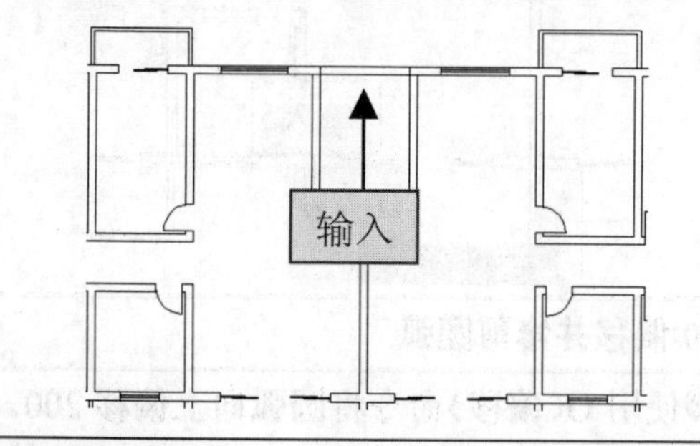	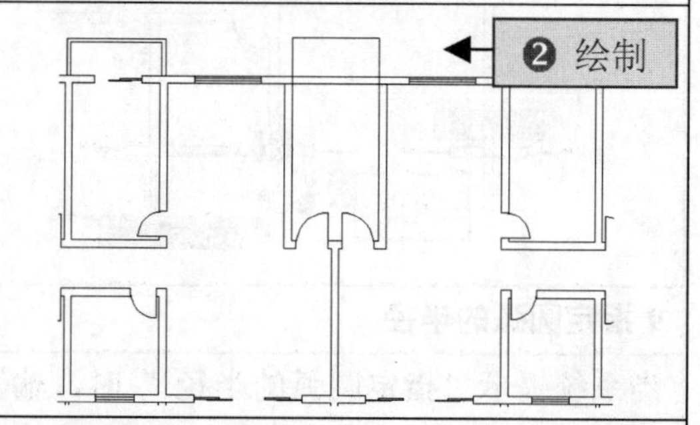
5 修剪图形	**6 绘制窗户图形**
❶在命令行中执行 TR（修剪）命令。❷对合并后的线条进行修剪。	使用前面介绍的方法，在楼梯间的墙体中绘制一个长为 1800 的窗户图形。

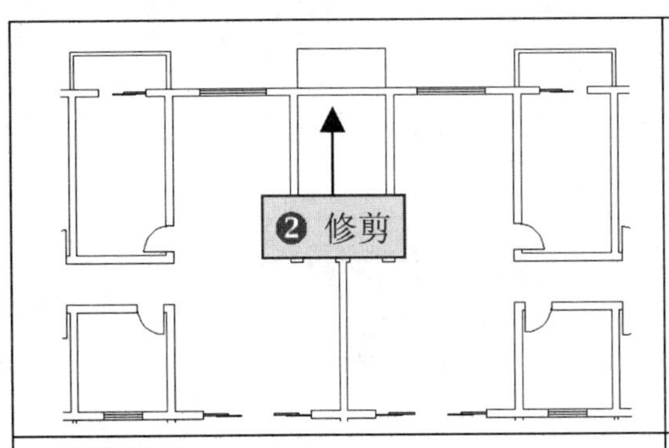

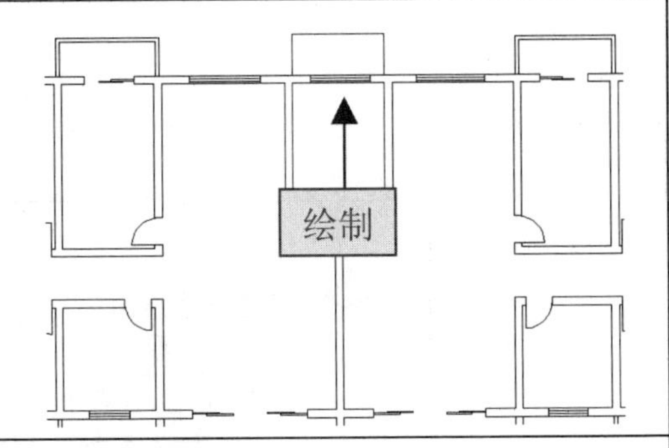

7 偏移线段

❶在命令行中执行 O（偏移）命令，设置偏移距离为 1000。

❷将楼梯间上方的内墙线向下偏移一次。

8 选择阵列方式

❶在命令行中执行“阵列”命令 Array（AR），选择刚才偏移得到的线段作为阵列的对象。

❷在弹出的选项列表中选择“矩形”选项。

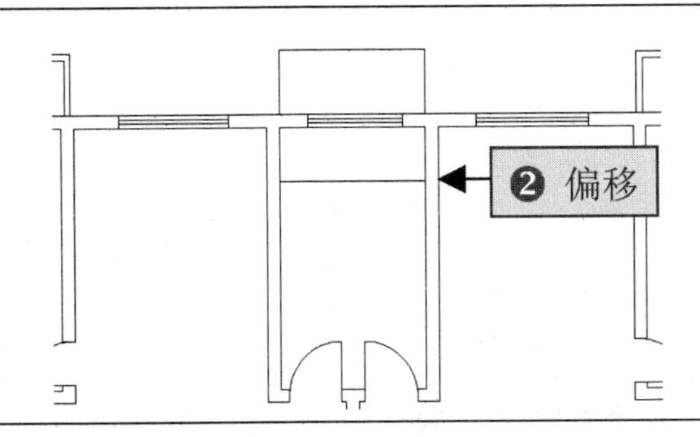

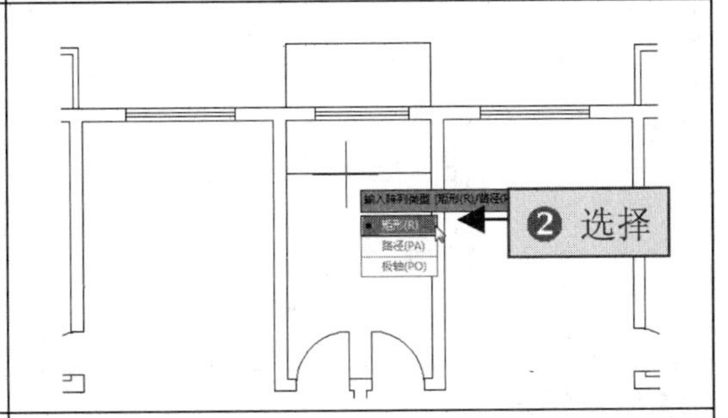

9 启用“行数”选项

根据系统提示输入参数 r 并确定，启用“行数”选项。

10 设置阵列行数

当系统提示“输入行数数或 [表达式(E)]:”时，输入阵列的行数为 10 并确定。

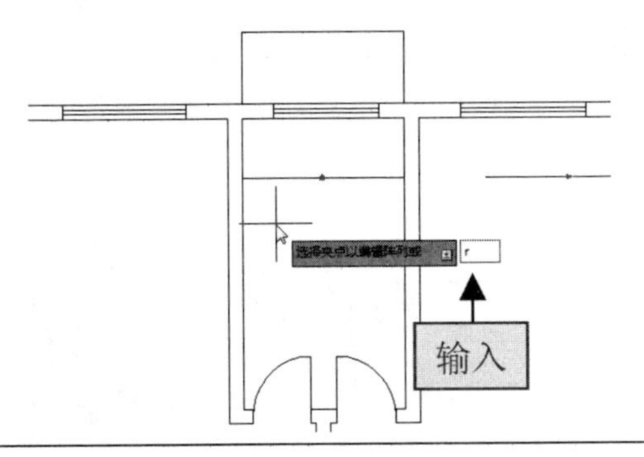

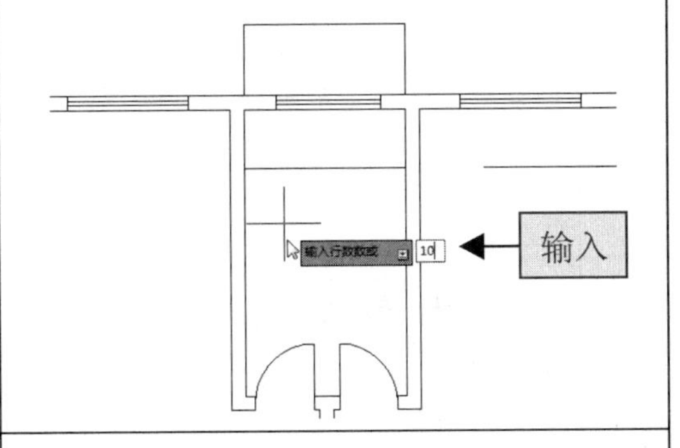

11 设置阵列的行距

当系统提示“指定行数之间的距离或 [总计(T)/表达式(E)]”时，输入–260 并确定，然后再按一下 Space 键进行确定。

12 启用“列数”选项

当系统提示“选择夹点以编辑阵列或[关联(AS)/基点(B)/计数(COU)/间距(S)/列数(COL)/行数(R)/层数(L)/退出(X)]”时输入 col 并确定，启用“列数”选项。

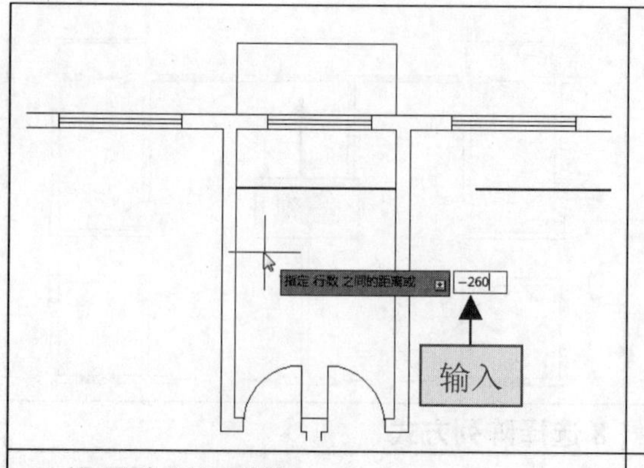

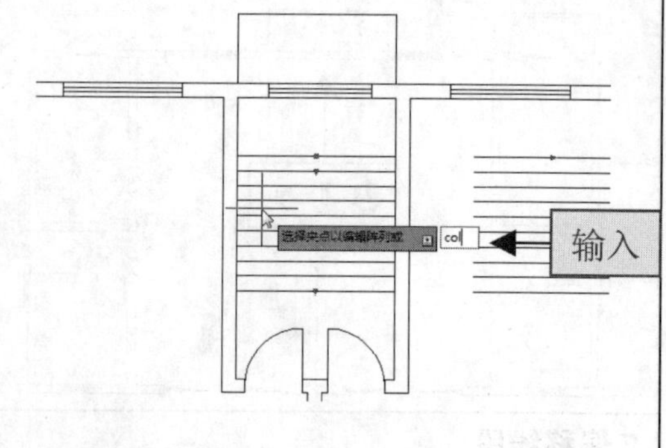

13 设置阵列的列数

❶输入阵列对象的列数为 1 并确定。
❷使用 X（分解）命令将阵列对象分解。

14 绘制矩形

使用 REC（矩形）命令绘制一个长为 180、宽为 2660 的矩形。

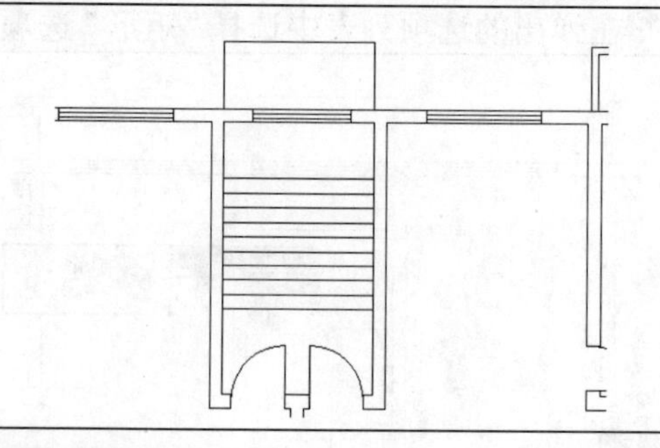

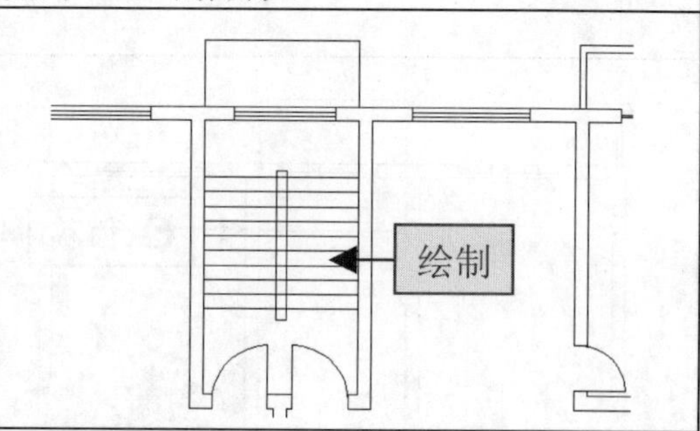

15 偏移矩形

❶在命令行中执行 O（偏移）命令，设置偏移距离为 60。
❷将刚绘制的矩形向内偏移一次。

16 修剪阵列对象

❶在命令行中执行 TR（修剪）命令，选择大矩形为修剪边界。
❷依次单击矩形内的阵列线段，对其进行修剪。

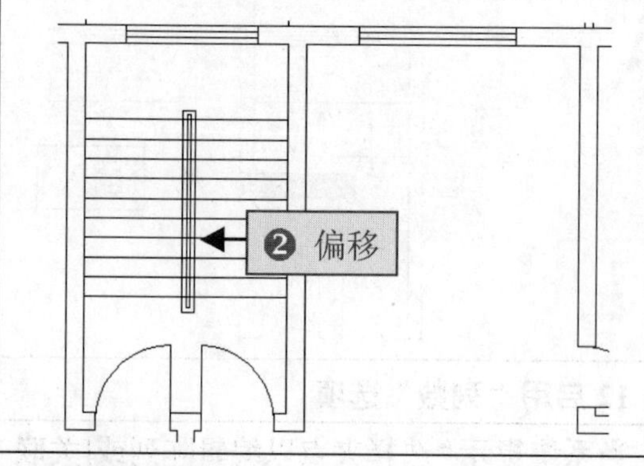

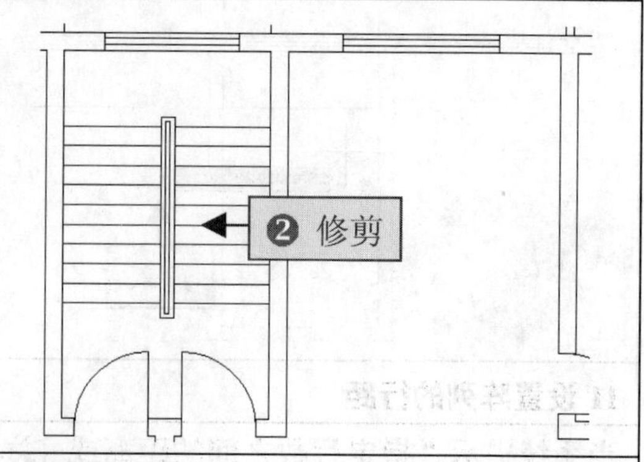

17 绘制斜线段

在命令行中执行 L（直线）命令，绘制一条倾斜线。

18 偏移斜线

❶在命令行中执行 O（偏移）命令，设置偏移距离为 80。
❷将绘制的斜线向下偏移一次。

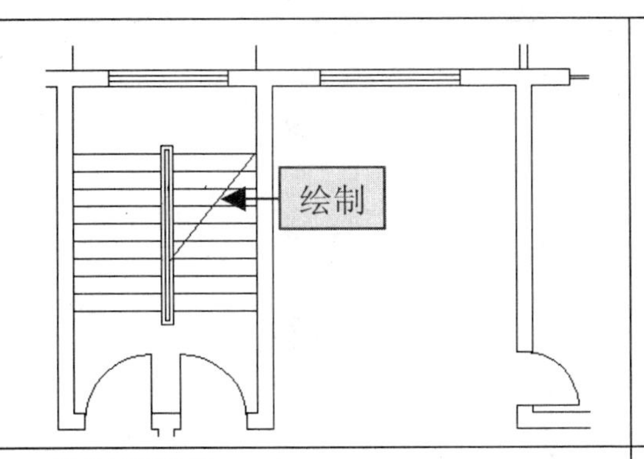	
19 绘制折断线	**20 指定多段线各个点**
在命令行中执行 L（直线）命令，绘制 3 条斜线作为折断线。	在命令行中执行“多段线”命令 Pline（PL），指定多段线的各个点。
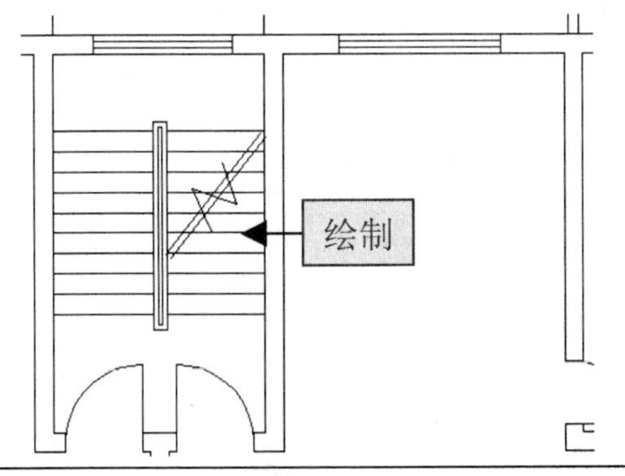 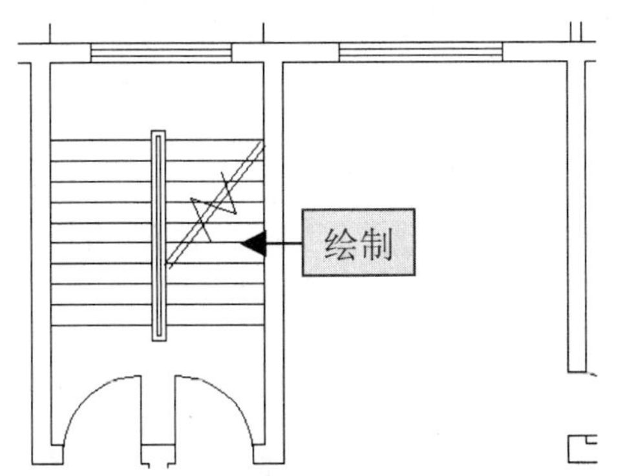	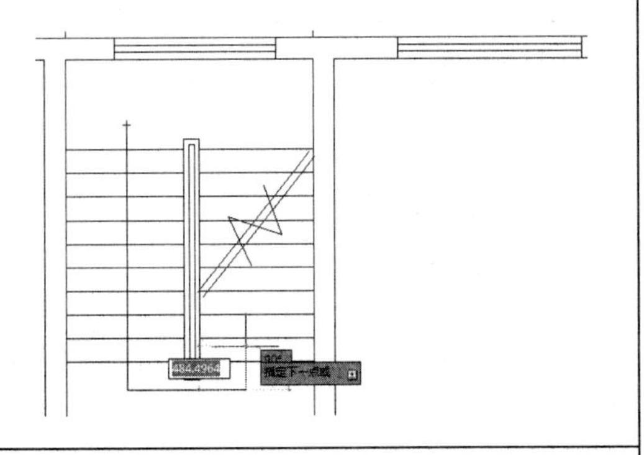
21 启用“宽度”选项	**22 指定线段起点宽度为 50**
根据系统提示“指定下一个点或 [圆弧(A)/半宽(H)/长度(L)/放弃(U)/宽度(W)]:”，输入 w 并确定，启用“宽度”选项。	根据系统提示“指定起点宽度 <0.0000>:”，输入 50 并确定，指定线段起点宽度为 50。
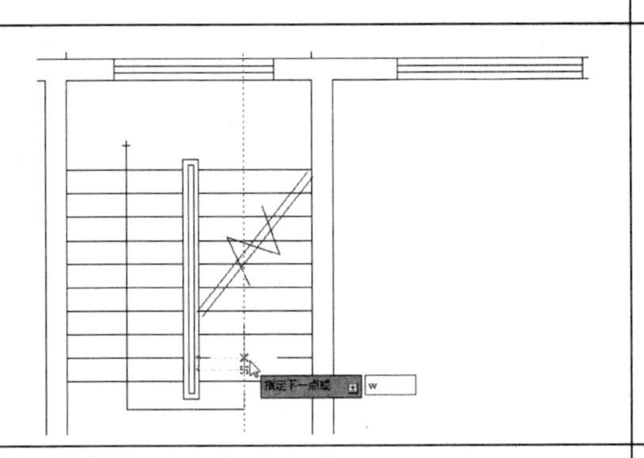	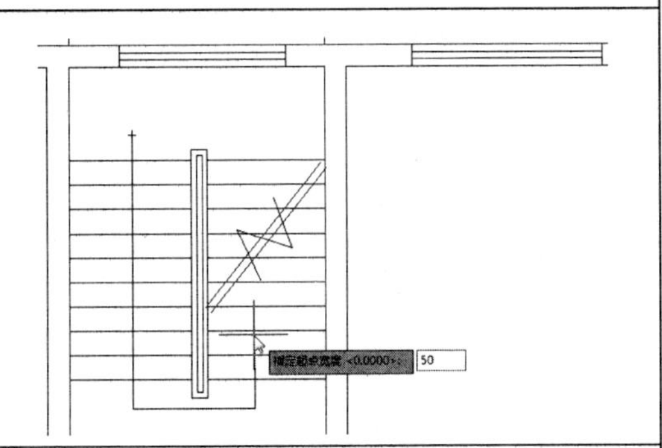
23 指定线段端点宽度为 0	**24 绘制多段线箭头**
根据系统提示“指定端点宽度 <50.0000>:”，输入 0 并确定，指定线段端点宽度为 0。	在命令行中执行 O（偏移）命令，设置偏移距离为 80。将绘制的斜线向下偏移一次。

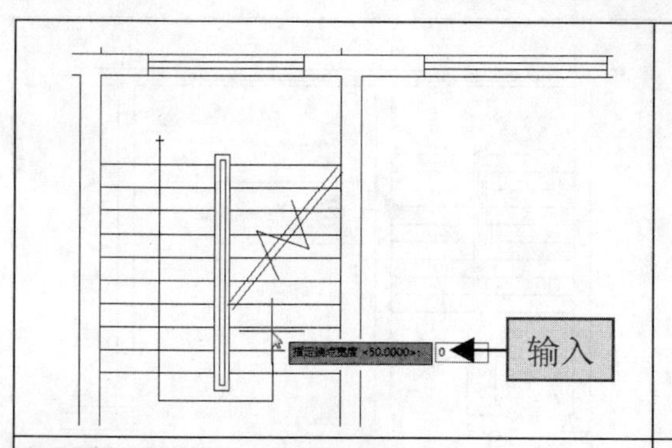

25 绘制带箭头的多段线

在命令行中执行 PL（多段线）命令，绘制另外一条带箭头指示的多段线。

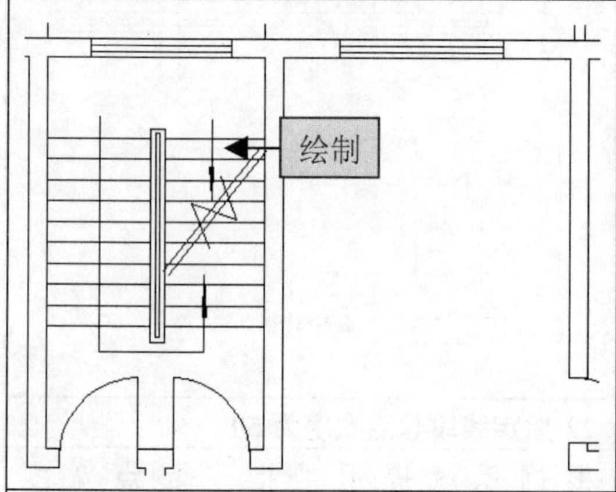

26 指定文字起点

❶在命令行中执行“单行文字”命令 DText（DT）。

❷根据提示指定文字的起点。

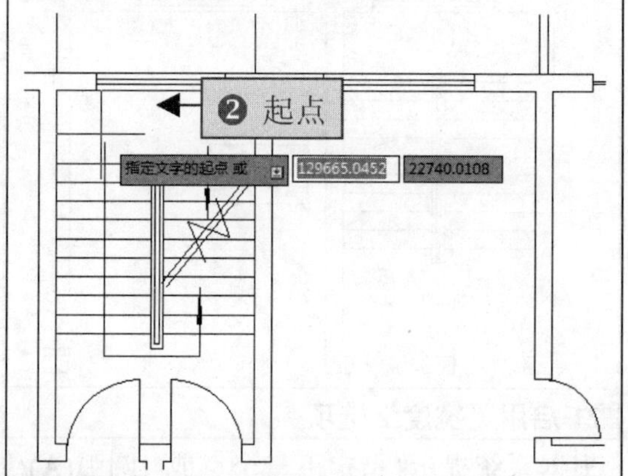

27 输入单行文字内容

❶根据系统提示指定文字的高度为 350，文字的旋转角度为 0。

❷输入文字内容为“上”，然后按两次 Enter 键进行确定。

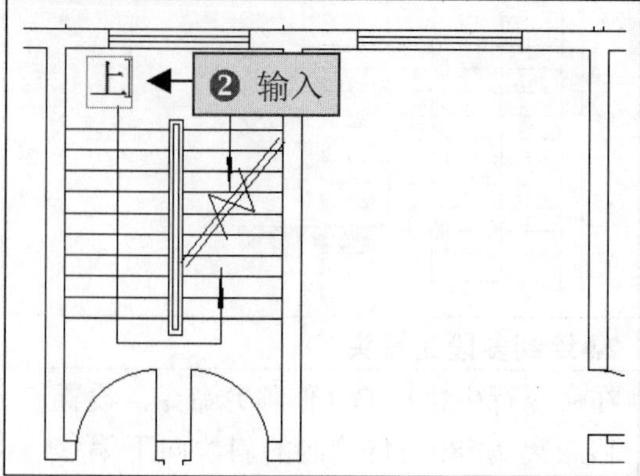

28 创建另一个单行文字

❶按 Space 键重复执行“单行文字”命令。

❷创建“下”单行文字，指定文字的高度为 350。

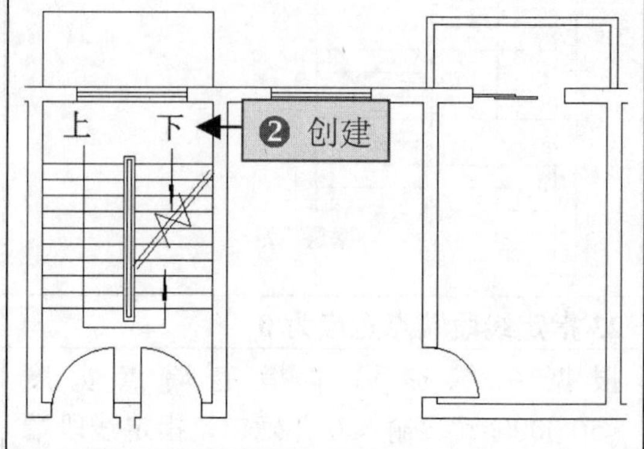

2.2.9　标注建筑平面图

1 单击“新建”按钮	2 创建新标注样式
❶将“标注”图层设置为当前层。 ❷在命令行中执行“标注样式”命令 Dimstyle（D），打开“标注样式管理器”对话框，然后单击“新建”按钮。	❶在打开的“创建新标注样式”对话框“新样式名”文本框中输入“建筑”。 ❷单击“继续”按钮创建新的标注样式。
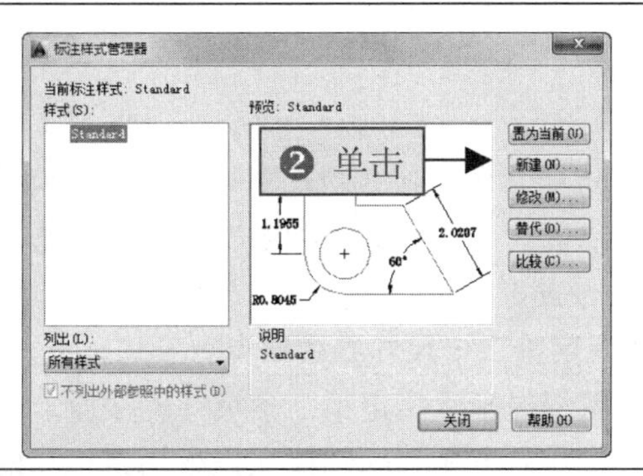	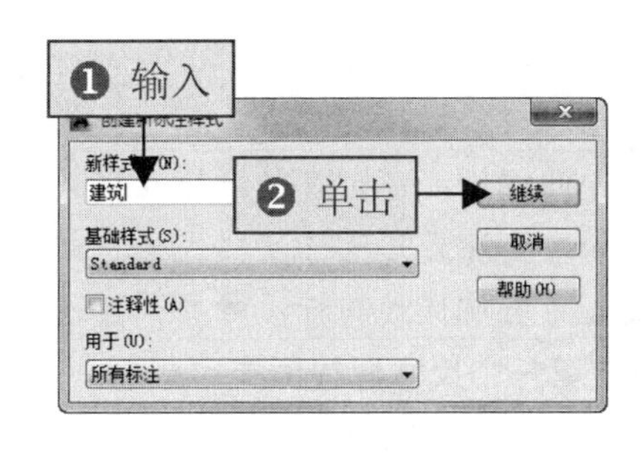
3 设置尺寸线参数	4 设置符号和箭头
❶在打开的“新建标注样式：建筑”对话框中选择“线”选项卡。 ❷设置“尺寸界线”区域中“超出尺寸线”的值为 200、“起点偏移量”的值为 300。	❶选择“符号和箭头”选项卡。 ❷设置“箭头”区域中“第一个”和“第二个”为“建筑标记”、“引线”为“实心闭合”，设置“箭头大小”为 200。
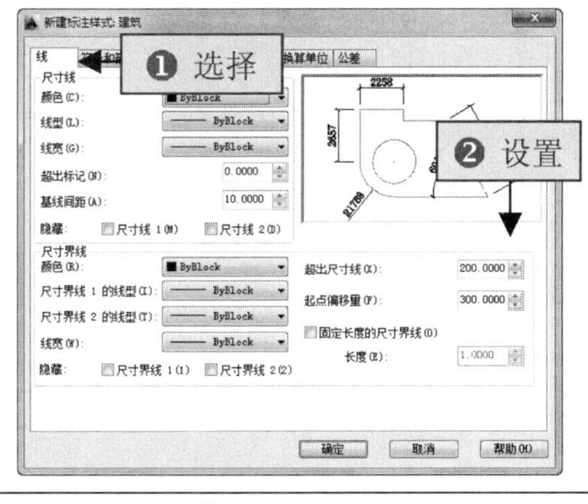	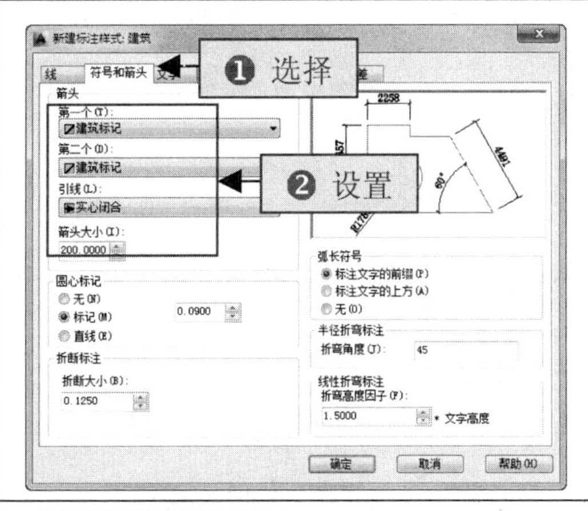
5 设置文字参数	6 设置标注的精度
❶选择“文字”选项卡。 ❷设置“文字高度”为 400。 ❸设置“文字位置”区域的“垂直”为“上”、“水平”为“居中”、“观察方向”为“从左到右”，设置“从尺寸线偏移”的值为 120。	❶选择“主单位”选项卡。 ❷设置“精度”值为 0，然后单击“确定”按钮进行确定，再关闭“标注样式管理器”对话框。

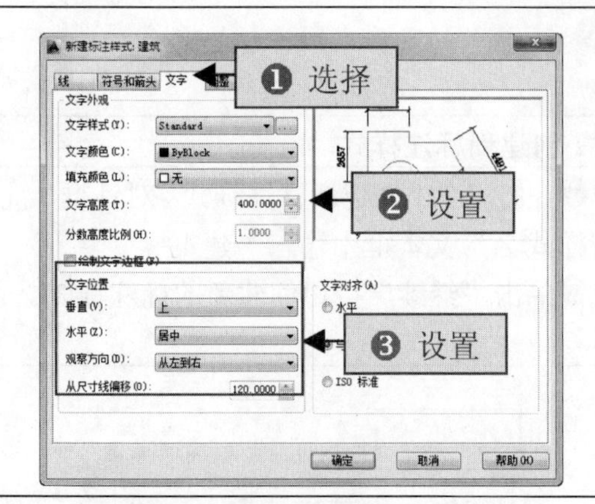

专业提示：在完成新建标注样式后，新建的标注样式将自动设置为当前使用的样式，如果要设置其他标注样式为当前样式，可以在“标注样式管理器”对话框中选择要设置为当前样式的标注对象，然后单击“置为当前”按钮即可。

7 指定第一个尺寸界线原点

❶打开“轴线”图层。

❷在命令行中执行“线性标注”命令Dimlinear（DLI），在左上方的轴线交点处指定标注的第一个尺寸界线原点。

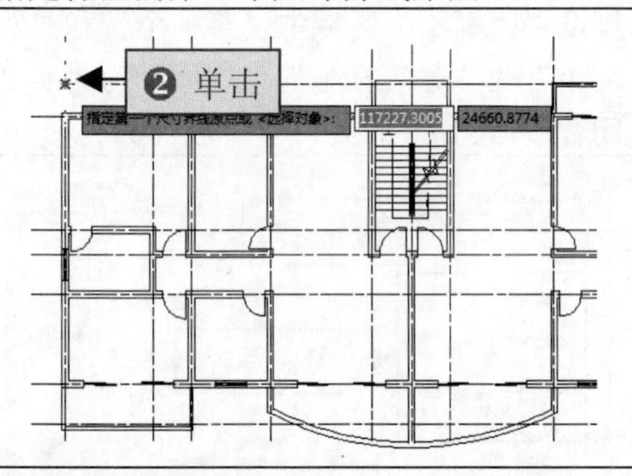

8 指定第二个尺寸界线原点

在系统提示“指定第二条尺寸界线原点:”时，在右方相邻的轴线交点处指定标注的第二个尺寸界线原点。

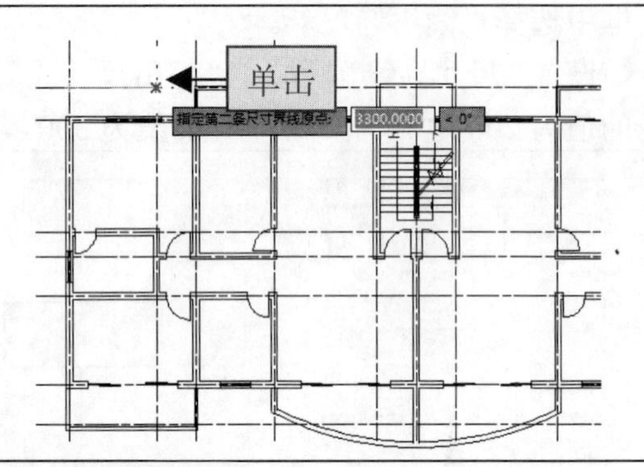

9 指定标注位置

在系统提示“指定尺寸线位置或”时，向上移动光标并单击指定尺寸线位置。

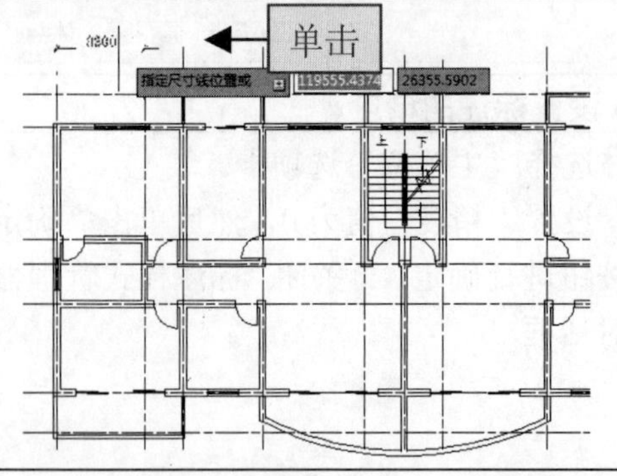

10 创建线性标注

指定尺寸线位置后，即可完成线性标注的创建。

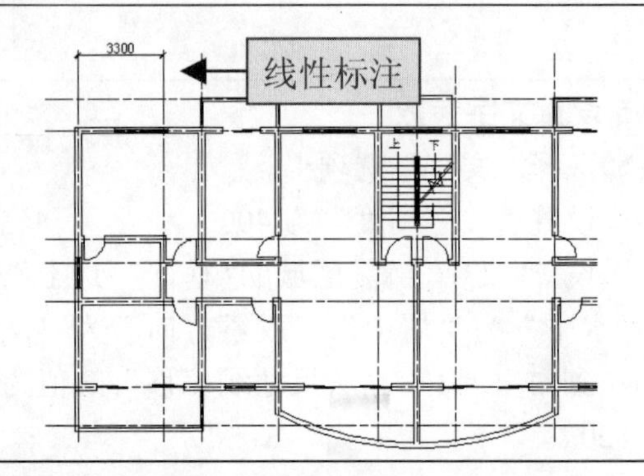

专业提示：使用“线性标注”可以标注长度类型的尺寸，用于标注垂直、水平和旋转的线性尺寸，线性标注可以水平、垂直或对齐放置。

11 连续标注上方尺寸

❶在命令行中执行“连续标注”命令 Dimcontinue（DCO）。

❷通过捕捉对图形上方轴线的交点，对图形进行连续标注。

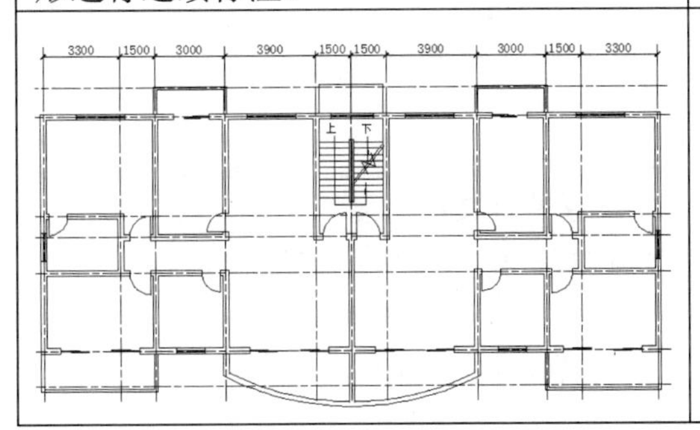

12 创建其他标注

❶参照前面创建标注的方法，使用 DLI（线性标注）和 DCO（连续标注）命令创建其他标注。

❷隐藏“轴线”图层。

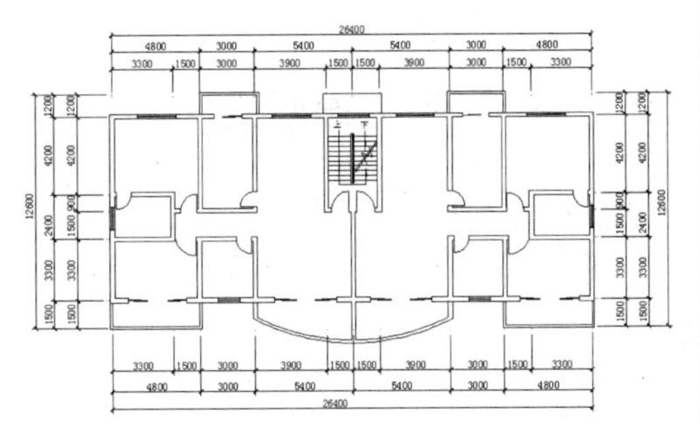

2.2.10　绘制建筑轴号

1 绘制线段

使用“直线”（L）命令在左方的标注尺寸线上方绘制一条直线。

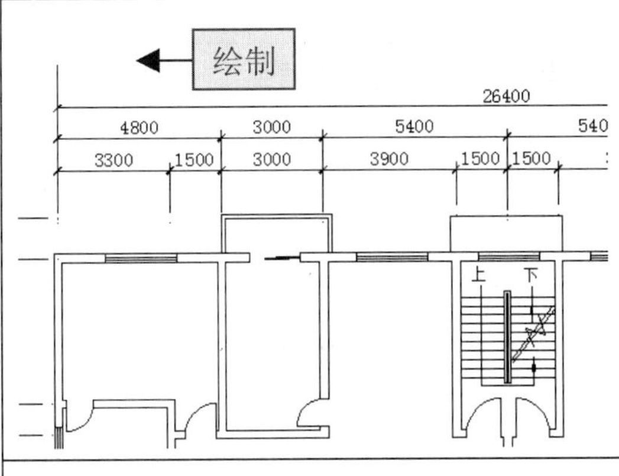

2 绘制圆形

在命令行中执行“圆”命令 Circle（C），然后在直线上方绘制一个半径为 400 的圆。

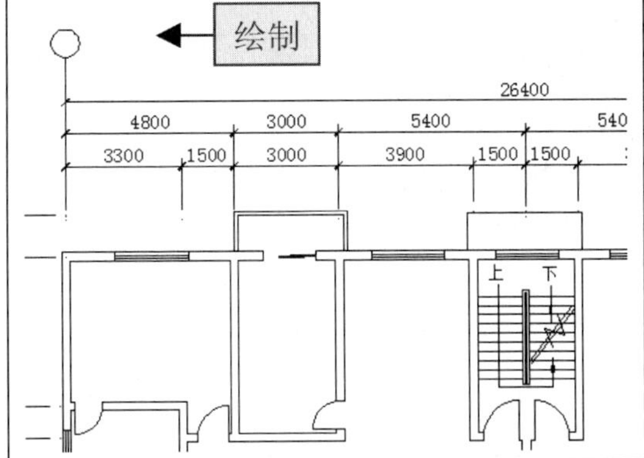

3 创建数字“1”

❶在命令行中执行 DT（单行文字）命令，设置文字高度为 420。

❷在圆形内创建数字“1”。

4 绘制其他轴号

使用前面的方法，继续绘制其他的轴号。

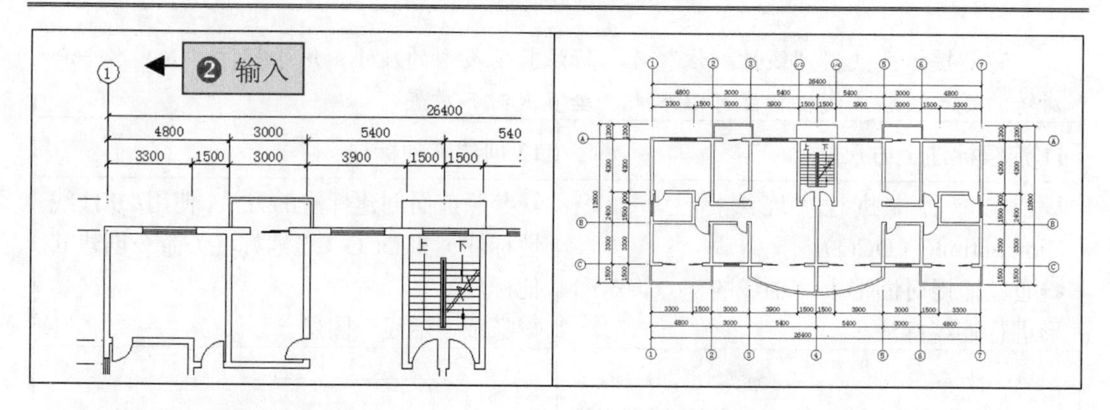

2.2.11 书写建筑说明文字

1 指定多行文字的文字框

❶在命令行中执行“多行文字”命令 MText（MT）。

❷在左上方的窗户上方拖动鼠标指定文字的文字框。

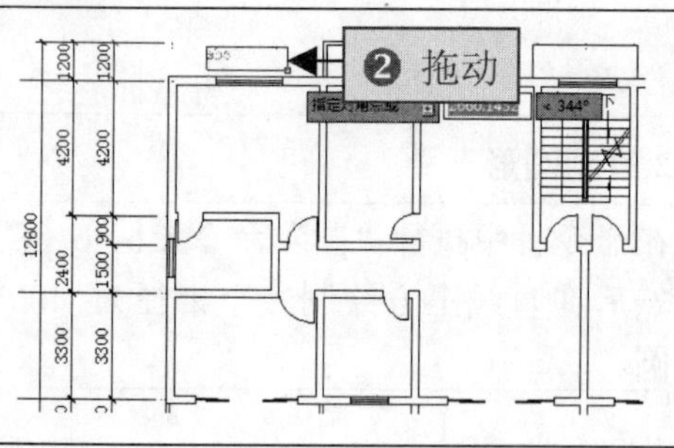

2 设置多行文字高度和字体

❶在打开的“文字编辑器”功能区中设置文字的高度为 400。

❷设置文字的字体为宋体。

3 输入文字 C1

❶在文字框中输入窗户编号文字“C1”。

❷单击“文字编辑器”功能区中的“关闭文字编辑器”按钮，完成多行文字的创建。

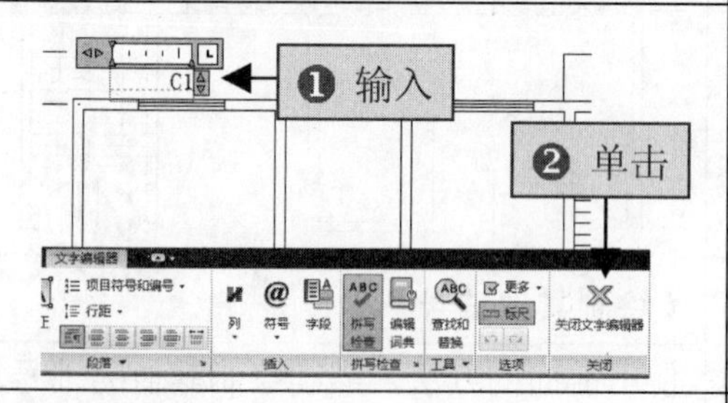

4 书写其他的窗户编号

使用“多行文字”命令 MText（MT）继续在图形中书写窗户编号“C1”、“C2”和“C3”。

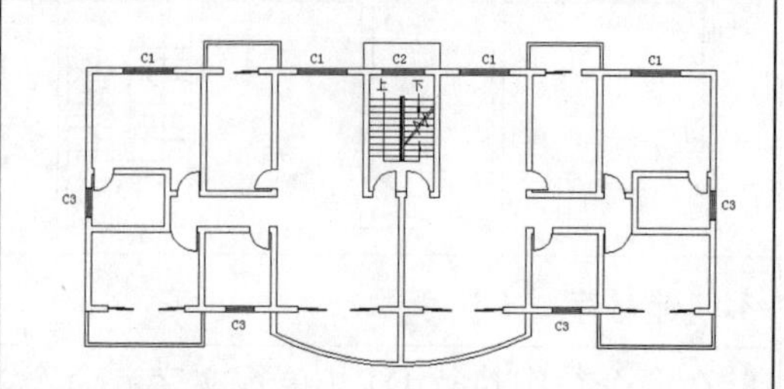

5 书写门编号

使用“多行文字”命令 MText（MT）在图形中书写各个门的编号“M1”、“M2”、“M3”、“M4”和“M5”。

6 书写房间功能文字

使用“多行文字”命令 MText（MT）在图形中书写各个房间中的功能文字，完成本例的制作。

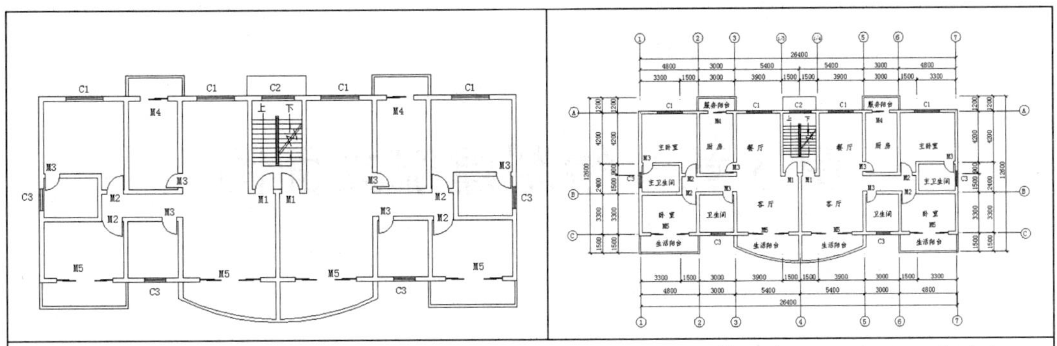

专业提示：在建筑平面图中标注各个门窗编号时，通常将相同尺寸的门或窗标注为同一个编号。

2.3　设计深度分析

建筑平面图一般由墙体、柱、门、窗、楼梯、阳台、室内布置、尺寸标注、轴线和说明文字等辅助元素组成，建筑平面图基本内容如下。

（1）标明建筑物形状、内部及朝向等，包括建筑物的平面形状，各种房间的布置及相互关系，入口、走道、楼梯的位置等。由外围看可以知道建筑的外形、总长、总宽及面积，往内看可以看到内墙布置、楼梯间、卫生间、房间名称等。

（2）从平面图上还可以了解到开间尺寸、门窗位置、室内地面标高、门窗型号尺寸及标明的所用的详图符号等。

（3）标明建筑物的结构形式、主要建筑材料，综合反映其他各工种的要求。

（4）底层平面图中还应标注出室外台阶、散水等尺寸,建筑剖面图的剖切位置及剖面图的编号。在平面图中如果某个部位需要另见详图，需要用详图索引符号注明要画详图的位置、详图的编号及详图所在图纸的编号。平面图中各房间的用途宜用文字标出。

第 3 章　绘制建筑立面图

学习目标

建筑立面图是按正投影法在与房屋立面平行的投影面上所作的投影图，即房屋某个方向外形的正投影图（视图）。建筑立面图应包括投影方向可见的建筑外轮廓线和墙面线脚、构配件、外墙面及必要的尺寸与标高等。

本章将学习建筑立面图的绘制方法。在学习绘制建筑立面图之前，首先学习建筑立面图的基本知识和绘图要求，然后结合建筑设计理论知识绘制建筑立面图中的各个元素。

效果展示

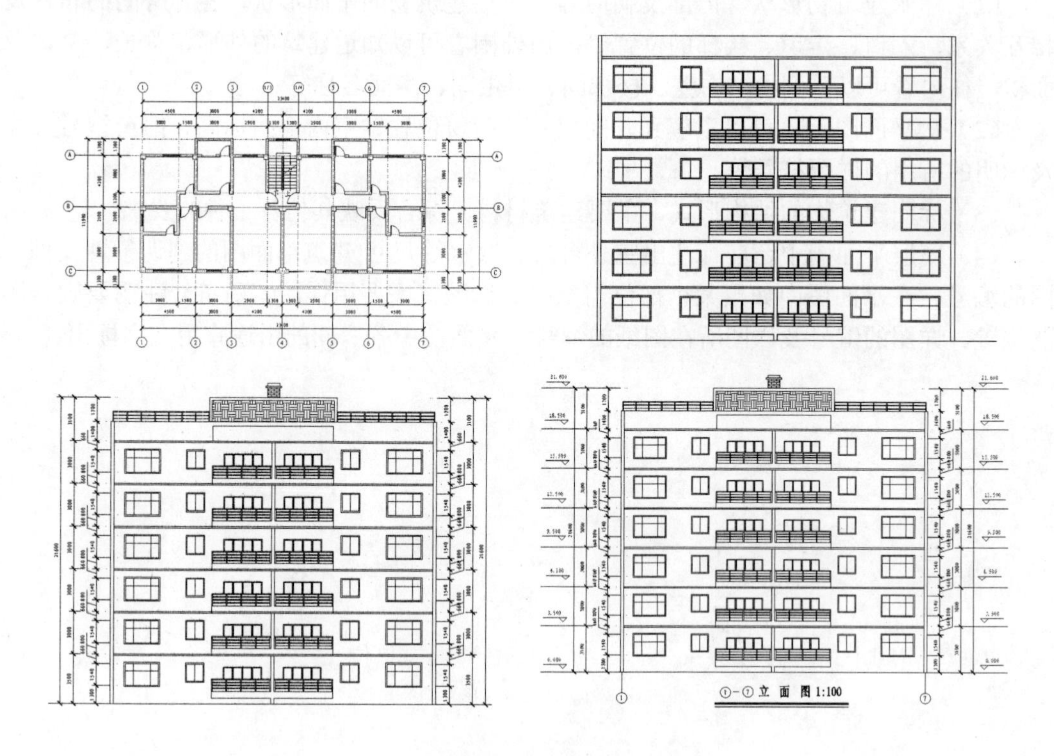

3.1　建筑立面图基础

在绘制建筑立面图之前，首先需要了解建筑立面图的一些基本知识，包括认识建筑立面图和掌握建筑立面图的绘图要求。

3.1.1　认识建筑立面图

建筑立面图主要用来表达建筑物的外形艺术效果，在施工图中，它主要反映房屋的外貌和立面装修的做法。建筑立面图一般由墙体、门、窗、阳台、尺寸标注、标高和说明文字等辅助元素组成，建筑立面图基本内容如下。

（1）女儿墙顶、檐口、柱、变形缝、室外楼梯和消防梯、阳台、栏杆、台阶、坡道、花台、雨棚、线条、烟囱、勒脚、门窗、洞口、门斗及雨水管，其他装饰构件和粉刷分割线示意等。

（2）外墙的留洞应标注尺寸与标高（宽、高、深及关系尺寸）。

（3）在平面图上表示不出的窗编号，应在立面图上标注。平、剖面图未能表示出来的屋顶、檐口、女儿墙、窗台等标高或高度，应在立面图上分别注明。

（4）各部分构造、装饰节点详图索引、用料名称或符号。

（5）建筑物两端轴线编号。

3.1.2　建筑立面图的绘图要求

在绘制建筑立面图的操作中，为避免出现常识性的错误，用户应该了解建筑立面图的绘制要求。建筑立面图的绘图要求如下。

1. 比例

立面图的绘制建立在建筑平面图的基础上，它的尺寸在宽度方向受建筑平面的约束，比例应和建筑平面图的比例一致。可以选择 1∶50、1∶100、1∶200 的比例绘制。

2. 线型

为了使立面图外形清晰、层次感强，立面图应用多种线型画出。一般立面图的外轮廓用粗实线表示，门窗洞、檐口、阳台、雨棚、台阶、花池等突出部分的轮廓用中实线表示，门窗扇及其分割线、花格、雨水管、有关文字说明的引出线及标高等均用细实线表示，室外地坪线用加粗实线表示。

3. 尺寸标注

建筑立面图上所注尺寸以毫米为单位，标高以米为单位。

4. 详图索引

在建筑立面图中如果某个部位需要另见详图，需要用详图索引符号注明要画详图的位置、详图的编号以及详图所在图纸的编号。

3.2　绘制建筑立面图

文件路径	案例效果
实例： 随书光盘\实例\第 3 章	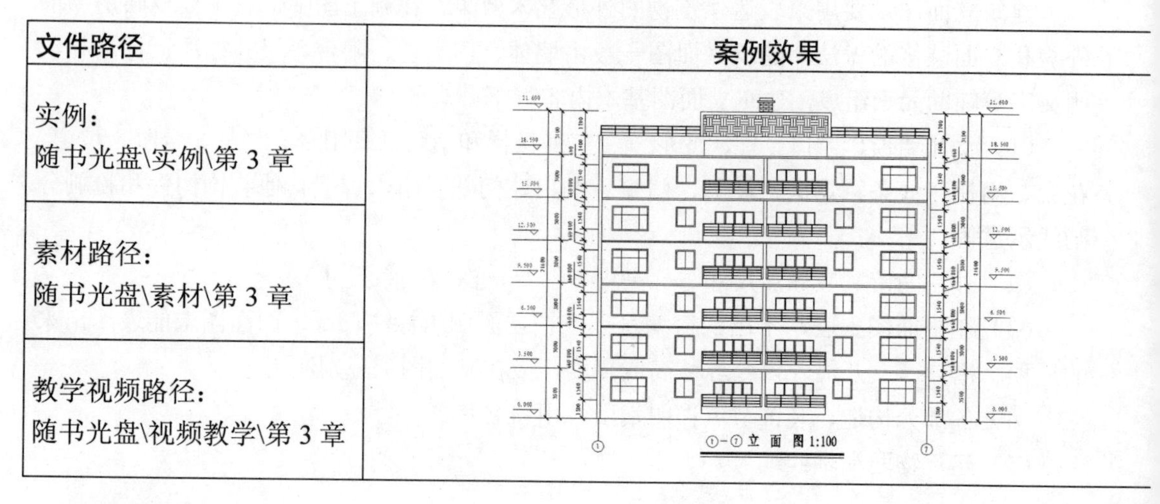
素材路径： 随书光盘\素材\第 3 章	
教学视频路径： 随书光盘\视频教学\第 3 章	

设计思路与流程

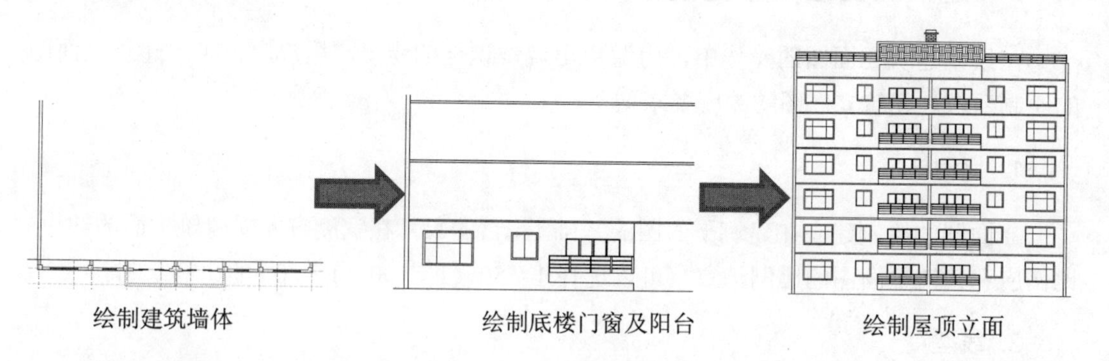

绘制建筑墙体　　绘制底楼门窗及阳台　　绘制屋顶立面

制作关键点

在本例的制作中，墙体、门窗及阳台、屋顶、标注和标高等内容是比较关键的地方。

- 绘制墙体　绘制建筑立面图墙体时，可以通过平面参考图确定立面图的墙体位置，然后使用“多线”命令绘制墙线。
- 绘制门窗及阳台　在建筑立面图中，各层门窗及阳台的尺寸通常都是相同的，在绘制该图形时，只需对一楼的门窗及阳台进行绘制，然后对其进行阵列即可。
- 绘制屋顶　绘制屋顶时，要考虑屋顶应该存在的对象，通常包括雨棚、烟囱等。绘制屋顶时，可以使用图案填充效果增加图形的表现力。
- 标注图形　在标注立面图时，需要先确定标注样式。由于本例是在建筑平面图素材文件的基础上绘制立面图的，原文件中存在创建好的“建筑”标注样式，这里只需要将其中的“建筑”标注样式设置为当前样式，即可开始对立面图进行标注。
- 绘制标高　绘制标高时，可以先创建好带属性的块，然后通过插入属性块的方法，快速创建各个楼层的标高。

3.2.1　绘制立面框架

1 打开素材文件

❶打开“建筑平面图.dwg”素材文件，将此作为绘制建筑立面图的参照对象。

❷将素材文件另存为“建筑立面图.dwg”文件。

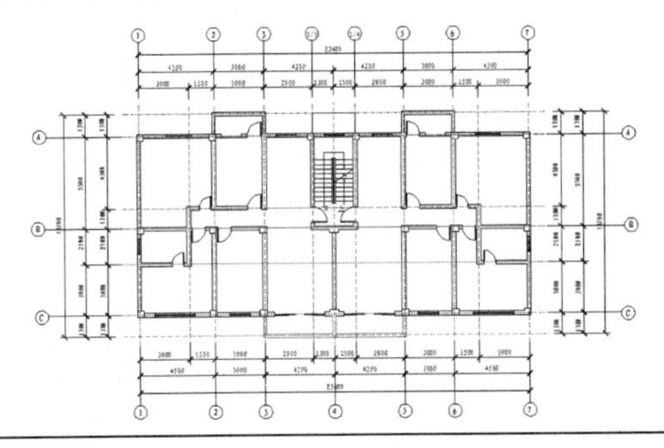

2 绘制剖切线段

❶将“墙线”图层设置为当前层。

❷使用 E（删除）命令删除标注对象。

❸使用 L（直线）命令在平面图中绘制一条直线作为剖切线。

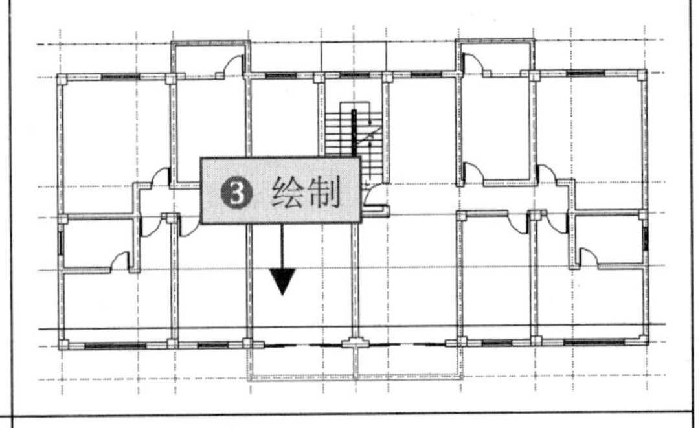

3 修剪图形

❶执行 TR（修剪）命令，选择绘制的直线作为修剪边界。

❷对直线上方的对象进行修剪。

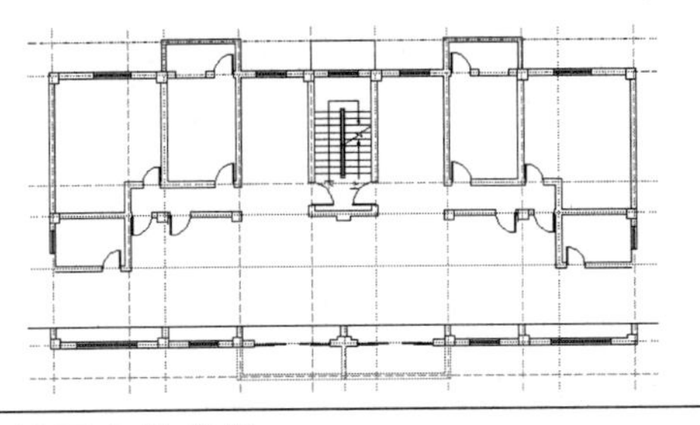

4 删除多余图形

执行 E（删除）命令，选择直线上方的图形并确定，将直线上方的图形删除。

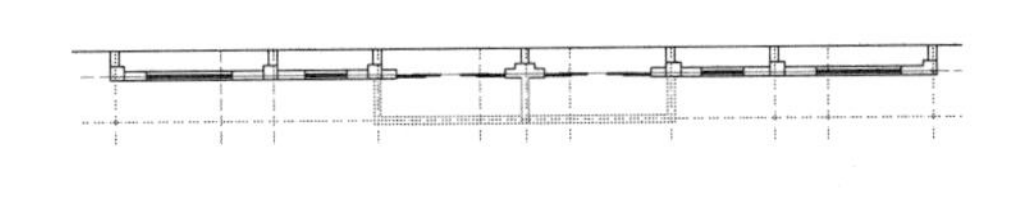

5 设置多线参数

❶执行 ML（多线）命令，然后输入 S 并确定，设置多线比例为 240。

❷输入 J 并确定，设置对正方式为“Z（无）”。

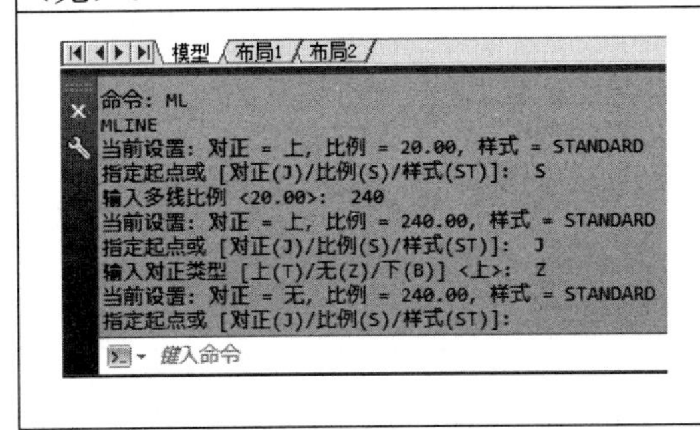

6 绘制墙线

❶捕捉左方轴线与绘制线段的交点作为多线的起点。

❷向上绘制一条多线，设置多线的长度为 19900。

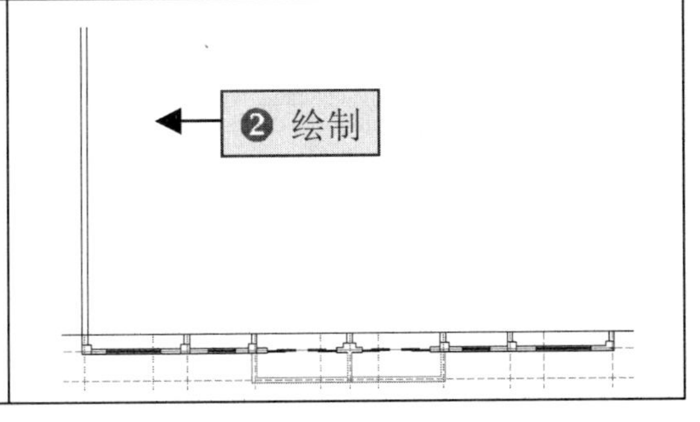

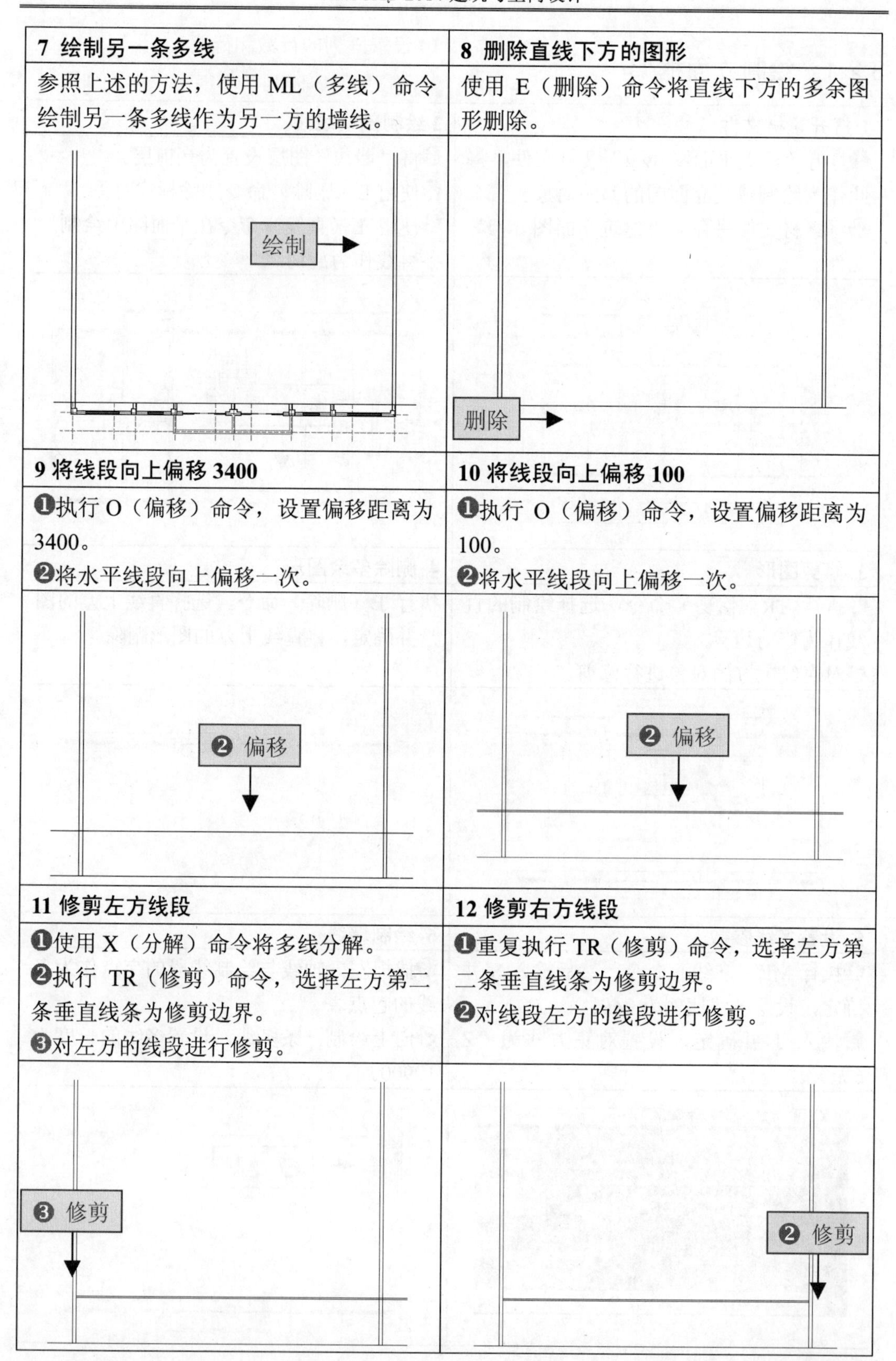

7 绘制另一条多线	**8 删除直线下方的图形**
参照上述的方法，使用 ML（多线）命令绘制另一条多线作为另一方的墙线。	使用 E（删除）命令将直线下方的多余图形删除。
9 将线段向上偏移 3400	**10 将线段向上偏移 100**
❶执行 O（偏移）命令，设置偏移距离为 3400。 ❷将水平线段向上偏移一次。	❶执行 O（偏移）命令，设置偏移距离为 100。 ❷将水平线段向上偏移一次。
11 修剪左方线段	**12 修剪右方线段**
❶使用 X（分解）命令将多线分解。 ❷执行 TR（修剪）命令，选择左方第二条垂直线条为修剪边界。 ❸对左方的线段进行修剪。	❶重复执行 TR（修剪）命令，选择左方第二条垂直线条为修剪边界。 ❷对线段左方的线段进行修剪。

13 设置矩形阵列方式	14 设置阵列的行数和行距
❶执行 AR（阵列）命令，选择上方的两条水平线段作为阵列对象。 ❷在弹出的菜单列表中选择“矩形”选项。	❶在打开的“阵列”功能区中设置列数为“1”。 ❷设置行数为 6，设置“介于（阵列的行间距）”值为 3000。
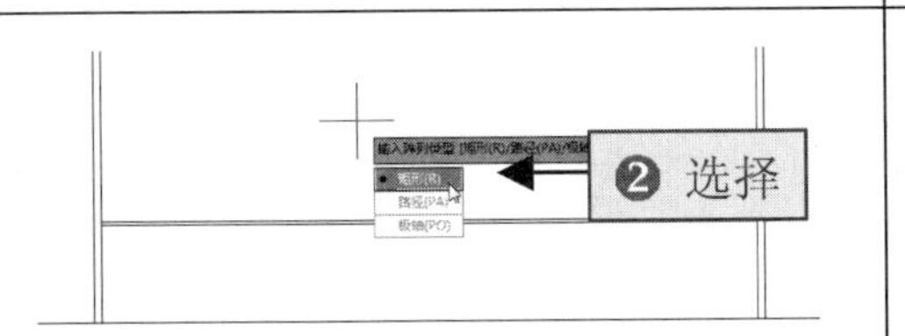	
15 阵列效果	**16 绘制直线**
单击“阵列”功能区中的“关闭阵列”按钮，完成阵列操作。	使用 L（直线）命令在图形上方绘制一条直线，连接图形中左右两条线段的端点。
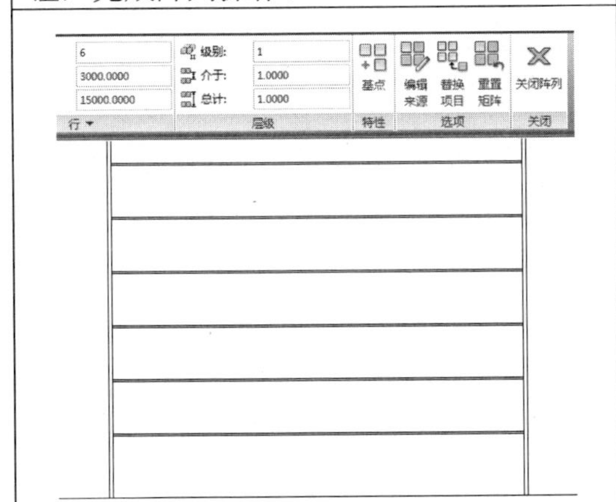	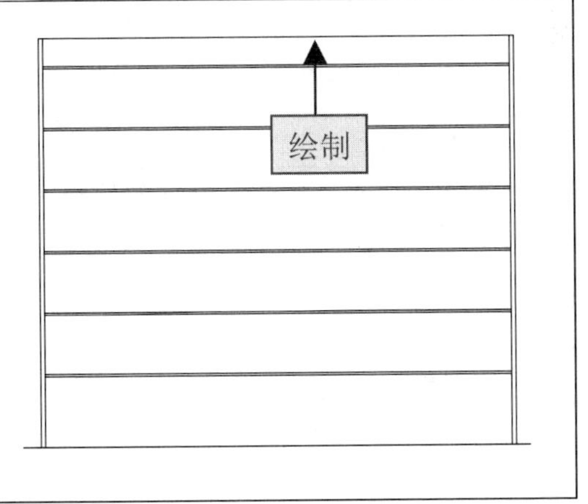

3.2.2　绘制窗户立面

1 执行“矩形”命令	2 指定绘图的基点
❶将“门窗”图层设置为当前层。然后执行 REC（矩形）命令。 ❷输入参数 from 并确定，启用“捕捉自”选项功能。	当系统提示“基点:”时，在左下方的线段交点处单击，指定绘制矩形的基点。
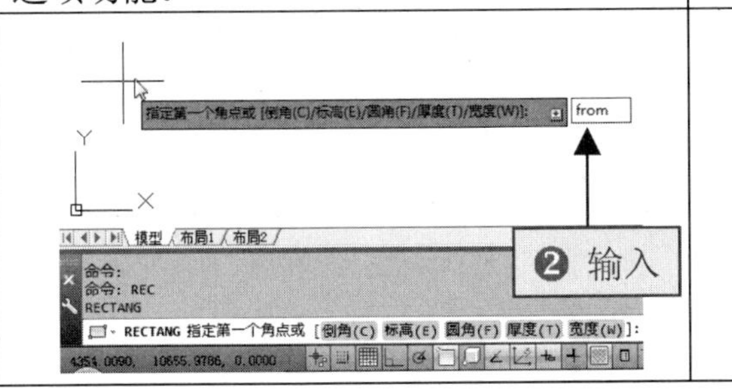	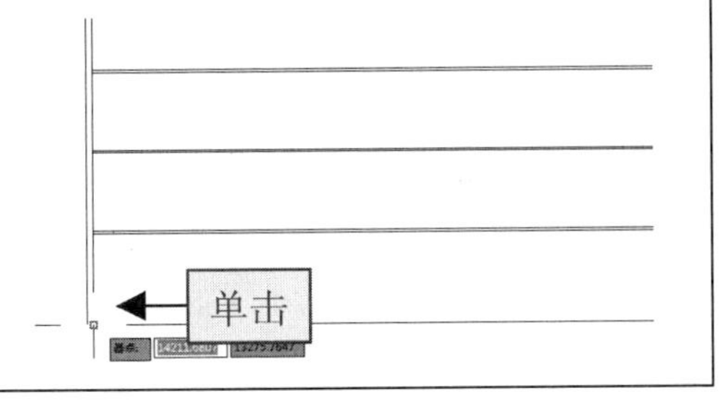

专业提示：在 AutoCAD 的绘图过程中，如果不能直接确定图形的起点位置，通常可以使用 From 命令通过指定和偏移基点的方式，确定图形的起点位置。

3 设置偏移坐标	**4 绘制矩形**
当系统提示“偏移:”时，输入偏移的坐标值为“@825,1300”并确定，该坐标值表示矩形的第一个角点与基点的偏移位置。	当系统提示“指定另一个角点或 [面积(A)/尺寸(D)/旋转(R)]: ”时，指定另一个角点的坐标为“@2400,1540”，绘制的矩形。
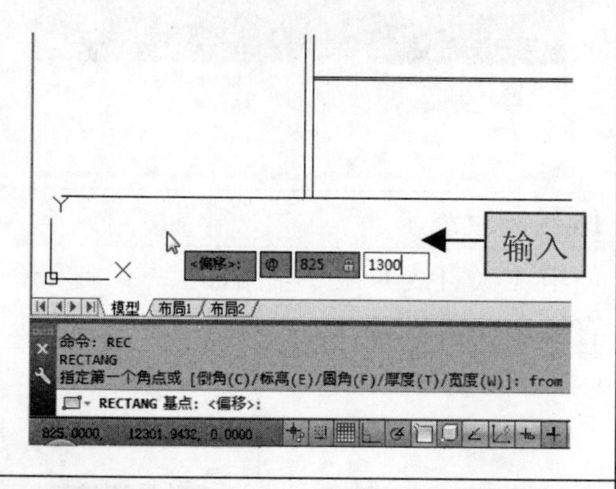	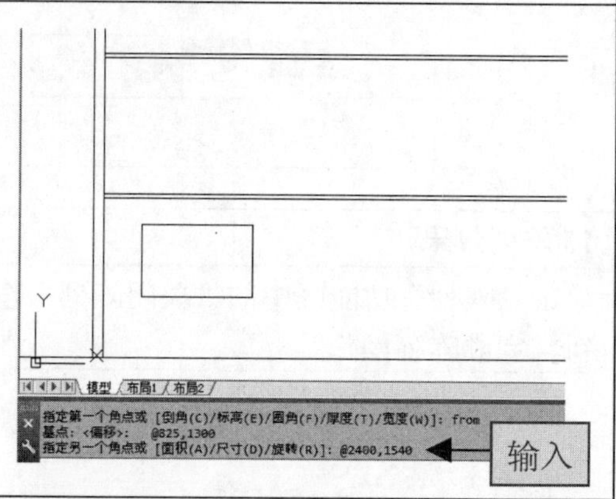
5 偏移矩形	**6 分解小矩形**
❶执行 O（偏移）命令，设置偏移距离为 80。 ❷选择绘制的矩形，将其向外偏移一次。	❶执行 X（分解）命令。 ❷选择小矩形并确定，将其分解。
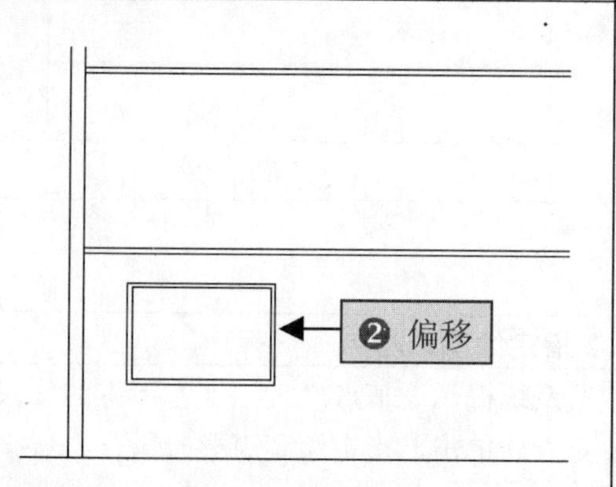	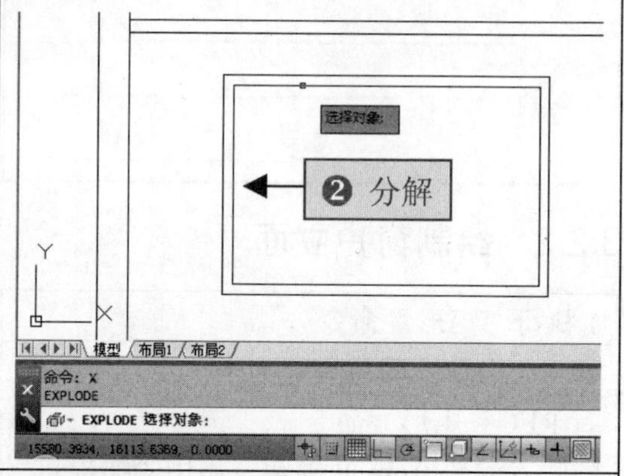
7 偏移矩形左右两方的线段	**8 偏移矩形上方的线段**
❶执行 O（偏移）命令，设置偏移距离为 600。 ❷在分解后的矩形中分别将左右两方的线段向内偏移一次。	❶执行 O（偏移）命令，设置偏移距离为 540。 ❷在分解后的矩形中将上方的线段向下偏移一次。

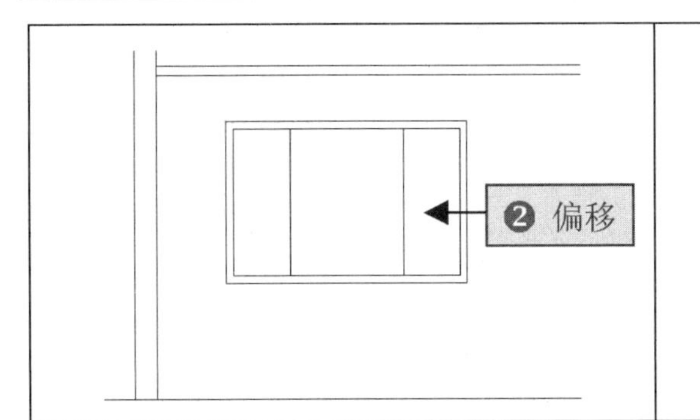

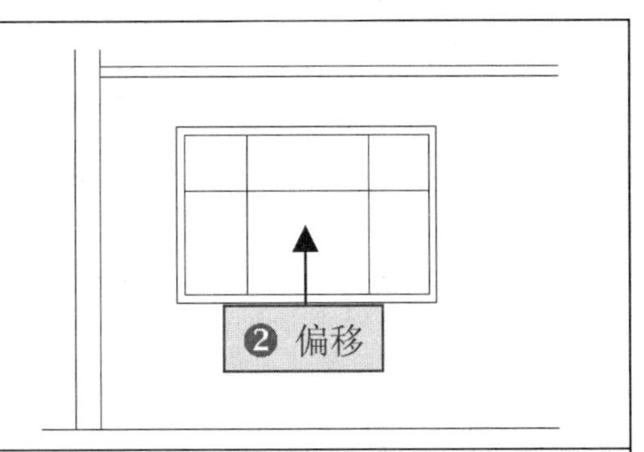

9 执行“矩形”命令

❶执行 REC（矩形）命令，输入参数 from 并确定。
❷在左下方的线段交点处单击，指定绘制矩形的基点。

10 设置偏移坐标

当系统提示“偏移:”时，输入偏移的坐标值为“@5325,1600”并确定。

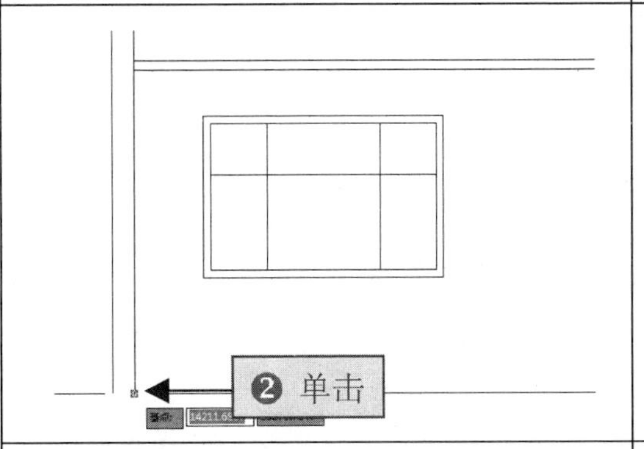

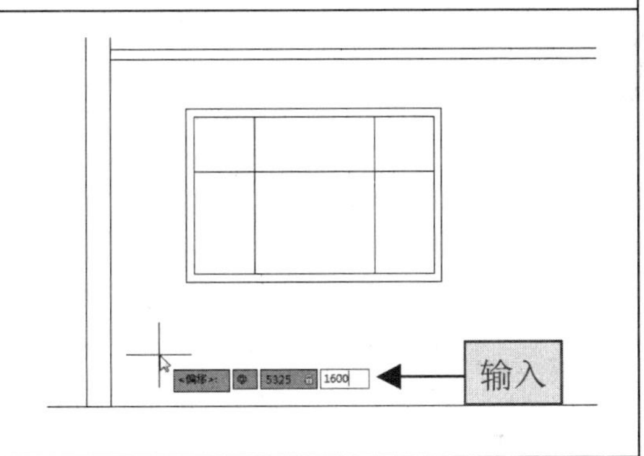

11 绘制矩形

当系统提示“指定另一个角点或[面积(A)/尺寸(D)/旋转(R)]:”时，指定另一个角点的坐标为“@1200,1200”，绘制的矩形。

12 偏移矩形

❶执行 O（偏移）命令，设置偏移距离为 80。
❷选择绘制的矩形，将其向外偏移一次。

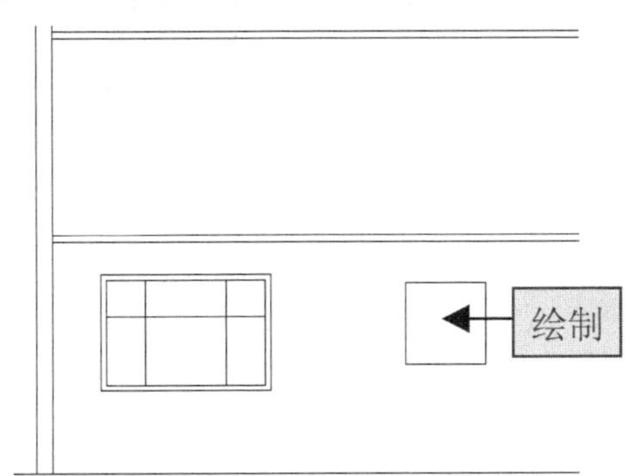

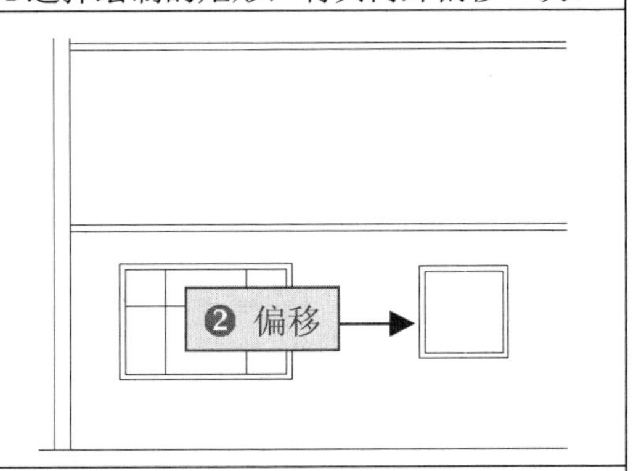

13 指定直线的第一个点

执行 L（直线）命令，捕捉小矩形上方的中点作为直线的第一个点。

14 绘制直线

向下移动光标，捕捉小矩形下方的中点作为直线的下一个点，然后按 Space 键进行确定。

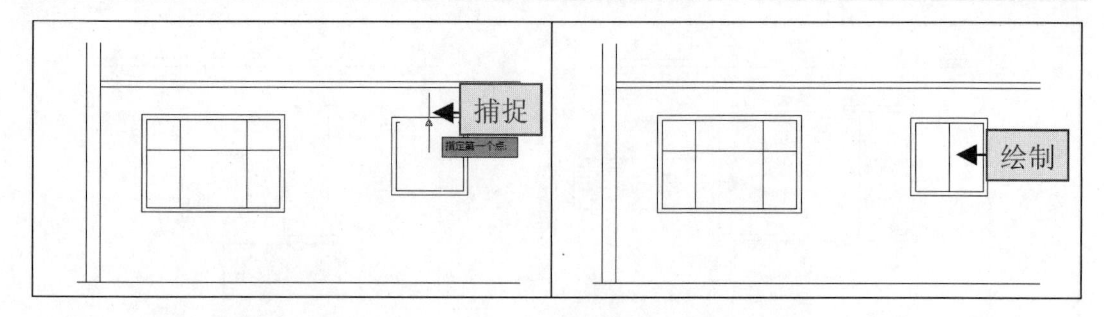

3.2.3 绘制阳台立面

1 偏移左方墙线	2 偏移地平线
执行 O（偏移）命令，将左方的墙体线段向右偏移两次，偏移的距离依次为 7400、4300。	继续使用 O（偏移）命令将地平线向上偏移两次，偏移的距离依次为 400、500。

专业提示：由于底楼的地面容易潮湿，所以在修建建筑楼时通常会将底楼的地面适当升高一部分，这里将地平线向上偏移 400 就是这个原因。

3 修剪偏移的线段	4 偏移垂直线段
执行 TR（修剪）命令，对偏移的线段进行修剪。	使用 O（偏移）命令将阳台左方的垂直线段向右偏移两次，偏移的距离依次为 50、1000。

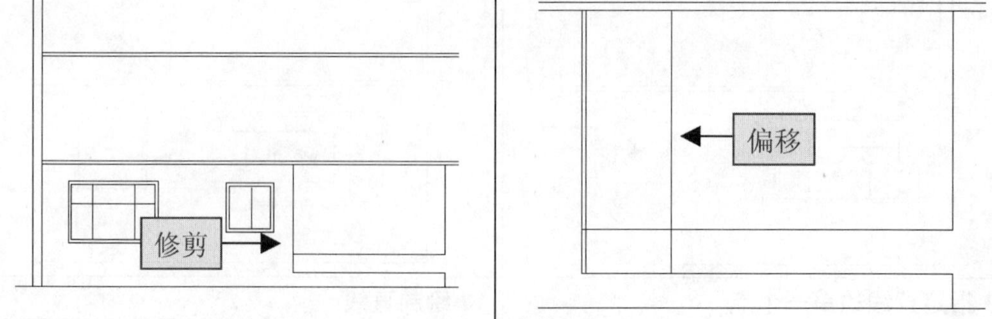

5 偏移水平线段

使用 O（偏移）命令将下方第三条水平线向上偏移两次，偏移的距离依次为 200、30。

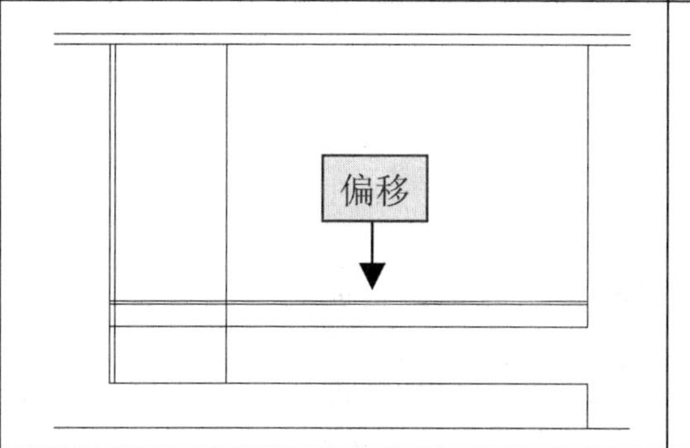

6 修剪线段

使用 TR（修剪）命令对偏移线段进行修剪。

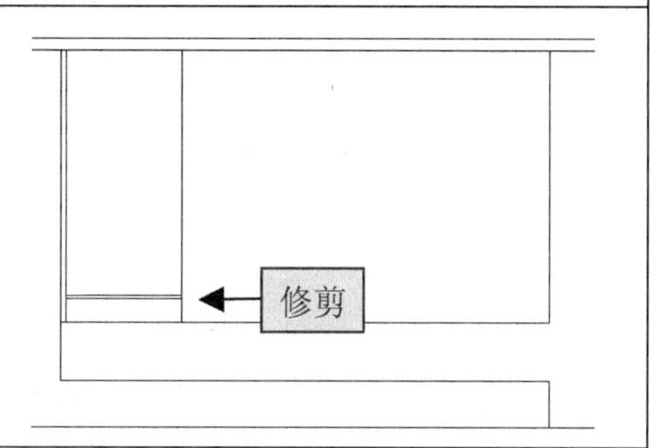

7 选择复制对象

执行 CO （复制）命令，选择修剪后的两条水平线段作为复制对象。

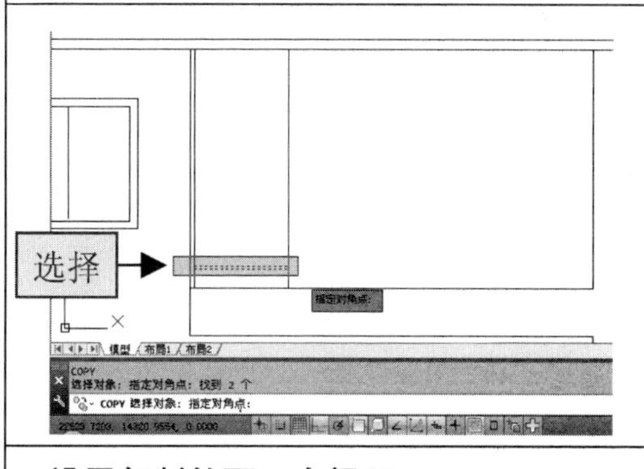

8 设置复制间距

❶在任意位置指定复制的基点。

❷开启正交功能，向上指定复制的第二点为 200。

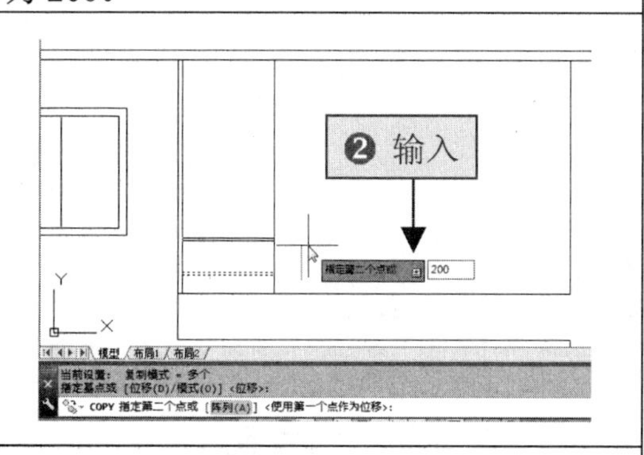

9 设置复制的下一个间距

❶根据系统提示，继续指定复制的第二点为 400。

❷按 Space 键结束复制操作。

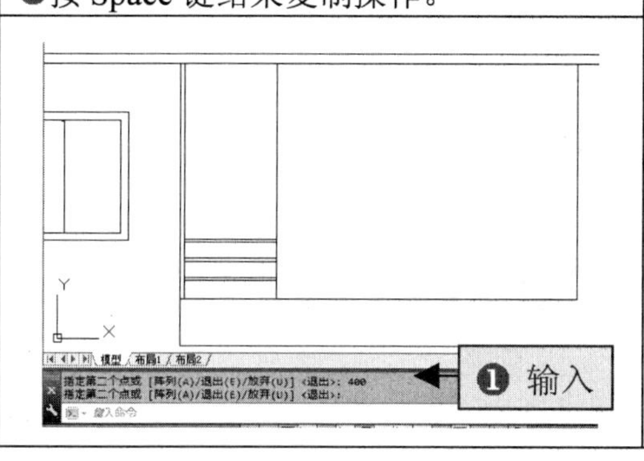

10 偏移下方线段

使用 O（偏移）命令将下方的地平线向上偏移两次，偏移距离依次为 1700、60。

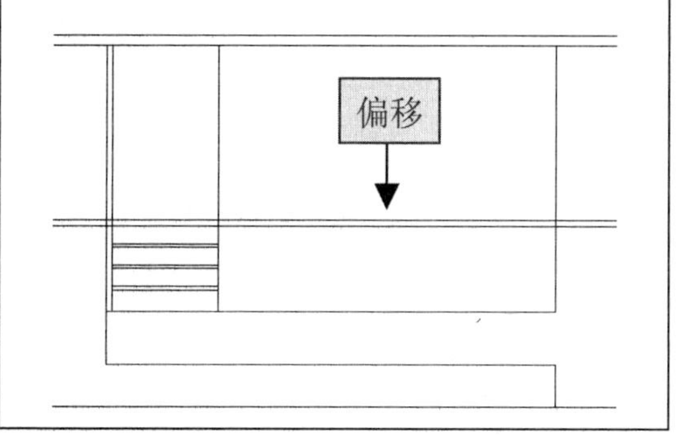

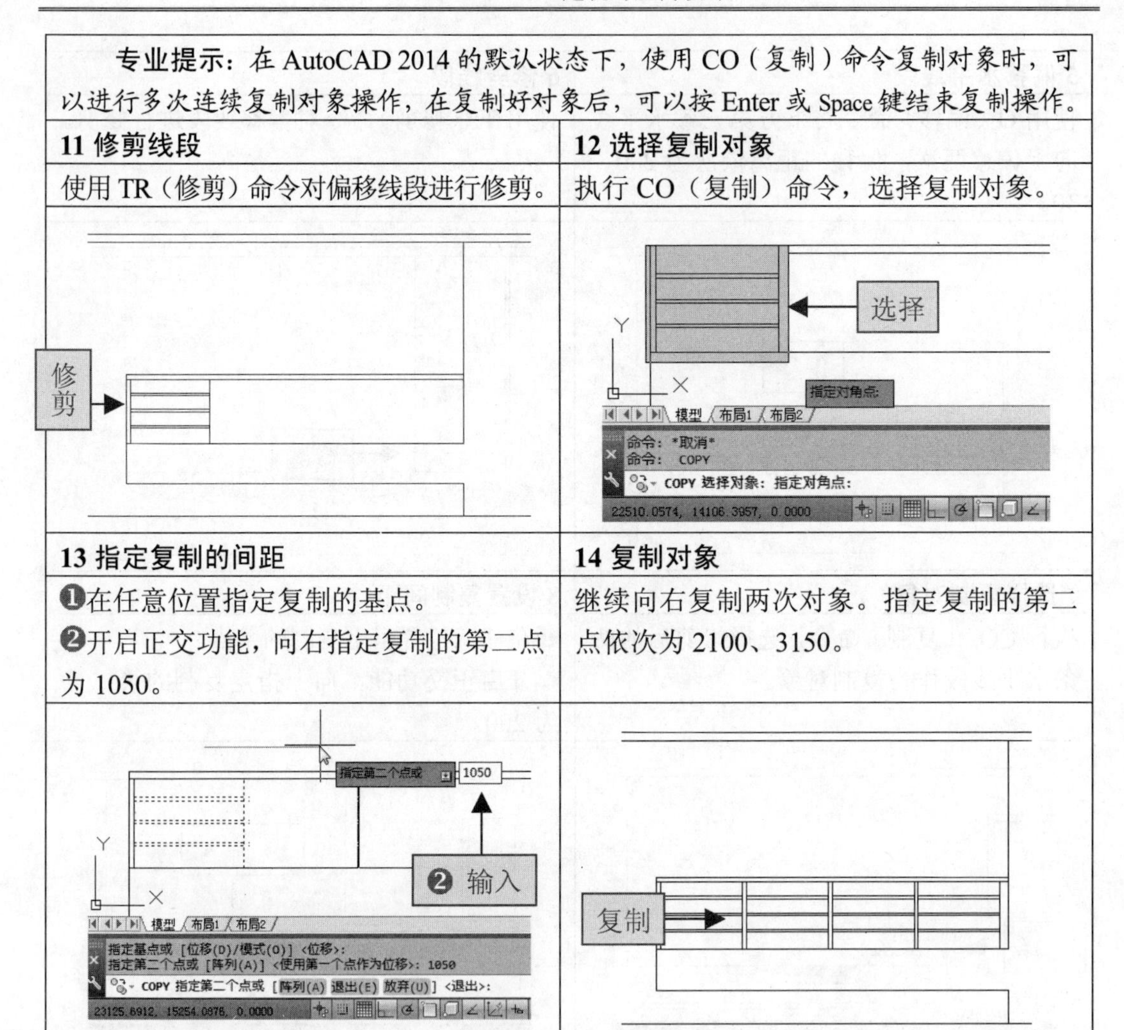

专业提示：在 AutoCAD 2014 的默认状态下，使用 CO（复制）命令复制对象时，可以进行多次连续复制对象操作，在复制好对象后，可以按 Enter 或 Space 键结束复制操作。

11 修剪线段	**12 选择复制对象**
使用 TR（修剪）命令对偏移线段进行修剪。	执行 CO（复制）命令，选择复制对象。

13 指定复制的间距	**14 复制对象**
❶在任意位置指定复制的基点。 ❷开启正交功能，向右指定复制的第二点为 1050。	继续向右复制两次对象。指定复制的第二点依次为 2100、3150。

3.2.4 绘制推拉门立面

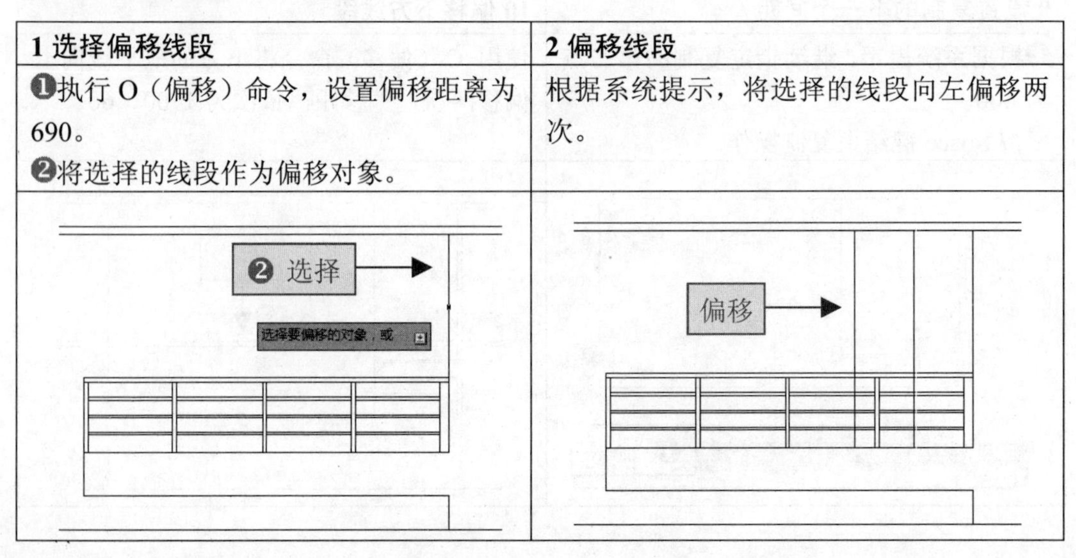

1 选择偏移线段	**2 偏移线段**
❶执行 O（偏移）命令，设置偏移距离为 690。 ❷将选择的线段作为偏移对象。	根据系统提示，将选择的线段向左偏移两次。

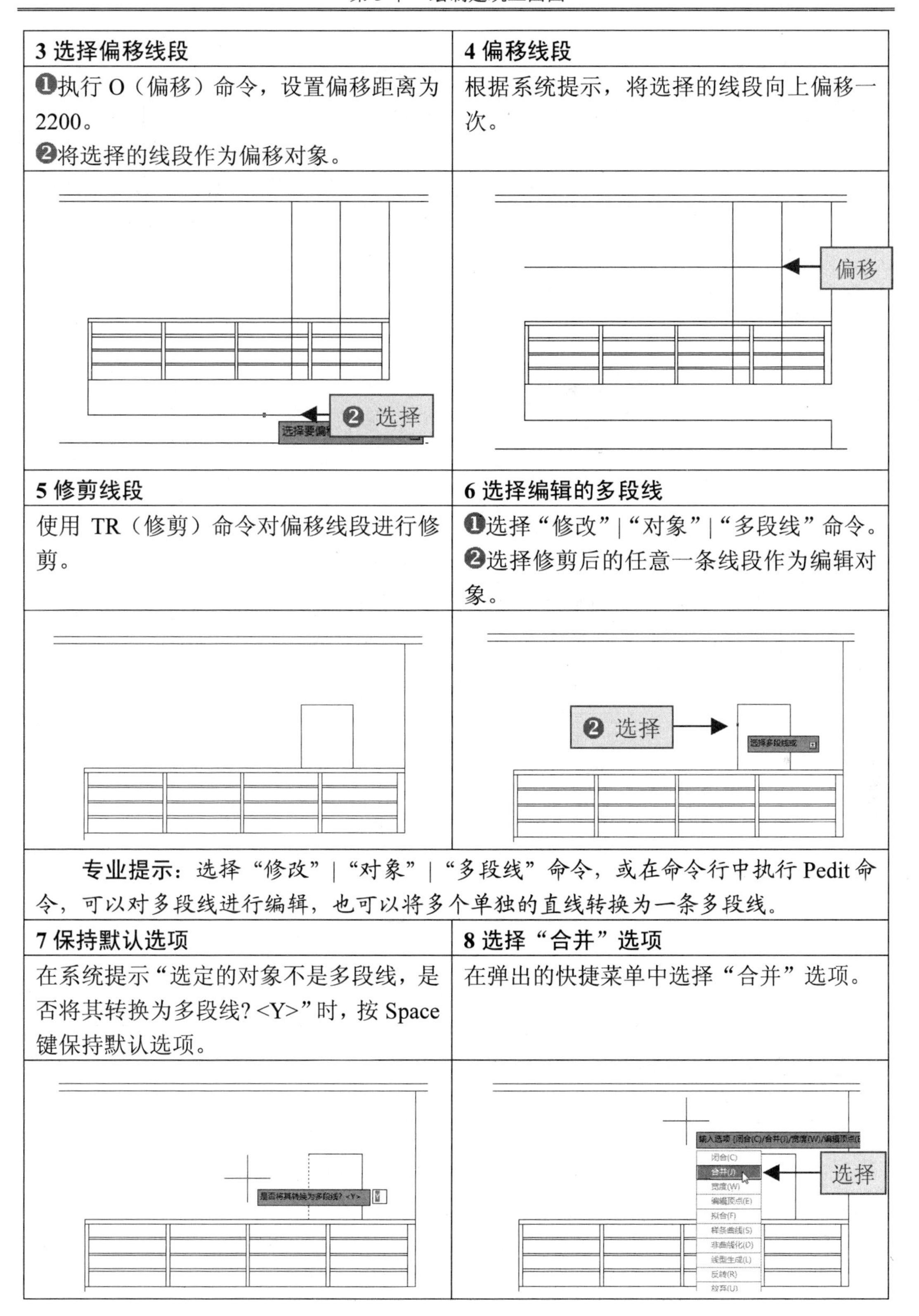

3 选择偏移线段

❶执行 O（偏移）命令，设置偏移距离为 2200。
❷将选择的线段作为偏移对象。

4 偏移线段

根据系统提示，将选择的线段向上偏移一次。

5 修剪线段

使用 TR（修剪）命令对偏移线段进行修剪。

6 选择编辑的多段线

❶选择“修改”|“对象”|“多段线”命令。
❷选择修剪后的任意一条线段作为编辑对象。

专业提示：选择“修改”|“对象”|“多段线”命令，或在命令行中执行 Pedit 命令，可以对多段线进行编辑，也可以将多个单独的直线转换为一条多段线。

7 保持默认选项

在系统提示“选定的对象不是多段线，是否将其转换为多段线? <Y>”时，按 Space 键保持默认选项。

8 选择“合并”选项

在弹出的快捷菜单中选择“合并”选项。

9 选择要合并的对象	10 转换为多段线
根据系统提示依次选择另外两条线段作为要合并的对象。	当系统再次提示“输入选项 [闭合(C)/合并(J)/宽度(W)/编辑顶点(E)/拟合(F)/样条曲线(S)/非曲线化(D)/线型生成(L)/反转(R)/放弃(U)]:”时，连续按两次 Space 键退出操作。
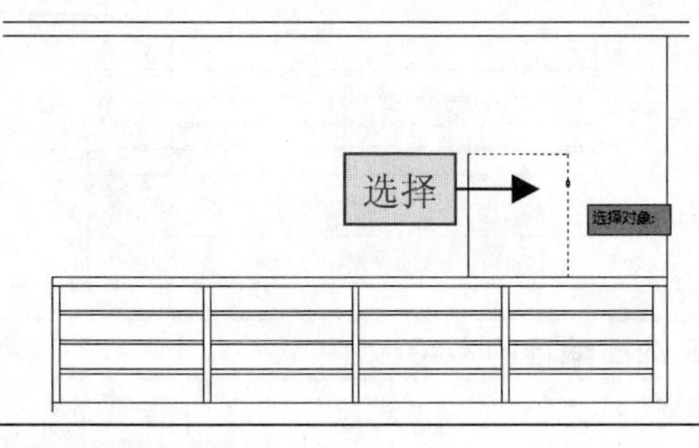	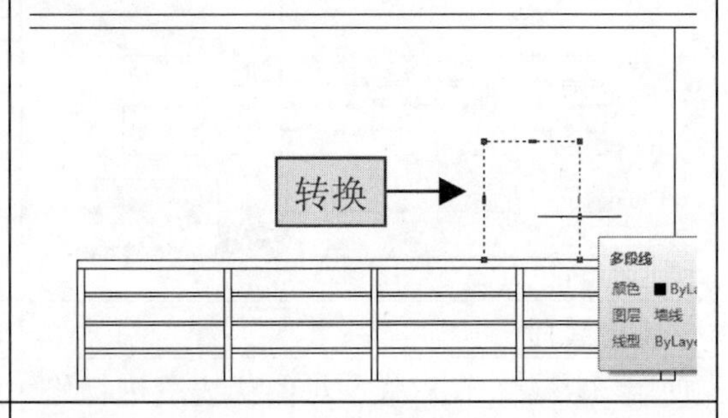
11 偏移多段线	**12 复制对象**
❶执行 O（偏移）命令，设置偏移距离为 50。 ❷选择编辑的多段线，将其向内偏移一次。	使用 CO（复制）命令将绘制好的门立面向左复制 3 次。
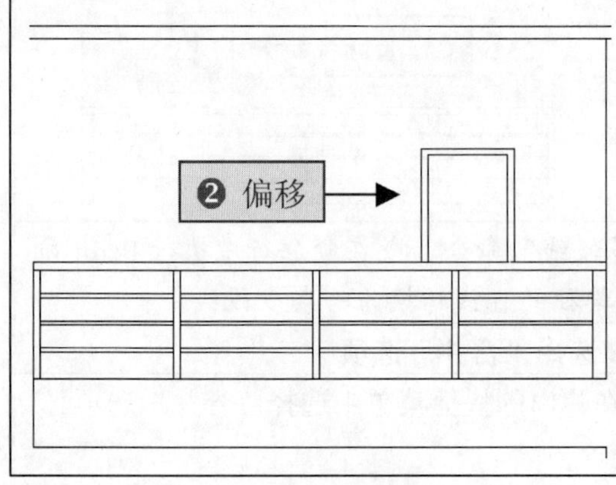	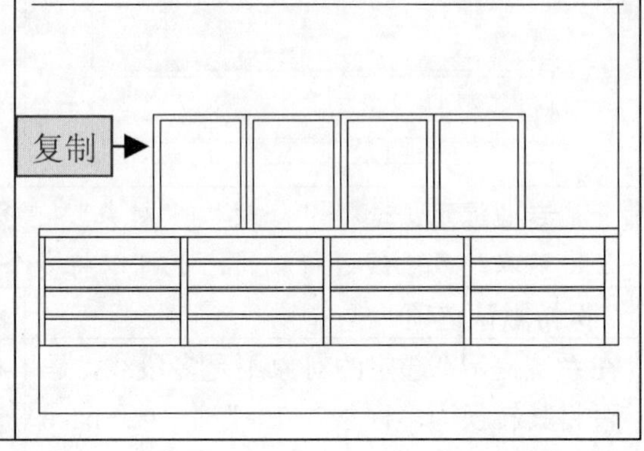

3.2.5 阵列门窗和阳台

1 输入块名称	2 选择要创建为块的图形
❶在命令行中执行“创建块”命令 Block（B）。 ❷在打开的“块定义”对话框中输入块名称为“立面”。	❶单击“块定义”对话框中的“选择对象”按钮。 ❷进入绘图区框选立面门窗和阳台图形，然后按 Space 键进行确定。

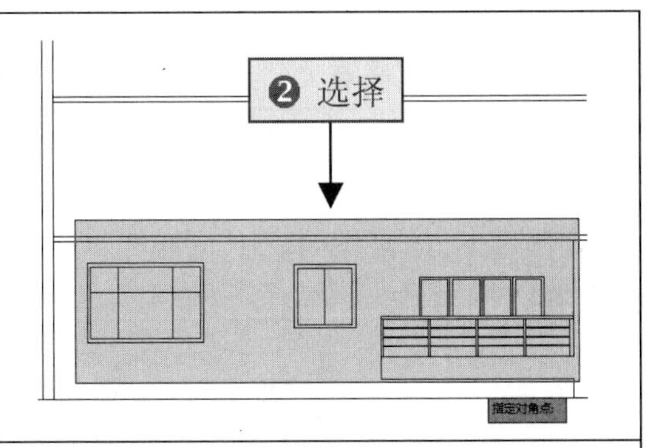

3 指定块的插入基点

❶返回“块定义”对话框中，单击“拾取点”按钮。

❷在右下角端点处单击，指定块的插入基点，然后返回对话框单击“确定”按钮。

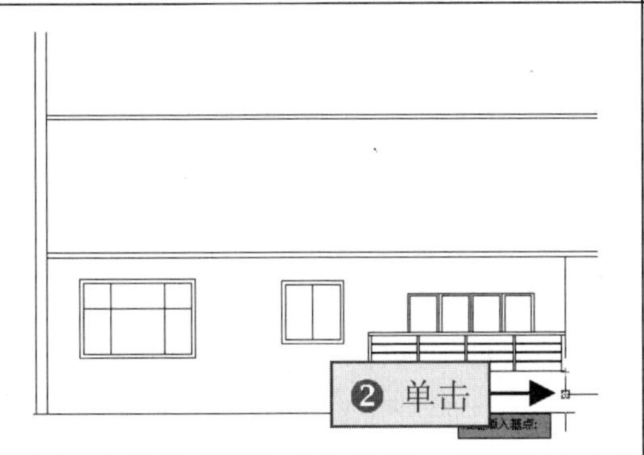

4 选择阵列对象

❶在命令行中执行 AR（阵列）命令。

❷根据系统提示，选择创建的块对象作为阵列对象，然后按 Space 键进行确定。

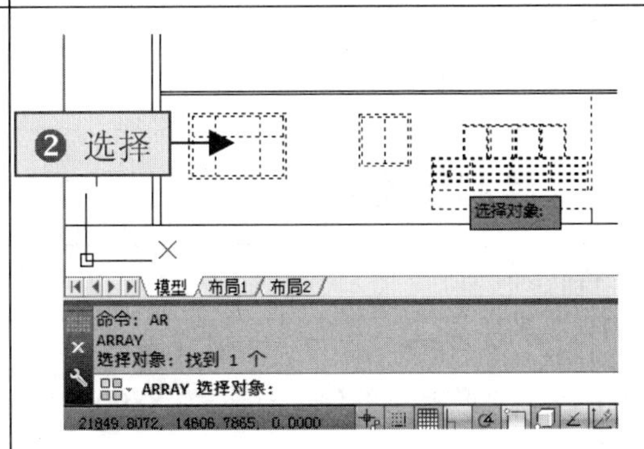

专业提示： 将图形创建为块对象后，可以将其作为一个整体，便于对其进行选择和编辑操作。

5 设置矩形阵列方式

当系统提示“输入阵列类型 [矩形(R)/路径(PA)/极轴(PO)]:”时，在弹出的菜单列表中选择“矩形”选项。

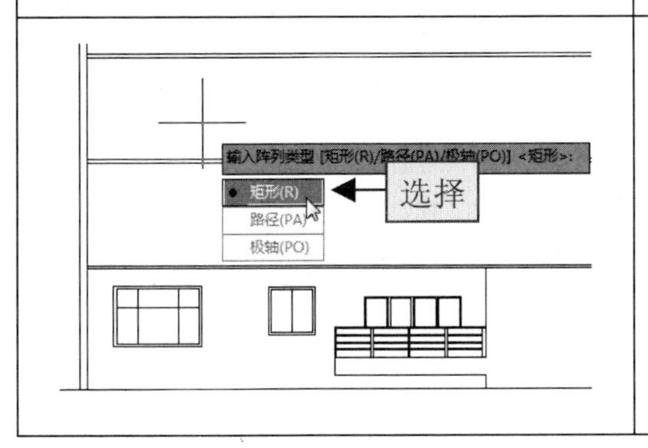

6 设置阵列的行数和行距

❶在打开的“阵列”功能区中设置列数为 1、行数为 6、“介于（阵列的行间距）”值为 3000。

❷单击“关闭阵列”按钮完成阵列操作。

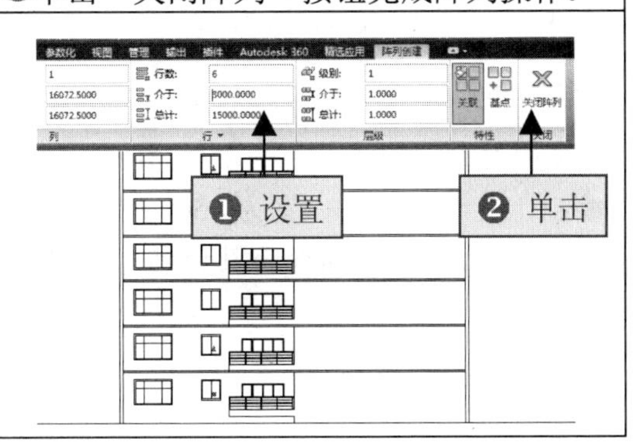

7 指定镜像线第一点	**8 镜像复制立面图形**
❶执行 MI（镜像）命令，选择左方的图形并确定。 ❷在图形上方的线段中点位置单击，指定镜像线的第一点。	❶根据系统提示垂直向下移动光标。在任意位置指定镜像线的第二个点。 ❷按 Space 键进行镜像复制图形。
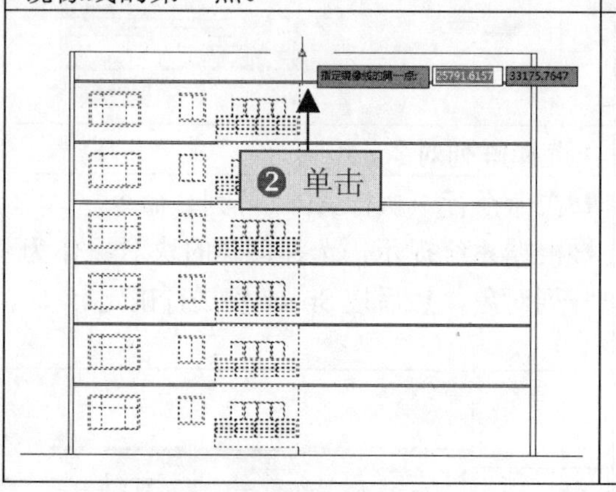 	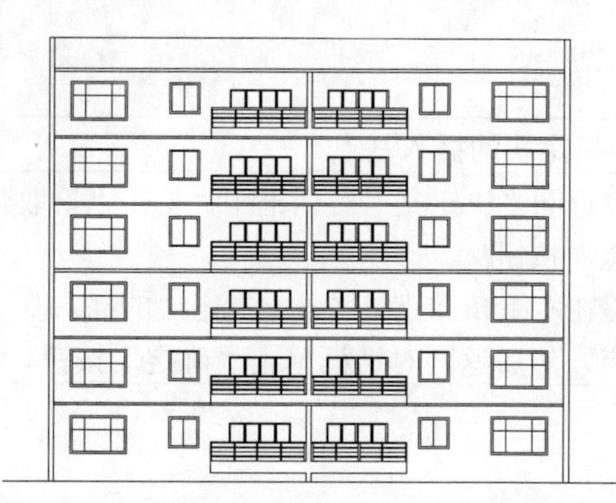

3.2.6 绘制屋顶立面

1 绘制矩形	**2 移动矩形**
❶在命令行中执行 REC（矩形）命令。 ❷在立面图形上方绘制一个长为 8800、宽为 1100 的矩形。	❶在命令行中执行 M（移动）命令。 ❷通过捕捉矩形下方的中点，对矩形进行移动。
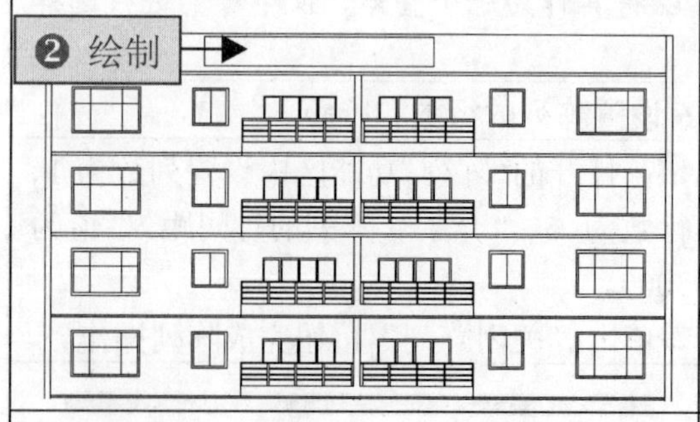 	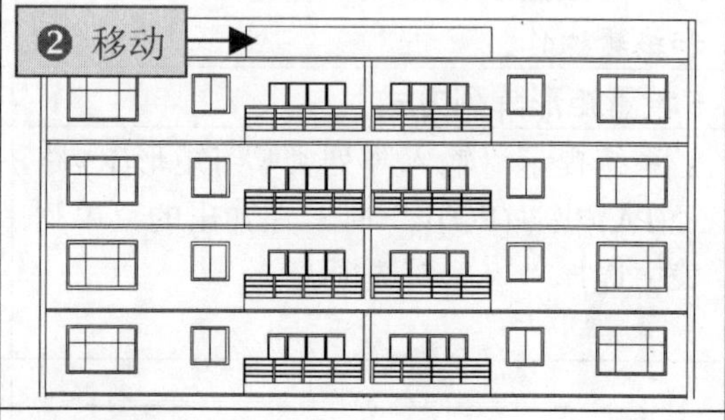
3 绘制矩形	**4 偏移矩形**
❶使用 REC（矩形）命令在立面图形上方绘制一个长为 8900、宽为 1500 的矩形。 ❷使用 M（移动）命令将其移到上方的中点处。	❶在命令行中执行 O（偏移）命令，设置偏移距离为 200。 ❷选择绘制的矩形，将其向外偏移一次。

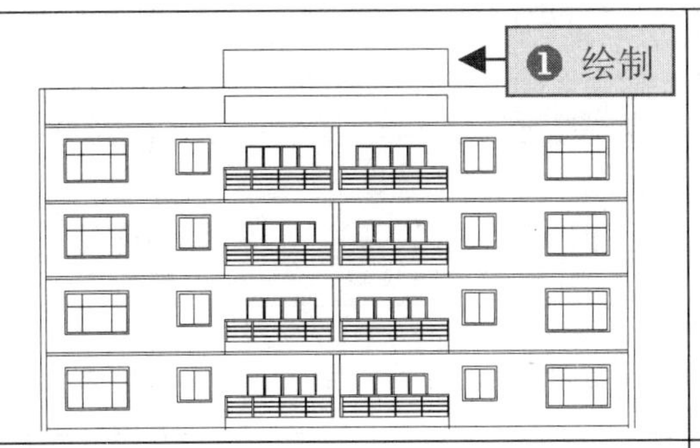

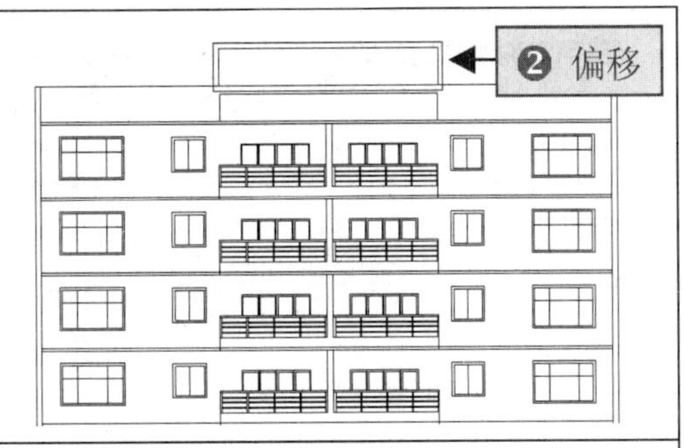

5 修剪矩形

❶在命令行中执行 TR（修剪）命令，选择上方水平线段为修剪边界。

❷对偏移后的矩形进行修剪。

6 执行“图案填充”命令

❶选择“绘图”|“图案填充”命令，或在命令行中执行 Hatch（H）命令。

❷在打开的“图案填充创建”功能区中单击“图案”面板中的 按钮。

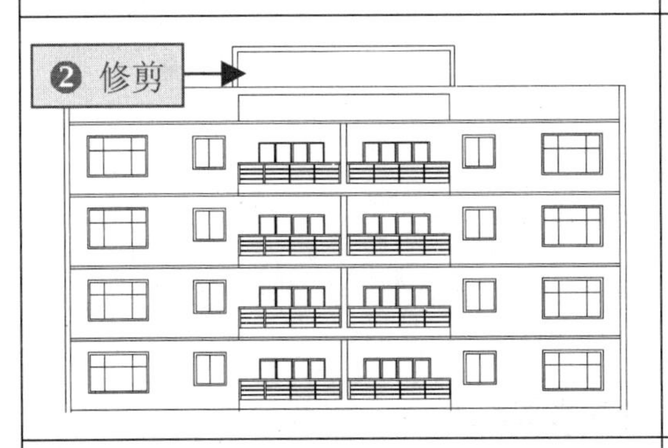

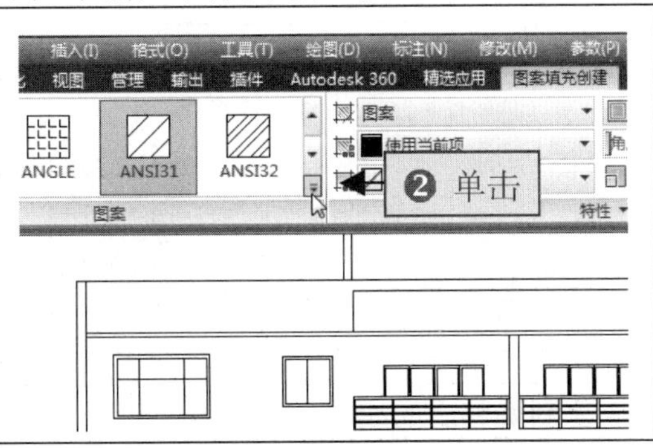

7 选择图案

❶拖动“图案”面板右方的滚动条。

❷在图案列表中选择 EARTH 图案。

8 指定填充区域

❶将光标移动修剪后的矩形中。

❷单击鼠标指定图案填充的区域。

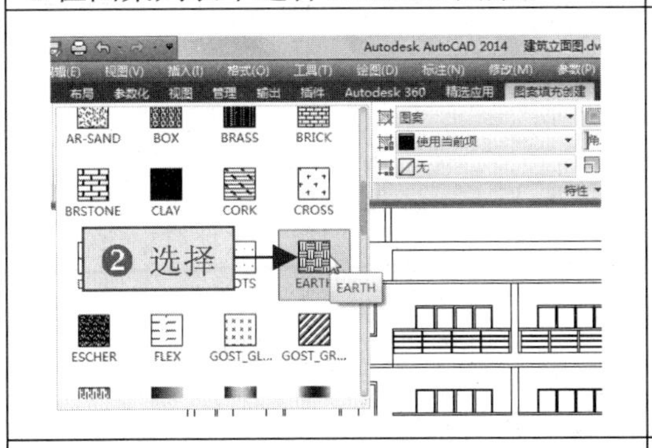

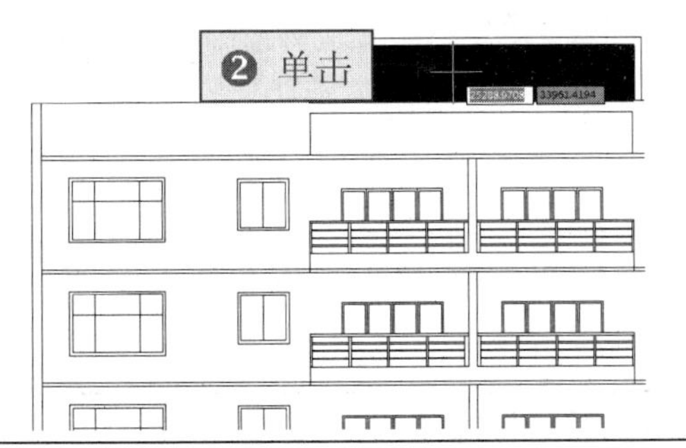

9 设置填充比例

❶在“特性”面板中将“图案填充比例”值设置为 2000。

❷单击“关闭图案填充创建”按钮，完成图案填充操作。

10 偏移线段

执行 O（偏移）命令，将立面墙体上方的线段向上偏移 6 次，偏移距离依次为 150、50、200、50、200、50。

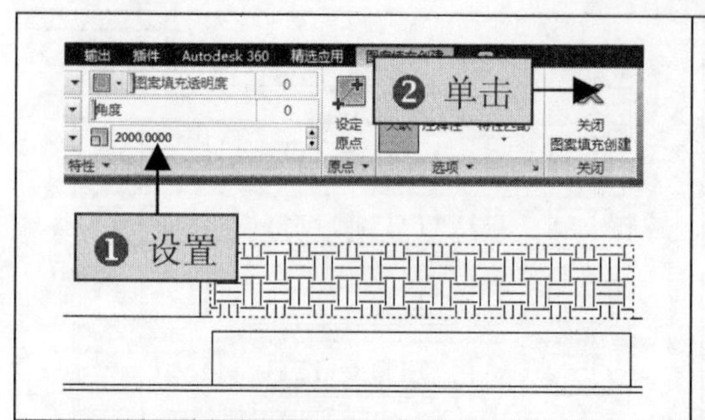

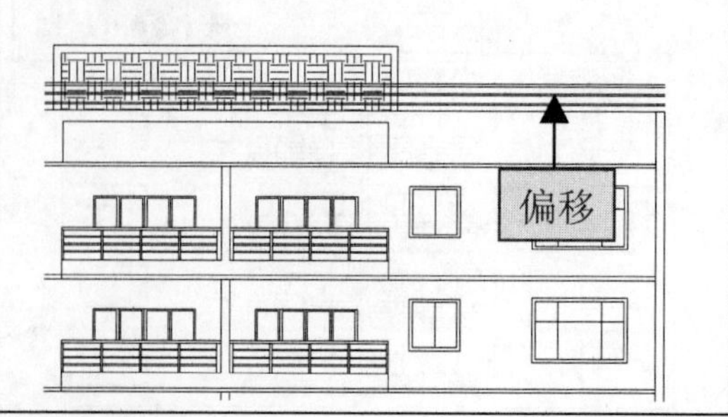

11 绘制一条直线

❶在命令行中执行 L（直线）命令。

❷在右方墙体的上方中点处绘制一条直线。

12 偏移线段

执行 O（偏移）命令，将绘制的直线向左偏移两次，偏移距离依次为 50、950。

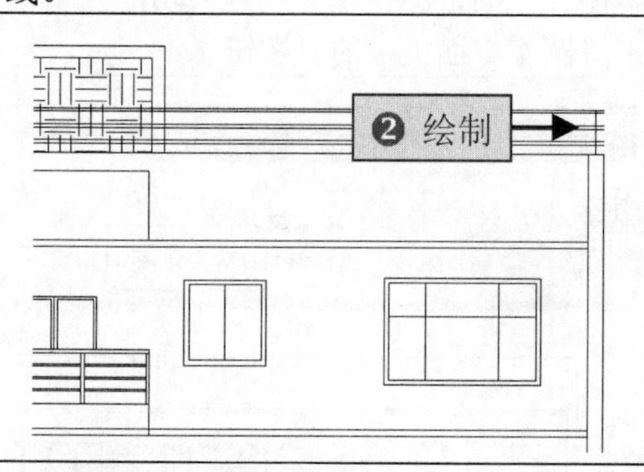

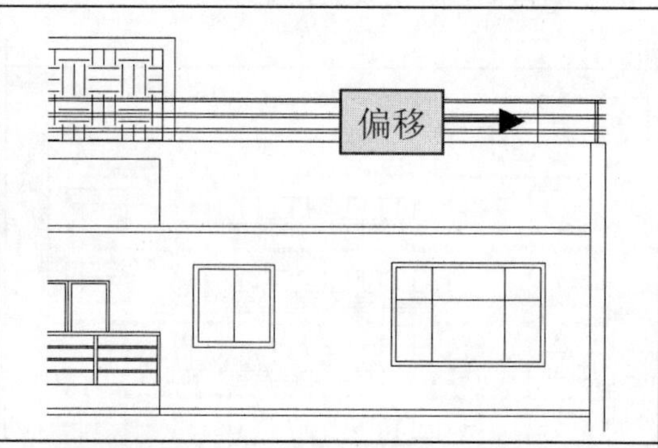

13 复制偏移后的线段

执行 CO（复制）命令，将偏移得到的两条直线向左复制 6 次，复制的第二点依次为 1000、2000、3000、4000、5000、6000。

14 修剪图形

执行 TR（修剪）命令，对偏移和复制直线进行修剪，绘制出栏杆图形。

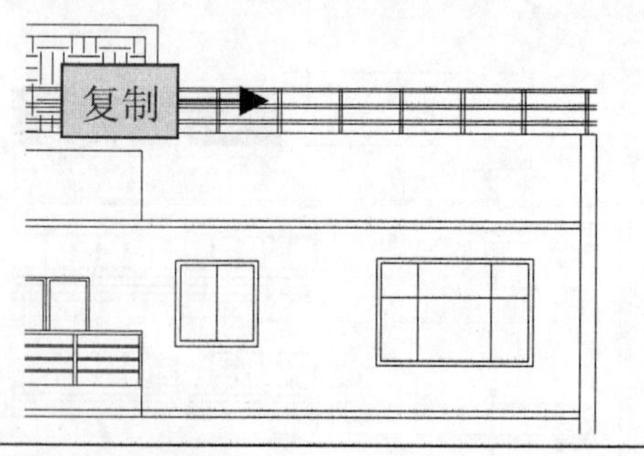

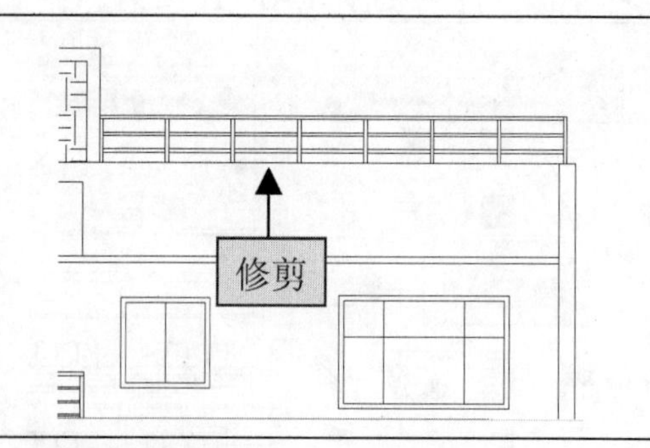

15 执行镜像操作

❶在命令行中执行 MI（镜像）命令，选择右方栏杆图形作为镜像对象。

❷捕捉屋顶的线段中点作为镜像线的第一个点。

16 镜像复制栏杆

❶水平向下移动光标，在垂直线任意位置指定镜像线的第二个点。

❷直接按 Space 键进行确定，对栏杆进行镜像复制。

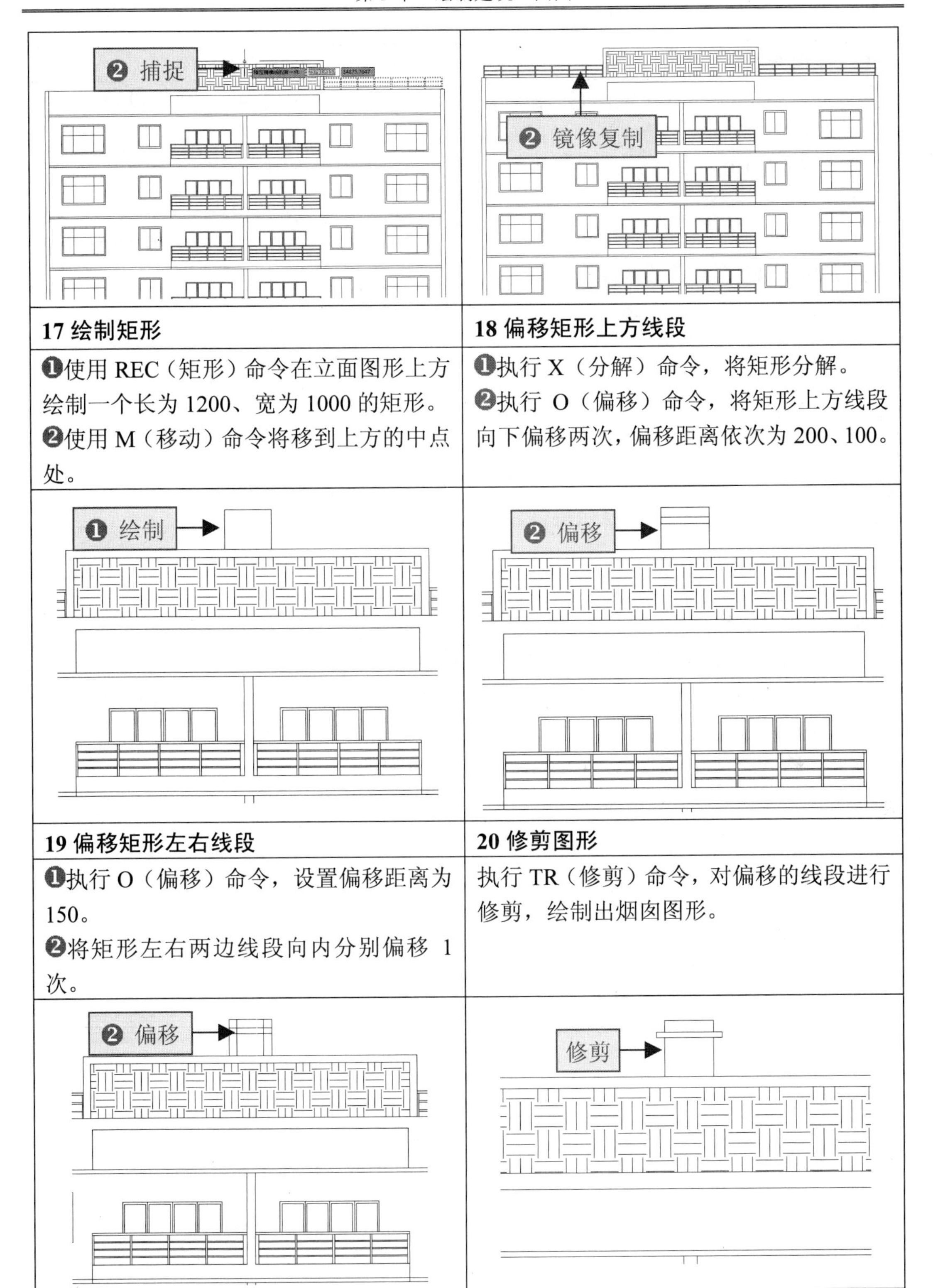

17 绘制矩形	18 偏移矩形上方线段
❶使用 REC（矩形）命令在立面图形上方绘制一个长为 1200、宽为 1000 的矩形。 ❷使用 M（移动）命令将移到上方的中点处。	❶执行 X（分解）命令，将矩形分解。 ❷执行 O（偏移）命令，将矩形上方线段向下偏移两次，偏移距离依次为 200、100。
19 偏移矩形左右线段	**20 修剪图形**
❶执行 O（偏移）命令，设置偏移距离为 150。 ❷将矩形左右两边线段向内分别偏移 1 次。	执行 TR（修剪）命令，对偏移的线段进行修剪，绘制出烟囱图形。

21 选择填充图案	22 设置填充区域和图案比例
❶在命令行中执行 H（图案填充）命令。 ❷在“图案填充创建”功能区中的图案列表中选择 AR-BRSTD 图案。	❶在烟囱下方区域中指定图案填充的区域。 ❷将“图案填充比例”值设置为 50，然后单击“关闭图案填充创建”按钮完成操作。

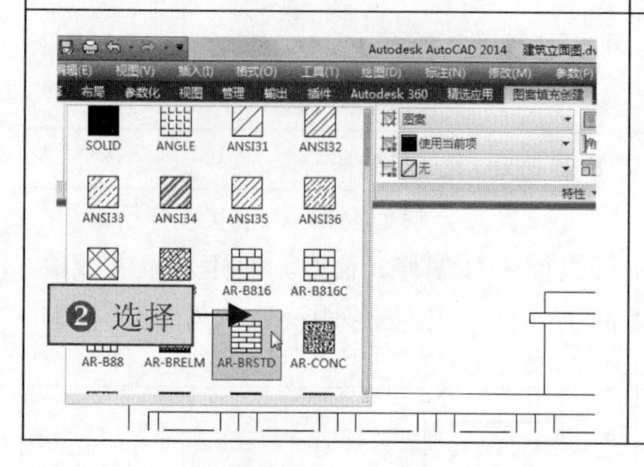

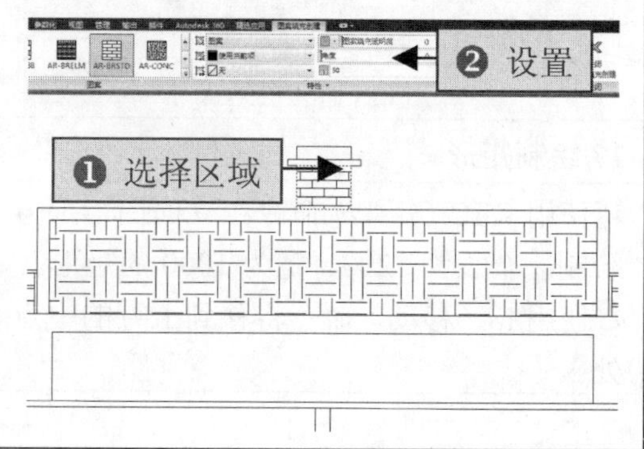

3.2.7 标注建筑立面图

1 设置当前标注样式	2 指定第一个尺寸界线原点
❶在命令行中执行 D（标注样式）命令，在打开的“标注样式管理器”对话框中选择“建筑”样式。 ❷单击“置为当前”按钮将“建筑”样式设置为当前样式，然后关闭对话框。	❶将“标注”图层设置为当前层。 ❷在命令行中执行 DLI（线性标注）命令，在左下方的墙线交点处单击，指定标注的第一个尺寸界线原点。

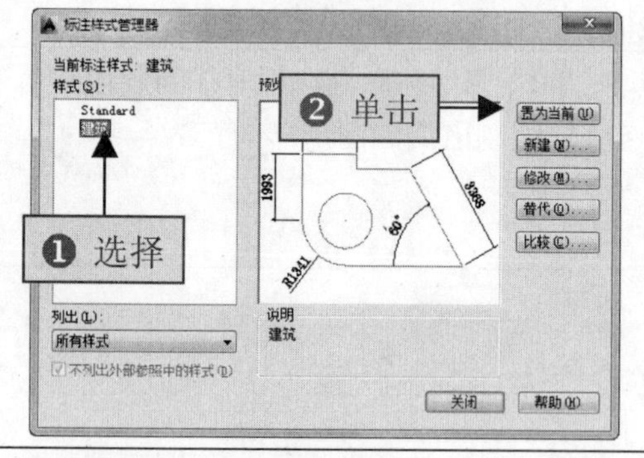

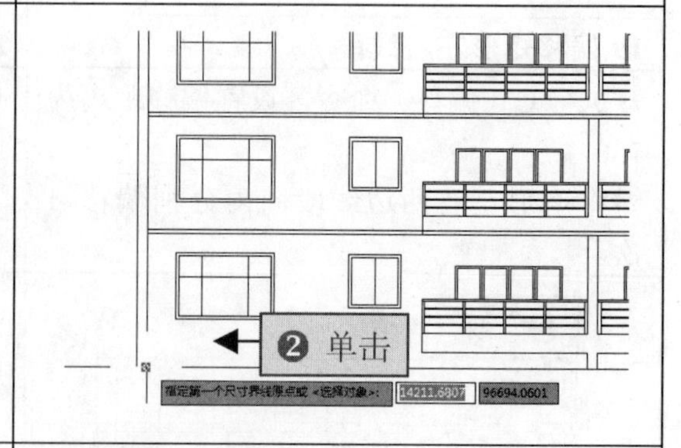

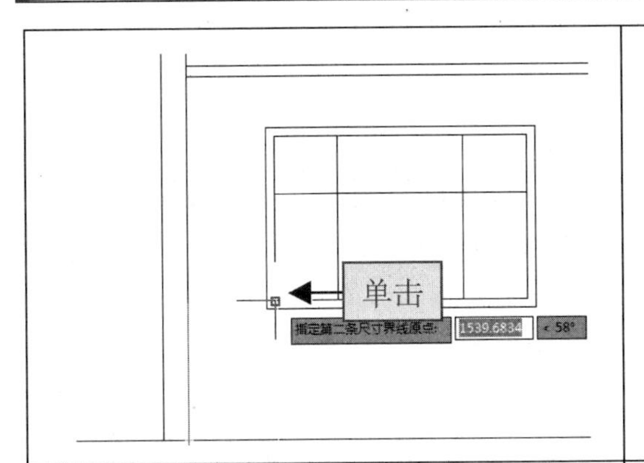

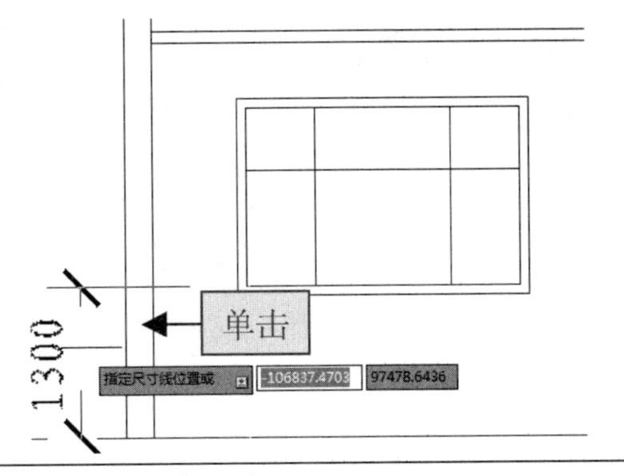

5 连续标注左方尺寸

❶在命令行中执行 DCO（连续标注）命令。

❷通过捕捉对图形左方墙线的交点，对图形进行连续标注。

6 标注第二道尺寸

参照前面的尺寸标注方法，使用 DLI（线性标注）和 DCO（连续标注）命令对左方尺寸进行第二道标注。

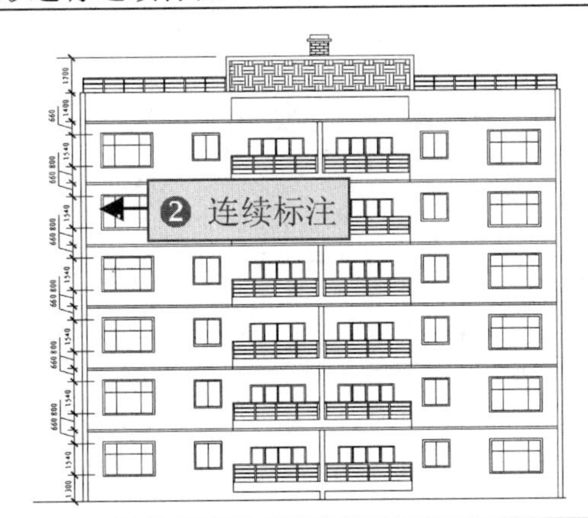

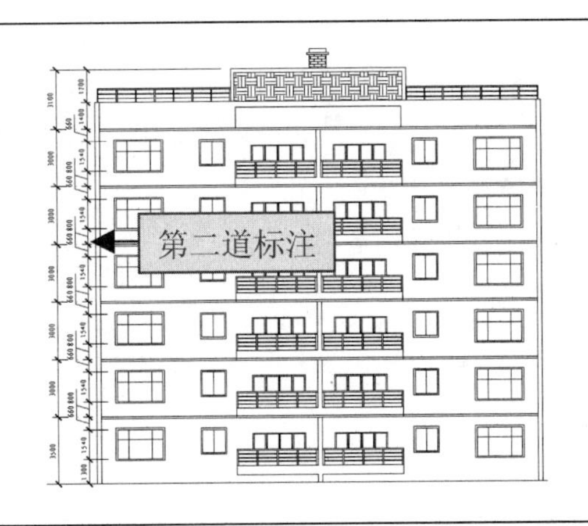

7 标注左方总高度

❶执行 DLI（线性标注）命令，对左方总高度进行标注。

❷使用 DLI（线性标注）命令适当调整各个标注的位置。

8 镜像复制左方标注

执行 MI（镜像）命令，选择左方标注作为镜像对象，以立面图的中点为镜像线，对左方标注进行镜像复制。

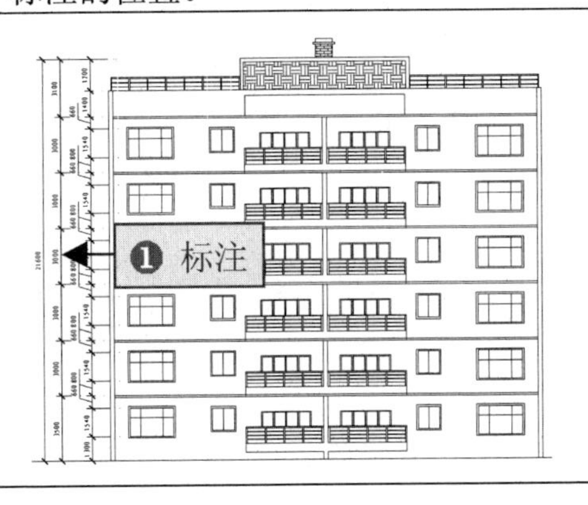

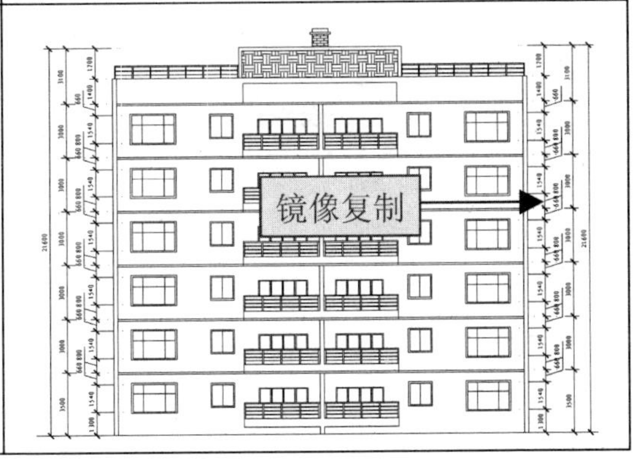

3.2.8 绘制建筑标高

1 绘制标高符号	2 单击“定义属性”按钮
执行 L（直线）命令，在图形左下方绘制一个标高符号。	选择“默认”功能标签，然后单击“块”面板中的“定义属性”按钮。
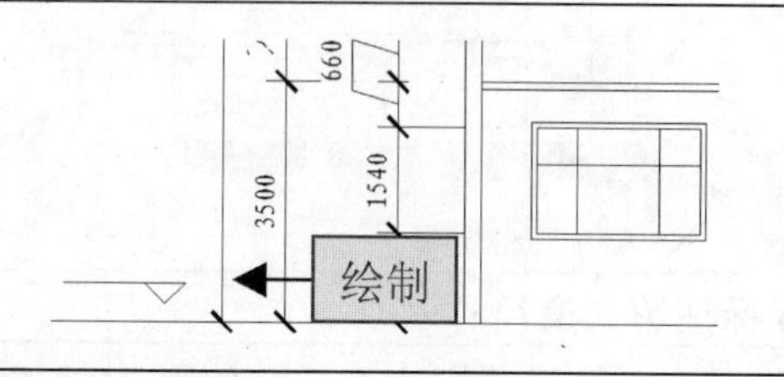	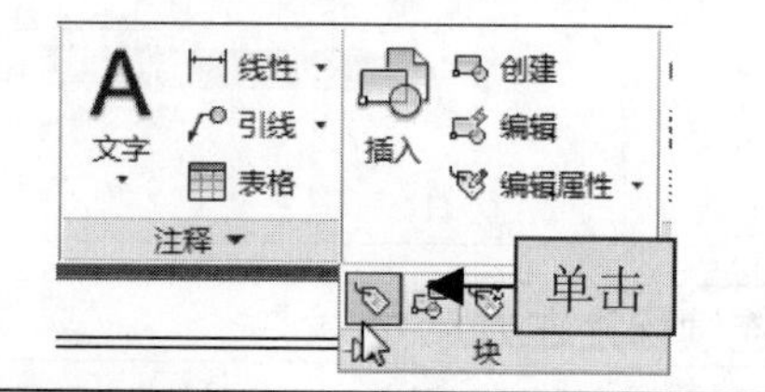
3 定义属性内容	**4 插入属性内容**
❶打开“属性定义”对话框。 ❷在“标记”文本框中输入“0.000”、在“提示”文本框中输入“标高”。	❶在“属性定义”对话框中单击“确定”按钮。 ❷进入绘图区指定添加属性的位置。
	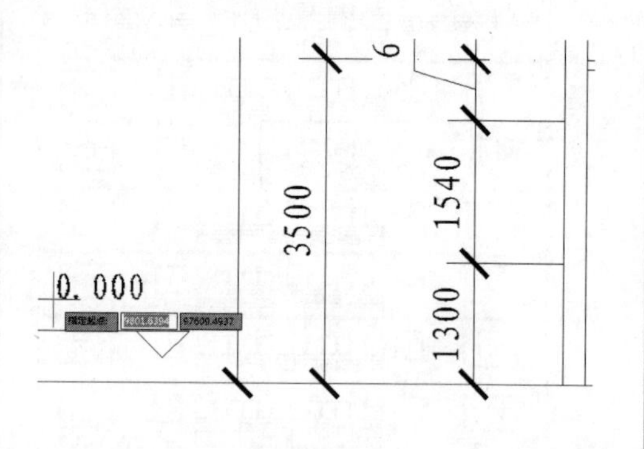
5 输入块名称	**6 选择要创建为块的图形**
❶在命令行中执行“创建块”命令 Block（B）。 ❷在打开的“块定义”对话框中输入块名称为“标高”。	❶单击“块定义”对话框中的“选择对象”按钮。 ❷进入绘图区框选标高符号和属性内容，然后按 Space 键进行确定。
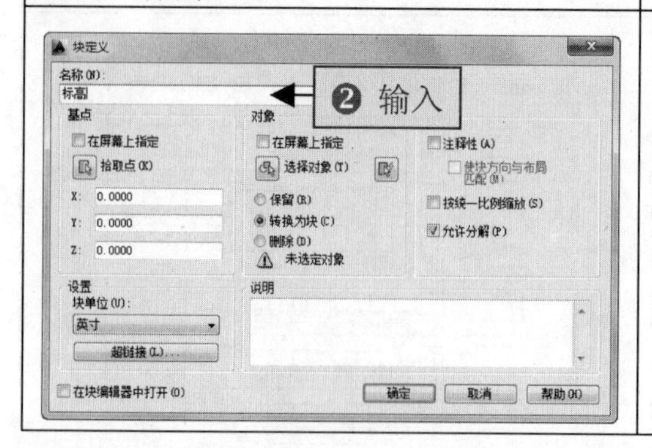	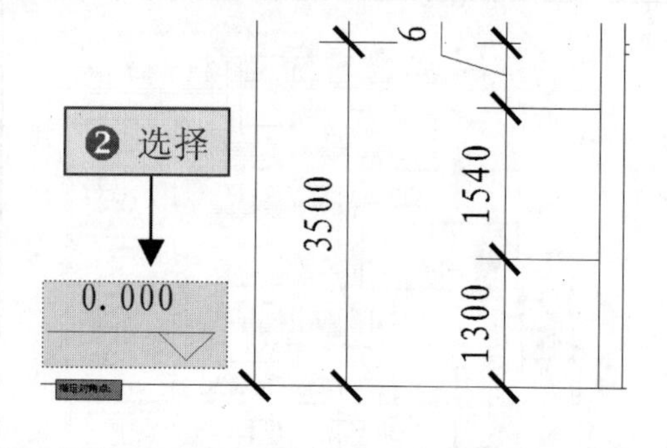

7 指定块的插入基点

❶返回“块定义”对话框中，单击“拾取点”按钮。
❷在标高符号下方的端点处指定块的插入基点，然后返回对话框中进行确定。

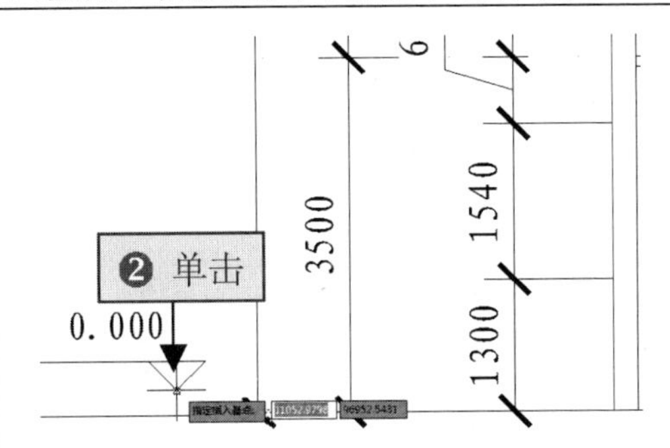

8 输入标高值

❶在打开的“编辑属性”对话框中输入标高值为 0.000。
❷单击“确定”按钮进行确定。

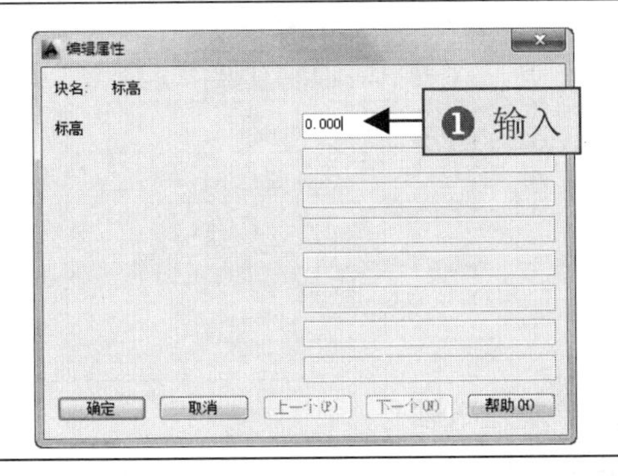

9 绘制延伸线

执行 L（直线）命令，在图形左方为各楼层绘制一条延伸线。

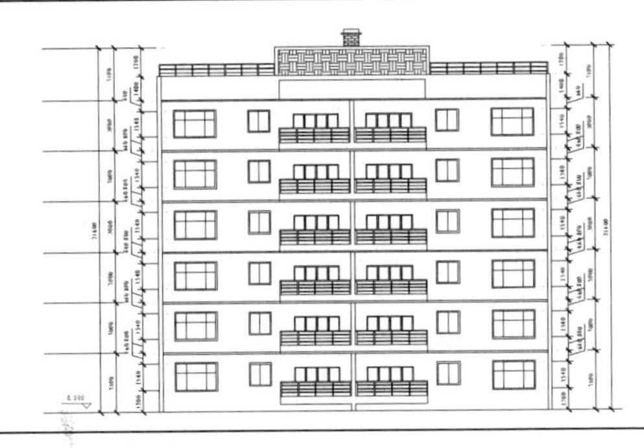

10 执行“插入”命令

❶在命令行中执行“插入”命令 Insert（I），打开“插入”对话框。
❷在“名称”列表中选择“标高”对象。

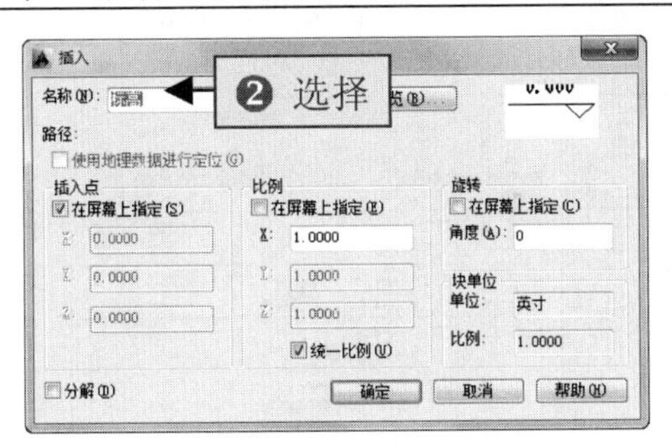

11 插入标高

❶在“插入”对话框中单击“确定”按钮。
❷进入绘图区，在二楼的位置插入标高对象。

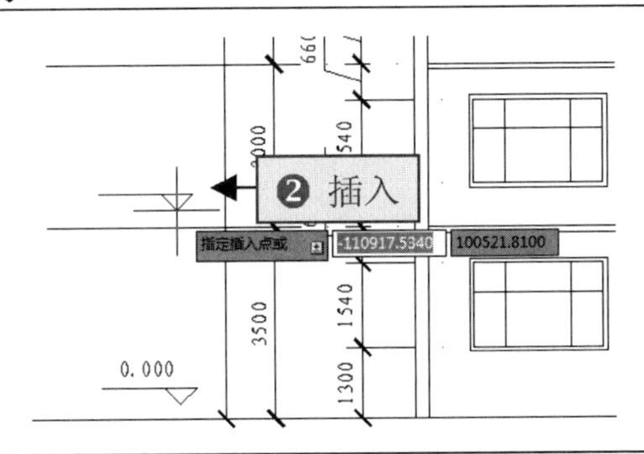

12 编辑属性数字

❶在打开的“编辑属性”对话框中输入二楼的标高值为 3.500。
❷单击“确定”按钮。

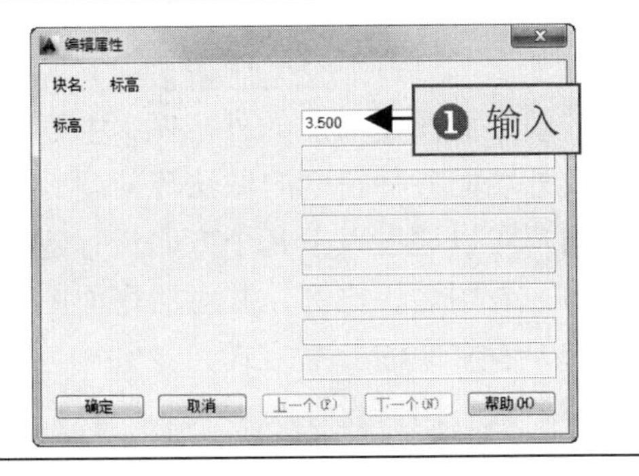

13 插入其他标高对象	**14 镜像复制标高**
参照上述的方法，使用 I（插入）命令在其他楼层插入“标高”块，并修改各个楼层的标高值。	执行 MI（镜像）命令，以立面图的中点为镜像线，对左方的标高对象进行镜像复制。

15 绘制建筑轴号	**16 书写立图说明文字**
❶使用 L（直线）和 C（圆）命令在两方墙体下方各绘制一个轴号图形，圆的半径为 400。 ❷使用 DT（单行文字）命令在圆形内输入轴号的编号，文字高度为 420。	❶使用 DT（单行文字）命令输入“立面图 1∶100”文字，文字高度为 700。 ❷使用 CO（复制）命令将轴号复制到说明文字前。 ❸使用 L（直线）命令在轴号间和文字下方绘制直线。
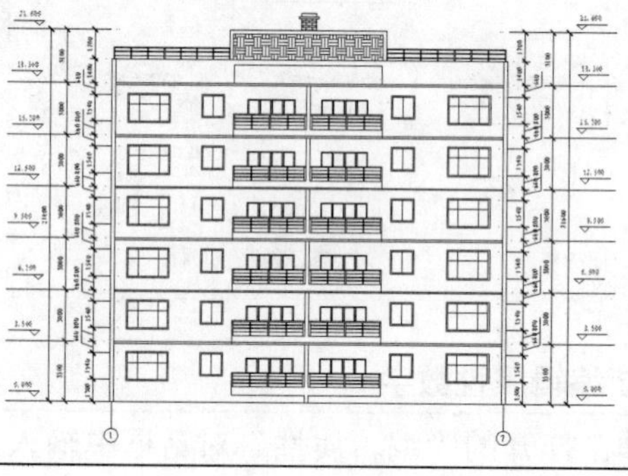	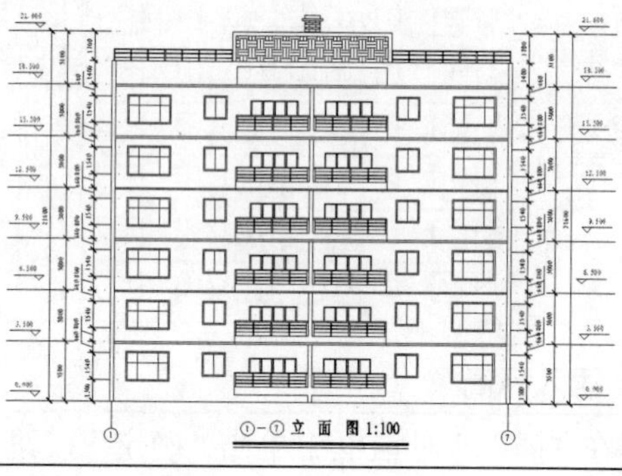

3.3 设计深度分析

建筑立面图是房屋的外形图，主要用来表现建筑物立面处理方式、各类门窗的位置、形式及外墙面各种粉刷的做法等问题。

用户可以通过以下几个方面进行建筑立面图的识读。

（1）看图名、比例，并对照平面图弄清立面图是房屋的哪一个方向的立面。

（2）看立面的分割方式。

（3）查看门窗设置及形式。

（4）查看粉刷类型及做法。如立面中粉刷做法可从文字注解中看出，凡突出的套房、屋间腰线均用白色瓷片贴面，窗间墙则采用浅绿色水刷石粉面等。

（5）查看立面尺寸。立面中尺寸主要用来说明粉刷面积和少量其他尺寸，而屋顶、檐口、雨棚及窗台等重要表面则用标高表示。

（6）识读立面图时要对照平面图、剖面图及详图。

对建筑立面图进行不同的分类，可以得到不同的命名方式。用户可以通过以下几种方式对建筑立面图进行分类。

（1）按照建筑的朝向来命名可分为南立面图、北立面图、东立面图和西立面图。

（2）按照立面图中轴线编号来命名，如①～⑩立面图、A～F 立面图。

（3）按照建筑立面的主次（建筑主要出入口所在的墙面为正面）来命名，如正立面图、北立面图、左侧立面图、右侧立面图。

第 4 章　绘制建筑剖面图

学习目标

建筑剖面图主要用于表明建筑物从地面到屋面的内部构造及其空间组合情况。以及表示建筑物主要承重构件的位置及其相互关系，即各层的梁板、柱及墙体的连接关系。

本章将学习建筑剖面图的绘制方法。在学习绘制建筑剖面图之前，首先学习建筑剖面图的基本知识和绘图要求，然后结合建筑设计理论知识绘制建筑剖面图中的各个元素。

效果展示

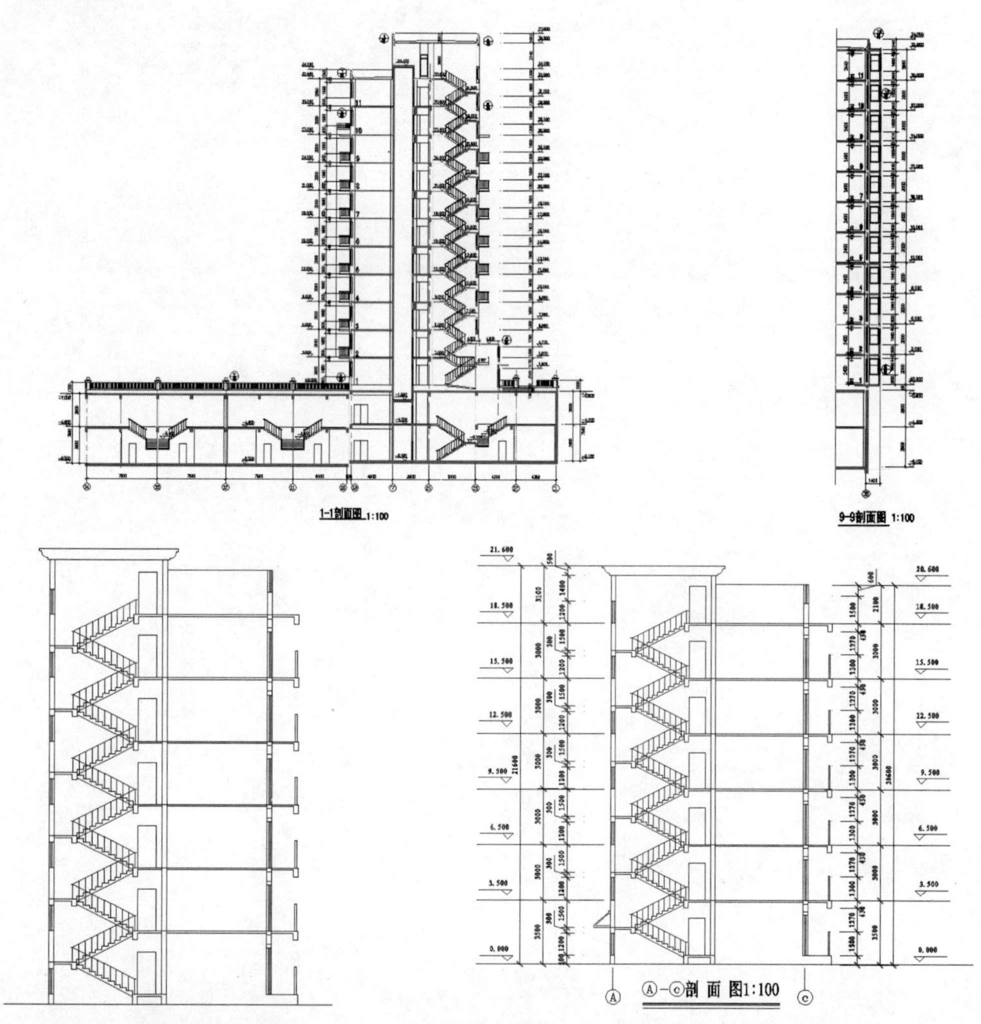

1-1剖面图 1:100

9-9剖面图 1:100

Ⓐ-Ⓒ剖 面 图1:100

4.1　建筑剖面图基础

在绘制建筑剖面图之前，首先需要了解建筑剖面图的一些基本知识，包括认识建筑剖面图和掌握建筑剖面图的绘图要求。

4.1.1　认识建筑剖面图

建筑剖面图是房屋的垂直剖视图，也就是用一个假想的平行于正立投影面或侧立投影面受竖直剖切面剖开房屋，移去剖切平面与观察者之间的房屋，将留下的部分按剖视方向将投影面作正投影所得到的图样。绘制建筑剖面图时，可以根据需要绘制全剖面图和局部剖面图，如下图所示。

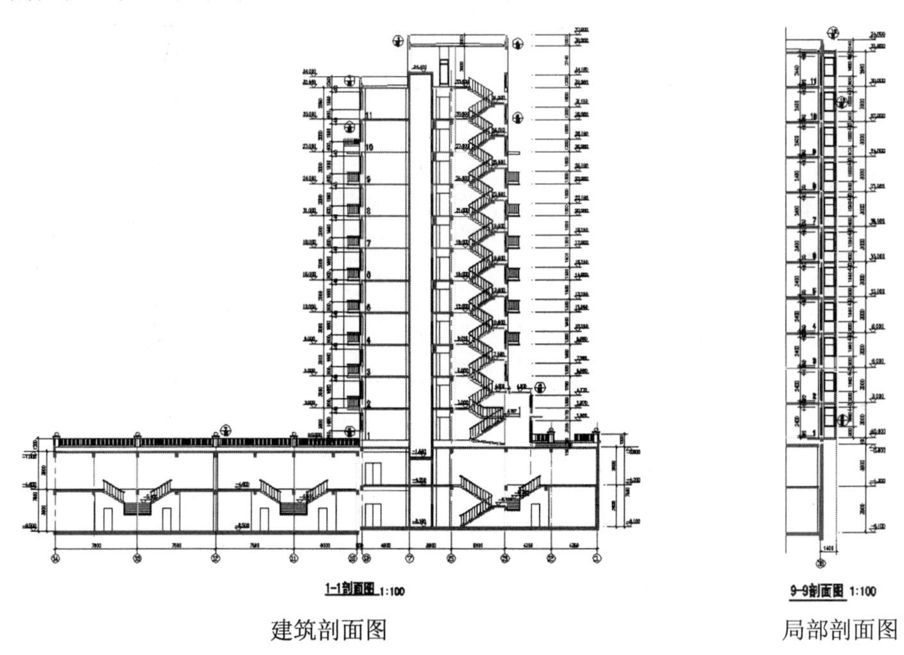

建筑剖面图　　　　局部剖面图

4.1.2　建筑剖面图的绘制要求

剖切面一般横向，即平行于侧面，必要时也可纵向，即平行于正面。其位置应选择能反映房屋内部构造比较复杂与典型的部位。剖面图的名称应与平面图上所标注的一致。建筑剖面图常用的比例为 1∶50、1∶100、1∶200。剖面图中的室内外地坪用特粗实线表示；剖切到的部位如墙、楼板、楼梯等用粗实线画出；没有剖切到的可见部分用中实线表示；其他如引出线用细实线表示。

4.1.3　建筑剖面图的绘制环节

在一般情况下，用户可以参照以下几个环节进行建筑剖面图的绘制。

（1）设置绘图环境。

（2）绘制各个定位轴线、建筑物的室内外地坪线及各层的楼面、屋面，并根据轴线绘制出所有墙体断面轮廓及尚未被剖切到的可见的墙体轮廓。

（3）绘制出剖面门窗洞口位置、楼梯休息平台、女儿墙、檐口及其他可见轮廓线。

（4）绘制各种梁（如门窗洞口上方的横向过梁、被剖切的承重梁、可见的但未剖切的主次梁）的轮廓和具体的断面图形。

（5）绘制楼梯。

（6）标注标高。

4.2 绘制建筑剖面图

文件路径	案例效果
实例： 随书光盘\实例\第 4 章	
素材路径： 随书光盘\素材\第 4 章	
教学视频路径： 随书光盘\视频教学\第 4 章	

设计思路与流程

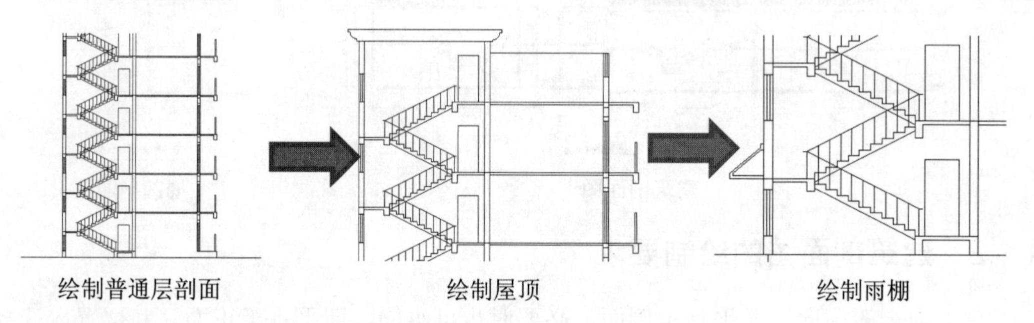

制作关键点

在本例的制作中，墙体、门窗、标高等内容是比较关键的地方。

- 绘制墙体　绘制建筑剖面图墙体时，可以先对平面图进行旋转，然后通过平面参考图确定剖面图的墙体位置，再使用“多线”命令绘制墙线。
- 绘制门窗　在建筑剖面图中，各层门窗的尺寸通常都是相同的，在绘制该图形时，只需对一楼的门窗进行绘制，然后对其进行阵列即可。
- 绘制标高　绘制标高时，可以先创建好带属性的块，然后通过插入属性块的方法，快速创建各个楼层的标高。

4.2.1　绘制剖面框架

1 打开素材文件	2 执行旋转操作
❶打开“建筑平面图.dwg”素材文件，将此作为绘制建筑剖面图的参照对象。 ❷将素材文件另存为“建筑剖面图.dwg”文件。	❶在命令行中执行“旋转”命令 Rotate（RO）。 ❷框选建筑平面图作为旋转的对象，然后在图形中指定旋转的基点。
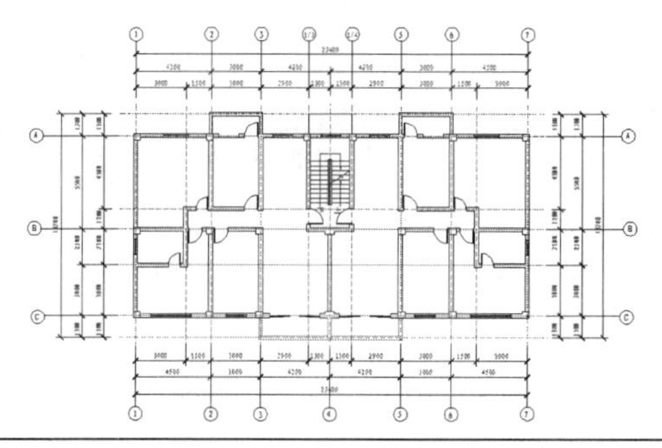	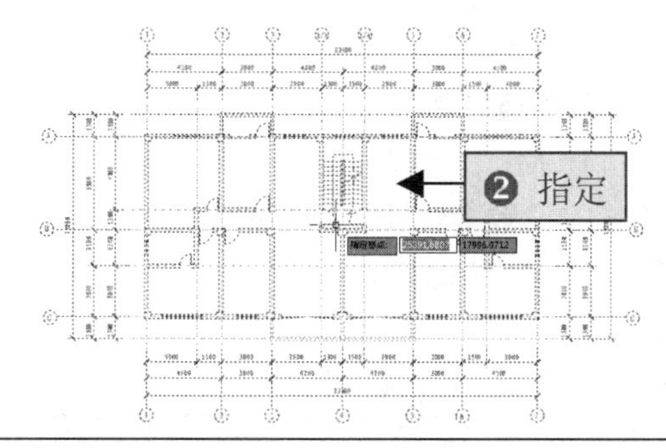
3 指定旋转角度	**4 绘制剖切线段**
❶根据提示输入旋转的角度为 90°。 ❷按 Space 键进行确定，将图形逆时针旋转 90°。	❶将“墙线”图层设置为当前层。 ❷使用 L（直线）命令在图形中间绘制一条剖切线。
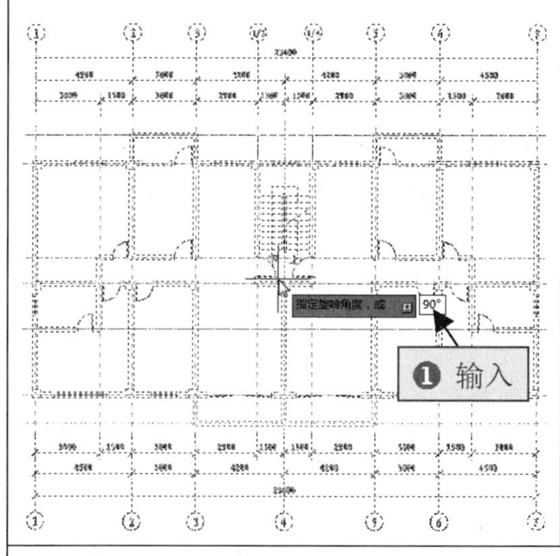	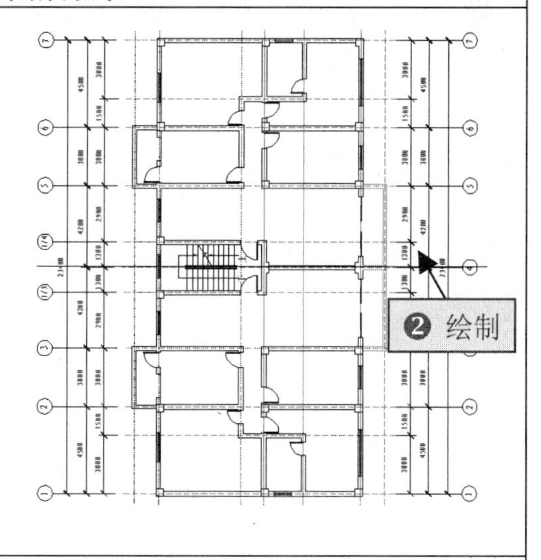

专业提示：在 AutoCAD 中，绘制和编辑图形都是由逆时针方向进行的。例如，旋转图形和绘制圆弧等操作。

5 修剪图形	6 删除多余图形
❶执行 TR（修剪）命令，选择绘制的直线作为修剪边界。 ❷对直线上方的对象进行修剪。	执行 E（删除）命令，选择直线上方的图形将其删除。

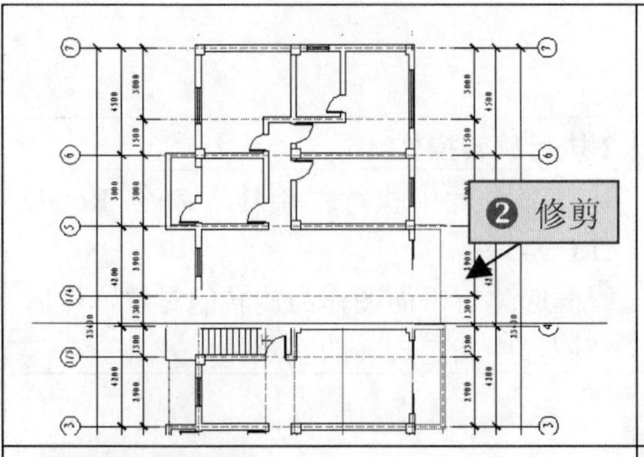

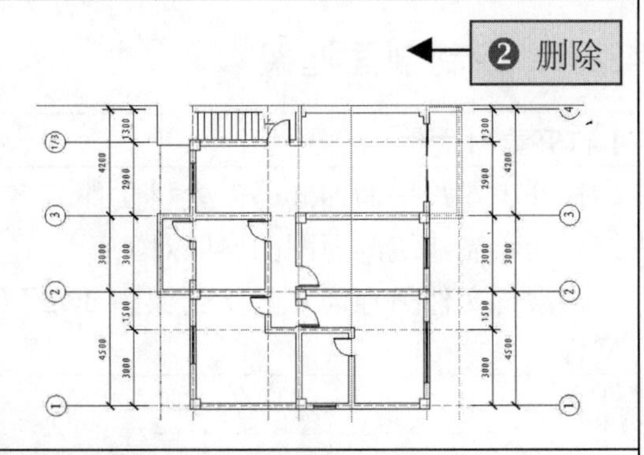

7 设置多线参数

❶执行 ML（多线）命令，然后输入 S 并确定，设置多线比例为 240。

❷输入 J 并确定，设置对正方式为“Z（无）”。

8 绘制墙线

❶捕捉左方第二条轴线与绘制线段的交点作为多线的起点。

❷向上绘制一条多线，设置多线的长度为 21600。

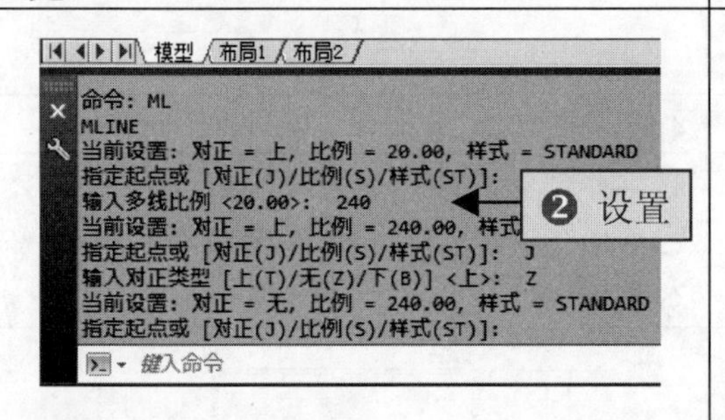

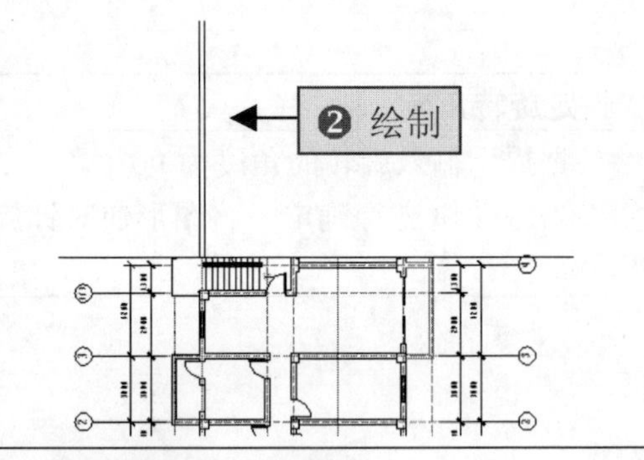

9 绘制另一条多线

参照上述的方法，使用 ML（多线）命令绘制另外几条多线作为其他的墙线。

10 删除直线下方的图形

使用 E（删除）命令将直线下方的多余图形删除。

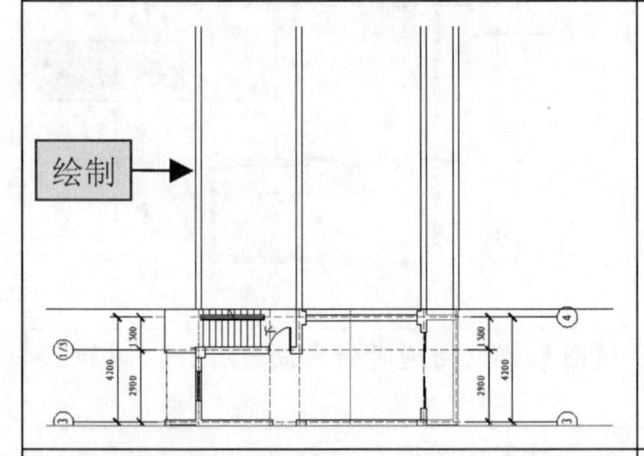

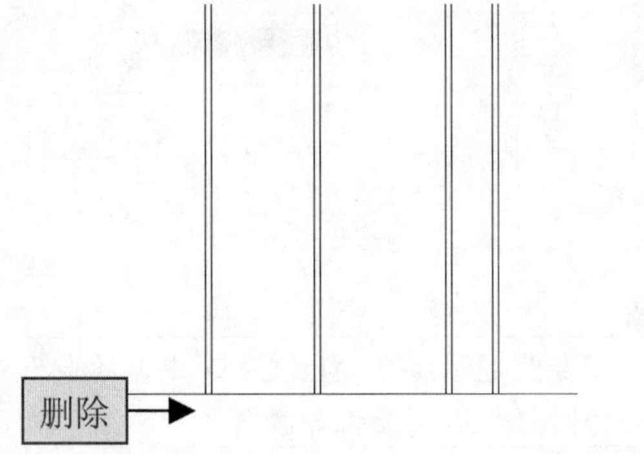

11 将线段向上偏移两次

执行 O（偏移）命令，将水平线段向上偏移两次，偏移距离依次为 20600、1000。

12 修剪线段

❶使用 X（分解）命令将多线分解。

❷执行 TR（修剪）命令，对图形进行修剪。

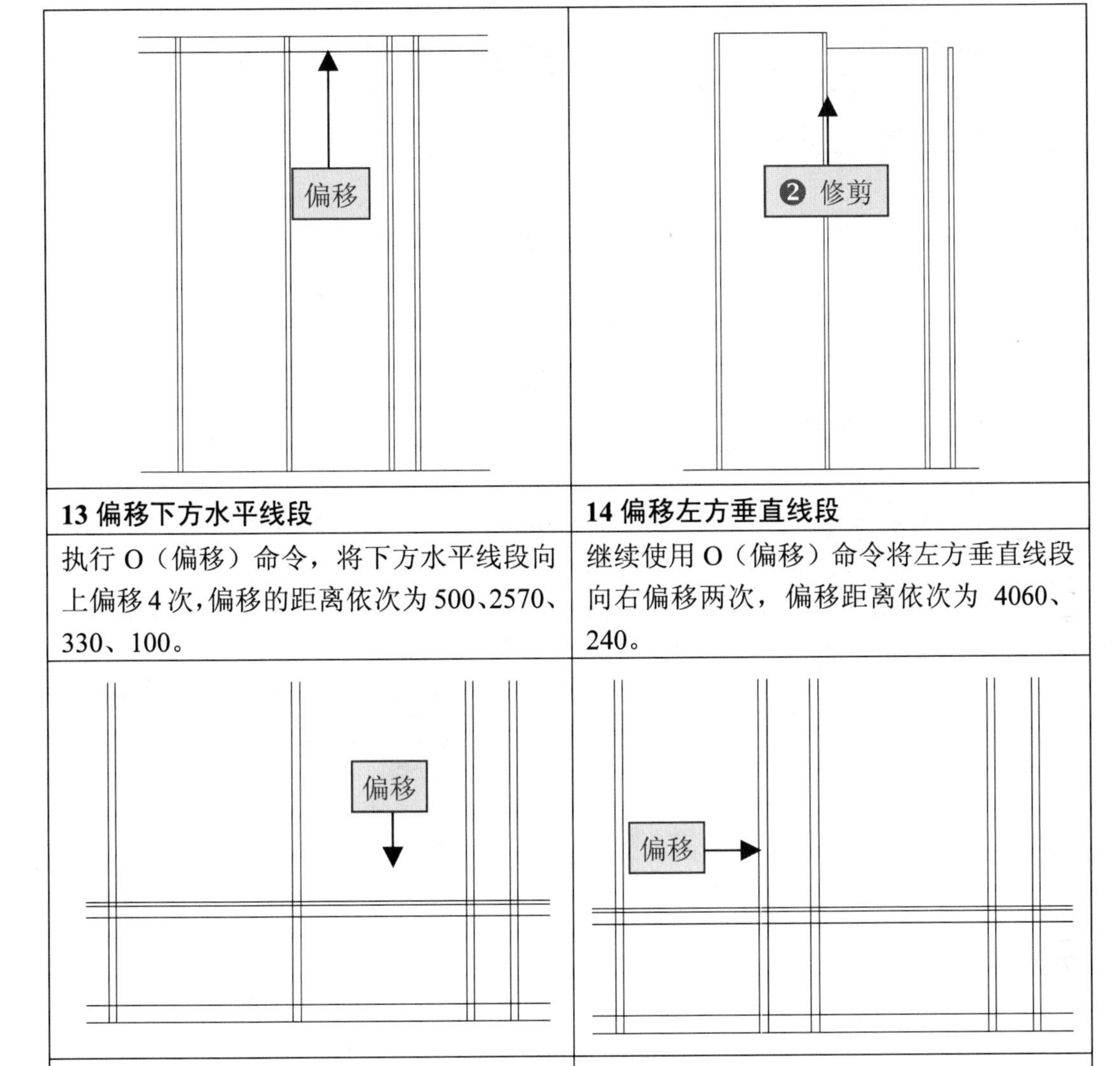

13 偏移下方水平线段

执行 O（偏移）命令，将下方水平线段向上偏移 4 次，偏移的距离依次为 500、2570、330、100。

14 偏移左方垂直线段

继续使用 O（偏移）命令将左方垂直线段向右偏移两次，偏移距离依次为 4060、240。

15 修剪楼板图形

执行 TR（修剪）命令，对偏移的线段进行修剪，绘制出楼板图形。

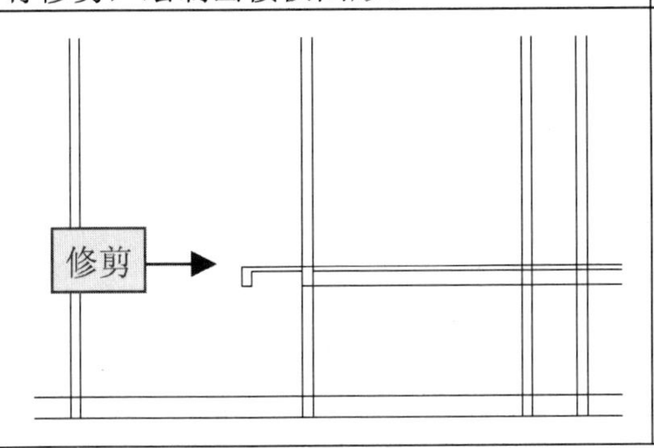

16 修剪右方楼板图形

继续执行 TR（修剪）命令，对右方的线段进行修剪。

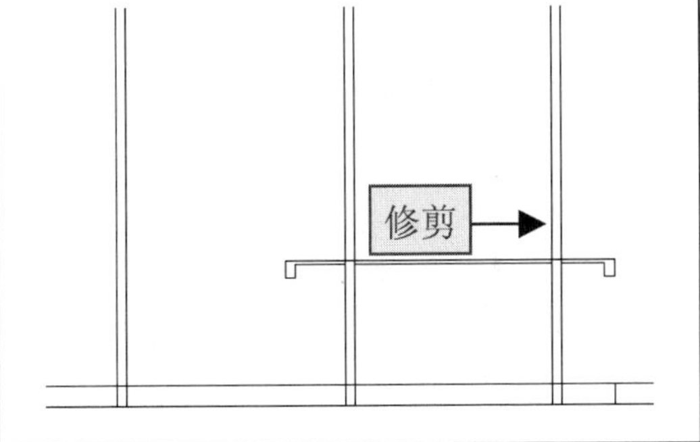

17 修剪地台图形

执行 TR（修剪）命令，对地平面的线段进行修剪，创建地台图形。

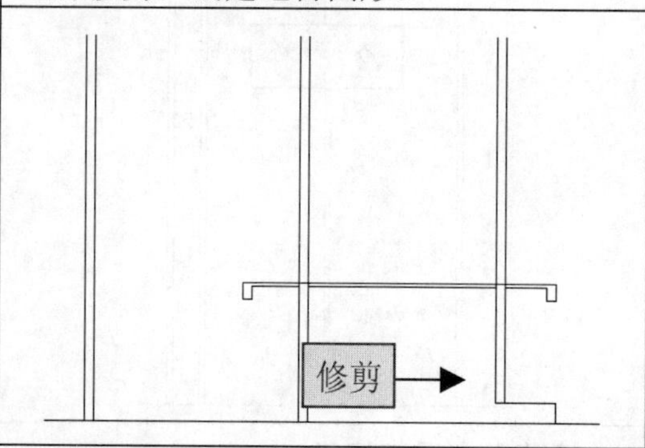

18 选择阵列图形

❶在命令行中执行 AR（阵列）命令。

❷选择楼板图形作为阵列对象并确定。

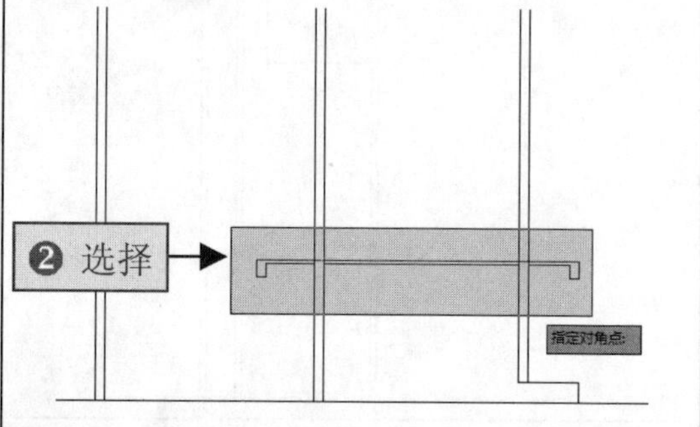

19 设置矩形阵列方式

当系统提示“输入阵列类型 [矩形(R)/路径(PA)/极轴(PO)]:”时，在弹出的菜单列表中选择“矩形”选项。

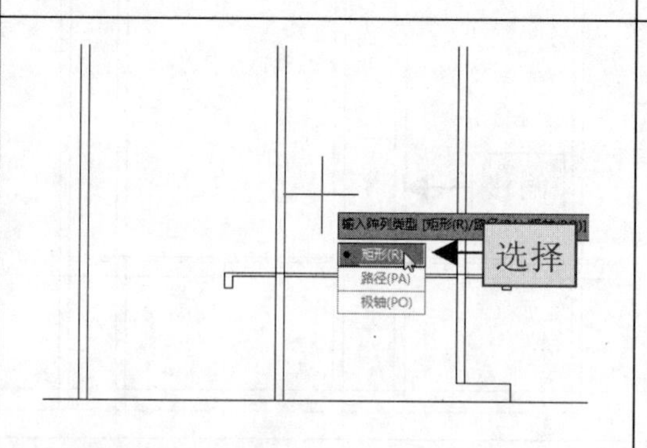

20 设置阵列的行数和行距

❶在打开的“阵列”功能区中设置“列数”为 1、“行数”为 6、“介于”（阵列的行间距）值为 3000。

❷单击“关闭阵列”按钮完成阵列操作。

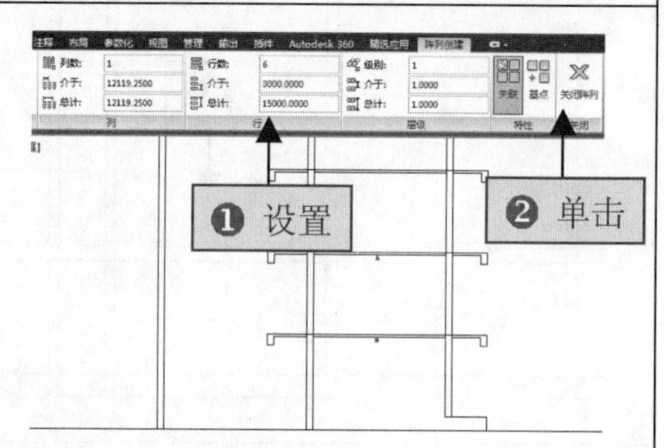

21 偏移左方的线段

使用 O（偏移）命令将左方垂直线段向右偏移两次，偏移的距离依次为 1120、240。

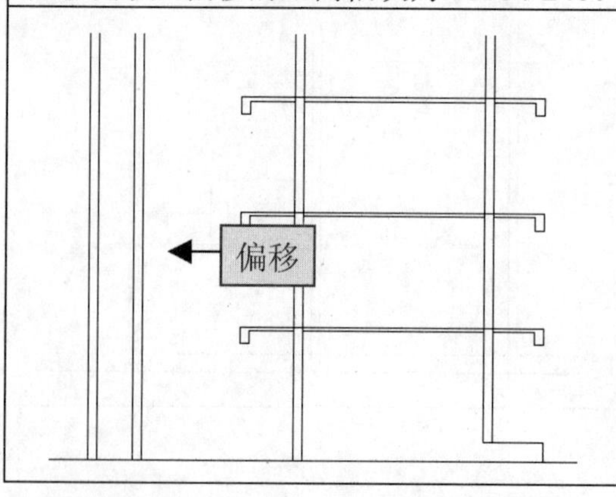

22 偏移下方的线段

使用 O（偏移）命令将下方水平线段向上偏移 3 次，偏移距离依次为 1670、230、100。

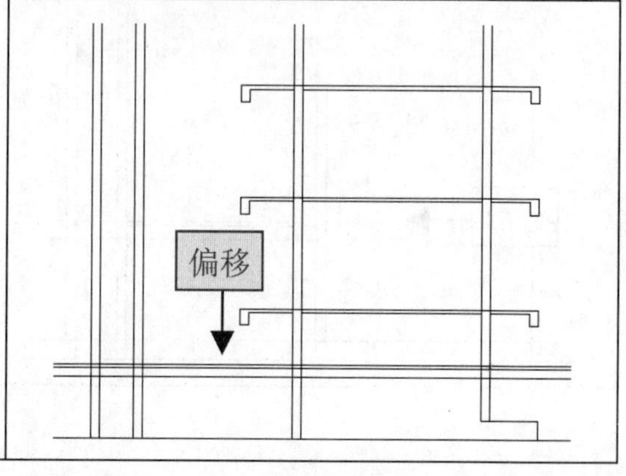

23 修剪楼板图形

执行 TR（修剪）命令，对偏移的线段进行修剪，绘制出左方楼板图形。

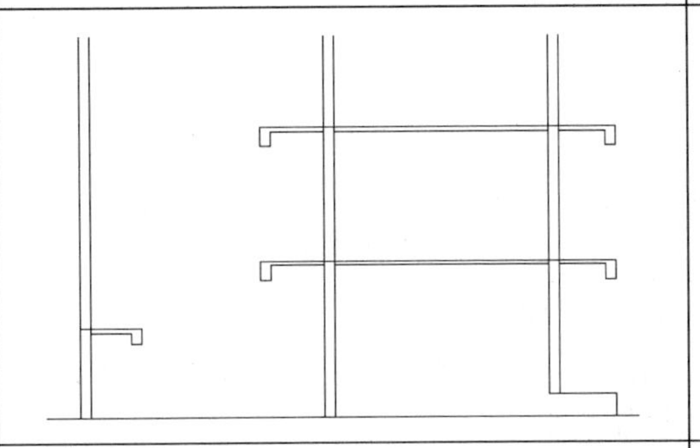

24 选择阵列图形

❶在命令行中执行 AR（阵列）命令。

❷选择楼板图形作为阵列对象并确定。

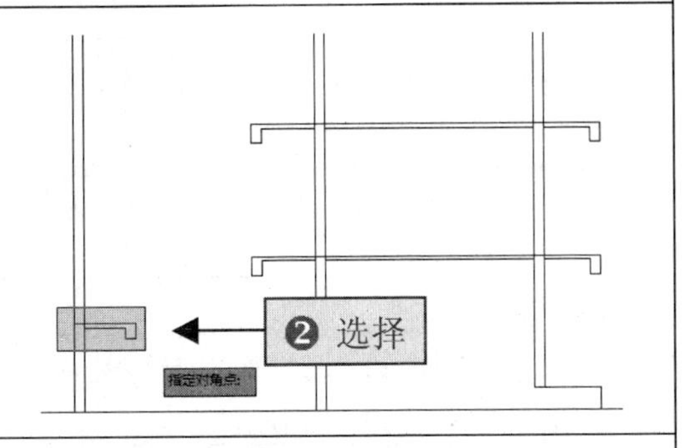

25 设置矩形阵列方式

当系统提示“输入阵列类型 [矩形(R)/路径(PA)/极轴(PO)]:”时，在弹出的菜单列表中选择“矩形”选项。

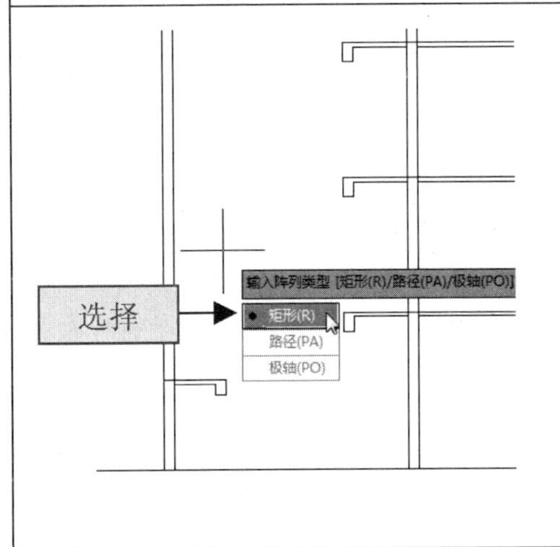

26 设置阵列的行数和行距

❶在打开的“阵列”功能区中设置“列数”为 1、“行数”为 6、“介于”值为 3000。

❷单击“关闭阵列”按钮完成阵列操作。

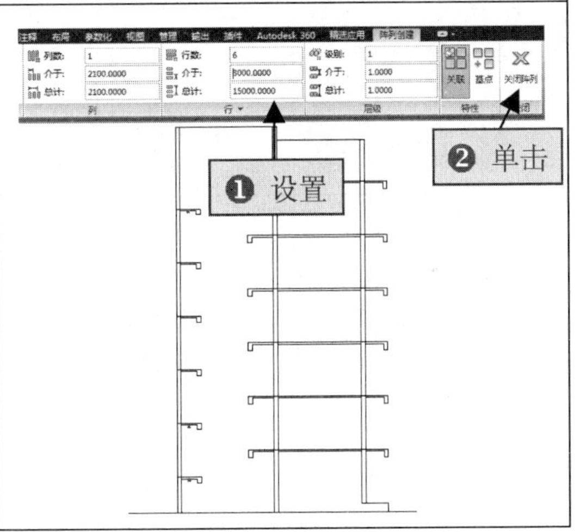

4.2.2　绘制门窗剖面

1 执行“矩形”命令

❶将“门窗”图层设置为当前层。然后执行 REC（矩形）命令。

❷输入参数 from 并确定，启用“捕捉自”选项功能。

2 指定绘图的基点

当系统提示“基点:”时，在左下方的线段交点处单击，指定绘制矩形的基点。

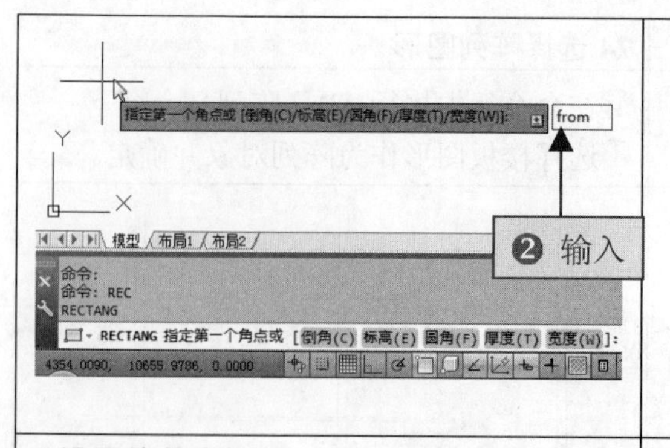

3 设置偏移坐标

当系统提示“偏移:”时，输入偏移基点的坐标值为“@0,500”并确定。

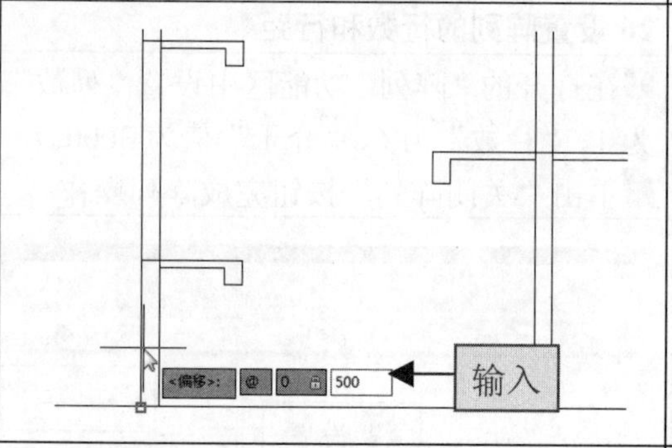

4 绘制矩形

指定另一个角点的坐标为“@240,1200”，绘制矩形。

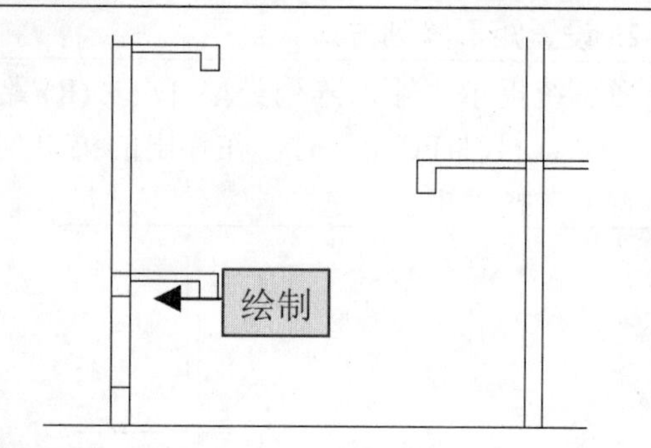

5 偏移矩形

❶执行 X（分解）命令，将矩形分解。

❷执行 O（偏移）命令，设置偏移距离为 80。将矩形两方的线段向内偏移一次。

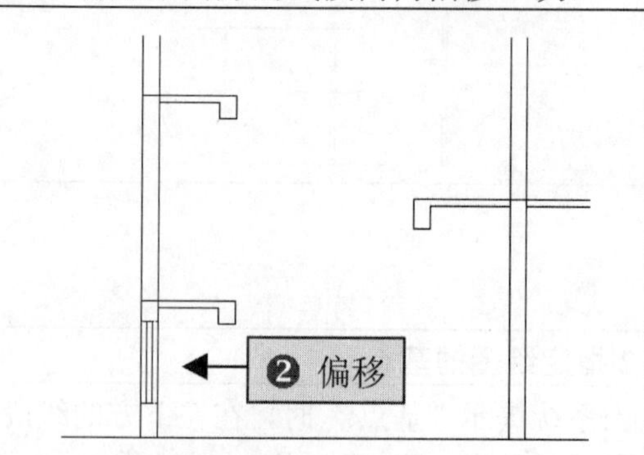

6 选择阵列图形

❶在命令行中执行 AR（阵列）命令。

❷选择刚创建的窗户剖面作为阵列对象并确定。

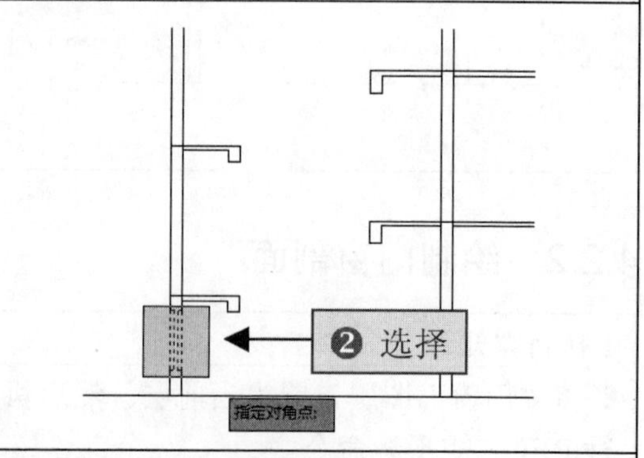

7 设置矩形阵列方式

当系统提示“输入阵列类型 [矩形(R)/路径(PA)/极轴(PO)]:”时，在弹出的菜单列表中选择“矩形”选项。

8 设置阵列的行数和行距

❶在打开的“阵列”功能区中设置“列数”为 1、“行数”为 7、“介于”值为 3000。

❷单击“关闭阵列”按钮完成阵列操作。

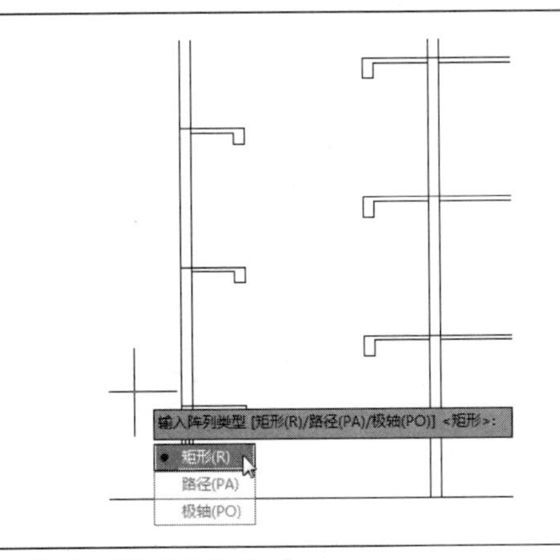

9 执行“矩形”命令

❶执行 REC（矩形）命令，输入参数 from 并确定。
❷在右下方的线段交点处单击，指定绘制矩形的基点。

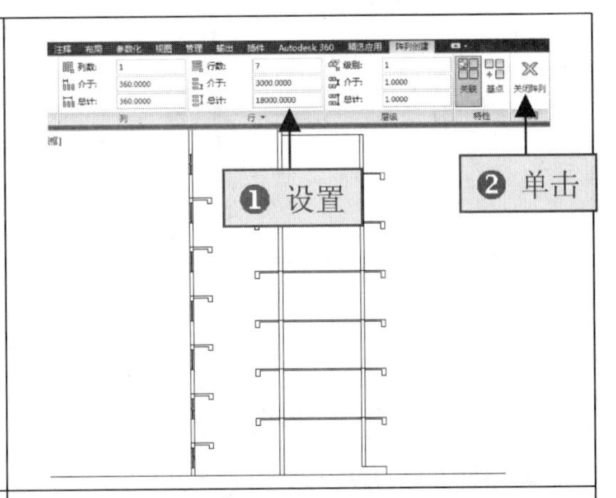

10 设置偏移坐标

当系统提示“偏移:”时，输入偏移的坐标值为“@－160,0”并确定。

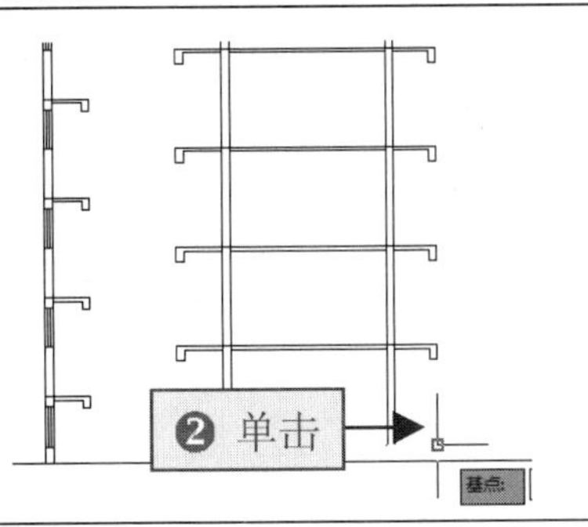

11 绘制矩形

当系统提示“指定另一个角点或 [面积(A)/尺寸(D)/旋转(R)]:”时，指定另一个角点的坐标为“@80,1300”，绘制矩形。

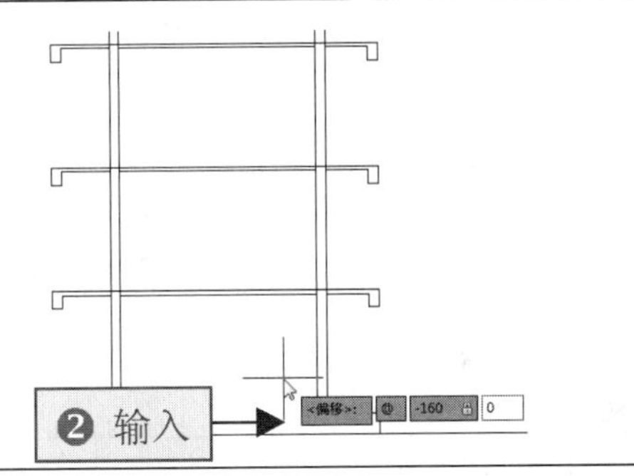

12 阵列栏杆图形

执行 AR（阵列）命令，选择绘制的矩形，设置阵列的列数为 1、行数为 6、行间距为 3000。

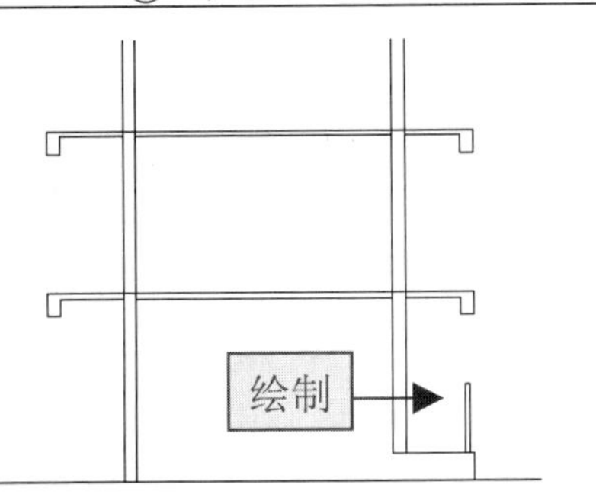

13 指定矩形的第一个角点

执行 REC（矩形）命令，在右下方的端点处指定矩形的第一个角点。

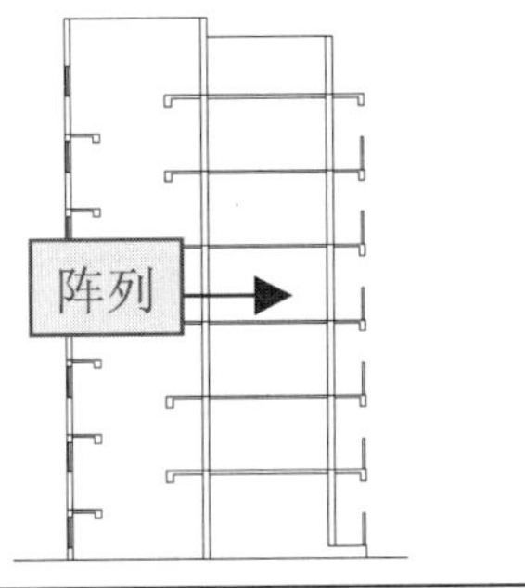

14 绘制矩形

指定另一个角点的坐标为“@240,2200”，绘制矩形。

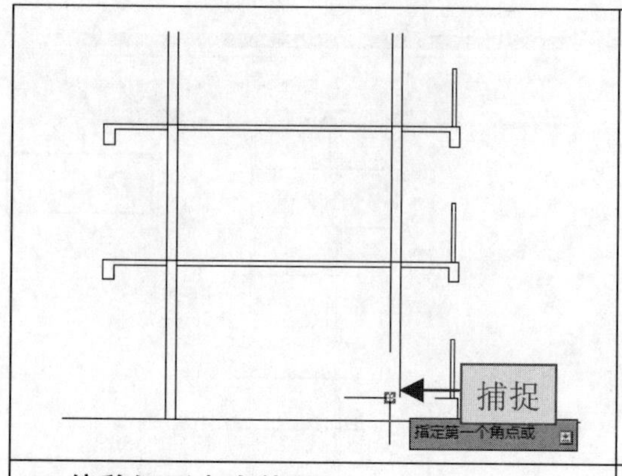

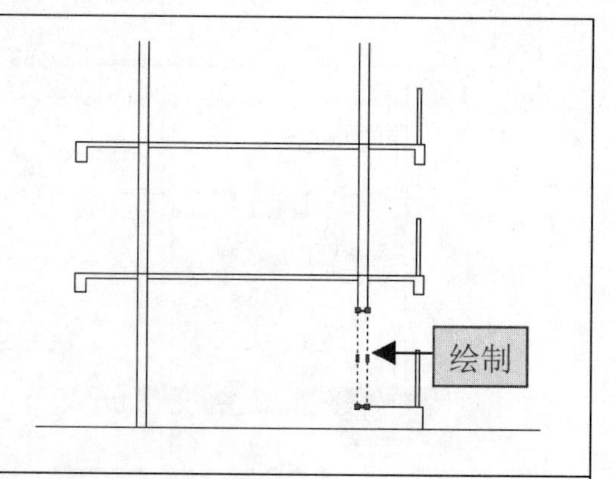

15 偏移矩形左右线段

❶执行 X（分解）命令，将矩形分解。

❷执行 O（偏移）命令，设置偏移距离为 80。将矩形两方的线段向内偏移一次。

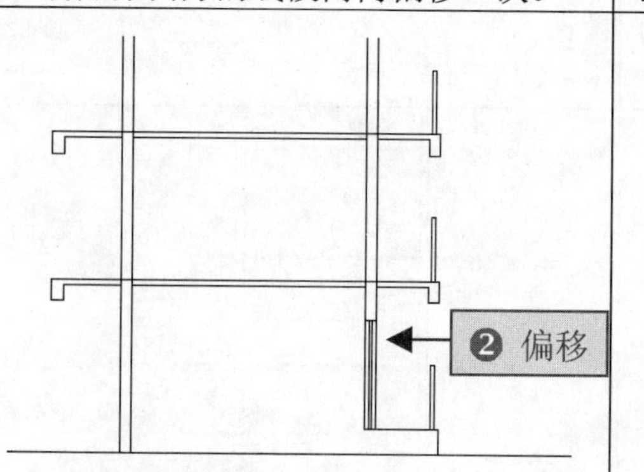

16 偏移矩形上方线段

执行 O（偏移）命令，将矩形上方的线段向上偏移两次，偏移的距离依次为 180、420。

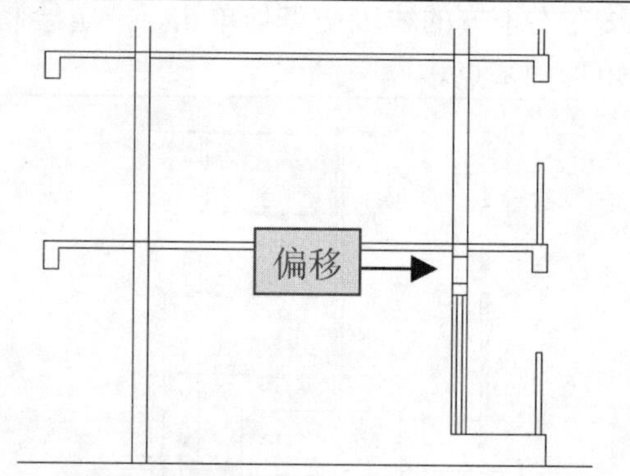

17 阵列剖面窗户

执行 AR（阵列）命令，选择绘制的矩形，设置阵列的列数为 1、行数为 6、行间距为 3000。

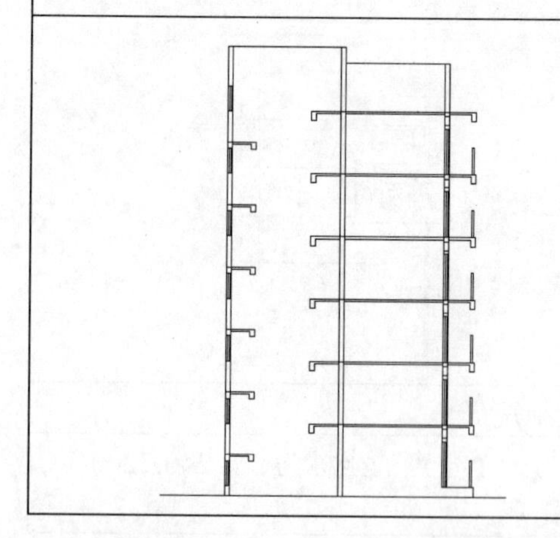

18 选择偏移线段

❶执行 O（偏移）命令，设置偏移距离为 1200。

❷选择墙线作为偏移的线段，并将其向左偏移 1 次。

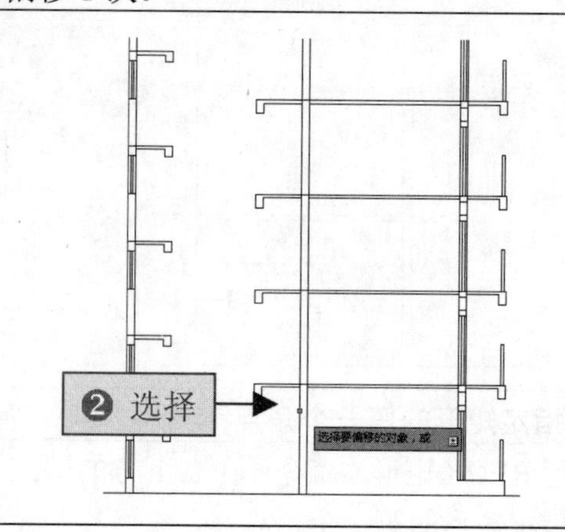

19 偏移线段	20 偏移地平线
❶执行 O（偏移）命令，设置偏移距离为 240。 ❷选择上一步骤中偏移得到的线段作为偏移的线段，并将其向左偏移 1 次。	执行 O（偏移）命令，将下方的地平线向上偏移两次。偏移距离依次为 400、100。
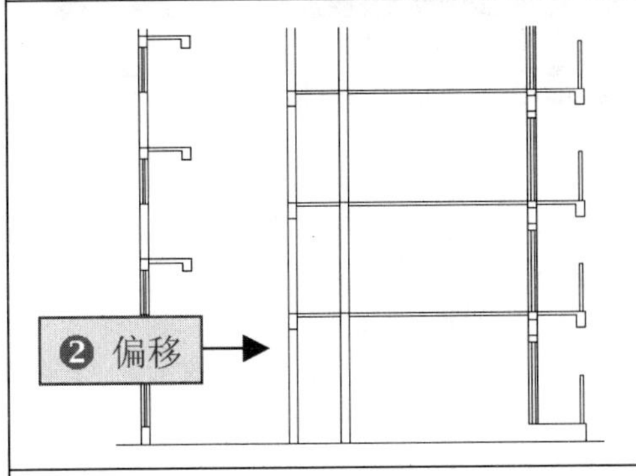	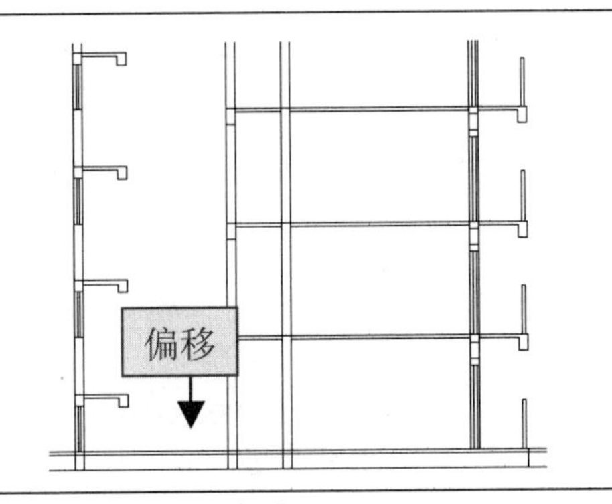
21 修剪图形	**22 执行“矩形”命令**
执行 TR（修剪）命令，对偏移的线段进行修剪。	❶执行 REC（矩形）命令，输入参数 from 并确定。 ❷在线段交点处单击，指定绘制矩形的基点。
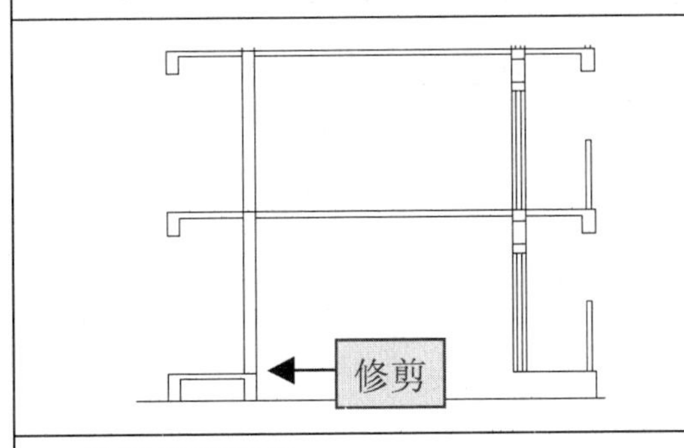	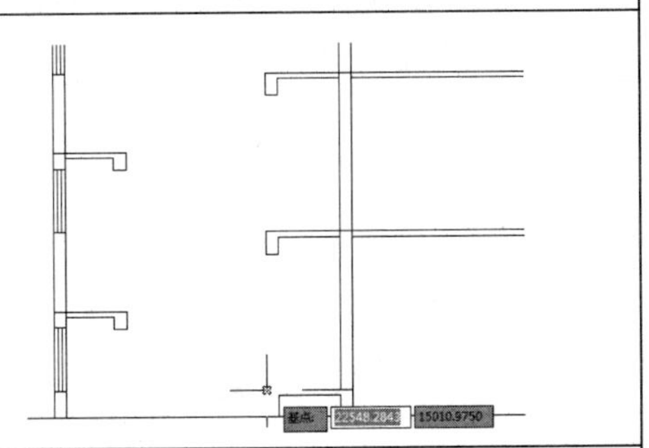
23 设置偏移坐标	**24 绘制矩形**
当系统提示“偏移:”时，输入偏移基点的坐标值为“@260, 0”并确定。	指定另一个角点的坐标为“@900,2000”，绘制矩形作为门图形。
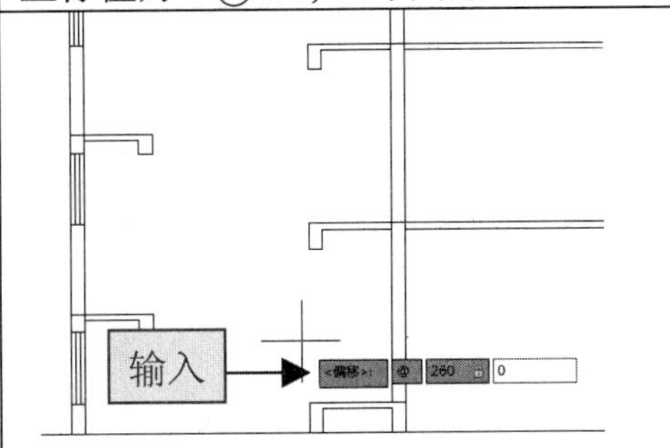	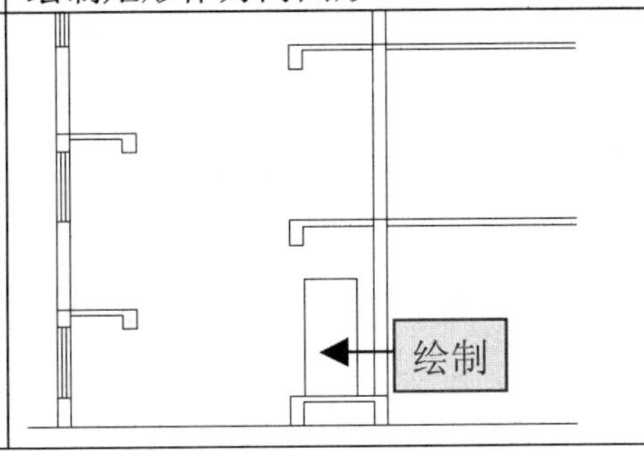

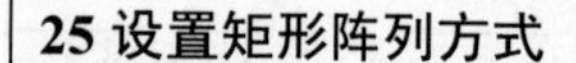

25 设置矩形阵列方式

❶执行 AR（阵列）命令，选择门图形作为阵列对象。

❷在弹出的菜单列表中选择“矩形”选项。

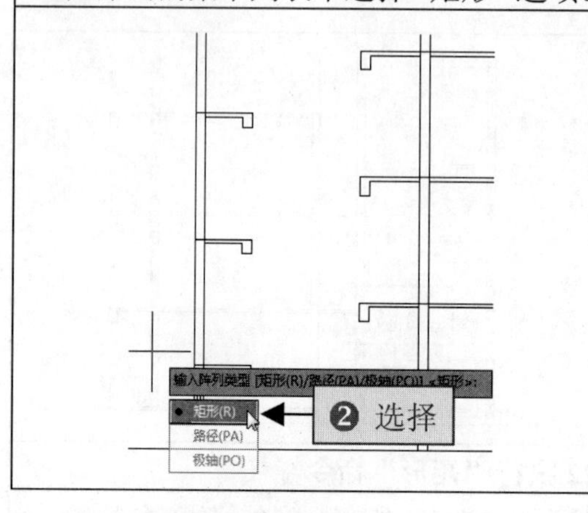

26 设置阵列的行数和行距

❶在打开的“阵列”功能区中设置“列数”为 1、“行数”为 7、“介于”值为 3000。

❷单击“关闭阵列”按钮完成阵列操作。

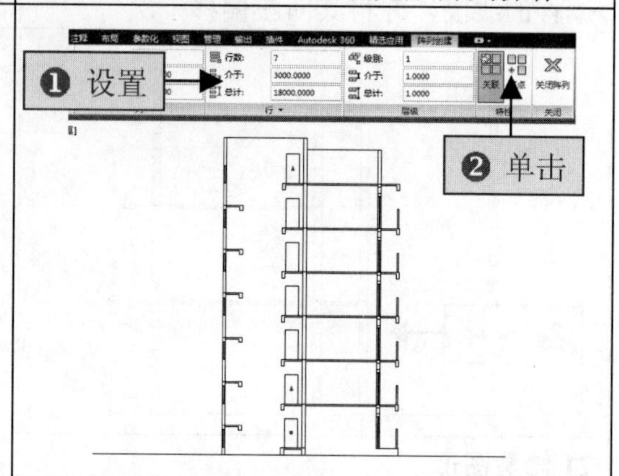

4.2.3　绘制楼梯剖面

1 执行“多段线”命令

执行 PL（多段线）命令，在右下方端点处指定多段线的第一个点。

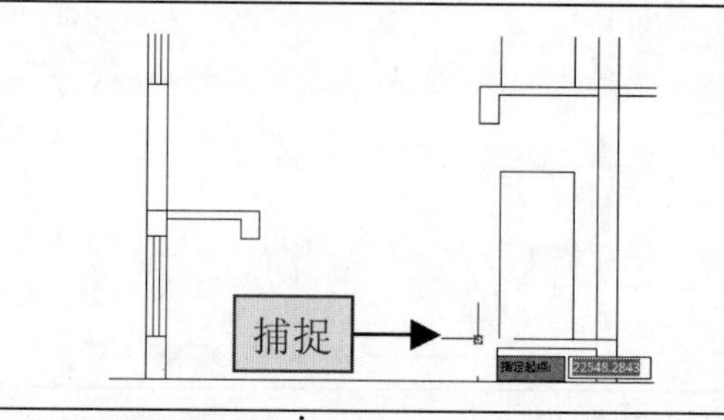

2 指定线段下一个点

向上移动光标，指定线段下一个点的方向，并输入该段直线的长度为 150。

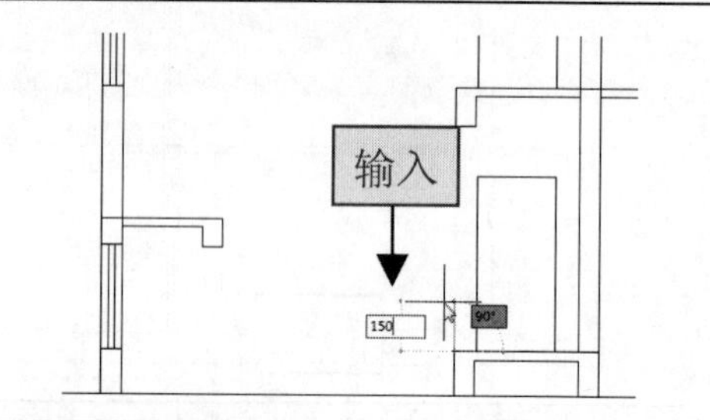

3 绘制楼梯第一个梯步

向右指定多段线下一个点的方向，输入该段直线的长度为 300 并确定。

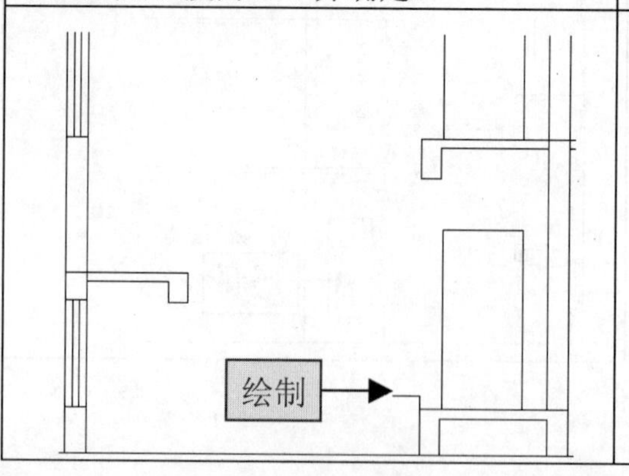

4 选择复制的图形

执行 CO（复制）命令，选择刚绘制的梯步作为复制的对象。

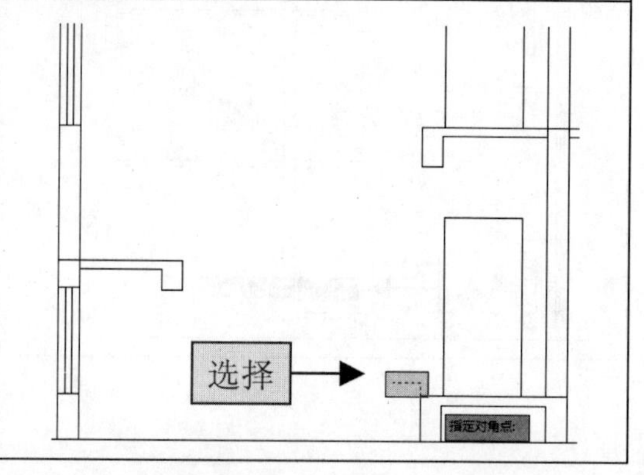

5 指定复制的基点	6 使用“阵列”复制方式
根据系统提示在梯步右下方的端点处指定复制的基点。	根据系统提示输入参数 a 并确定，选择“阵列”选项。
捕捉	输入
7 指定复制的数量	8 阵列复制梯步
根据系统提示输入复制的数量为 9 并确定。	根据系统提示，在梯步左上方的端点处指定复制的第二个点，完成阵列复制操作。
9 绘制线段	10 移动线段
执行 L（直线）命令，捕捉梯步左上方和右下方的端点，绘制一条斜线段。	执行 M（移动）命令，选择绘制的斜线，然后将其向下方移动 100。
绘制	移动

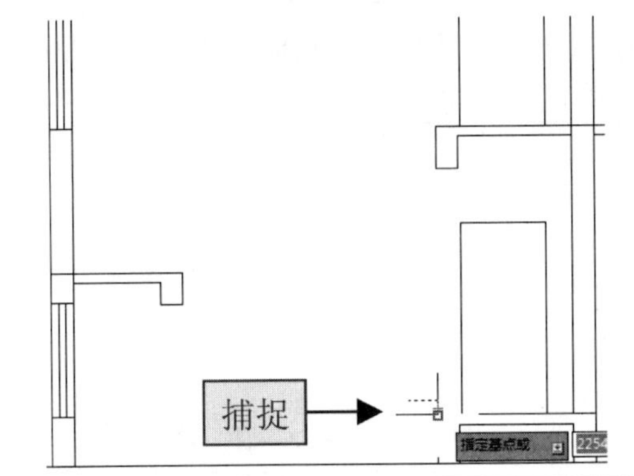

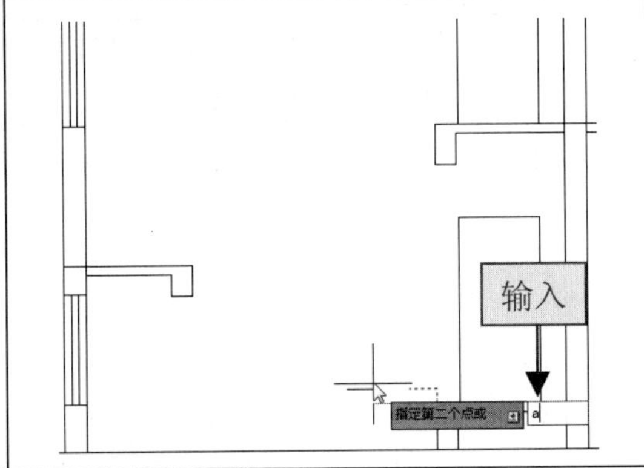

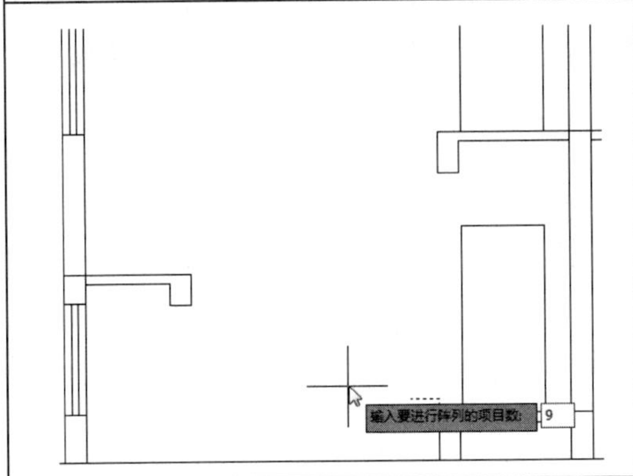

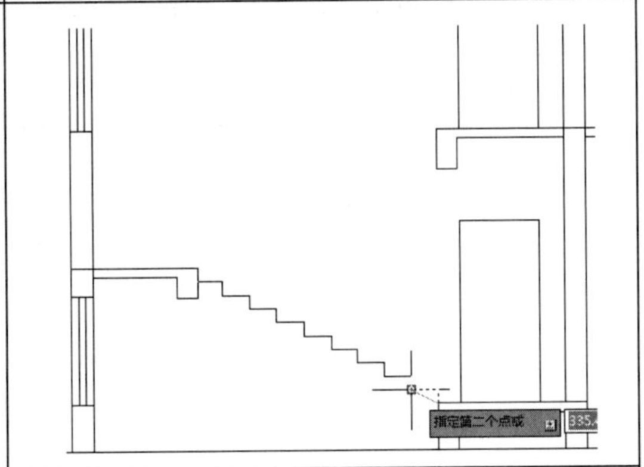

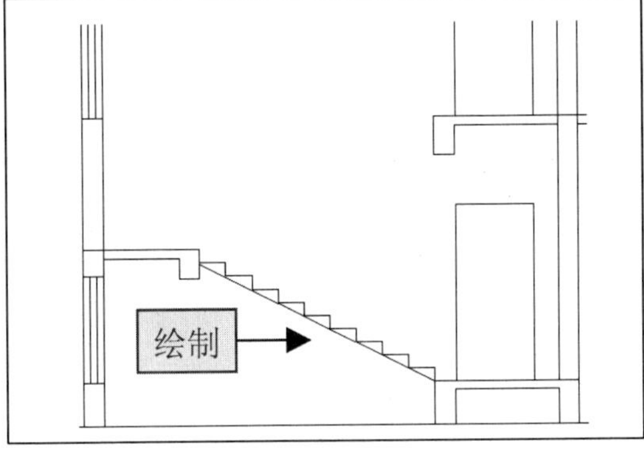

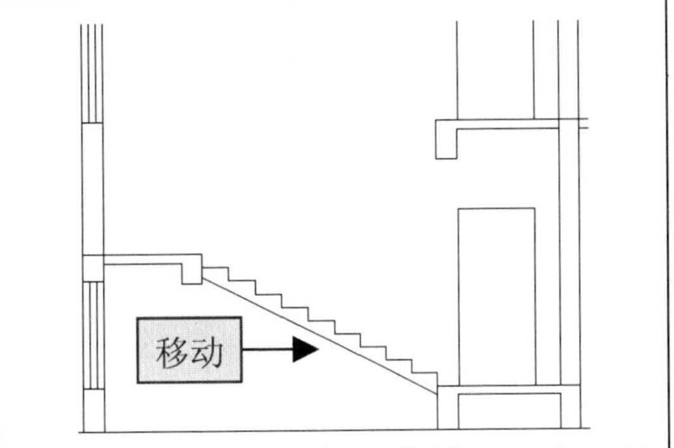

专业提示：在 AutoCAD 中使用 M（移动）命令移动对象时，可以在指定移动基点后，输入移动第二点的相对坐标值并确定，可以精确地移动对象。

11 指定直线的基点

❶执行 L（直线）命令，输入 from 并确定。
❷在右下方的端点处指定直线的基点。

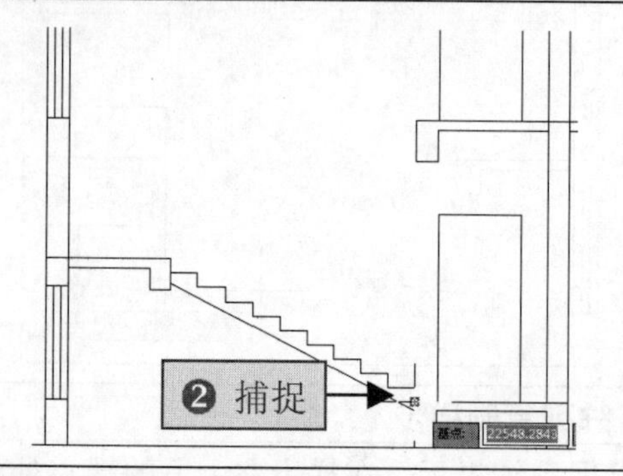

12 输入偏移基点的坐标

输入偏移基点的相对坐标值为“@100,0”并确定。

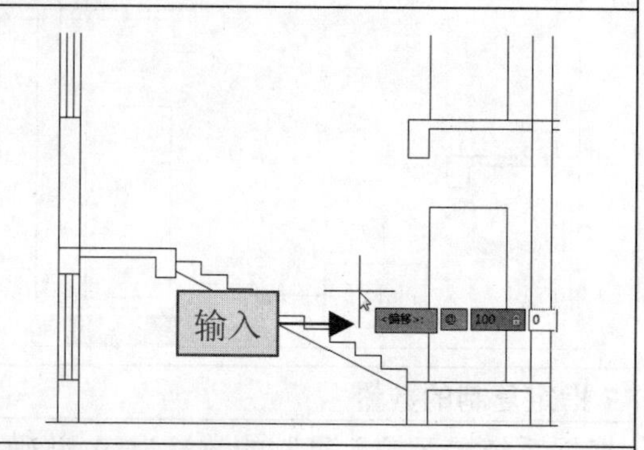

13 绘制直线

向上移动光标指定线段下一个点，输入该线段长度为 700 并确定。

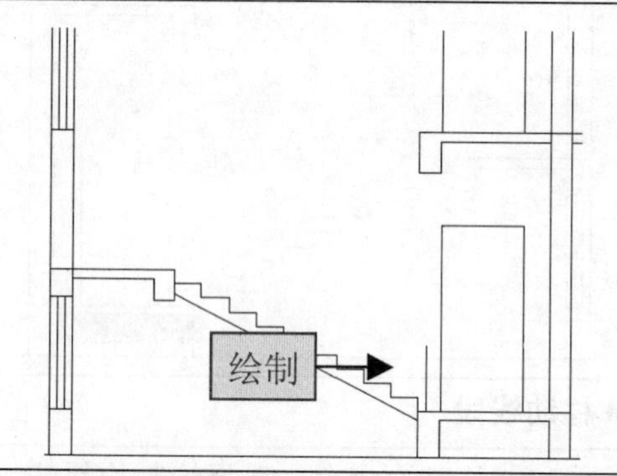

14 指定复制的基点

❶执行 CO（复制）命令，选择绘制的线段。
❷捕捉第一个梯步下方的端点作为复制基点。

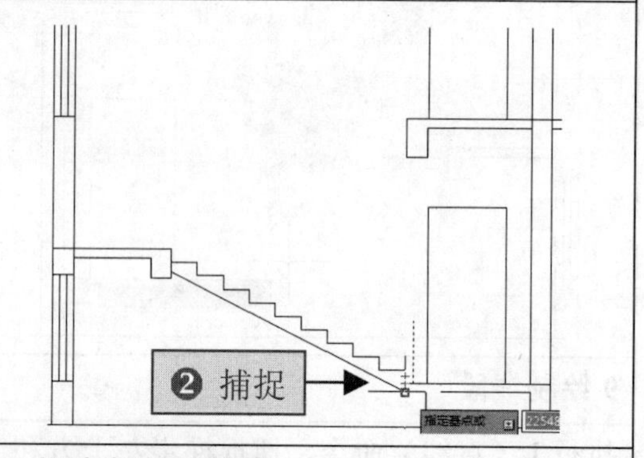

15 使用“阵列”复制方式

根据系统提示输入参数 a 并确定，选择“阵列”选项。

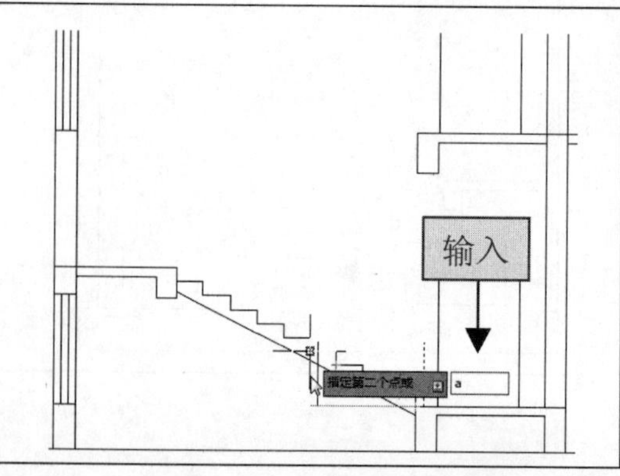

16 指定复制的数量

根据系统提示输入复制的数量为 11 并确定。

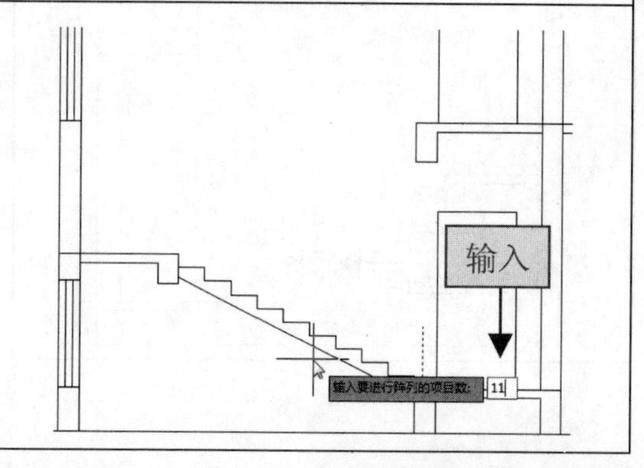

17 阵列复制栏杆

根据系统提示，在第一个梯步左上方的端点处指定复制的第二个点，完成阵列复制操作。

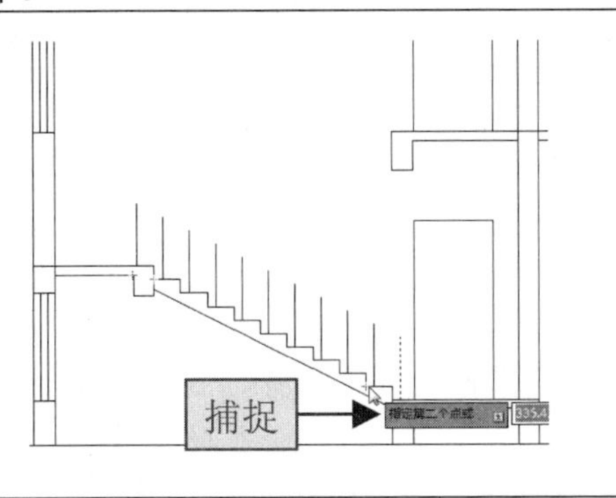

18 指定多段线的基点

❶执行 PL（多段线 PL）命令，输入 from 并确定。

❷在右下方的端点处指定多段线的基点。

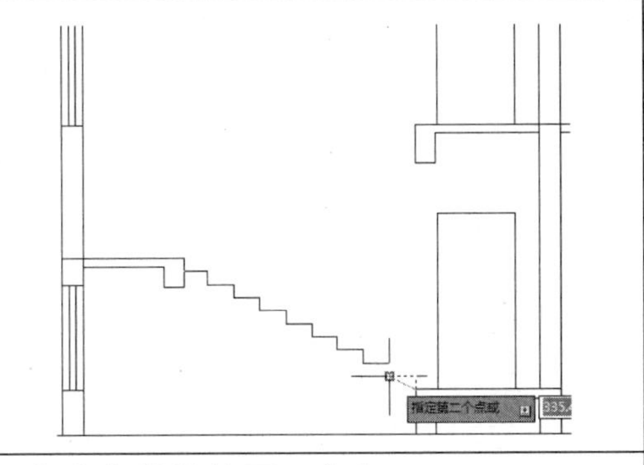

19 输入偏移基点的坐标

根据系统提示，输入偏移基点的相对坐标值为“@100,0”并确定。

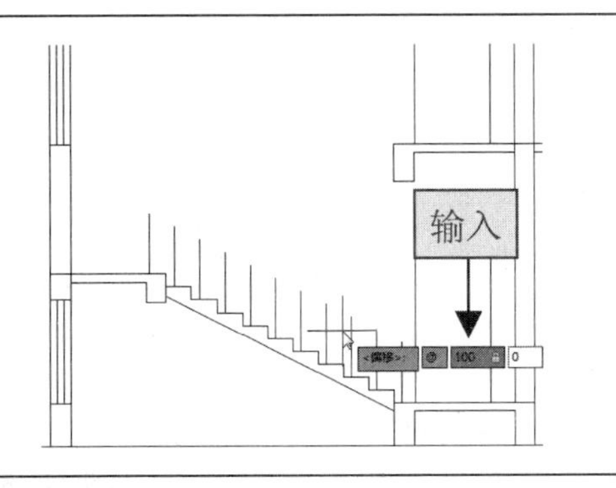

20 指定多段线的下一个点

❶捕捉右方栏杆的上方顶点指定多段线的下一个点。

❷继续向左上方移动光标捕捉左方栏杆的上方顶点指定多段线的下一个点。

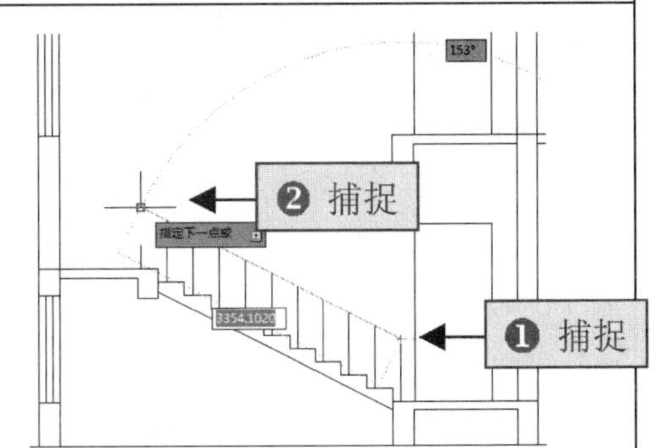

21 绘制栏杆扶手

❶向左方移动光标指定多段线下一点的方向。

❷输入该段多段线的长度为 100 并确定，绘制的多段线作为栏杆扶手。

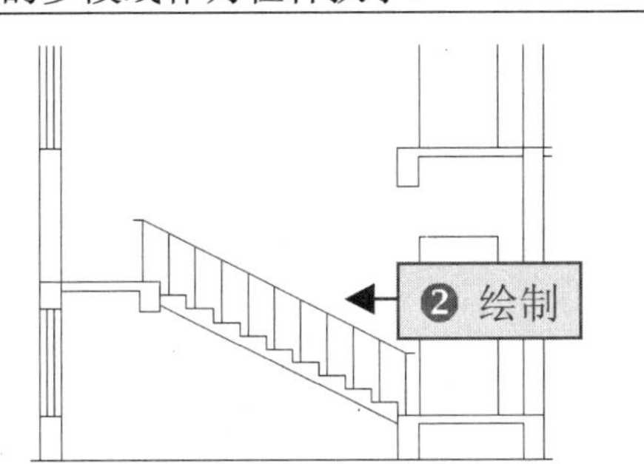

22 镜像复制楼梯

执行 MI（镜像）命令，选择创建好的楼梯剖面图形，将其镜像复制一次。

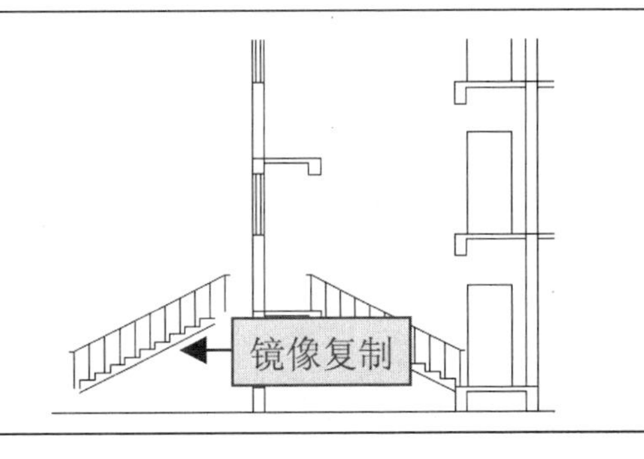

23 移动楼梯

❶执行 M（移动）命令，选择镜像复制得到的图形。

❷通过捕捉扶手的端点，对楼梯进行移动。

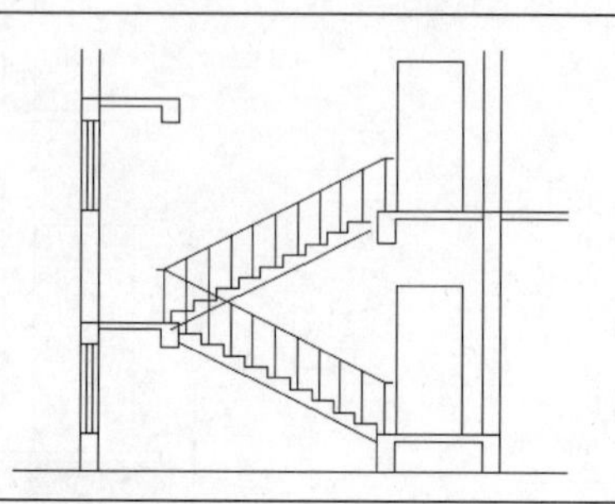

24 移动楼梯的梯步

❶重复执行 M（移动）命令，选择上方楼梯的梯步图形。

❷通过捕捉梯步和楼板的端点，对梯步进行移动。

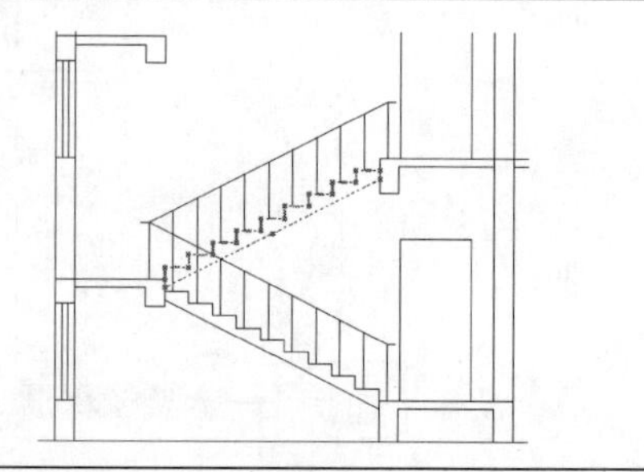

25 输入块名称

❶执行 B（创建块）命令。

❷在打开的“块定义”对话框中输入块名称为“楼梯”。

26 选择要创建为块的图形

❶单击“块定义”对话框中的“选择对象”按钮。

❷进入绘图区选择楼梯图形并确定。

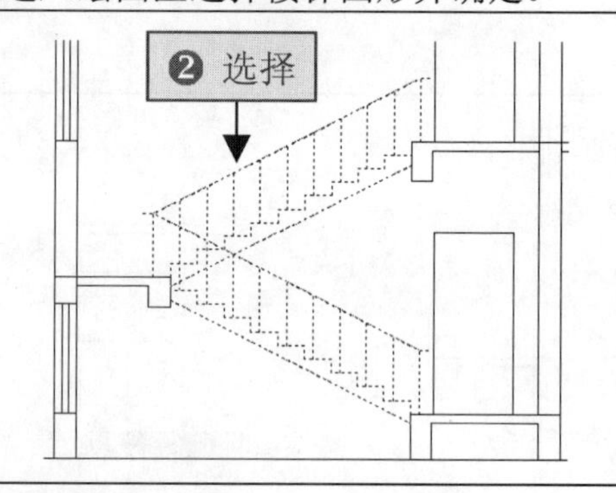

27 指定块的插入基点

❶返回“块定义”对话框中，单击“拾取点”按钮。

❷在右下方端点处单击，指定块的插入基点，然后返回对话框中单击“确定”按钮。

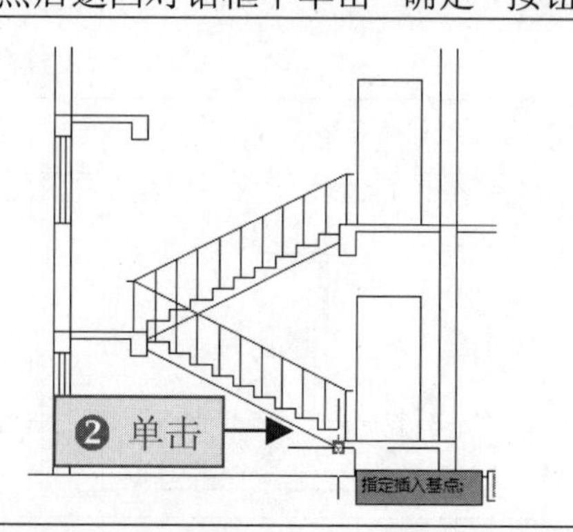

28 选择阵列对象

❶执行 AR（阵列）命令，选择创建的楼梯块作为阵列对象。

❷设置阵列方式为“矩形”、列数为 1、行数为 6、行间距为 3000。

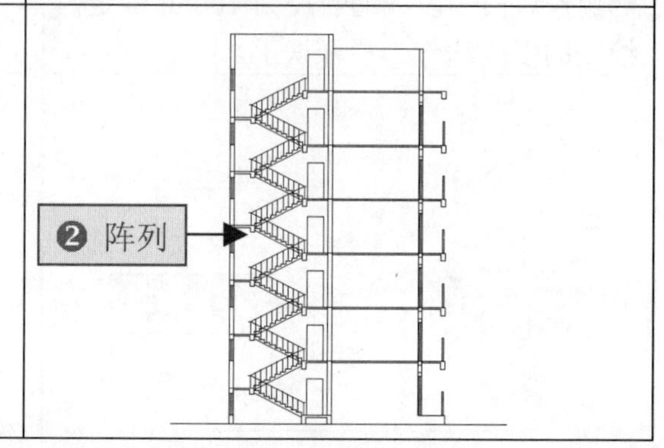

4.2.4　绘制屋顶剖面

1 偏移左上方水平线段

执行 O（偏移）命令，将剖面图形左上方的水平线段向下偏移 3 次，偏移距离依次为 100、300、100。

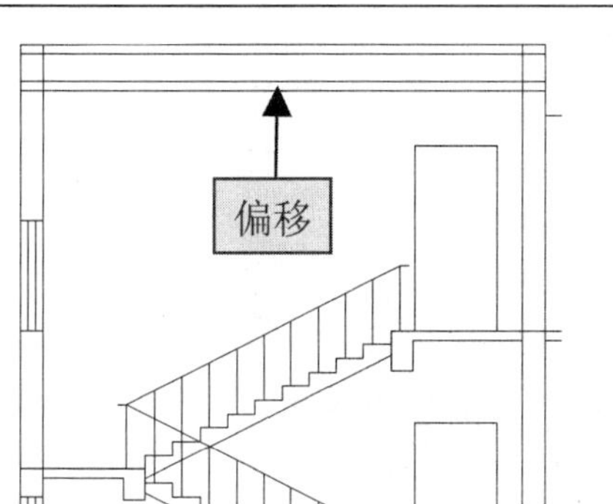

2 偏移左方垂直线段

执行 O（偏移）命令，将剖面图形左方的垂直线段向左偏移 3 次，偏移距离依次为 100、300、100。

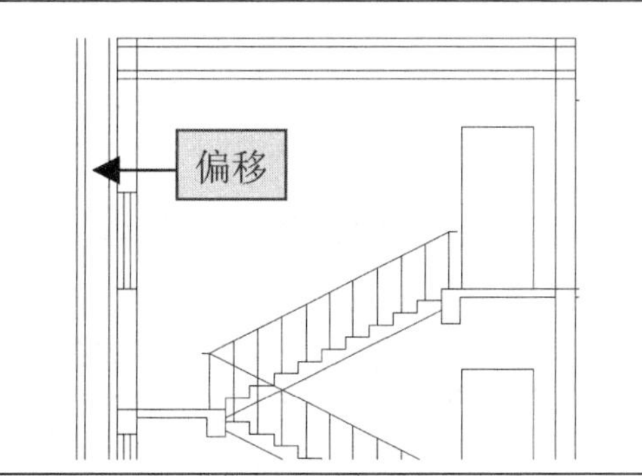

3 延伸线段

❶执行“延伸”命令 Extend（EX），选择左方线段作为延伸边界。

❷选择上方 4 条水平线段作为延伸对象。

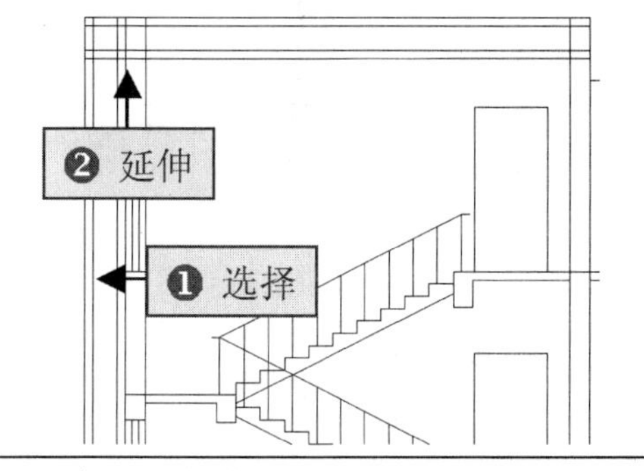

4 修剪图形

执行 TR（修剪）命令，对偏移和延伸的线段进行多次修剪。

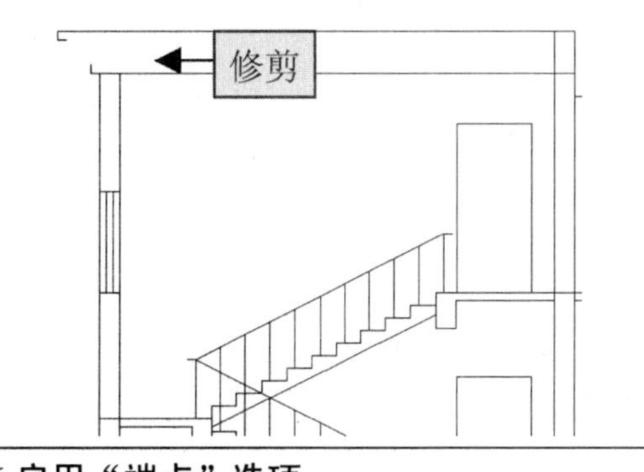

5 指定圆弧起点

❶在命令行中执行 A （圆弧）命令。

❷在右上方的端点处指定圆弧的起点。

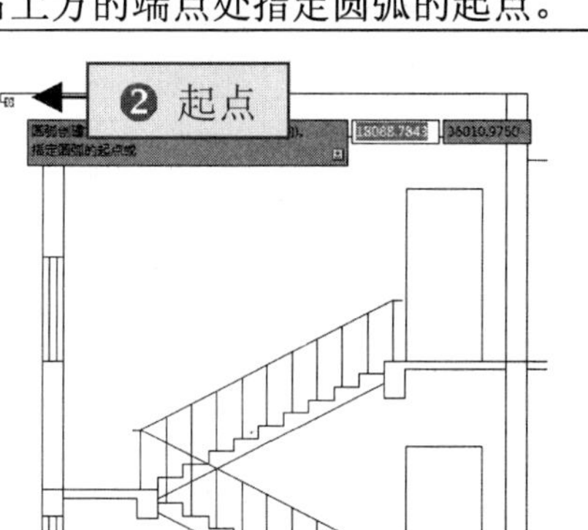

6 启用“端点”选项

系统提示“指定圆弧的第二个点或 [圆心(C)/端点]: ”时，输入 e 并确定。

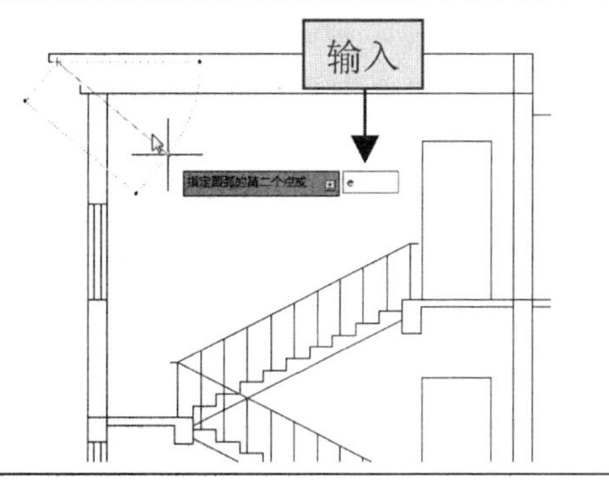

7 指定圆弧端点

当系统提示“指定圆弧的端点:”时，在右上方的端点处指定圆弧的端点。

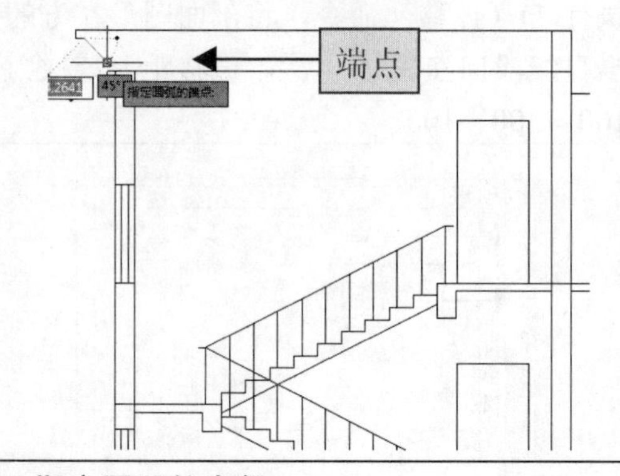

8 启用“半径”选项

系统提示“指定圆弧的圆心或 [角度(A)/方向(D)/半径]: ”时，输入 r 并确定。

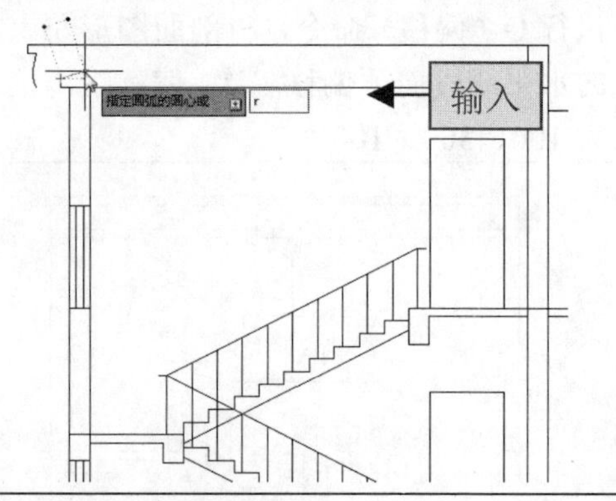

9 指定圆弧的半径

根据系统提示输入圆弧半径为 300 并确定。

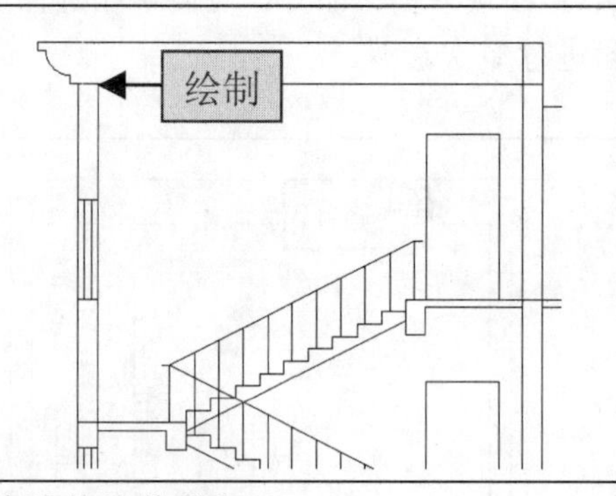

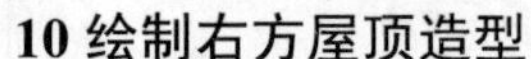

10 绘制右方屋顶造型

参照前面相似的方法，使用“偏移”、“延伸”、“修剪”和“圆弧”命令绘制右方屋顶造型。

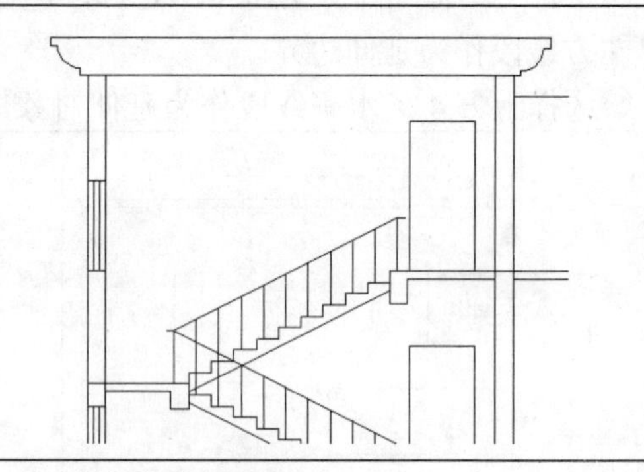

11 偏移并修剪线段

❶执行 O（偏移）命令，将右上方的水平线段向下偏移 1000。

❷执行 TR（修剪）命令，对偏移后的线段进行修剪。

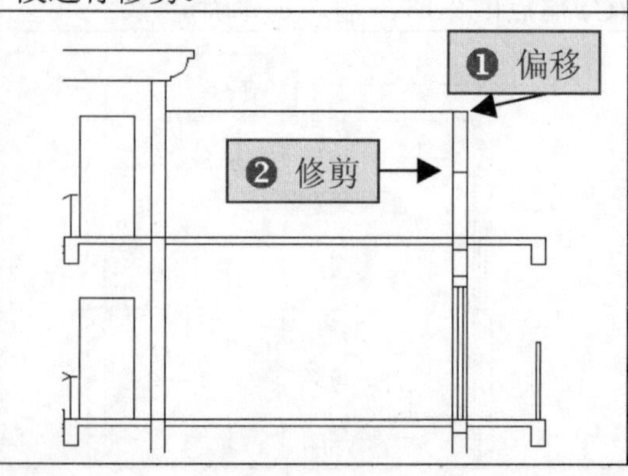

12 绘制并移动矩形

❶执行 REC（矩形）命令，绘制一个长度为 80、宽度为 1000 的矩形。

❷执行 M（移动）命令，对矩形进行移动。

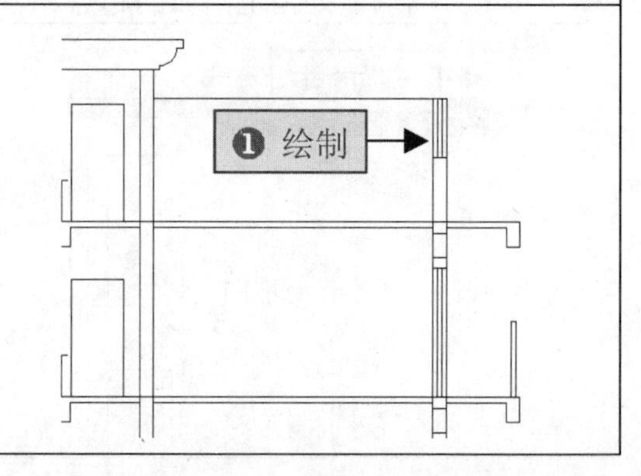

4.2.5　绘制建筑雨棚

1 指定直线的第一个点	**2 绘制长为 900 的直线** 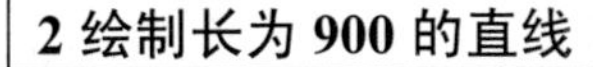
执行 L（直线）命令，在一楼左方端点处指定直线的第一个点。	向左移动光标，然后输入直线的长度为 900 并确定。
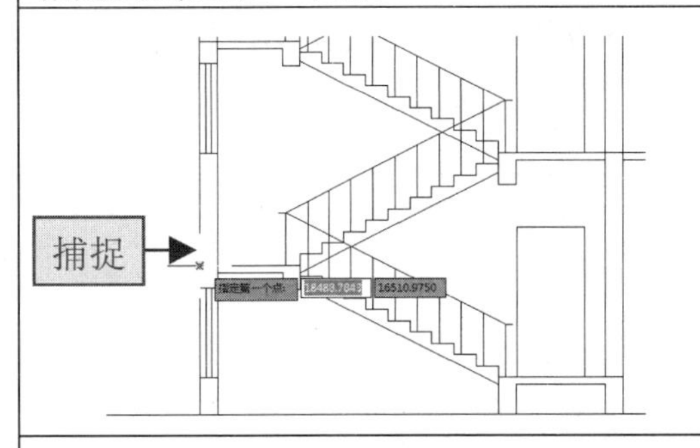	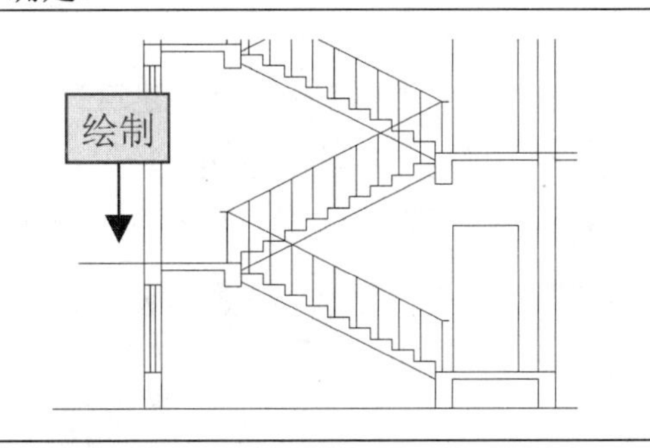
3 偏移直线	**4 偏移墙线**
使用 O（偏移）命令将绘制的直线向上偏移 5 次，偏移距离依次为 80、50、615、65、90。	使用 O（偏移）命令将左方墙线向左偏移 3 次，偏移距离依次为 80、740、80。
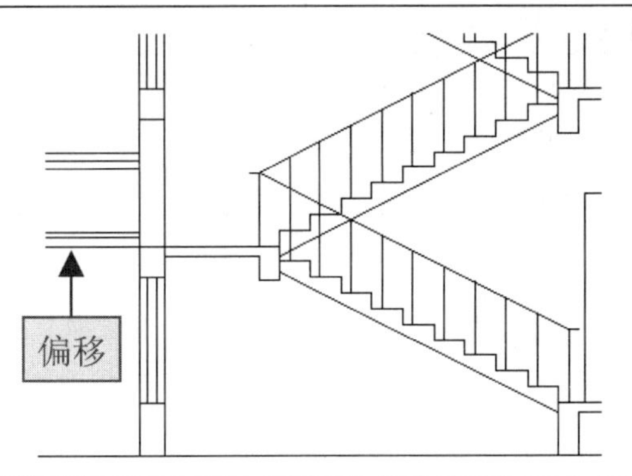	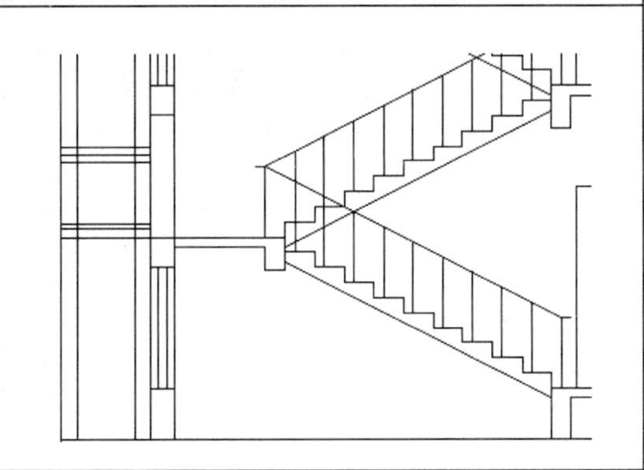
5 绘制两条斜线	**6 修剪线段**
执行 L（直线）命令，通过捕捉端点的方式绘制两条斜线。	执行 TR（修剪）命令，依次对偏移的线段进行修剪，绘制出雨棚图形。
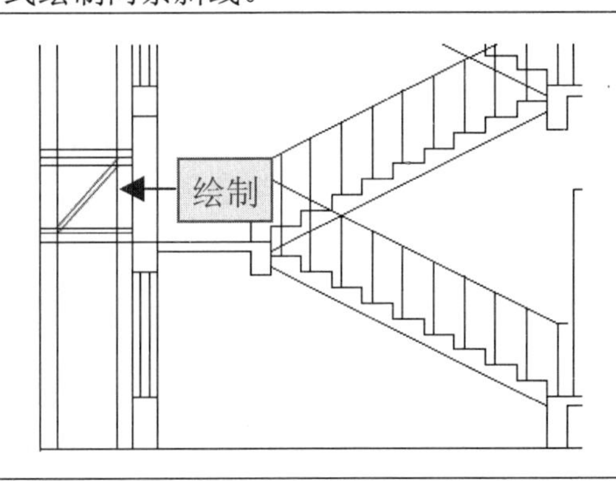	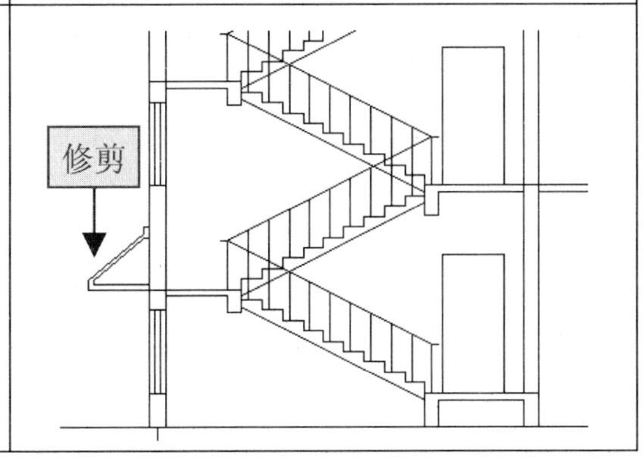

4.2.6 标注建筑剖面

1 设置当前标注样式	2 指定第一个尺寸界线原点
❶在命令行中执行 D（标注样式）命令，在打开的“标注样式管理器”对话框中选择“建筑”样式。 ❷单击“置为当前”按钮将“建筑”样式设置为当前样式，然后关闭对话框。	❶将“标注”图层设置为当前层。 ❷在命令行中执行 DLI（线性标注）命令，在左下方的墙线交点处单击，指定标注的第一个尺寸界线原点。
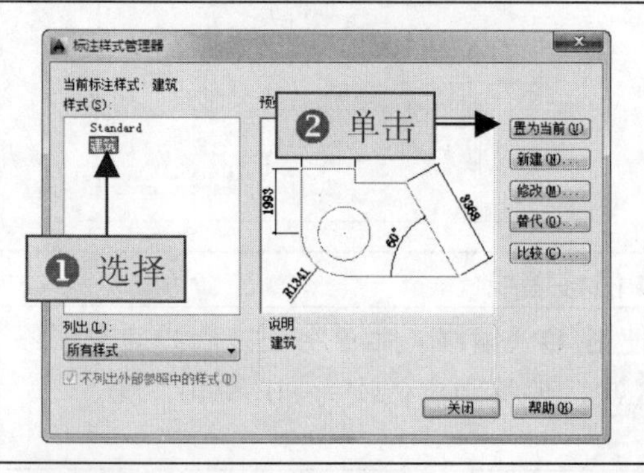	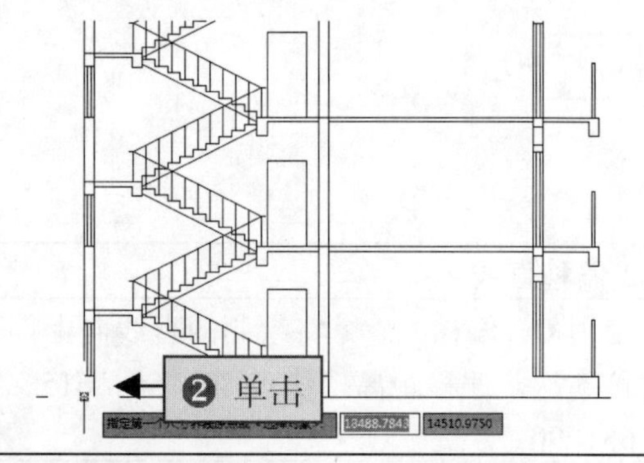
3 指定第二个尺寸界线原点	4 指定标注位置
在系统提示“指定第二条尺寸界线原点:”时，在上方相邻的墙线交点处指定标注的第二个尺寸界线原点。	在系统提示“指定尺寸线位置或”时，向左移动光标并单击指定尺寸线位置，即可完成线性标注的创建。
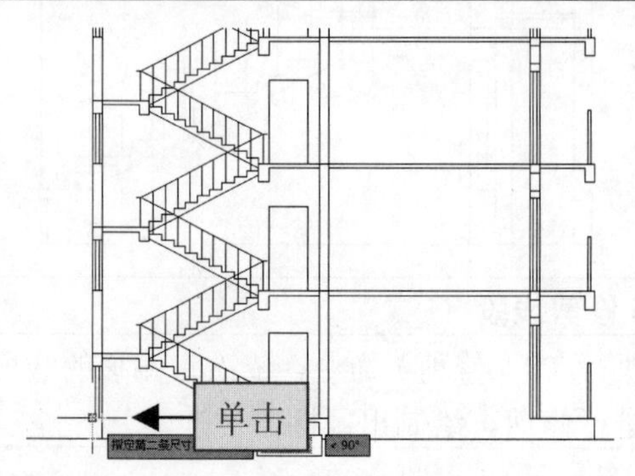	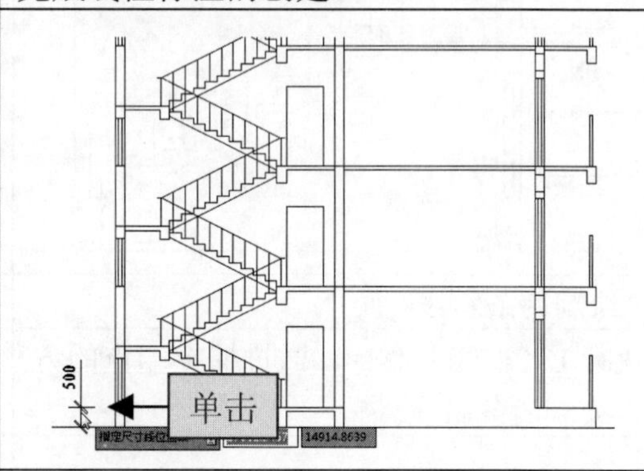
5 连续标注左方尺寸	6 标注第二道尺寸
❶在命令行中执行 DCO（连续标注）命令。 ❷通过捕捉对图形左方墙线的交点，对图形进行连续标注，并适当调整标注文字的位置。	参照前面的尺寸标注方法，使用 DLI（线性标注）和 DCO （连续标注）命令对左方尺寸进行第二道标注。

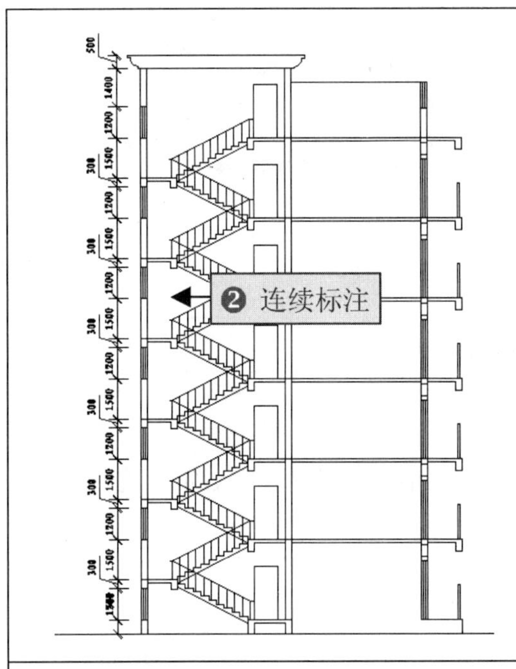	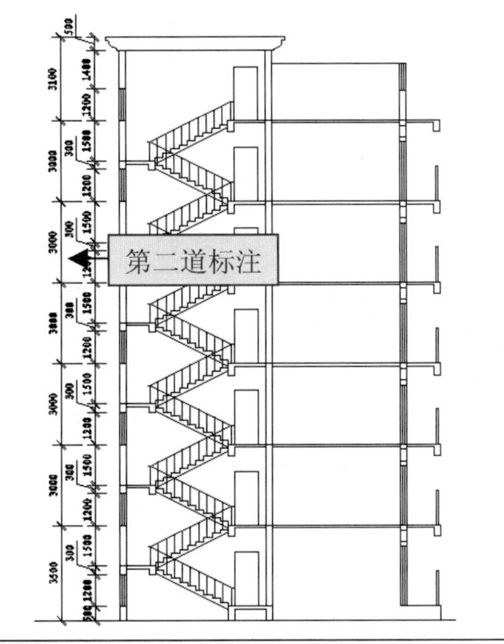
7 标注左方总尺寸	**8 标注右方尺寸**
执行 DLI（线性标注）命令，通过捕捉左方墙线的下方端点和屋顶端点，对左方总尺寸进行标注。	参照前面的尺寸标注方法，使用 DLI（线性标注）和 DCO （连续标注）命令对右方尺寸进行三道标注。
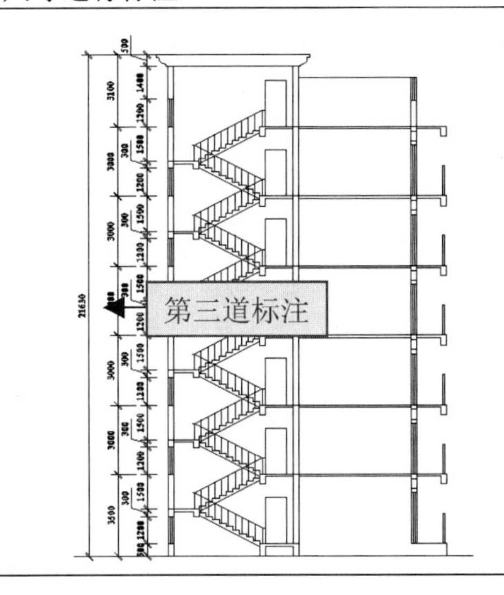	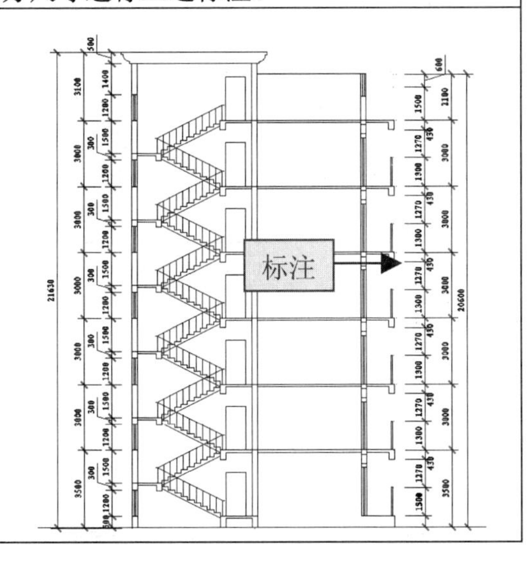

4.2.7　绘制建筑标高

1 绘制标高符号	**2 单击“定义属性”按钮**
执行 L（直线）命令，在图形左下方绘制一个标高符号。	选择“默认”功能标签，然后单击“块”面板中的“定义属性”按钮。

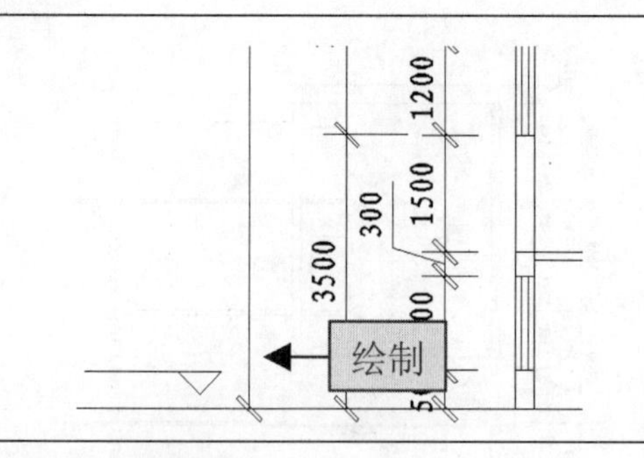

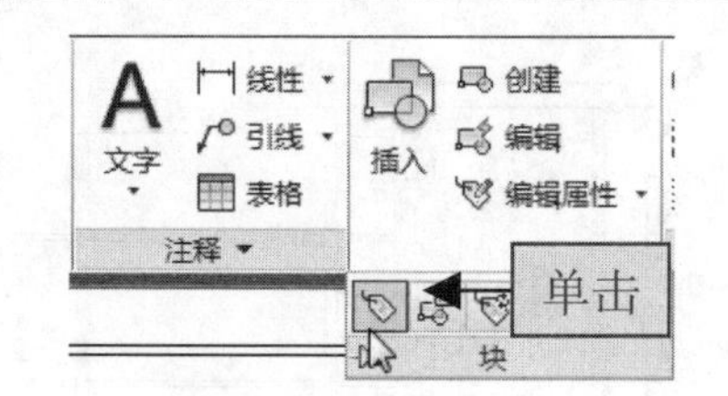

3 定义属性内容

❶打开“属性定义”对话框。

❷在“标记”文本框中输入 0.000、在“提示”文本框中输入“标高”。

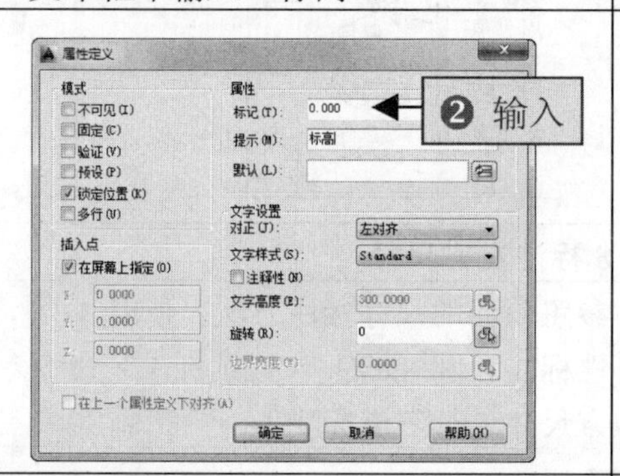

4 插入属性内容

❶在“属性定义”对话框中单击“确定”按钮。

❷进入绘图区指定添加属性的位置。

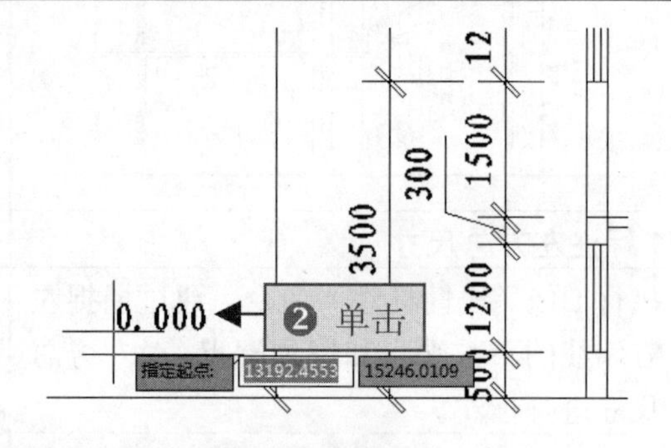

5 输入块名称

❶在命令行中执行“创建块”命令 Block（B）。

❷在打开的“块定义”对话框中输入块名称为“标高”。

6 选择要创建为块的图形

❶单击“块定义”对话框中的“选择对象”按钮。

❷进入绘图区框选标高符号和属性内容，然后按 Space 键进行确定。

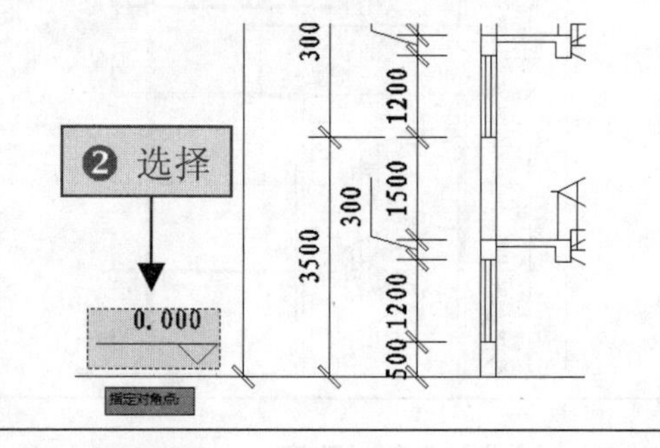

7 指定块的插入基点

❶返回“块定义”对话框中，单击“拾取点”按钮。

❷在标高符号下方的端点处指定块的插入基点，然后返回对话框中进行确定。

8 输入标高值

❶在打开的“编辑属性”对话框中输入标高值为 0.000。

❷单击“确定”按钮。

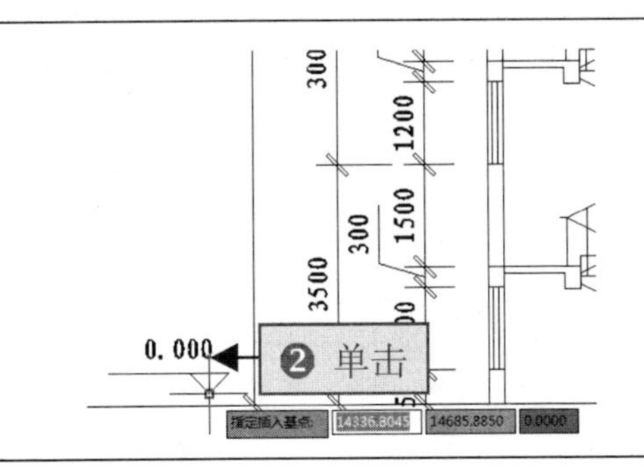

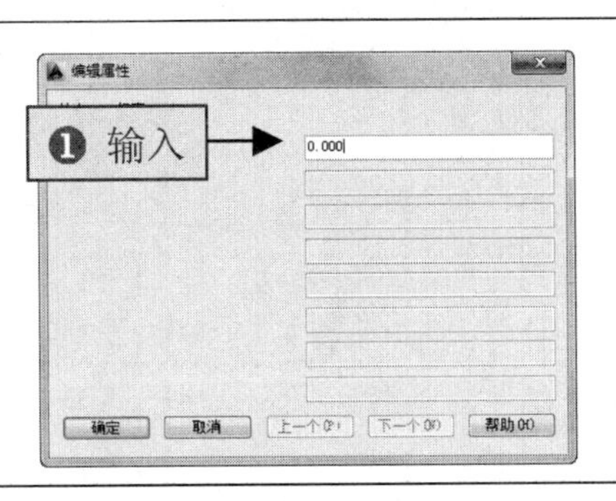

9 绘制延伸线

执行 L（直线）命令，在图形左方为各楼层绘制一条延伸线。

10 执行“插入”命令

❶在命令行中执行“插入块”命令 Insert（I），打开“插入”对话框。

❷在“名称”列表中选择“标高”对象。

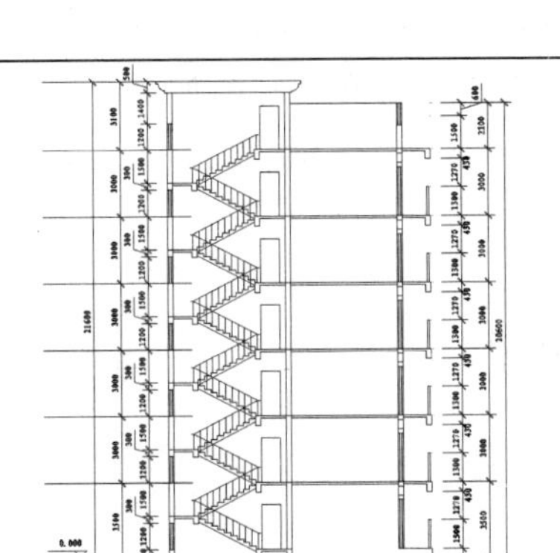

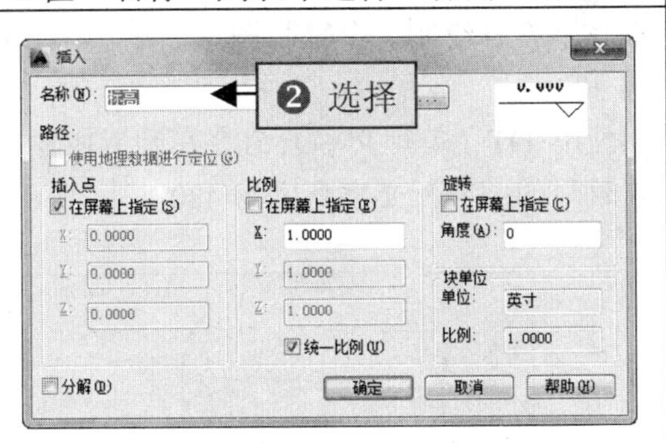

11 插入标高

❶在“插入”对话框中单击“确定”按钮。

❷进入绘图区，在二楼的位置插入标高对象。

12 编辑属性数字

❶在打开的“编辑属性”对话框中输入二楼的标高值为 3.500。

❷单击“确定”按钮。

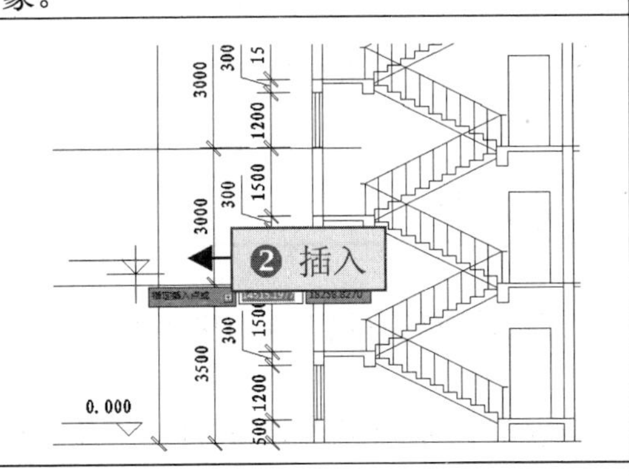

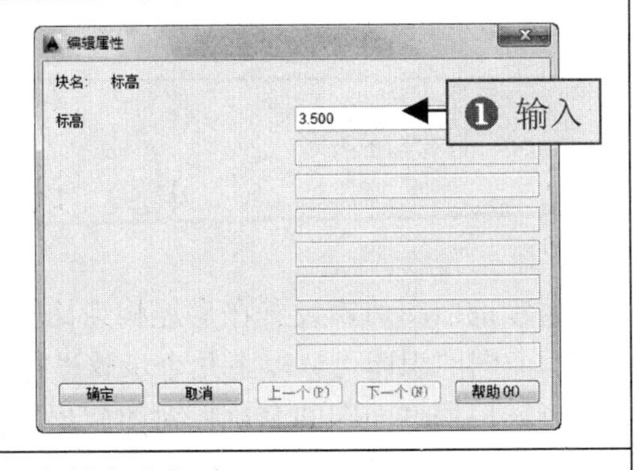

13 插入其他标高对象

参照上述的方法，使用 I（插入）命令在其他楼层插入“标高”块，并修改各个楼层的标高值。

14 绘制右方标高

参照前面的方法，在右方各楼层的标注线上绘制延伸线，然后使用 I（插入）命令在各楼层插入“标高”块，并修改各楼层的标高值。

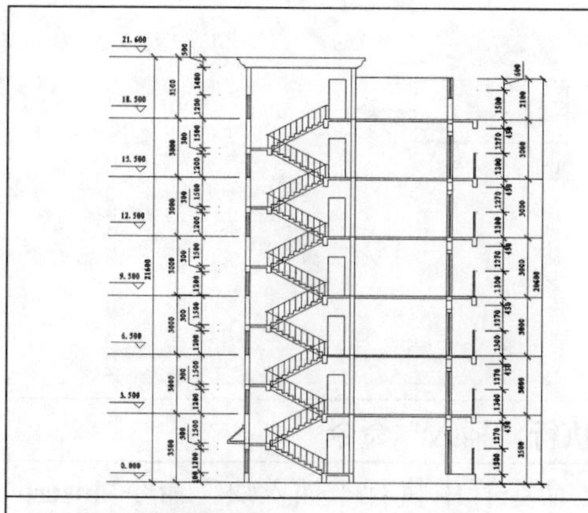	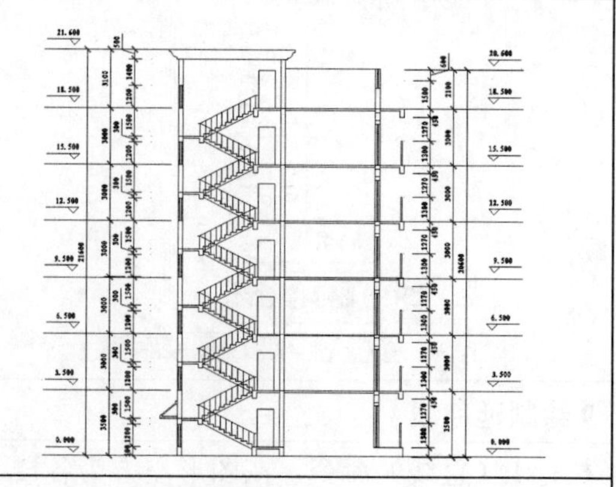
15 绘制建筑轴号	**16 书写剖面图说明文字**
❶使用 L（直线）和 C（圆）命令在两方墙体下方各绘制一个轴号图形，圆的半径为 400。 ❷使用 DT（单行文字）命令在圆形内输入轴号的编号，文字高度为 420。	❶使用 DT（单行文字）命令书写“剖面图 1∶100”文字，文字高度为 700。 ❷使用 CO（复制）命令将轴号复制到说明文字前。 ❸使用 L（直线）命令在轴号间和文字下方绘制直线。
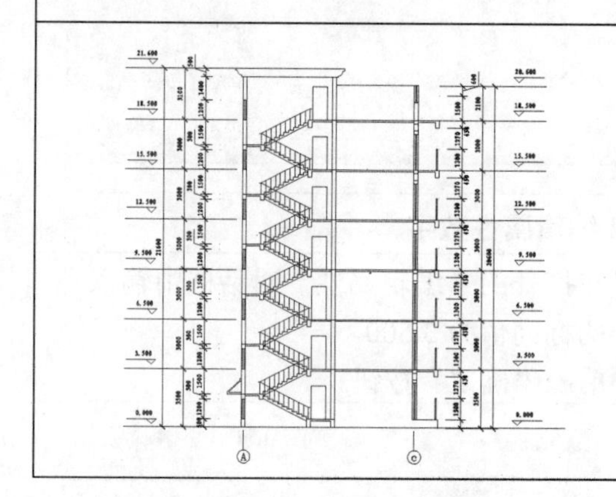	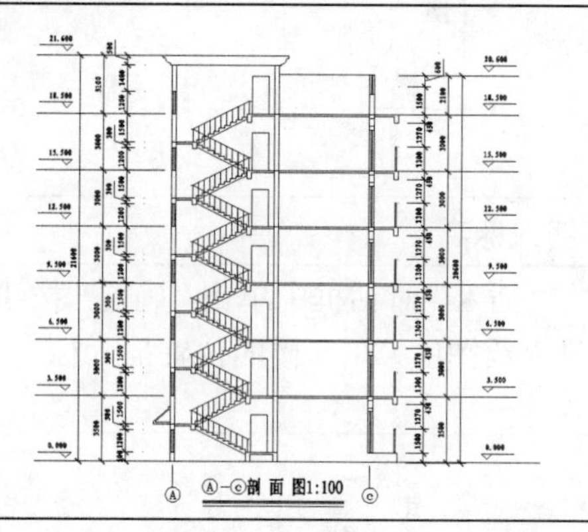

4.3　设计深度分析

建筑剖面图通常设置在房屋构造比较复杂的部位，或具有代表性的房间进行剖切。建筑剖面图的识读可分以下几个步骤进行。

（1）根据剖面图的名称，对照底层平面图，查找剖切位置线和投影方向，明确剖面图所剖切的房间或空间。

（2）看清剖面图中各处所涂颜色表示的材料或构造。

（3）查看详图索引。

（4）识读竖向尺寸，剖面中层高、室内外地坪及窗台等重要表面都应标出标高。

在施工过程中，建筑剖面图是进行分层、砌筑内墙、铺设楼板、屋面板和楼梯、内部装修等工作的依据，与建筑平面图、立面图互相配合，表示房屋的全局，它们是房屋施工图中最基本的图样。

剖面图的数量是根据房屋的具体情况和施工实际需要而决定的。剖切面一般横向，即平行于侧面，必要时也可纵向，即平行于正面。其位置应选择在能反映出房屋内部构造比较复杂与典型的部位，并应通过门窗洞的位置。若为多层房屋，应选择在楼梯间或层高不同、层数不同的部位。

第5章　绘制家居设计图

学习目标

房地产业的迅速发展，促进了室内设计行业的迅速发展，室内设计师已经成为一个备受关注的职业，并被媒体誉为“金色灰领职业”之一。

本章将通过对一个比较有代表性的家居装修设计案例的解析，让读者能在熟练使用AutoCAD进行室内装修绘图的同时，对家居装修设计原则的理解与对设计风格的把握有更多的了解。

效果展示

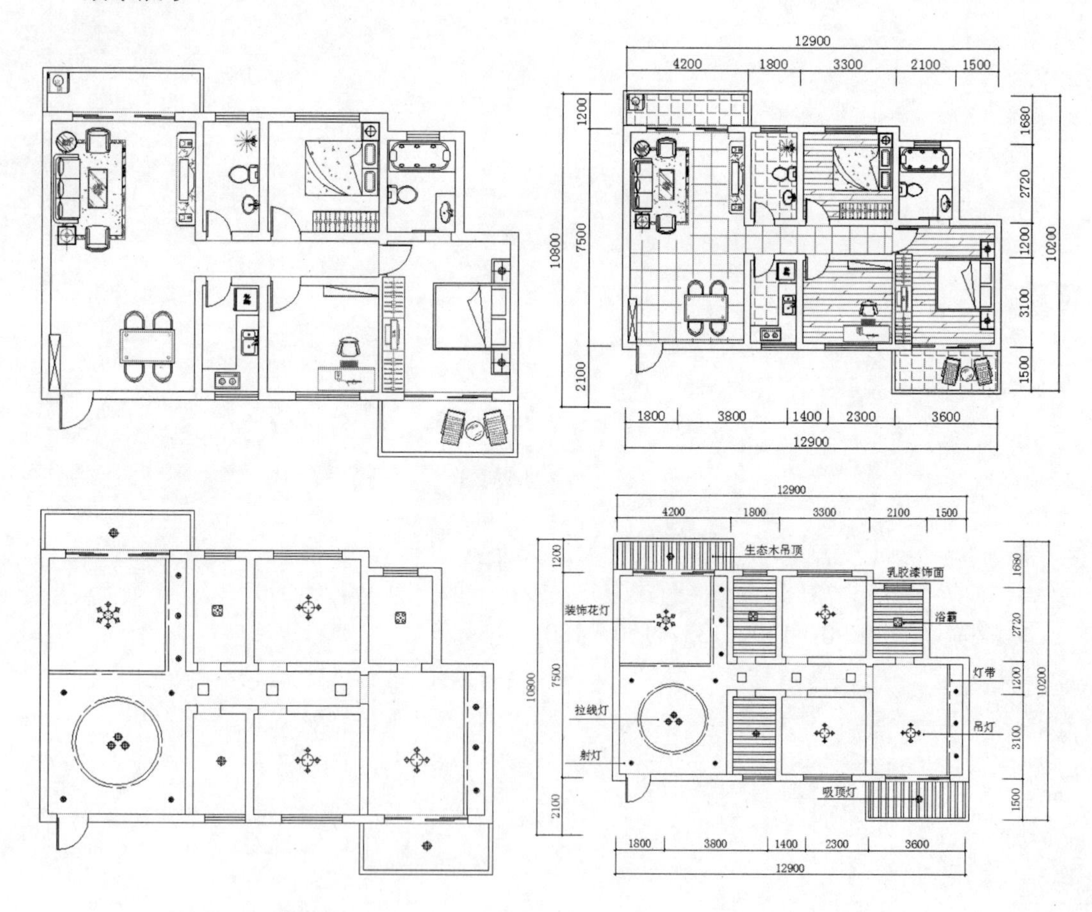

5.1　家居设计基础

家居设计是室内设计的一部分。室内设计是一门综合性较强的学科，是根据建筑物的使用性质、所处环境和相应标准，在建筑学、美学原理的指导下，运用虚拟的物质技术手段（即运用手工或计算机绘图），为人们创造出功能合理、舒适优美、满足物质和精神生活需要的室内环境。

5.1.1　家居空间的常规尺寸

由于家居空间是人们日常生活的主要活动场所，平面布置时应充分考虑到人体活动尺度，然后根据空间的要求来对各功能区进行划分。在通常情况下，可以参照以下尺寸对家具进行设计。

下面内容中的 W 表示宽度，L 表示长度，D 表示深度，H 表示高度，单位为厘米。

- 普通门　W80～95；H200。
- 厕所、厨房门　W（70，80）；H（190，200，210）。
- 推拉门　W75～150；H190～240。
- 单人沙发　L80～95；D85～90；坐垫高 35～42；背高 70～90。
- 双人沙发　L126～150；D80～90。
- 三人沙发　L175～196；D80～90。
- 四人沙发　L232～252；D80～90。
- 衣橱　D60～65（一般）；衣橱推拉门：W70；衣橱普通门：W40～65。
- 矮柜　D35～45；柜门：W30～60。
- 电视柜　D45～60；H60～70。
- 单人床　W（90，105，120）；L（180，186，200，210）。
- 双人床　W（135，150，180）；　L（80，186，200，210）。
- 小型茶几　L60～75；W45～60；H38～50（38 最佳）。
- 书桌　D45～70（60 最佳）；H75；书桌下缘离地至少 58；L 最少 90（150～180 最佳）。
- 书架　D25～40（每一格）；L60～120。
- 餐桌　H75～78（一般）；西式 H68～72；一般方桌 W120，90，75。
- 圆桌　直径(90，120，135，150，180)。

5.1.2　家居装修风格

根据不同的家居装修格调，可以将家居装修分为欧式古典风格、新古典主义风格、自然风格和现代风格。

1．欧式古典风格

这是一种追求华丽、高雅的古典装饰样式。欧式古典风格中的色彩主调为白色，家具、门窗一般都为白色。家具框饰以金线、金边装饰，从而体现华丽的风格；墙纸、地毯、窗帘、床罩、帷幔的图案及装饰画都为古典样式。

2．新古典主义风格

新古典主义风格是指在传统美学的基础上，运用现代的材质及工艺，演绎传统文化的精髓，新古典主义风格不仅拥有端庄、典雅的气质并具有明显的时代特征。

3．自然风格

这种风格崇尚返璞归真、回归自然、丢弃人造材料的制品，把木材、石材、草藤、棉布等天然材料运用到室内装饰中，使居室更接近自然效果。

4．现代风格

现代风格的特点是注重使用功能，强调室内空间形态和物件的单一性、抽象性，并运用几何要素（点、线、面、体等）来对家具进行组合，从而让人有种简洁、明快的感觉。同时这种风格又追求新潮、奇异，并且通常将流行的绘画、雕刻、文字、广告画、卡通造型、现代灯具等运用到居室内。

5.2　绘制家居平面图

文件路径	案例效果
实例： 随书光盘\实例\第 5 章	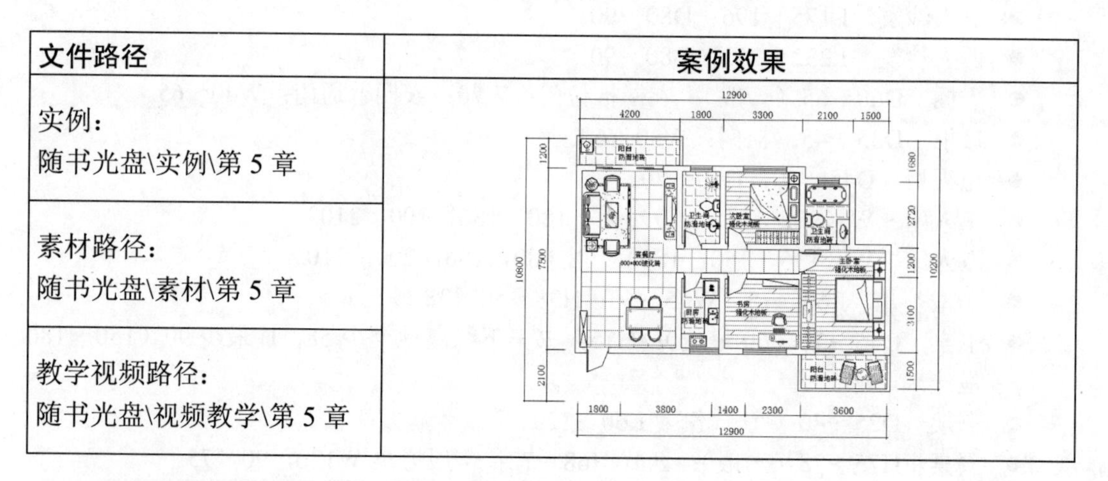
素材路径： 随书光盘\素材\第 5 章	
教学视频路径： 随书光盘\视频教学\第 5 章	

设计思路与流程

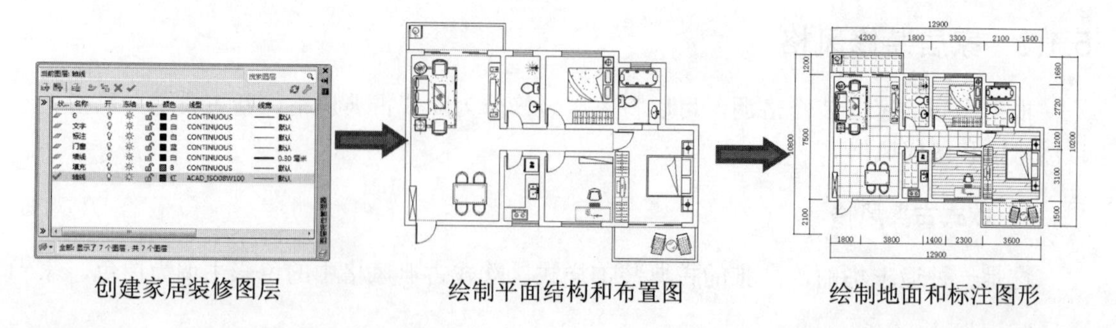

创建家居装修图层　　　　绘制平面结构和布置图　　　　绘制地面和标注图形

制作关键点

在本例的制作中，建筑轴线、门窗、地面图案和标注等内容是比较关键的地方。

- 绘制建筑轴线　绘制建筑轴线是确定墙体的基础，也是进行图形标注的参考对象，建筑轴线可以使用“直线”或“构造线”命令绘制。
- 绘制门窗　在室内装修图中，门窗的宽度尺寸与建筑图中有所不同，室内装修图中的门窗尺寸通常比建筑图中相对应的门窗宽度尺寸少 100mm。
- 绘制地面图案　地面图案用于表示地面的材质，可以使用“图案填充”命令绘制室内的地面图案。
- 标注图形　在标注图形之前，应设置好标注的尺寸界线、箭头、文字和单位参数，然后使用“线性”和“连续”标注命令标注图形。

5.2.1　设置绘图环境

1 新建“轴线”图层	2 设置图层颜色
❶在命令行中执行 LA（图层）命令。 ❷在打开的图层特性管理器中单击“新建图层”按钮。 ❸将新建的图层命名为“轴线”。	❶单击“轴线”图层的颜色图标■白。 ❷在打开的“选择颜色”对话框中设置图层的颜色为红色并单击“确定”按钮。
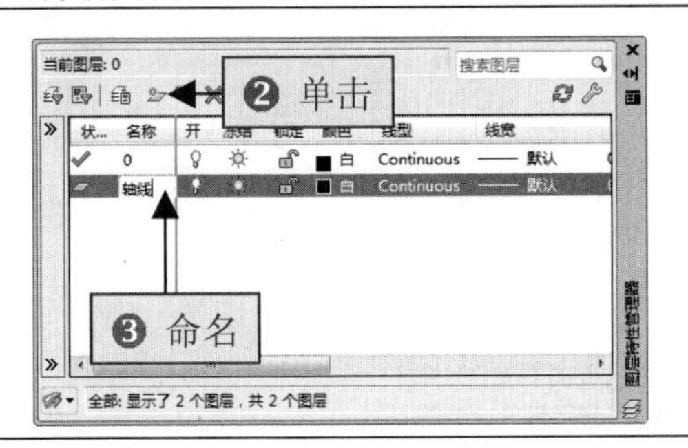	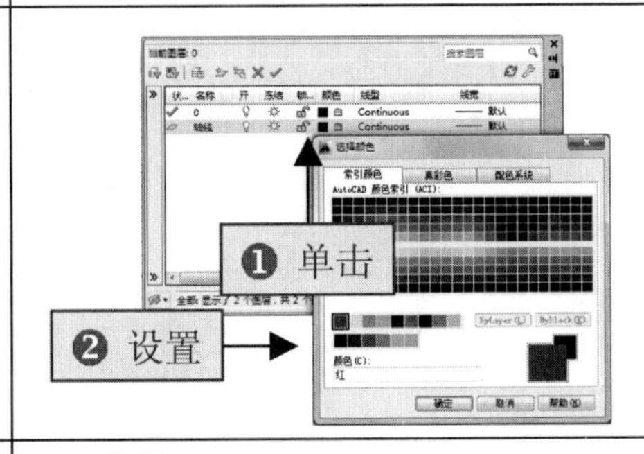
3 设置线型	**4 加载线型**
❶单击“轴线”图层的线型图标 Continuous，打开“选择线型”对话框。 ❷单击“加载”按钮，打开“加载或重载线型”对话框。	❶在打开的“加载或重载线型”对话框中选择 ACAD_ISO08W100 选项。 ❷单击“确定”按钮返回“选择线型”对话框。
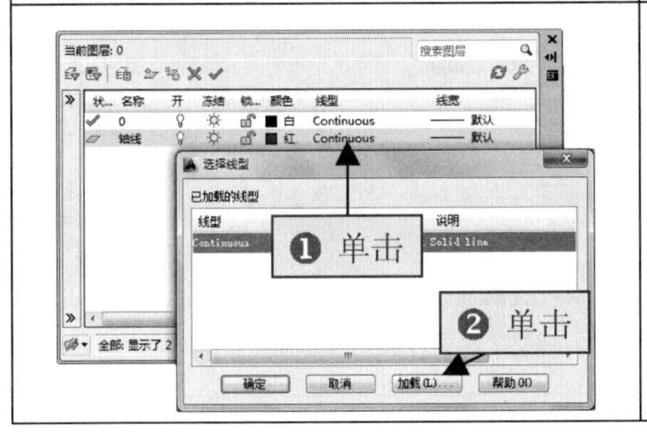	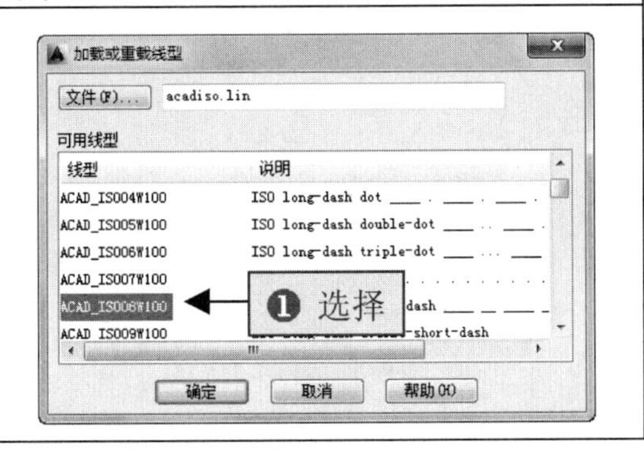

5 选择线型

❶在“选择线型”对话框中选择加载的线型 ACAD_ISO08W100。

❷单击“确定”按钮。

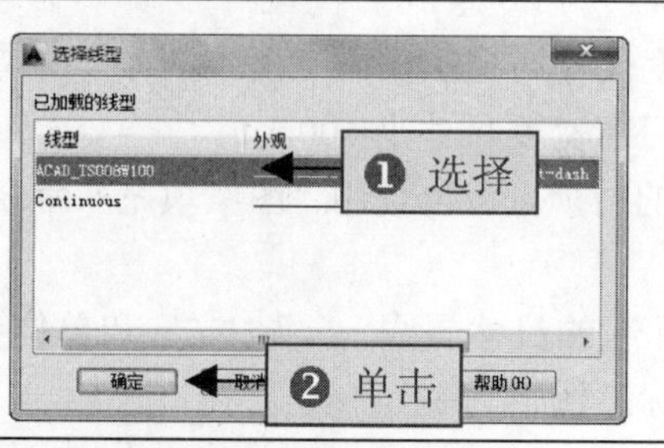

6 新建“墙体”图层

❶单击“新建图层”按钮。

❷将新建的图层命名为“墙体”。

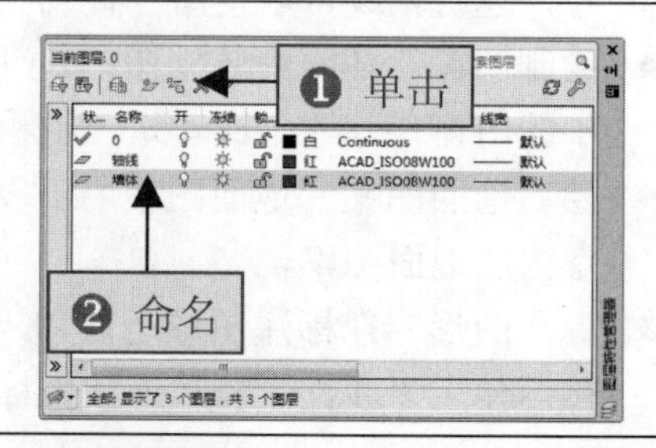

7 设置“墙体”图层属性

❶依次将“墙体”图层的颜色修改为白色，将线型改为 Continuous，然后单击“墙体”图层的线宽图标。

❷在打开的“线宽”对话框中选择 0.30mm 选项并单击“确定”按钮。

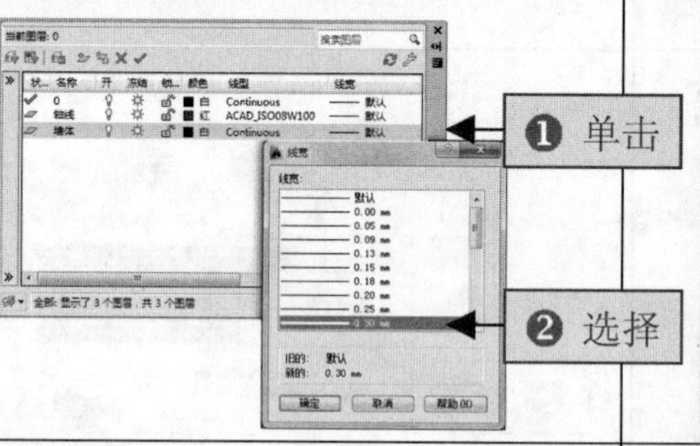

8 创建其他图层

❶继续创建门窗、标注和文字图层，并设置好各图层的属性，然后选择“轴线”图层。

❷单击“置为当前”按钮，将“轴线”图层设置为当前层，然后关闭图层特性管理器。

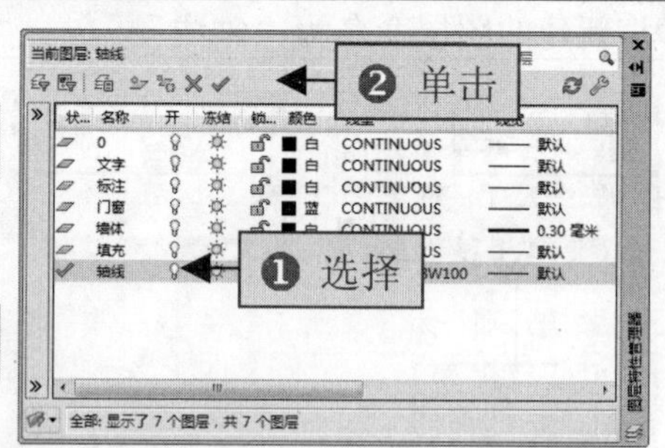

9 设置图形单位

❶选择“格式”|“单位”命令，打开“图形单位”对话框。

❷设置“用于缩放插入内容的单位”为“毫米”，然后单击“确定”按钮。

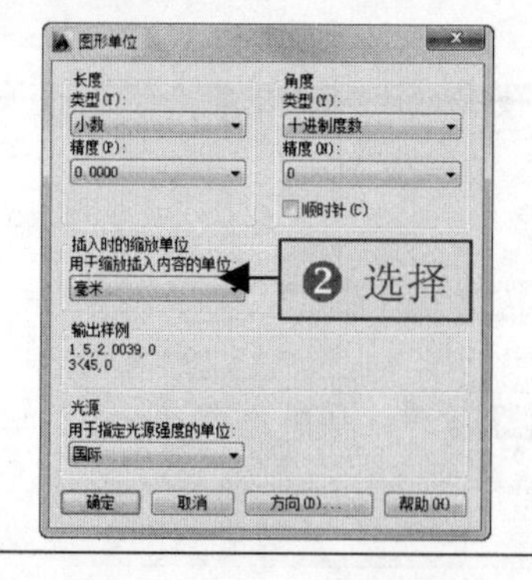

10 取消线宽显示

❶选择“格式”|“线宽”命令，打开“线宽设置”对话框。

❷取消“显示线宽”复选框，然后单击“确定”按钮。

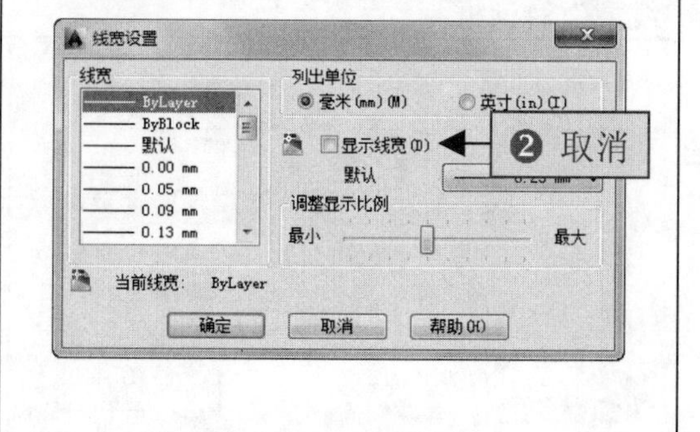

11 设置全局比例因子	12 设置对象捕捉
❶选择“格式”|“线型”命令，打开“线型管理器”对话框。 ❷在“全局比例因子”文本框中设置其值为 50。	❶选择“工具”|“绘图设置”命令，打开“草图设置”对话框。 ❷选择“对象捕捉”选项卡，进行对象捕捉选项设置。

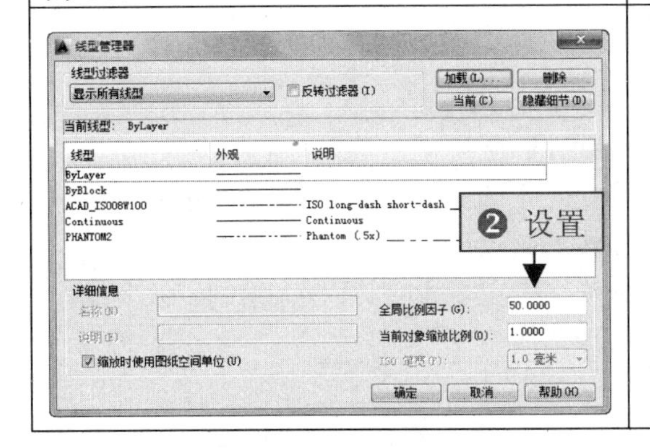

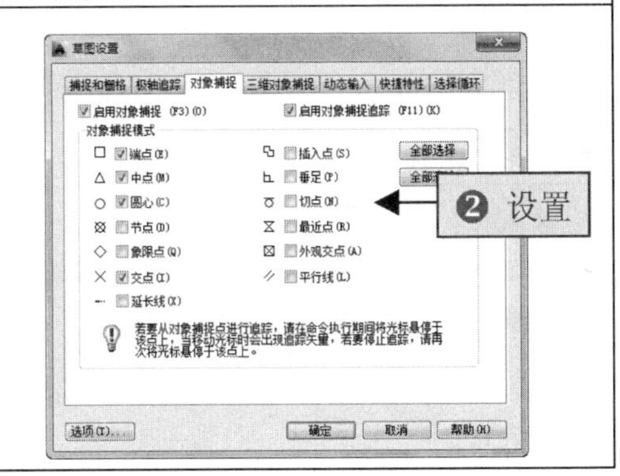

5.2.2　绘制轴线与墙体

1 绘制水平构造线	2 绘制垂直构造线
❶在命令行中执行“构造线”命令 XLine（XL）。 ❷根据提示在绘图区单击，指定构造线的一个点。 ❸开启“正交”模式，指定构造线通过的另一个点，绘制一条水平构造线。	❶根据提示向上移动鼠标。 ❷单击指定垂直构造线通过的点。

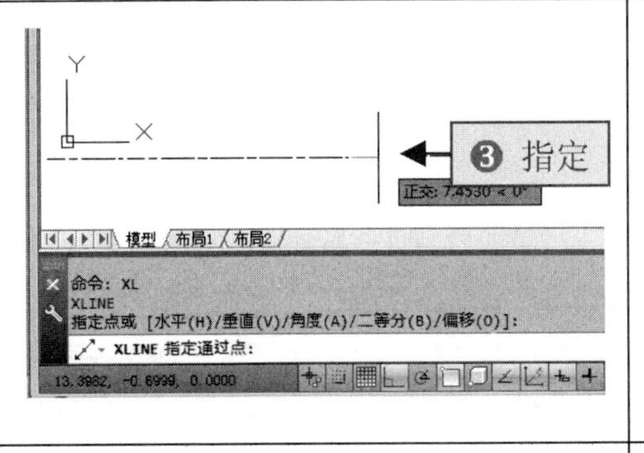

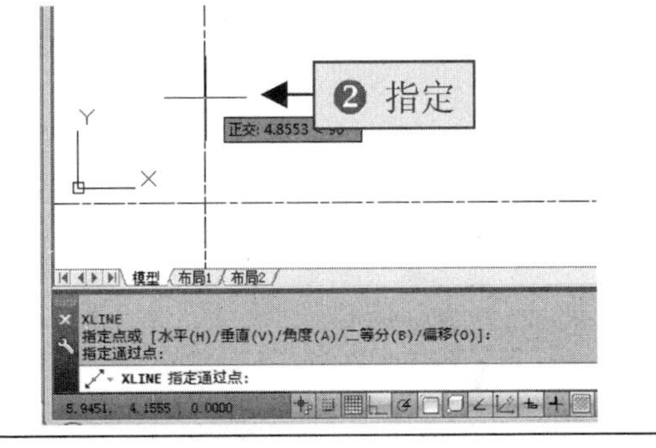

3 偏移垂直构造线	4 偏移水平构造线
执行 O（偏移）命令，将垂直构造线向右偏移 5 次，偏移距离依次为 4200、1800、3300、2100、1500。	重复执行执行 O（偏移）命令，将水平直线向上偏移 6 次，偏移距离依次为 1500、3100、1200、2720、480、1200。

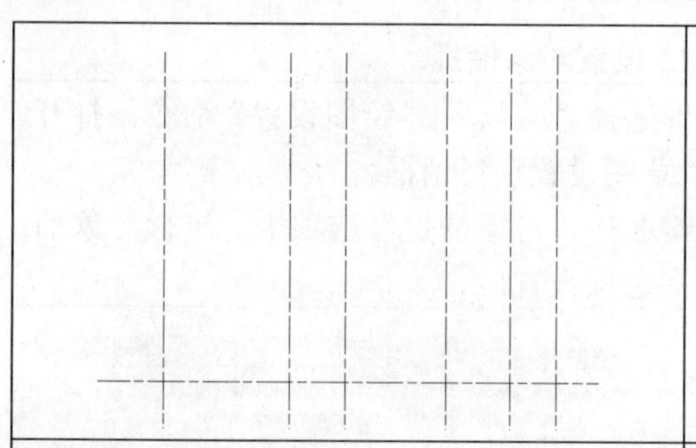

5 执行“多线”命令

❶设置“墙体”图层为当前层。

❷执行 ML（多线）命令，依次设置比例为 240、对正类型为“无”。

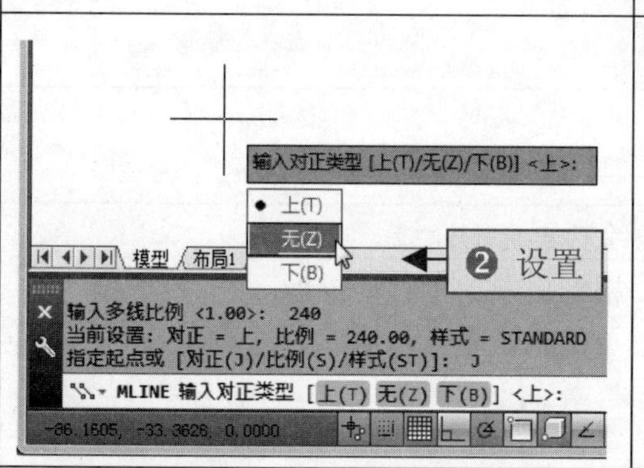

6 绘制多线

❶在左上方的第二个轴线交点处单击指定多线的起点。

❷依次指定多线的其他点，绘制一条多线作为墙体线。

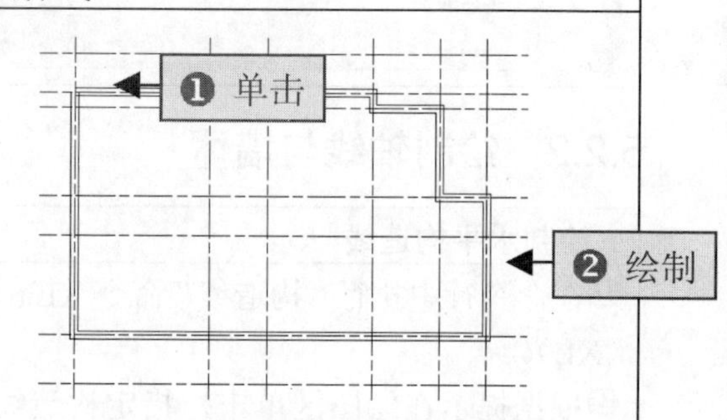

7 继续绘制多线

按 Space 键重复执行 ML（多线）命令。继续绘制其他比例为 240 的多线。

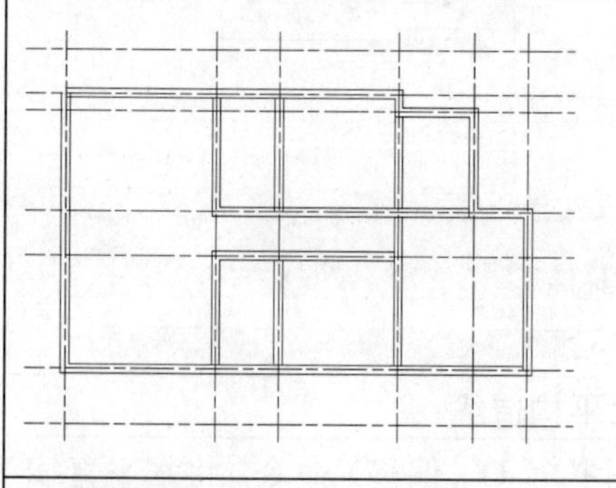

8 重新设置多线参数

❶重复执行 ML（多线）命令，输入 J 并确定，设置对正方式为“上”。

❷输入 S 并确定，设置多线比例为 120。

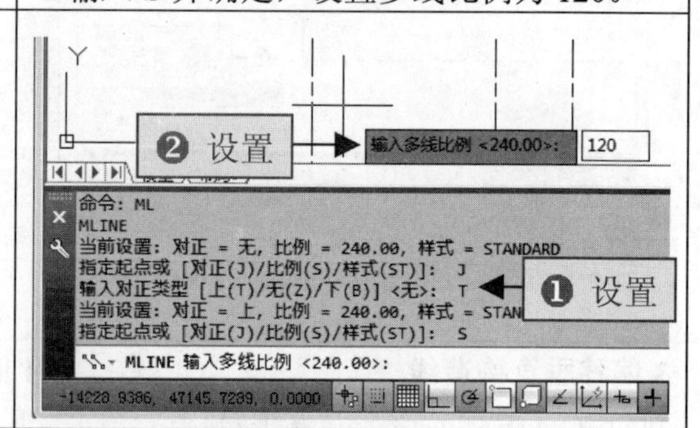

9 绘制阳台线

❶在图形左上方通过捕捉轴线的交点绘制客厅阳台。

❷在图形右下方通过捕捉轴线的交点绘制卧室阳台。

10 单击“角点结合”选项

❶隐藏“轴线”图层。

❷选择“修改”|“对象”|“多线”命令，打开“多线编辑工具”对话框，单击“角点结合”选项。

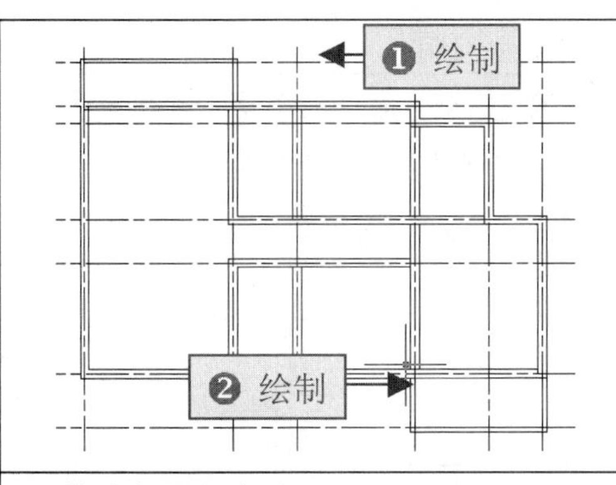	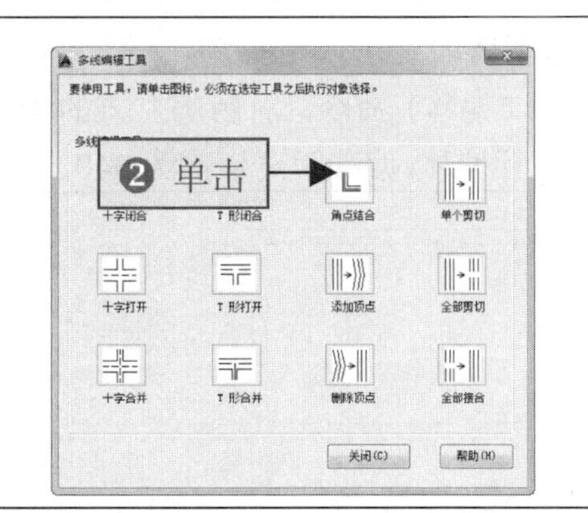
11 修改多线的角点	**12 修改多线的接头**
❶选择第一条要编辑的多线。 ❷选择第二条要编辑的多线修改多线的角点。	❶按 Space 键重复执行修改多线命令，在打开的“多线编辑工具”对话框中单击“T 形打开”选项。 ❷对交叉多线的接头进行修改。
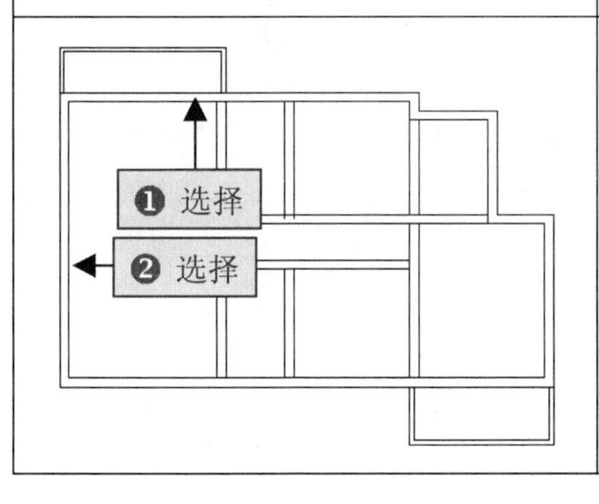	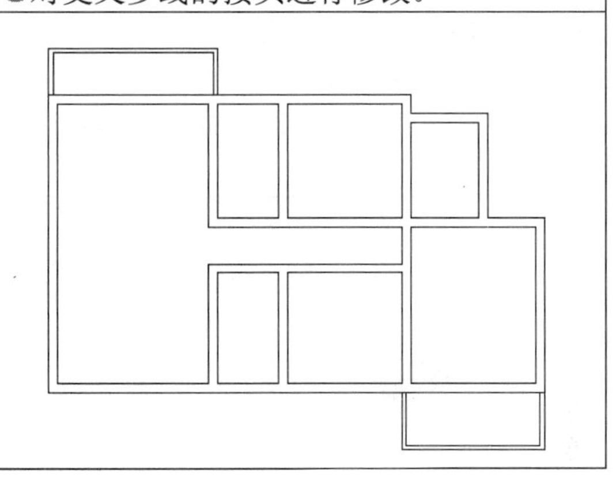

5.2.3　绘制室内门洞

1 偏移线段	**2 修剪门洞图形**
❶执行 X（分解）命令，将所有的墙线分解。 ❷执行 O（偏移）命令，选择左方的线段向右进行偏移，偏移距离依次为 500、900。	❶执行 TR（修剪）命令，选择墙线和偏移的线段作为修剪边界。 ❷对墙线和偏移的线段进行修剪。
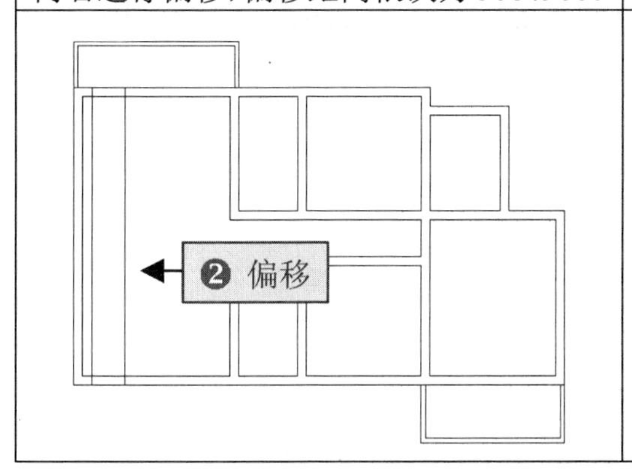	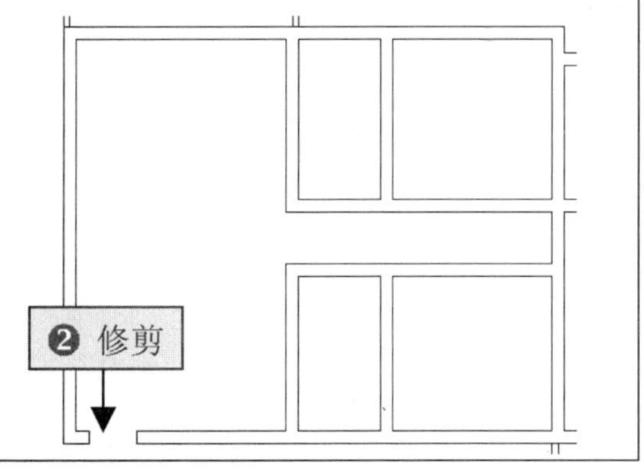

3 偏移厨房墙线	**4 修剪厨房门洞**
执行 O（偏移）命令，对厨房左方的墙线向右进行偏移，偏移距离依次为 340、700。	使用 TR（修剪）命令对厨房偏移线段和墙线进行修剪，创建出相应的门洞。
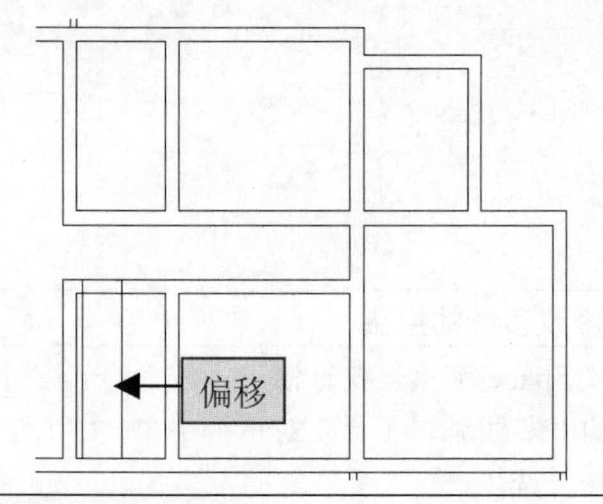	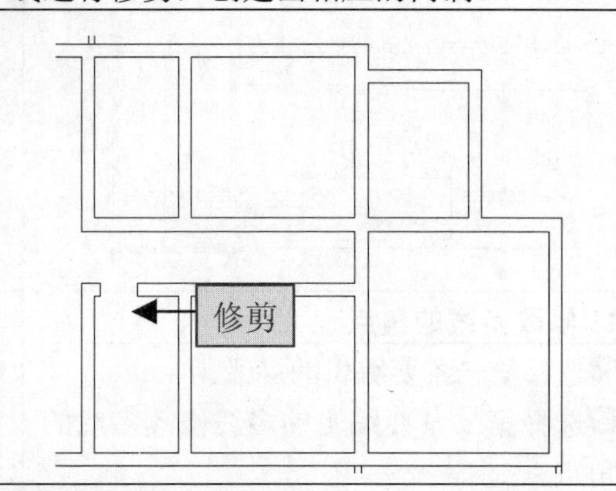
5 创建卫生间门洞	**6 偏移和移动卧室墙线**
❶使用 O（偏移）命令将卫生间左方的墙线向右依次偏移 340、700。 ❷使用 TR（修剪）命令对偏移线段和墙体进行修剪。	❶使用 O（偏移）命令将卧室左方的内墙线向右依次偏移 100、800。 ❷执行 M（移动）命令，选择偏移的线段将其向下适当移动。
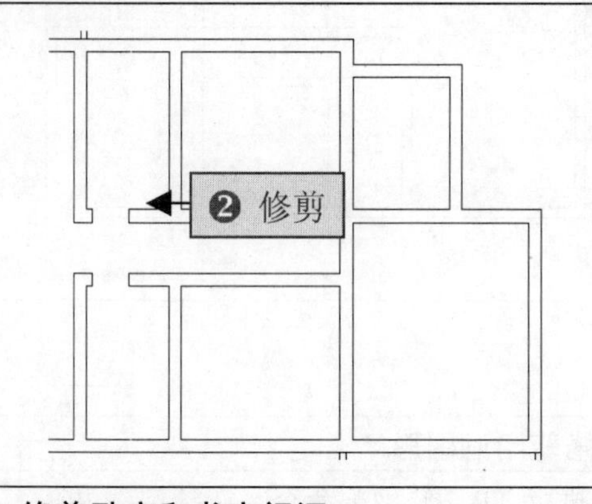	
7 修剪卧室和书房门洞	**8 创建主卧和主卫门洞**
使用 TR（修剪）命令对偏移线段和墙体进行修剪，创建出相应的门洞。	使用同样的方法创建主卧室和主卫生间的门洞，门洞的宽度分别为 800 和 700。
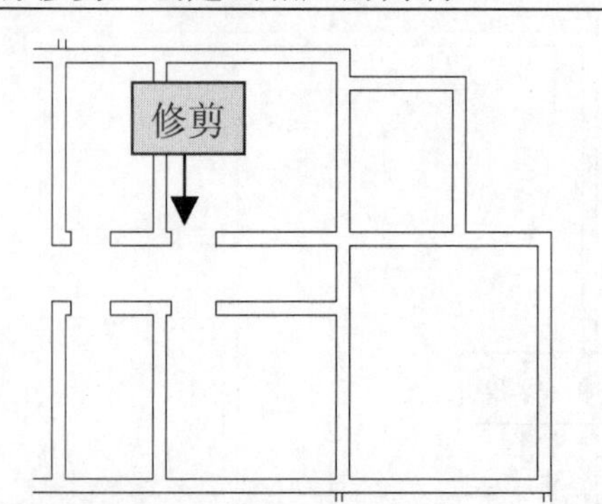	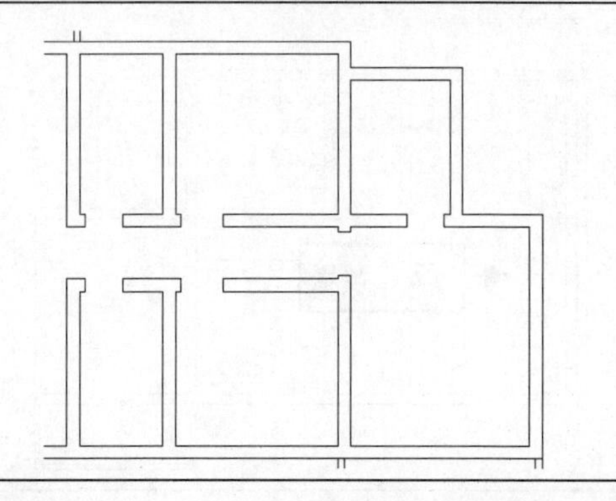

<table>
<tr><td>9 绘制线段</td><td>10 偏移线段</td></tr>
<tr><td>❶执行 L（直线）命令，在客厅上方的线段中点处指定直线的第一个点。
❷垂直向上指定线段的下一个点，绘制一条线段。</td><td>❶执行 O（偏移）命令，设置偏移距离为 1400。
❷将绘制的线段向左右分别偏移一次。</td></tr>
<tr><td>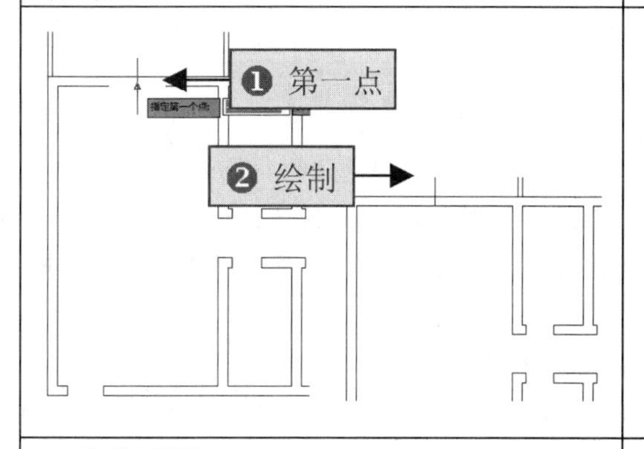</td><td>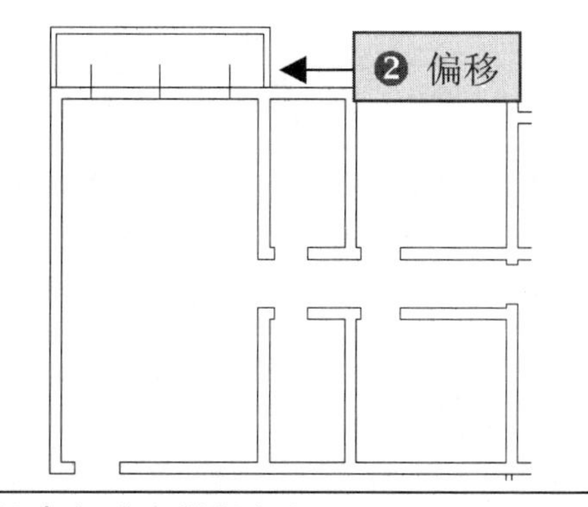</td></tr>
<tr><td>11 修剪图形</td><td>12 创建主卧室推拉门洞</td></tr>
<tr><td>❶在命令行中执行“删除”命令 Erase（E），选择中间的垂直线段将其删除。
❷在命令行中执行 TR（修剪）命令，对偏移的线段和墙线进行修剪。</td><td>使用同样的方法创建主卧室的推拉门洞，门洞的宽度为 2400。</td></tr>
<tr><td>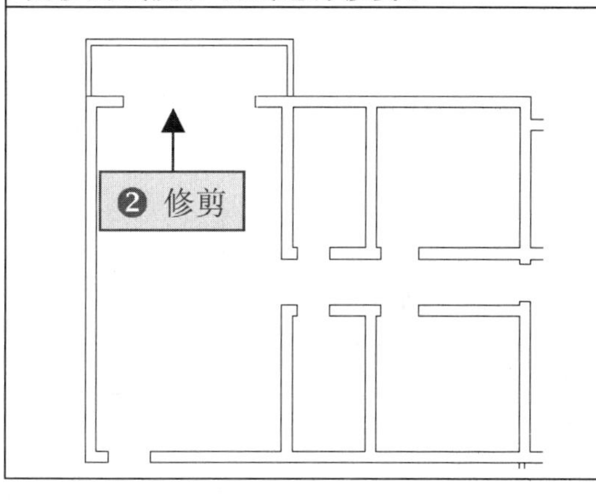</td><td>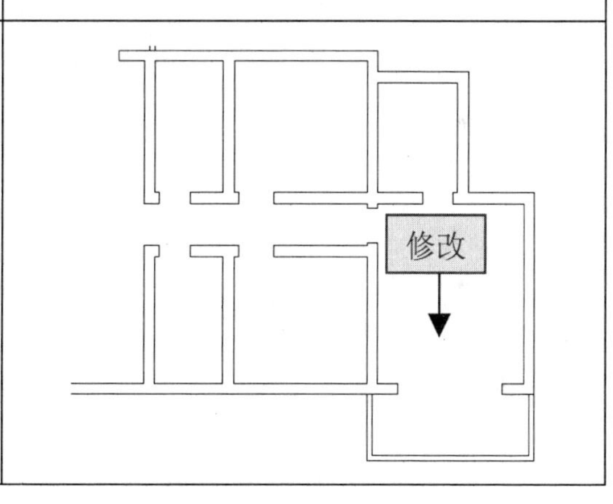</td></tr>
</table>

5.2.4　绘制室内门窗

1 指定矩形的第一个角点	2 绘制矩形
❶设置“门窗”为当前层。 ❷执行 REC（矩形）命令，在餐厅进门的墙洞线段中点处指定矩形的第一个角点。	❶根据系统提示输入矩形另一个角点的坐标为“@40,−900”。 ❷按 Space 键进行确定。

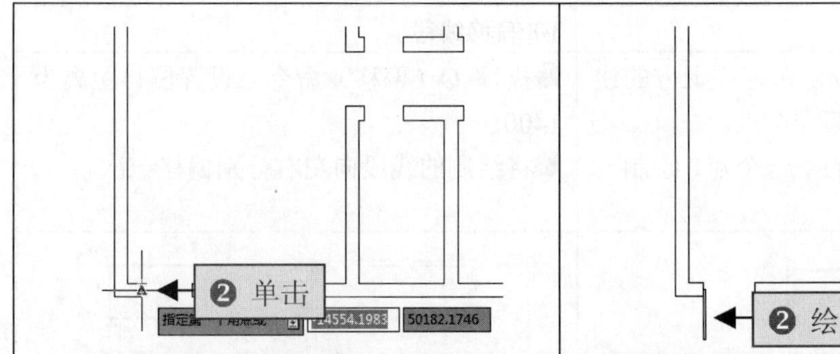

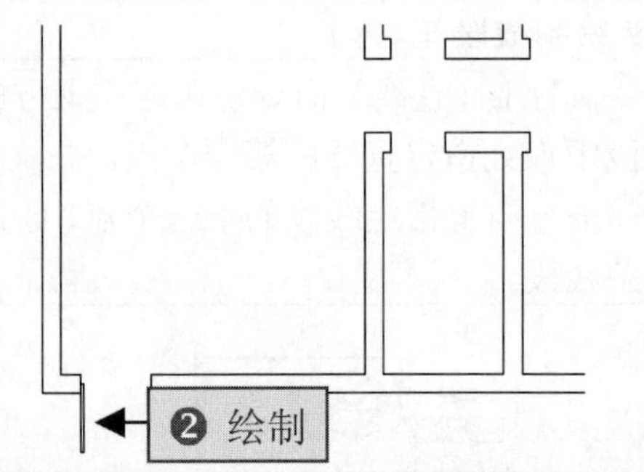

专业提示：在室内装修图中绘制门图形与在建筑平面图中绘制门图形有所不同，室内装修图的门厚度使用矩形表示，代替了建筑平面图中的线，另外，室内装修图中的门宽度通常比建筑平面图中的门宽度少 100mm，这是因为室内装修图中的门是进行基层装修后的尺寸。

3 指定圆弧起点

❶执行 A（圆弧）命令，在矩形左下方端点处指定圆弧的起点。

❷当系统提示“指定圆弧的第二个点或 [圆心(C)/端点(E)]: ”时，输入 C 并确定，启用“圆心”选项。

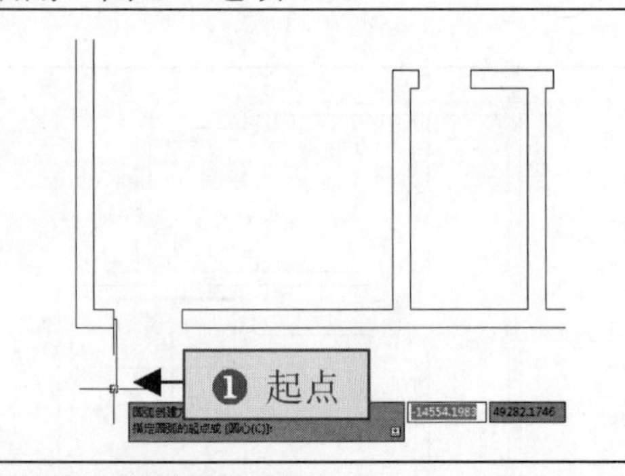

4 创建圆弧

❶在矩形左上方端点处指定圆弧的圆心。

❷当系统提示“指定圆弧的端点或 [角度(A)/弦长(L)]:”时，在墙洞右方的中点指定圆弧的端点，绘制的圆弧作进户门的开门路线。

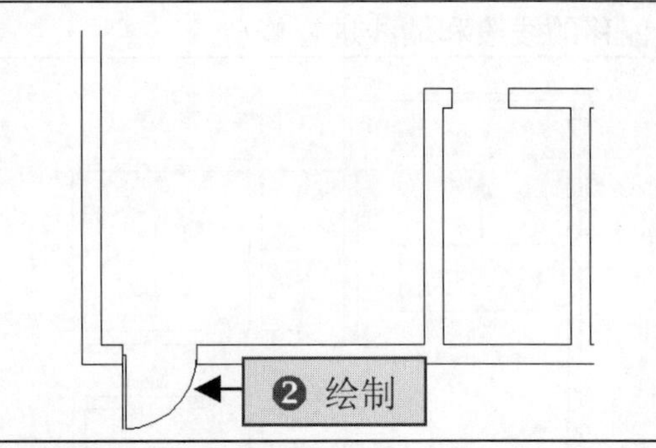

5 绘制厨房的平开门

参照上述的方法，使用 REC（矩形）和 C（圆弧）命令在厨房门洞处绘制平开门图形，该门的宽度为 700。

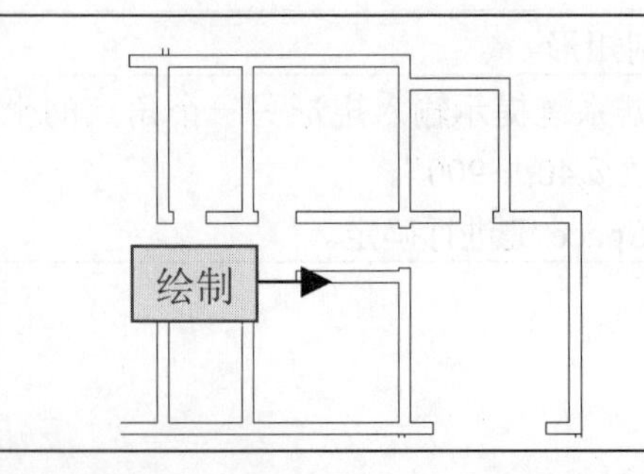

6 镜像复制平开门

❶执行 MI（镜像）命令，选择厨房的门图形并确定。

❷捕捉过道中点作为镜像线，将厨房门镜像复制到卫生间门洞中。

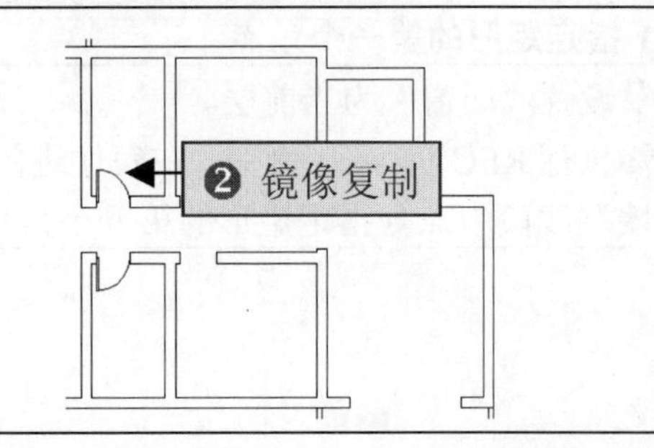

7 绘制其他平开门	**8 绘制矩形**
参照前面绘制平开门的方法，使用 REC（矩形）和 C（圆弧）命令分别在卧室、书房和主卧室的门洞处各绘制一个平开门图形，这些平开门的宽度均为 800。	❶执行 REC（矩形）命令，在客厅门洞的左方中点处指定第一个角点。 ❷输入矩形另一个角点的坐标为“@700,40”并确定，绘制一个长为 700、宽为 40 的矩形。
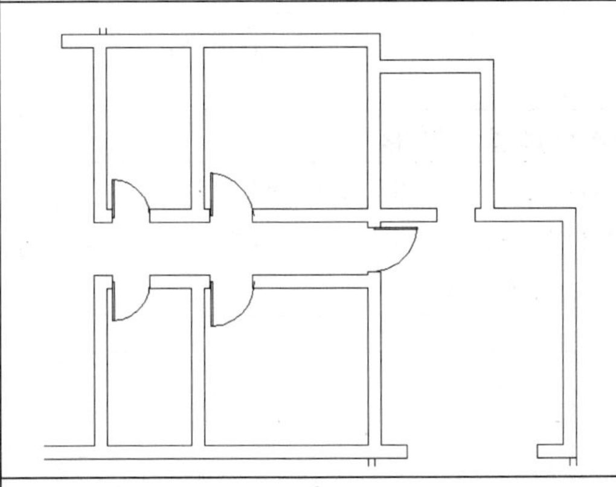	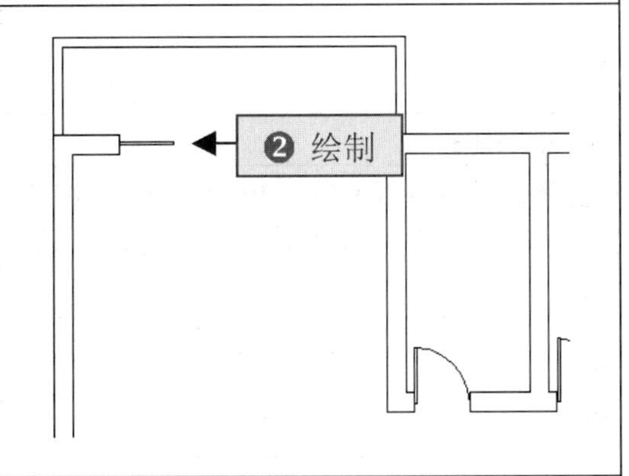
9 复制矩形	**10 创建推拉门图形**
❶执行 CO（复制）命令，选择绘制的矩形作为复制对象。 ❷在矩形左上方端点处指定复制基点，在矩形的下方线段的中点处指定复制的第二点，对矩形复制一次。	重复执行 CO（复制）命令，对创建的两个矩形进行复制，创建出客厅的推拉门图形。
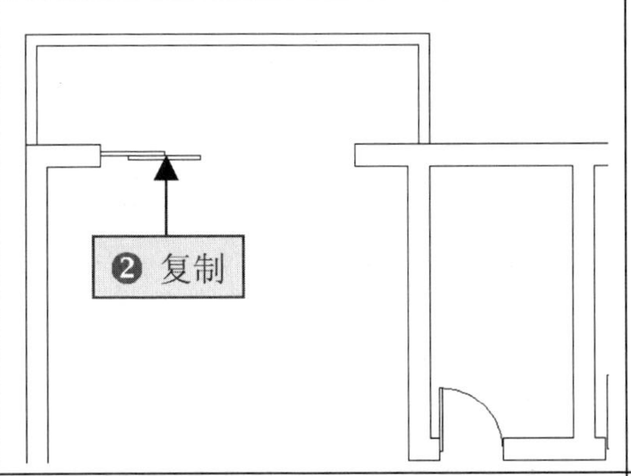	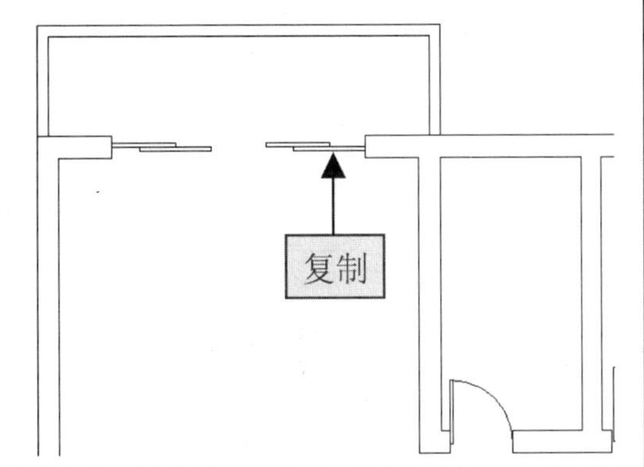
11 创建卧室推拉门	**12 创建主卫生间推拉门**
❶使用 REC（矩形）命令在卧室阳台的门洞处绘制一个长为 800、宽为 40 的矩形。 ❷使用 CO（复制）命令对矩形进行复制。	❶使用 REC（矩形）命令在主卫生间的门洞处绘制一个长为 700、宽为 40 的矩形。 ❷使用 M（移动）命令对其进行适当移动。

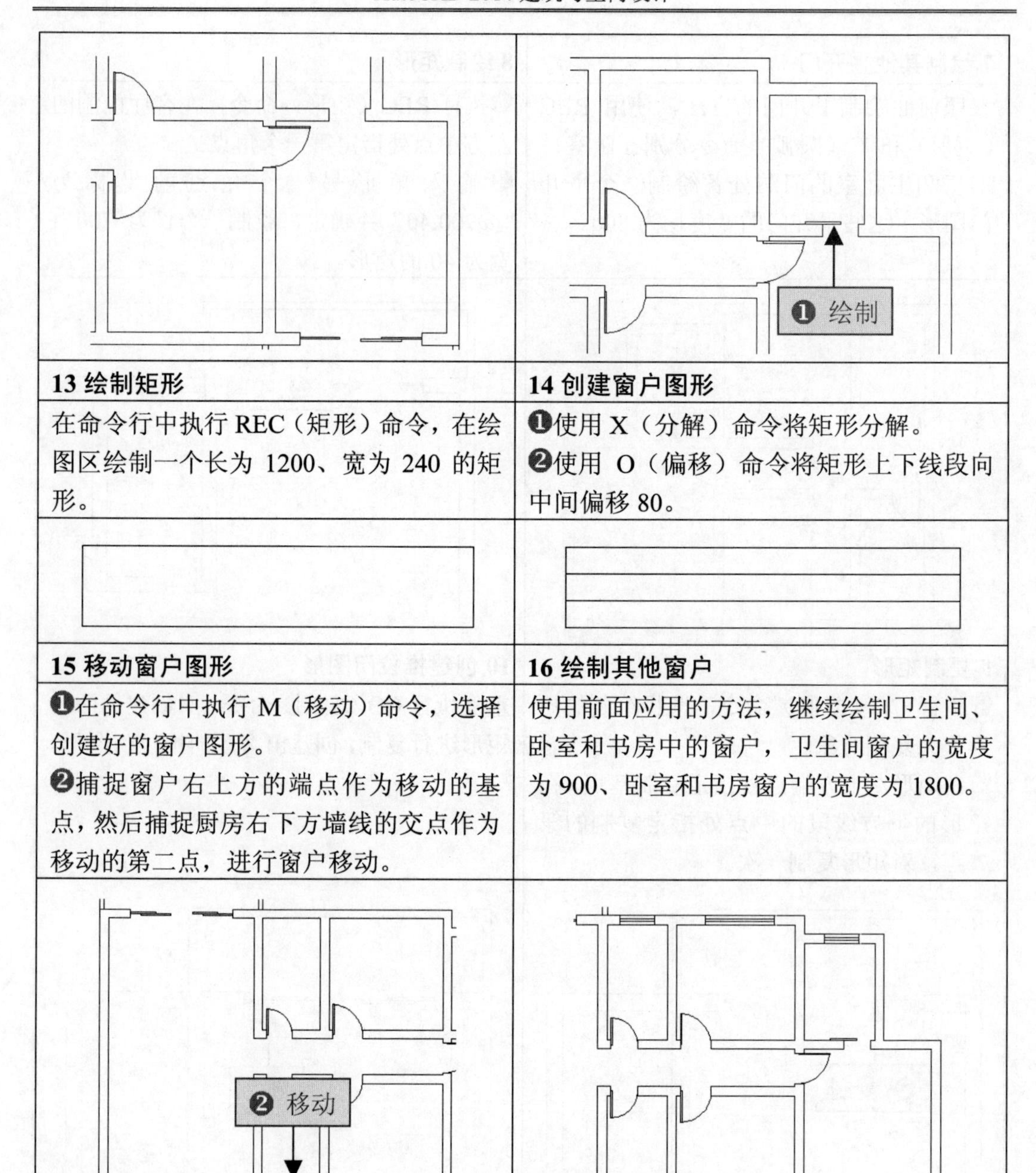

13 绘制矩形	14 创建窗户图形
在命令行中执行 REC（矩形）命令，在绘图区绘制一个长为 1200、宽为 240 的矩形。	❶使用 X（分解）命令将矩形分解。 ❷使用 O（偏移）命令将矩形上下线段向中间偏移 80。
15 移动窗户图形	**16 绘制其他窗户**
❶在命令行中执行 M（移动）命令，选择创建好的窗户图形。 ❷捕捉窗户右上方的端点作为移动的基点，然后捕捉厨房右下方墙线的交点作为移动的第二点，进行窗户移动。	使用前面应用的方法，继续绘制卫生间、卧室和书房中的窗户，卫生间窗户的宽度为 900、卧室和书房窗户的宽度为 1800。

5.2.5 绘制室内家具

1 绘制矩形	2 修剪墙线
执行 REC（矩形）命令，在门厅处绘制一个长 300、宽 1500 的矩形。	❶执行 TR（修剪）命令，选择矩形作为修剪边界。 ❷对矩形内的墙线进行修剪。

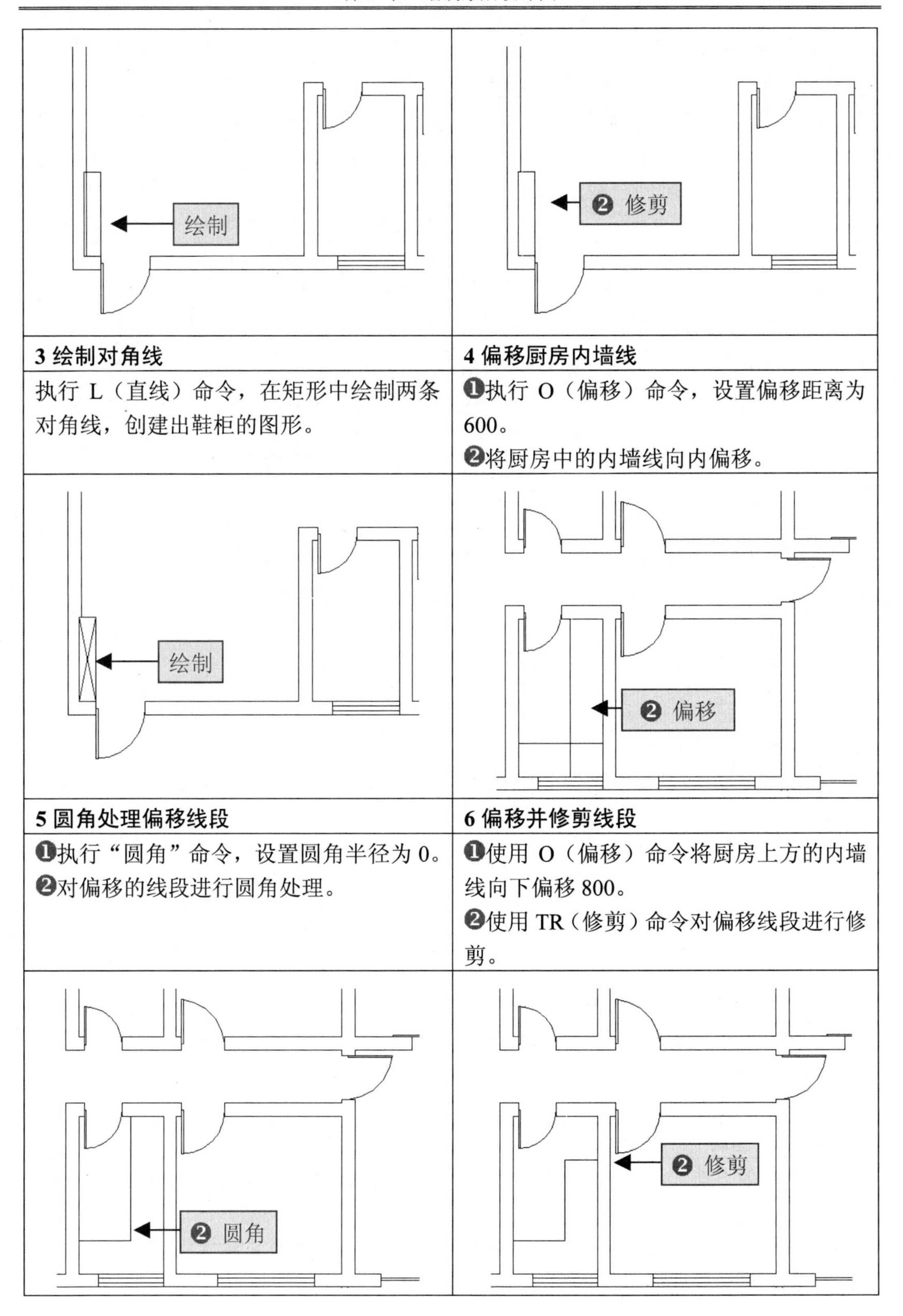

3 绘制对角线	4 偏移厨房内墙线
执行 L（直线）命令，在矩形中绘制两条对角线，创建出鞋柜的图形。	❶执行 O（偏移）命令，设置偏移距离为600。 ❷将厨房中的内墙线向内偏移。

5 圆角处理偏移线段	6 偏移并修剪线段
❶执行“圆角”命令，设置圆角半径为 0。 ❷对偏移的线段进行圆角处理。	❶使用 O（偏移）命令将厨房上方的内墙线向下偏移 800。 ❷使用 TR（修剪）命令对偏移线段进行修剪。

专业提示：在 AutoCAD 中，通常使用“圆角”命令连接或修剪两条相交的线段。当设置圆角半径为 0 时，修改后的线段角点将变为直角。

<table>
<tr><td>7 打开“设计中心”选项板</td><td>8 展开“平面图库.dwg”块对象</td></tr>
<tr><td>选择“工具”|“选项板”|“设计中心”命令，或在命令行中执行 ADC 命令，打开“设计中心”选项板。</td><td>❶在“设计中心”选项板中选择“平面图库.dwg”素材文件。
❷单击其中的“块”选项，展开块对象。</td></tr>
<tr><td>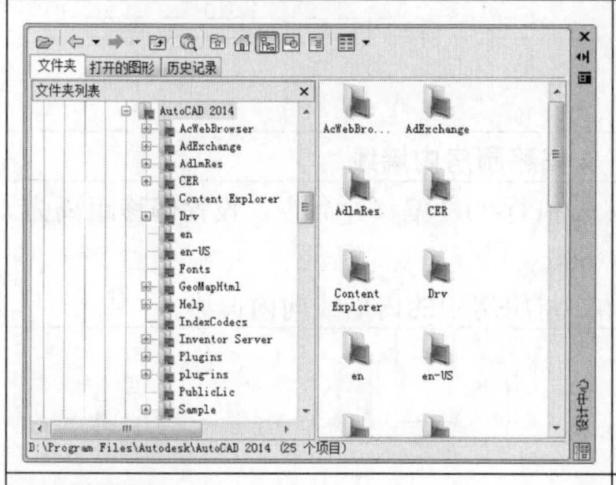</td><td>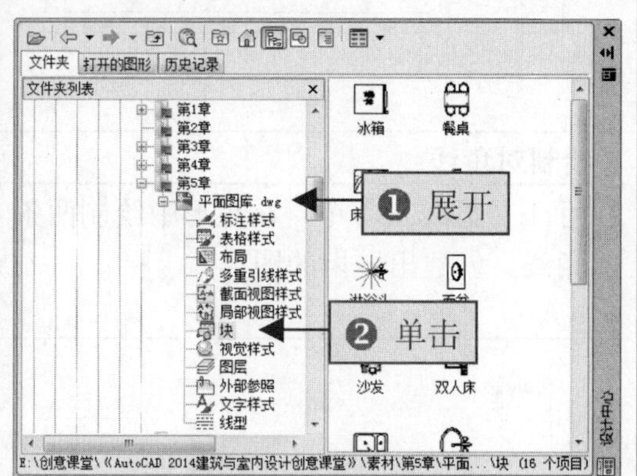</td></tr>
<tr><td>9 复制矩形</td><td>10 插入沙发图块</td></tr>
<tr><td>❶双击要插入的“沙发”图块。
❷打开“插入”对话框，单击“确定”按钮。</td><td>在绘图区指定插入对象的位置，将沙发图块插入到客厅中。</td></tr>
<tr><td>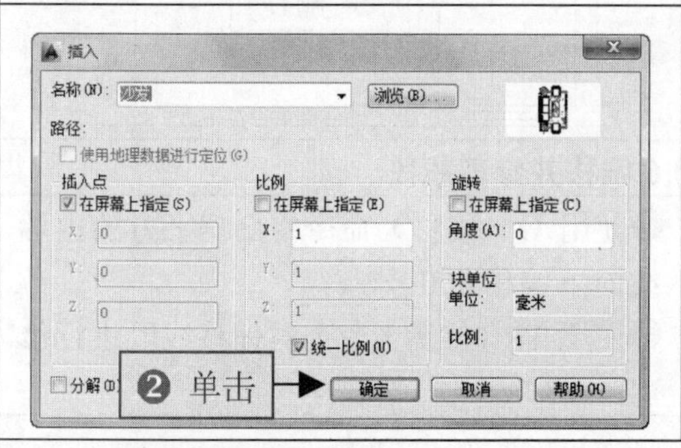</td><td>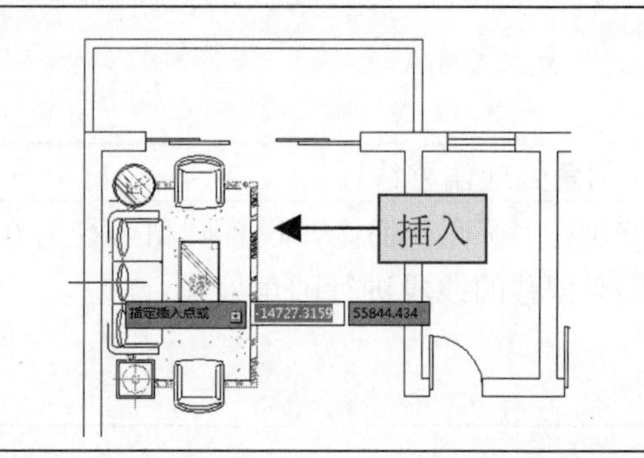</td></tr>
</table>

专业提示：在 AutoCAD 中，除了可以使用“设计中心”命令将素材文件中的图块插入到指定的图形中，也可以在打开素材文件后，通过“复制”和“粘贴”操作将需要的图块直接复制到指定的图形中。如果使用“插入”命令，可以将整个素材文件插入到当前图形。

11 插入其他图块	**12 修剪主卧室墙体**
❶使用同样的方法，将其他图块插入到图形中。 ❷使用“移动”和“旋转”命令将个别图块进行适当移动和旋转。	❶执行 TR（修剪）命令，选择主卧室中的衣柜图块作为修剪边界。 ❷对主卧室衣柜中的墙线进行修剪。

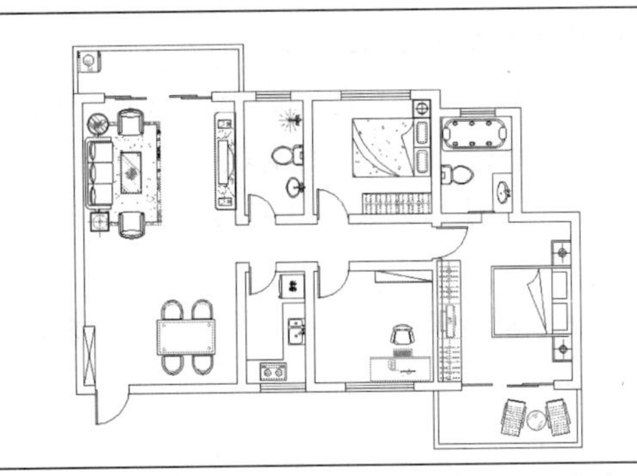

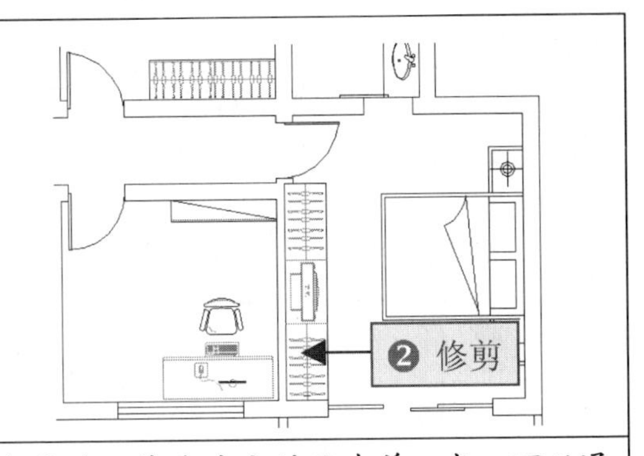

专业提示：在家居设计中，如果在设计家具时，某些地方的尺寸差一点，可以通过对非承重墙进行适当掏挖，以便增加室内的空间，但切记不能对承重墙进行打砸。

5.2.6　填充室内地面

1 绘制连接门洞的直线

❶将“填充”图层设为当前层。

❷使用 L（直线）命令在各个门洞处绘制一条直线。

2 绘制多段线

执行 PL（多段线）命令，沿着客厅、餐厅和过道边缘绘制一条多段线。

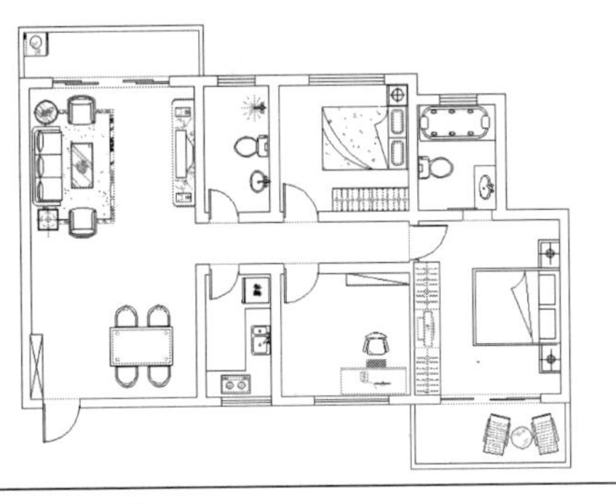

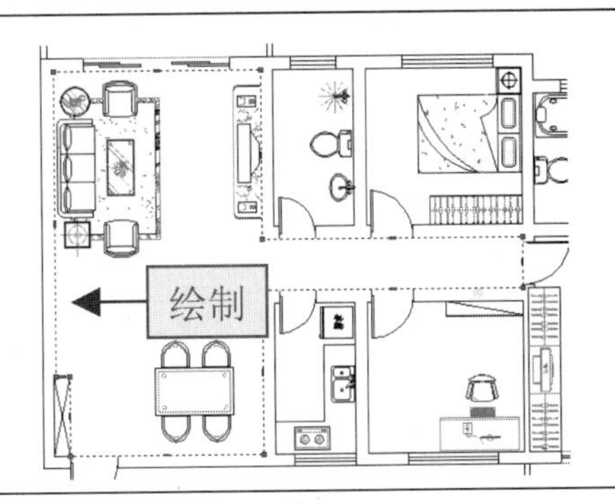

3 绘制多段线

重复执行 PL（多段线）命令，通过绘制 3 个封闭的多段线，分别框选电视柜、沙发和餐桌对象。

4 将多段线转换为面域

❶选择“绘图”|“面域”命令。

❷选择刚绘制的 4 个多段线并确定，将多段线转换为面域。

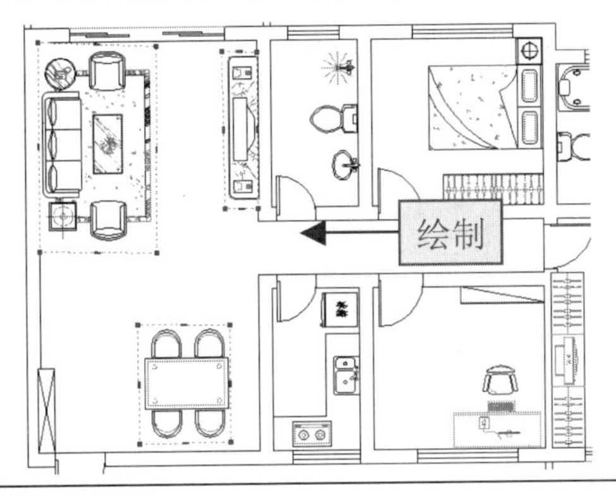

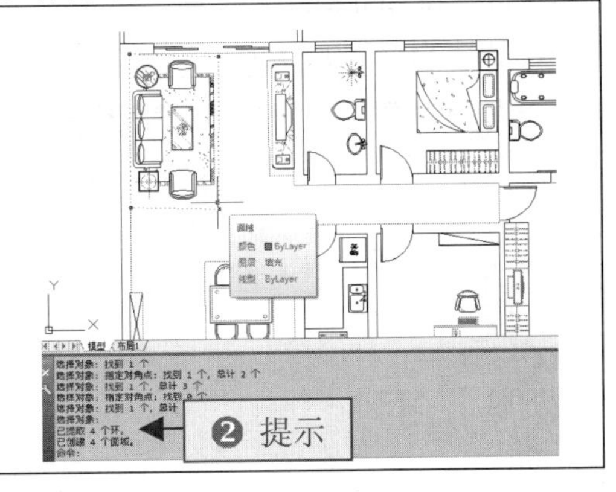

5 差集运算面域

❶选择“修改”|“实体编辑”|“差集”命令，或在命令行中执行 Subtract（SU）命令。

❷将 3 个小面域从大面域中减去。

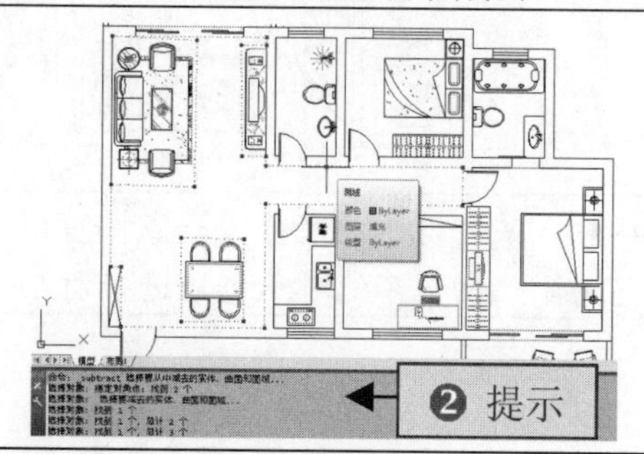

6 设置图案填充参数

❶执行 H（图案填充）命令，选择“用户定义”类型选项，设置图案填充间距为 600。

❷展开“特性”面板，单击其中的按钮。

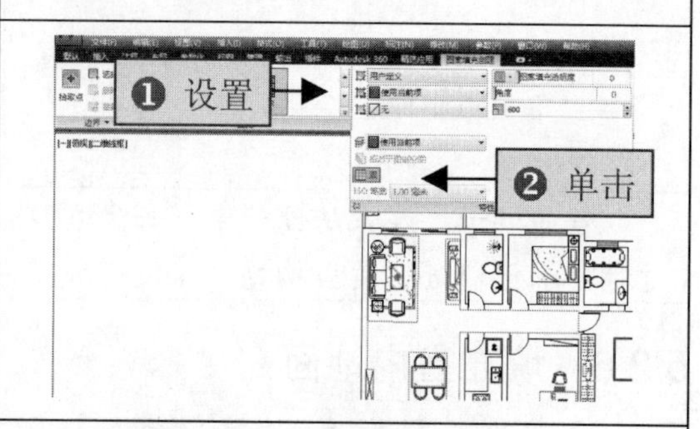

7 填充客厅和餐厅地面材质

❶单击“边界”面板中的“选择”按钮。

❷选择修改后的面域对象并确定。

❸使用 E（删除）命令将面域对象删除。

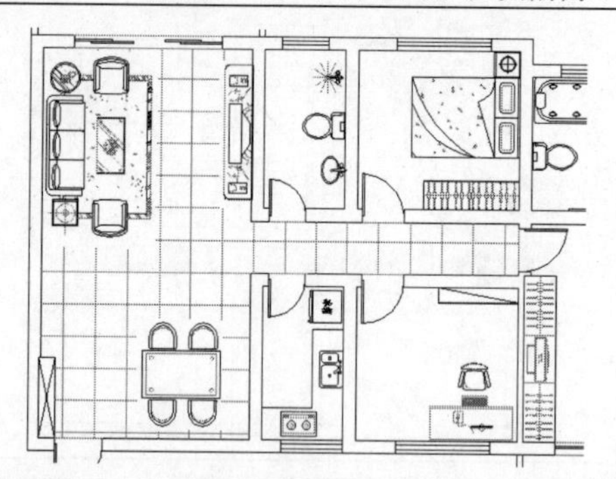

8 绘制卧室和书房中的填充边界

执行 PL（多段线）命令，在书房和两个卧室中各绘制一条封闭多段线，并排除房间中的所有对象，以此作为后面的图案填充边界。

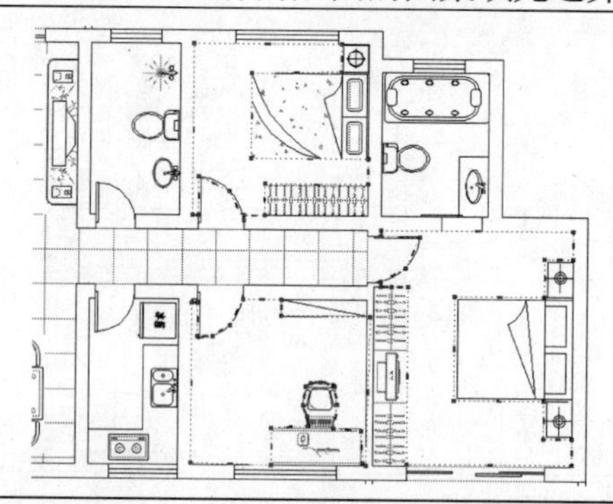

9 填充卧室和书房地面

❶执行 H（图案填充）命令，选择卧室和书房中的多段线，对其地面进行地板图案填充，选择 DOLMIT 图案。

❷设置图案比例为 30。

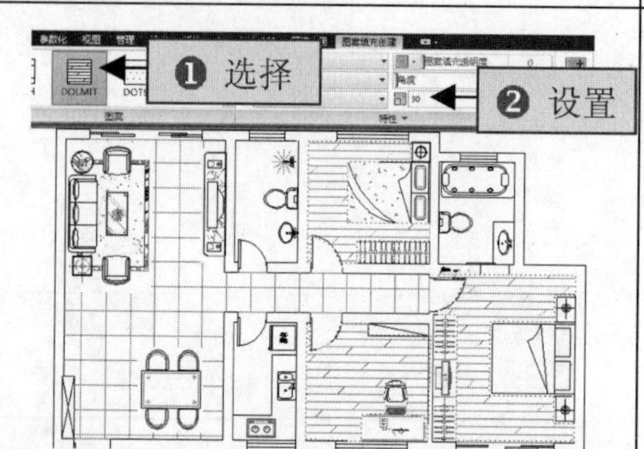

10 填充厨房、卫生间和阳台地面

❶使用同样的方法对厨房、卫生间和阳台地面进行防滑地砖图案填充，选择 ANGLE 图案。

❷设置图案比例为 60。

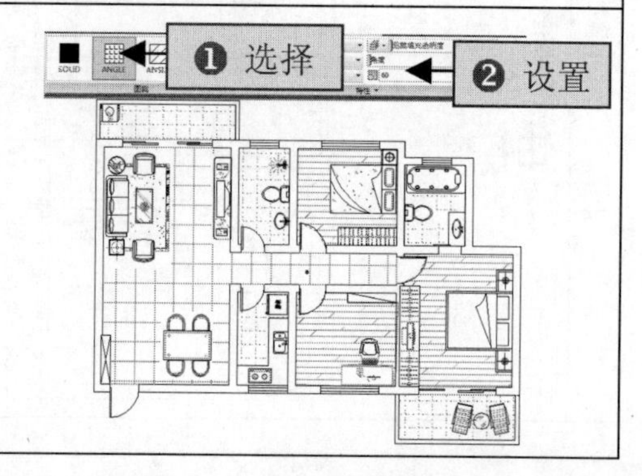

5.2.7　标注家居平面图

1 单击“新建”按钮

❶将“标注”图层设置为当前层。

❷在命令行中执行“标注样式”命令 Dimstyle（D），打开“标注样式管理器”对话框，然后单击“新建”按钮。

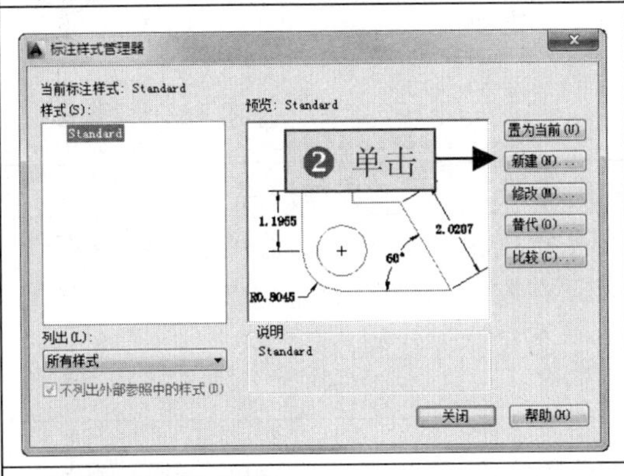

2 创建新标注样式

❶在打开的“创建新标注样式”对话框中输入样式名为“家居”。

❷单击“继续”按钮创建新的标注样式。

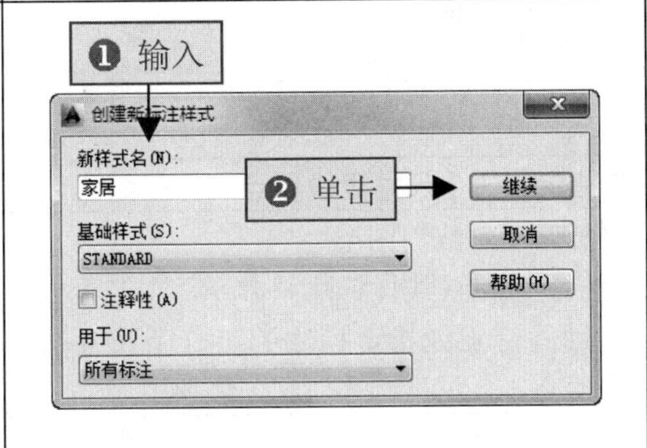

3 设置尺寸线参数

❶在打开的“新建标注样式：家居”对话框中选择“线”选项卡。

❷设置“尺寸界线”中“超出尺寸线”的值为 50、“起点偏移量”的值为 50。

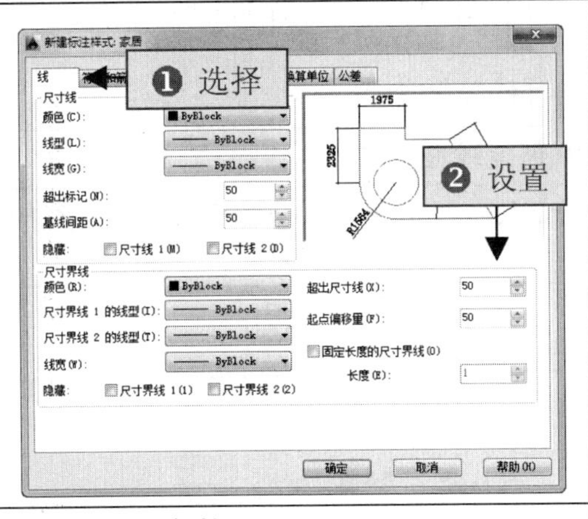

4 设置符号和箭头

❶选择“符号和箭头”选项卡。

❷设置“箭头”中的“第一个”、“第二个”和“引线”为“建筑标记”，设置“箭头大小”为 50。

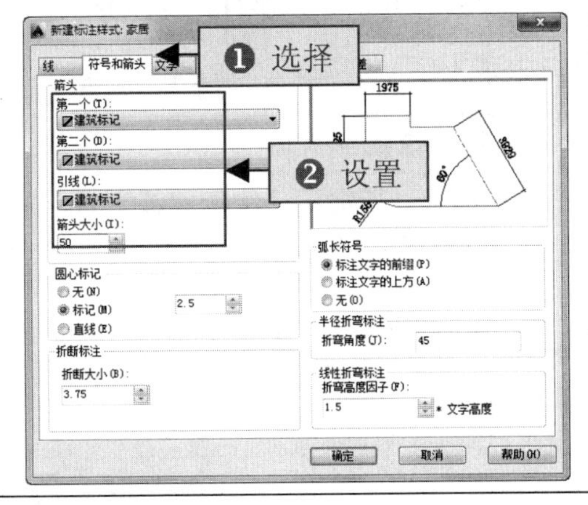

5 设置文字参数

❶选择“文字”选项卡。

❷设置“文字高度”为 300。

❸设置文字的垂直对齐为“上”，设置“从尺寸线偏移”的值为 100。

6 设置标注的精度

❶选择“主单位”选项卡。

❷设置“精度”值为 0，然后单击“确定”按钮，再关闭“标注样式管理器”对话框。

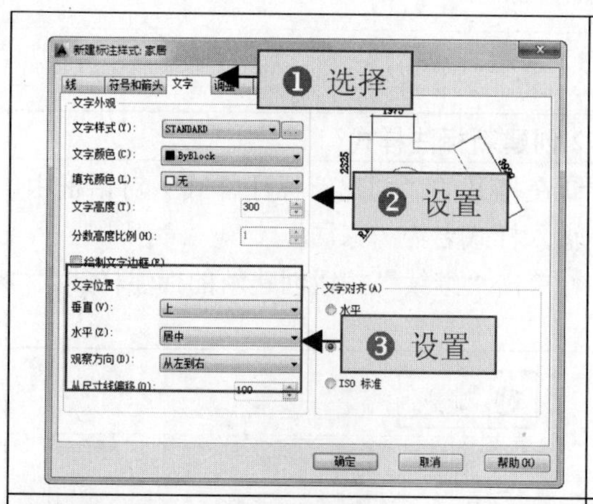

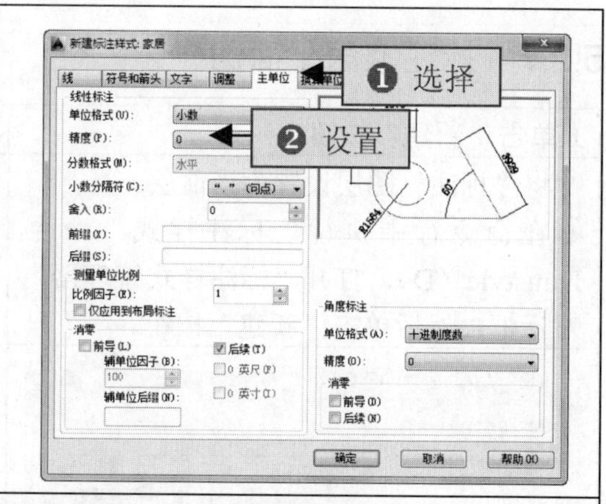

7 指定第一个尺寸界线原点

❶打开“轴线”图层。

❷执行 DLI（线性标注）命令，在左上方的轴线交点处指定标注的第一个尺寸界线原点。

8 指定第二个尺寸界线原点

在系统提示“指定第二条尺寸界线原点:”时，在右方相邻的轴线交点处指定标注的第二个尺寸界线原点。

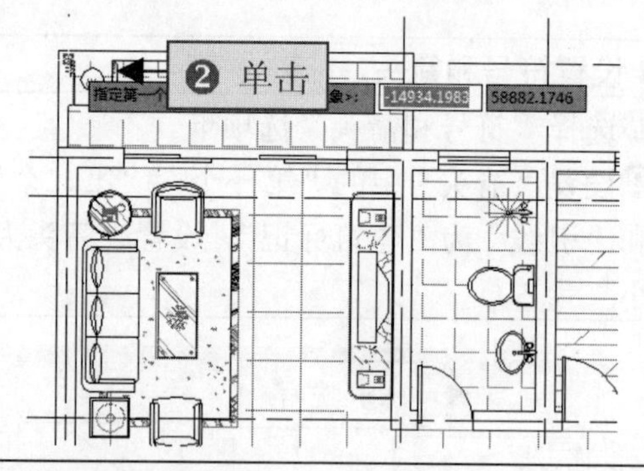

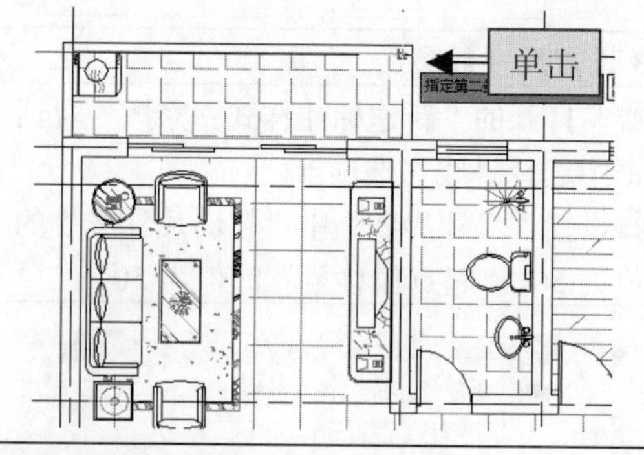

9 指定标注位置

在系统提示“指定尺寸线位置或”时，向上移动光标并单击指定尺寸线位置。

10 创建线性标注

指定尺寸线位置后，即可完成线性标注的创建。

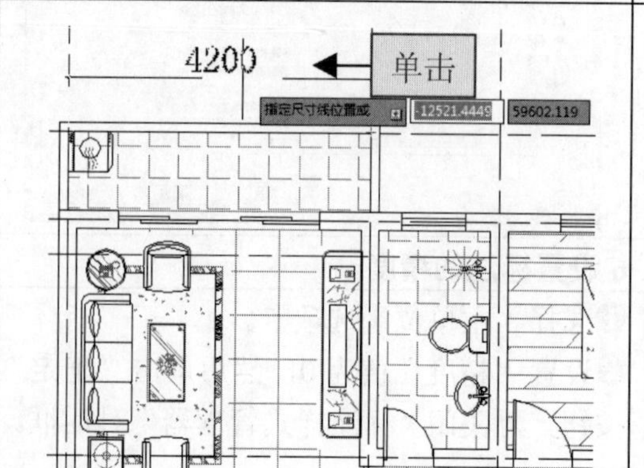

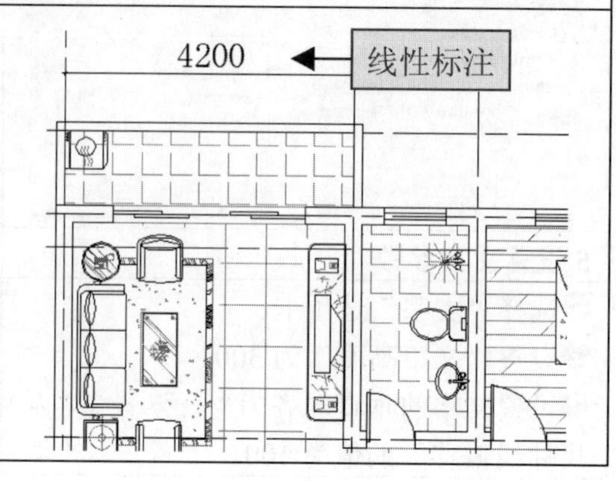

11 连续标注上方尺寸

❶执行 DCO（连续标注）命令。

❷通过捕捉图形上方轴线的交点，依次指定连续标注的第二点，对图形进行连续标注。

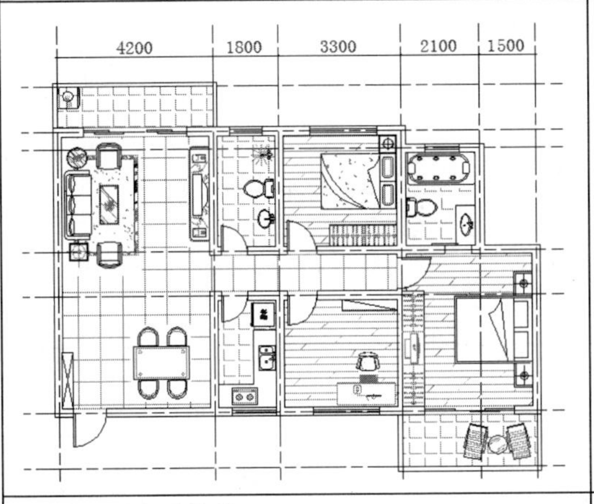

12 创建其他标注

❶参照前面创建标注的方法，使用 DLI（线性标注）和 DCO（连续标注）命令创建其他标注。

❷隐藏“轴线”图层。

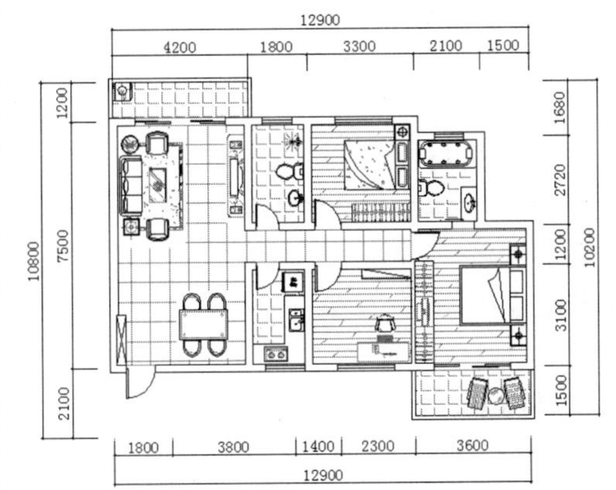

13 书写材质文字

❶执行 MT（多行文字）命令，在客餐厅中指定文字的输入框。

❷在打开的“文字编辑器”功能区中指定文字的高度为 200、字体为“宋体”，然后输入文字内容。

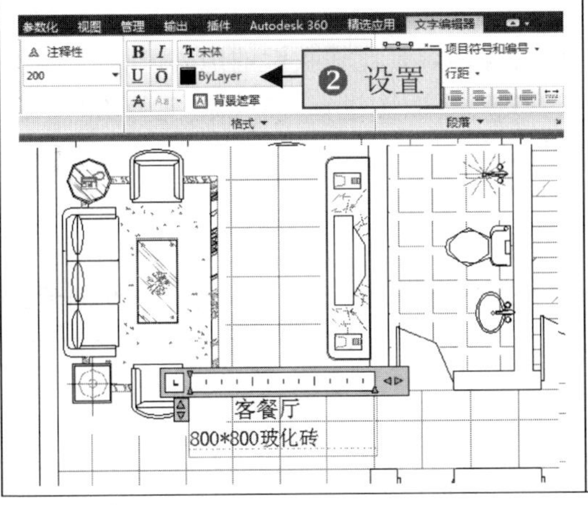

14 书写其他文字

❶输入文字内容后，关闭“文字编辑器”功能区。

❷使用同样的操作，继续书写其他区域的地面材质说明文字，完成本例的制作。

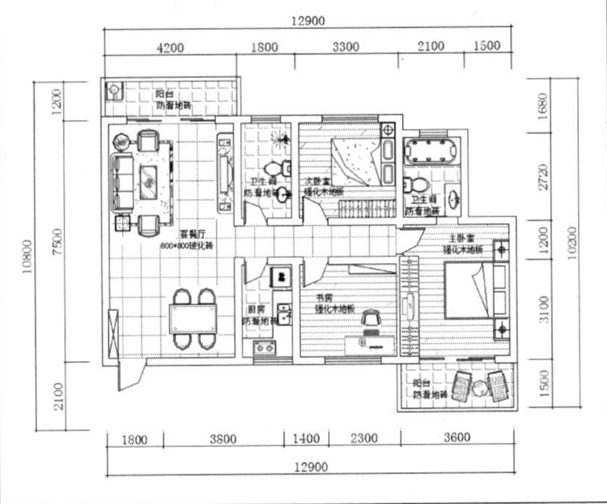

5.3　绘制家居天花图

文件路径	案例效果
实例： 随书光盘\实例\第 5 章	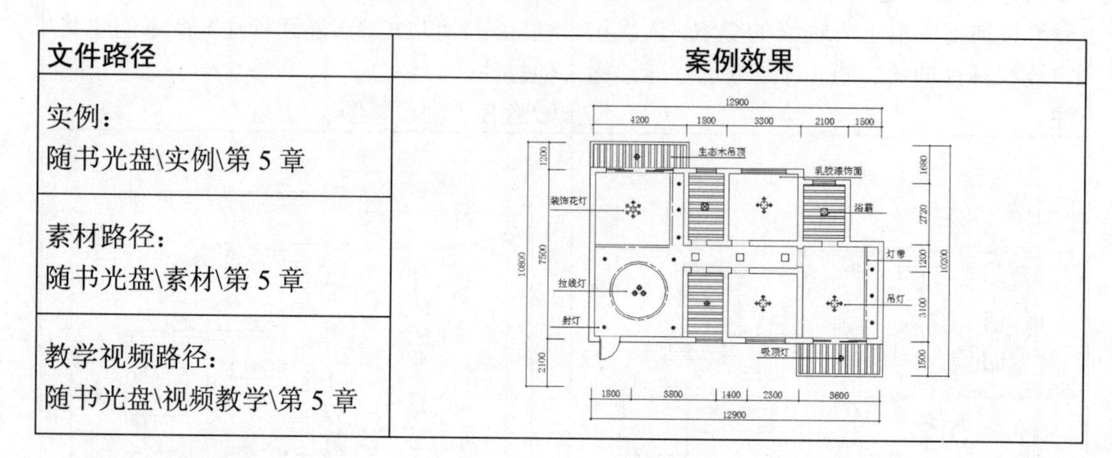
素材路径： 随书光盘\素材\第 5 章	
教学视频路径： 随书光盘\视频教学\第 5 章	

设计思路与流程

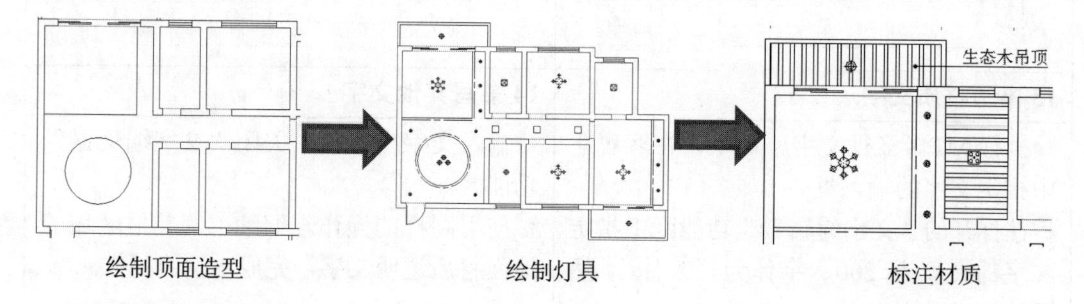

绘制顶面造型　　　　绘制灯具　　　　标注材质

制作关键点

在本例的制作中，顶面造型、灯具和材质标注等内容是比较关键的地方。

- 绘制顶面造型　绘制顶面造型之前，可以先对平面图进行复制，在平面图的基础上进行修改，然后再绘制顶面的吊顶造型。
- 绘制灯具　在绘制天花图中的灯具时，简单的灯具可以使用绘图命令快速绘制而得，如果是一些复制的灯具图形，则可以将平时收集的灯具素材直接复制过来。
- 创建材质标注　材质标注可以使用“多重引线”命令绘制得到，为了方便创建说明文字，可以将多重引线中的内容取消，使用“单行文字”命令创建文字内容。

5.3.1　绘制天花造型

1 复制并修改平面图	2 绘制吊顶线
❶打开前面绘制好的家居平面图，使用 CO（复制）命令对其复制一次。 ❷删除室内元素、地面、文字和平面门对象。 ❸使用 L（直线）命令绘制线段连接门洞图形。	❶在“图层”面板中选择 0 图层为当前层。 ❷执行 L（直线）命令，通过捕捉客厅右墙体的交点和左方墙体的垂足点，绘制一条线段作为吊顶线。

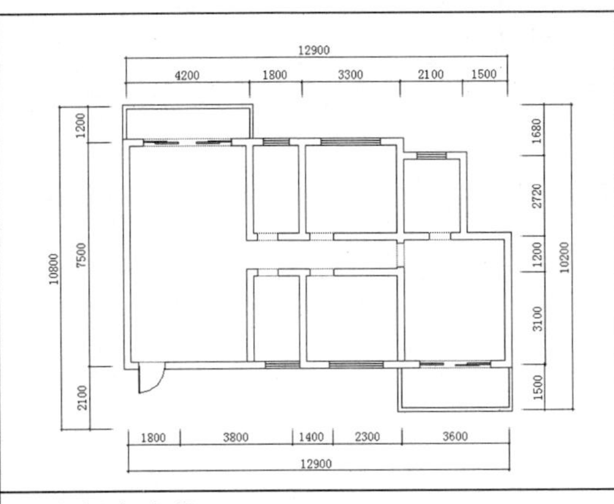

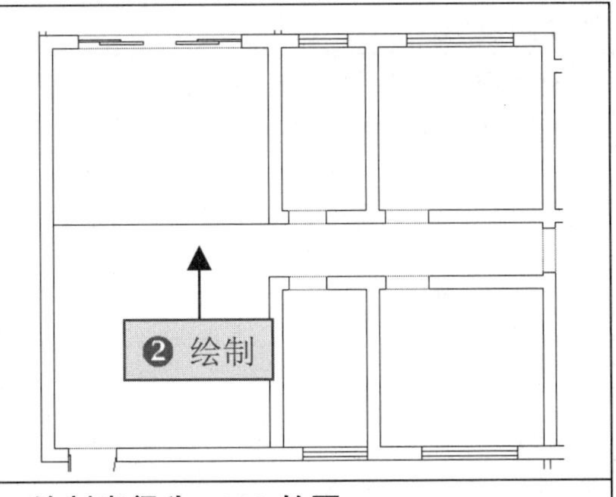

3 绘制参考线

❶执行 L（直线）命令，以刚绘制直线的中点为第一个点。

❷向下捕捉下方线段的垂足，绘制一条参考线。

4 绘制半径为 1200 的圆

❶执行 C（圆）命令，捕捉刚绘制直线的中点为圆心。

❷输入圆的半径为 1200 并确定，绘制圆。

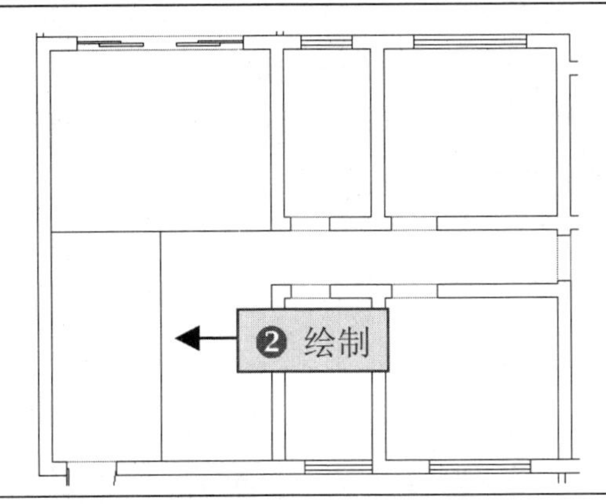

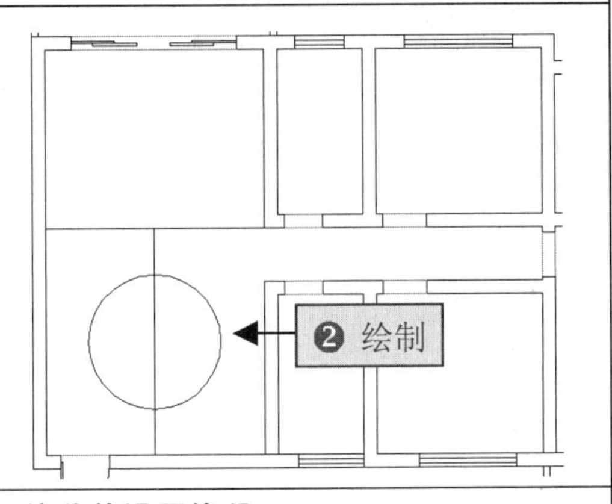

5 偏移并修剪线段

❶ 使用 E（删除）命令将参考线删除。

❷使用 O（偏移）命令将客厅右方墙线向左偏移 600。

❸使用 TR（修剪）命令修剪线段。

6 偏移并设置线段

❶使用 O（偏移）命令将客厅吊顶线向外偏移 100。

❷选择偏移得到的线段，在“特性”面板中设置线型为 ACAD_ISO08W100。

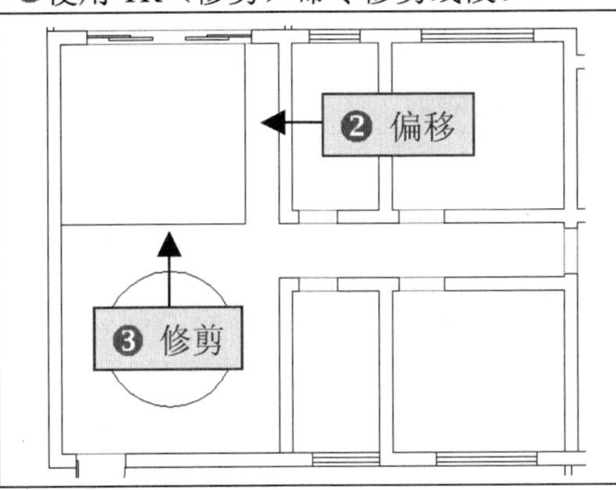

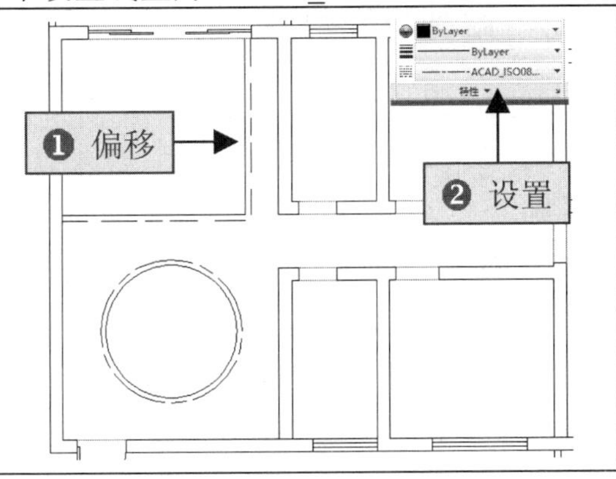

7 绘制矩形	8 绘制并复制圆形
执行 REC（矩形）命令，在过道中绘制一个长度为 300 的正方形。	❶执行 C（圆）命令，在矩形中绘制一个半径为 15 的圆。 ❷使用 CO（复制）命令对圆形复制 3 次。
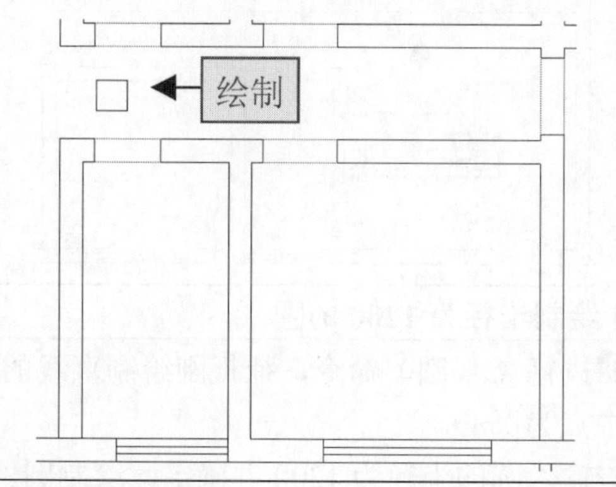	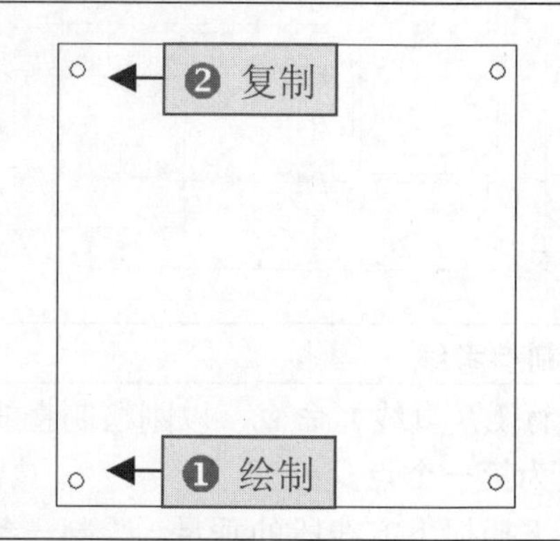
9 复制矩形和圆	**10 偏移主卧室墙线**
使用 CO（复制）命令将正方形和圆复制两次，复制的距离分别 2000。	❶使用 O（偏移）命令将主卧室右方的墙线向左依次偏移 500、100。 ❷修改偏移得到中间线段的线型为 ACAD_ISO08W100。
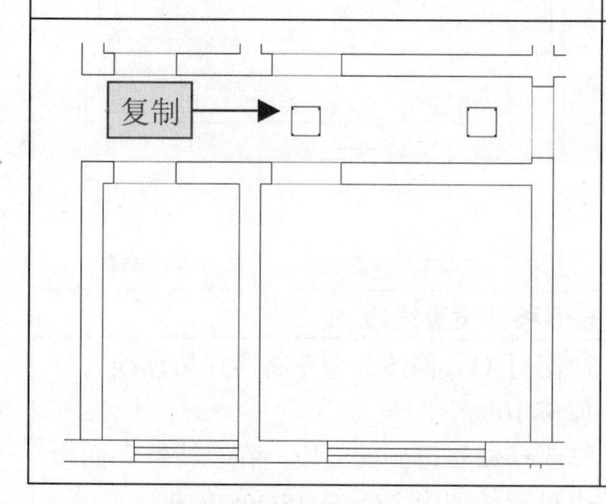	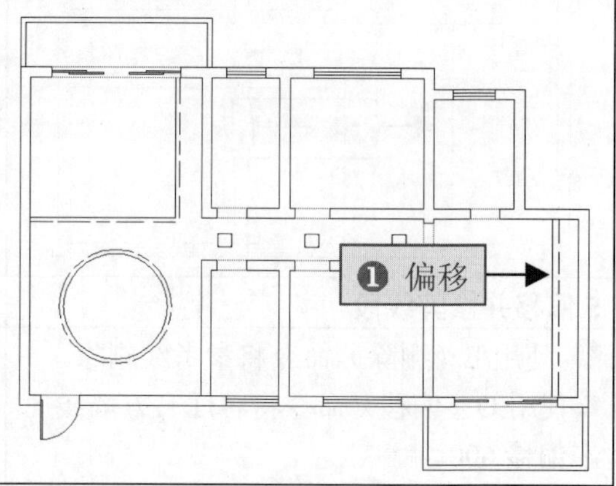

5.3.2 绘制天花灯具

1 绘制同心圆	2 绘制射灯图形
❶执行 C（圆）命令，绘制一个半径为 50 的圆。 ❷重复执行 C（圆）命令，以前面圆的圆心为圆心，绘制一个半径为 80 的圆。	使用 L（直线）命令绘制两条通过同心圆圆心，且相互垂直的线段，创建出射灯图形。

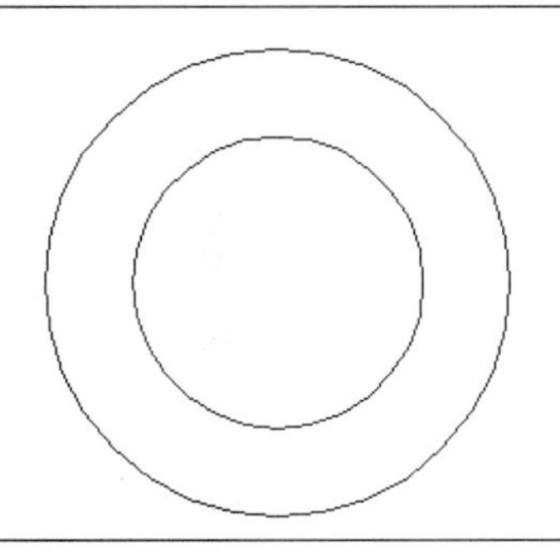	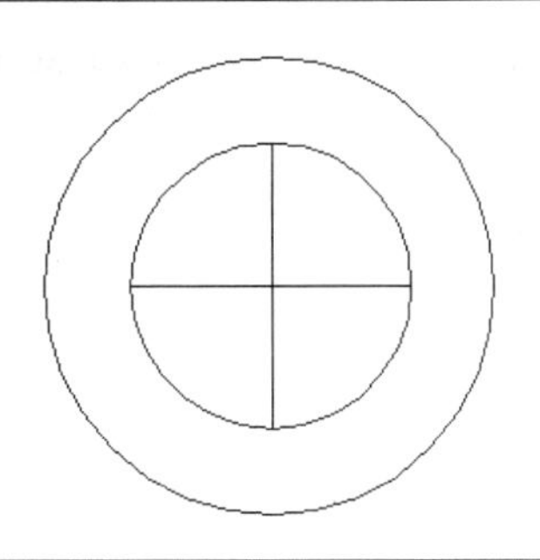
3 复制射灯图形	**4 绘制吸顶灯图形**
使用 CO（复制）命令将射灯图形依次复制到客厅、餐厅和主卧室的吊顶中。	❶使用 C（圆）命令绘制半径分别为 80 和 120 的同心圆。 ❷使用 L（直线）命令绘制两条通过圆心，且相互垂直的线段。
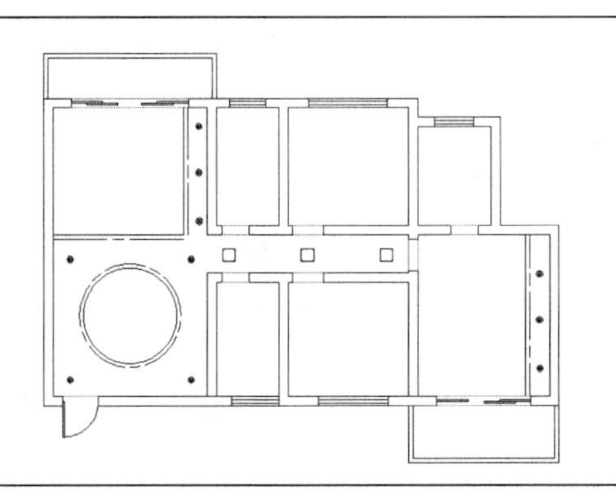	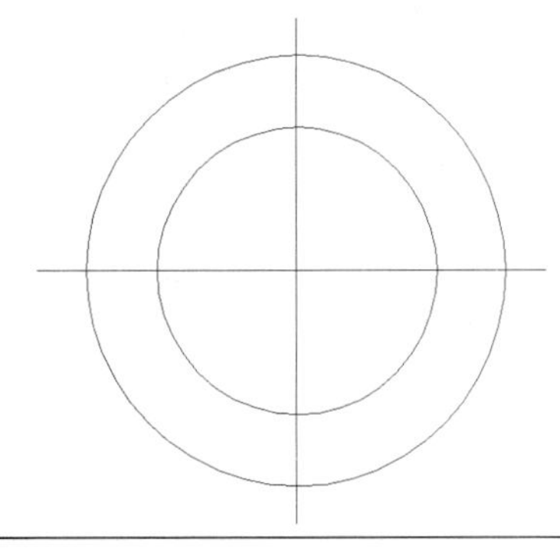
5 复制吸顶灯图形	**6 复制灯具**
使用 CO（复制）命令将吸顶灯复制到阳台和厨房的吊顶中。	❶打开“灯具.dwg”素材文件。 ❷将各个灯具复制到天花图中。
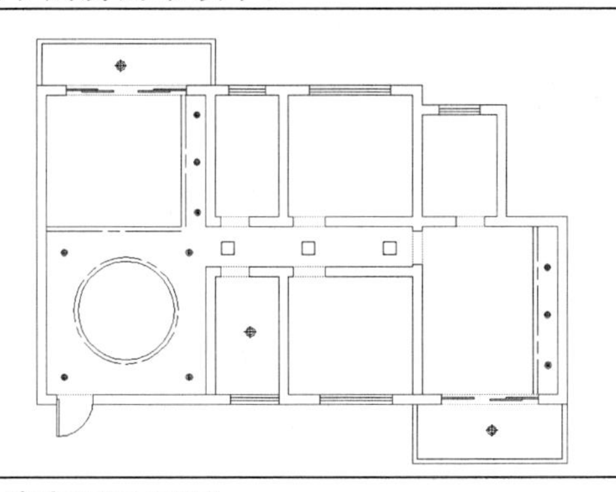	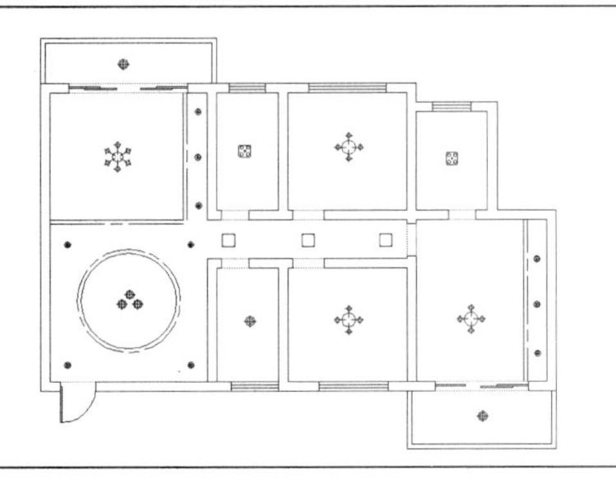
7 填充厨卫吊顶	**8 填充阳台吊顶**
❶执行 H（图案填充）命令，在厨卫中指定填充的区域。 ❷选择 ANSI32 图案。 ❸设置图案比例为 30、填充角度为 315。	❶重复执行 H（图案填充）命令，在阳台中指定填充的区域。 ❷选择 ANSI32 图案。 ❸设置图案比例为 30、填充角度为 45。

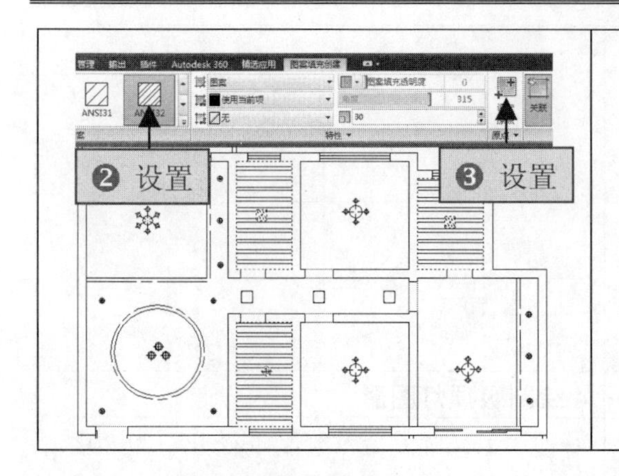	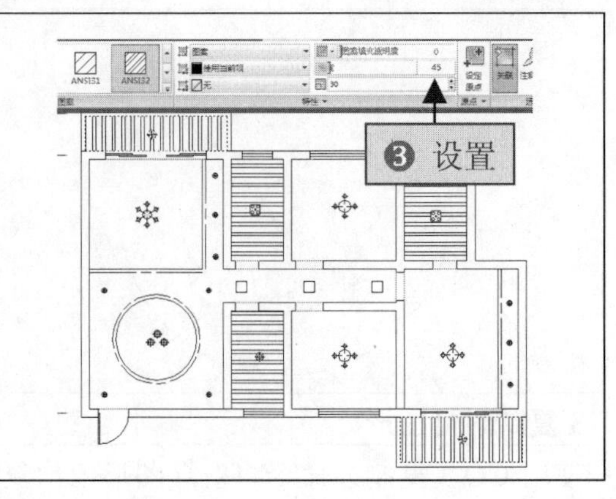

5.3.3 标注顶面材质

1 执行“多重引线”命令	**2 选择“无”选项**
❶选择“标注”|“多重引线”命令。 ❷按 Space 键选择默认选项“选项”，然后在快捷菜单中选择“内容类型”选项。	在弹出的快捷菜单中选择“无”选项。
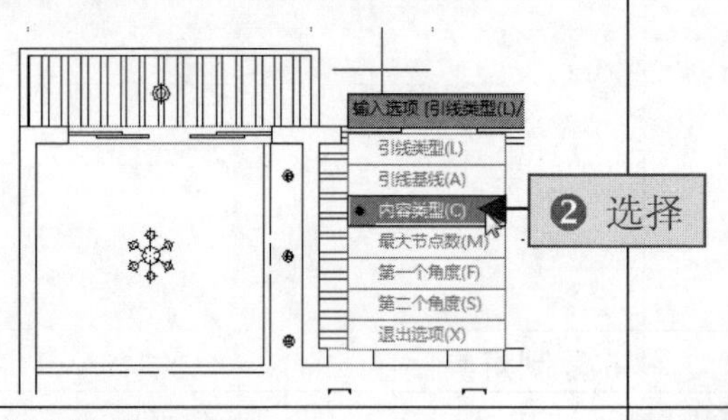	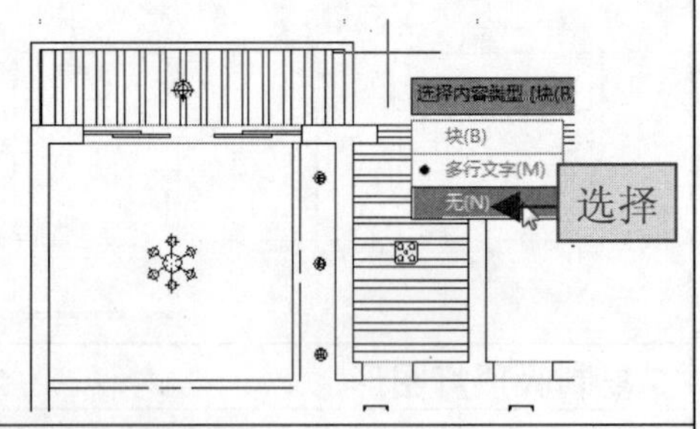
3 指定引线箭头位置	**4 绘制多重引线**
❶返回上一级快捷菜单中选择“退出选项”选项。 ❷根据提示指定引线箭头的位置。	根据提示指定引线基线的位置，绘制的多重引线。
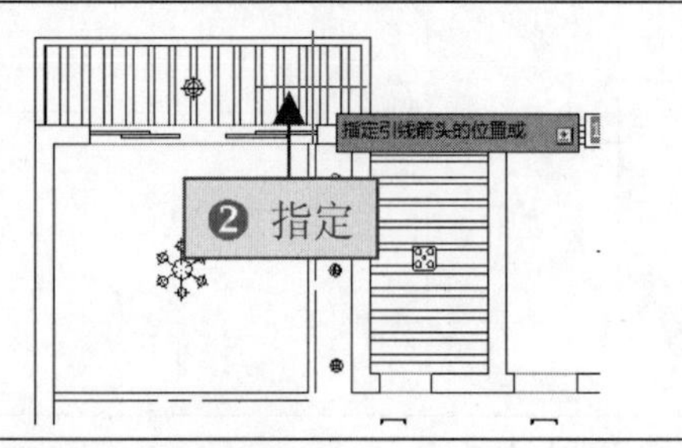	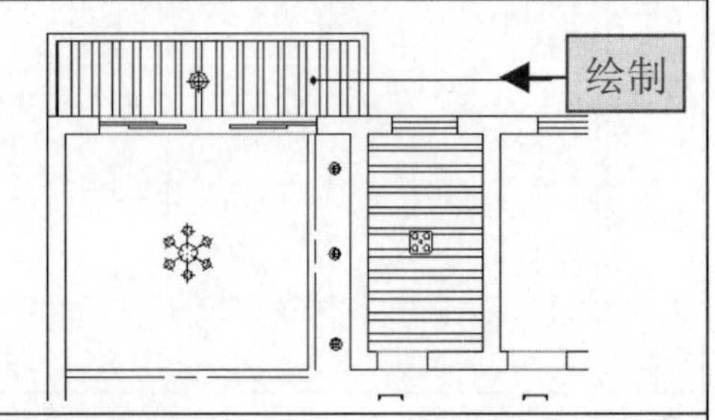
5 创建材质说明文字	**6 创建其他说明文字**
❶执行 DT（单行文字）命令，设置文字高度为 300。 ❷在多重引线上方创建“生态木吊顶”文字内容。	参照前面的方法，使用“多重引线”和“单行文字”命令创建其他材质的说明文字，完成天花图的绘制。

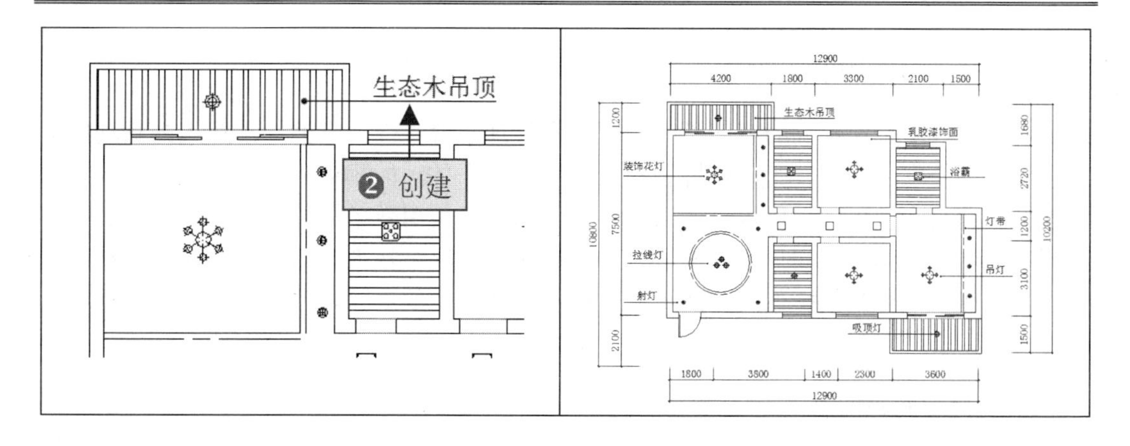

5.4　设计深度分析

由于进行家居设计的最终目的有两点：一是保证人们室内居住的舒适性；二是提高室内环境的精神层次，增强人们的审美。所以在进行家居设计的过程中，需要掌握以下几个要素。

1. 照明设计

在进行室内照明设计的过程中，不只是单纯地考虑室内如何布置灯光，首先要了解原建筑物所处的环境，考虑室内外的光线结合来进行室内照明的设计。对于室外光线长期处于较暗的照明，在设计过程中，应考虑在室内设计一些白天常用到的照明设施，对于室外环境光线较好的情况，重点应放在夜晚的照明设计上。

照明设计是室内设计非常重要的一环，如果没有光线，环境中的一切都无法显现出来。光不仅是视觉所需，而且还可以改变光源性质、位置、颜色和强度等指标来表现室内设计内容。在保证空间有足够照明的同时，光还可以深化表现力、调整和完善其艺术效果、创造环境氛围，室内照明所用的光源因光源的性能、灯具造型的不同而产生不同的光照效果。

2. 室内设计的材料安排

室内环境空间的特征是由其材料、质感、色彩和光照条件等因素构成的，其中材料及质感起决定性作用。

室内外空间可以给人们的环境视觉印象，在很大程度上取决于各方面所选用的材料，及其表面肌理和质感。全面综合考虑不同材料的特征，巧妙地运用材质的特性，把材料应用得自然美丽。

3. 室内色彩的搭配

色彩的物理刺激可以对人的视觉生理产生影响，形成色彩的心理印象。在红色环境中，人的情绪容易兴奋冲动；在蓝色环境中，人的情绪较为沉静。

4. 符合人体工程学

人体工程学是根据人的解剖学、心理学和生理学等特性，掌握并了解人的活动能力及其极限，使生产器具、工作环境和起居条件等与人体功能相适应的科学。在室内设计过程中，满足人体工程学可以设计出符合人体结构且使用效率高的用具，让使用者操作方便。设计者在建立空间模型的同时，要根据客观情况掌握人体的尺度、四肢活动的范围，使人体在进行某项操作时，能承受负荷及由此产生的生理和心理变化等，进行更有效的场景建模。

5. 室内空间的构图

人们要创建出美的空间环境，就必须根据美的法则来设计构图，才能达到理想的效果。这个原则必须遵循一个共同的准则——多样统一，也称有机统一，即在统一中求变化，在变化中求统一。

第 6 章　绘制茶楼设计图

学习目标

茶楼作为品茗会友的休闲之地，是现代忙碌的都市人所向往的，茶楼的影子到处可见。可以想象茶楼是商业发展中重要的一个内容，经营模式更趋多元化，而茶楼的装饰风格也出现了多样化。

本章将学习茶楼设计图的绘制方法。首先学习茶楼设计的基础知识，然后根据设计理论绘制茶楼的平面图和天花图。

效果展示

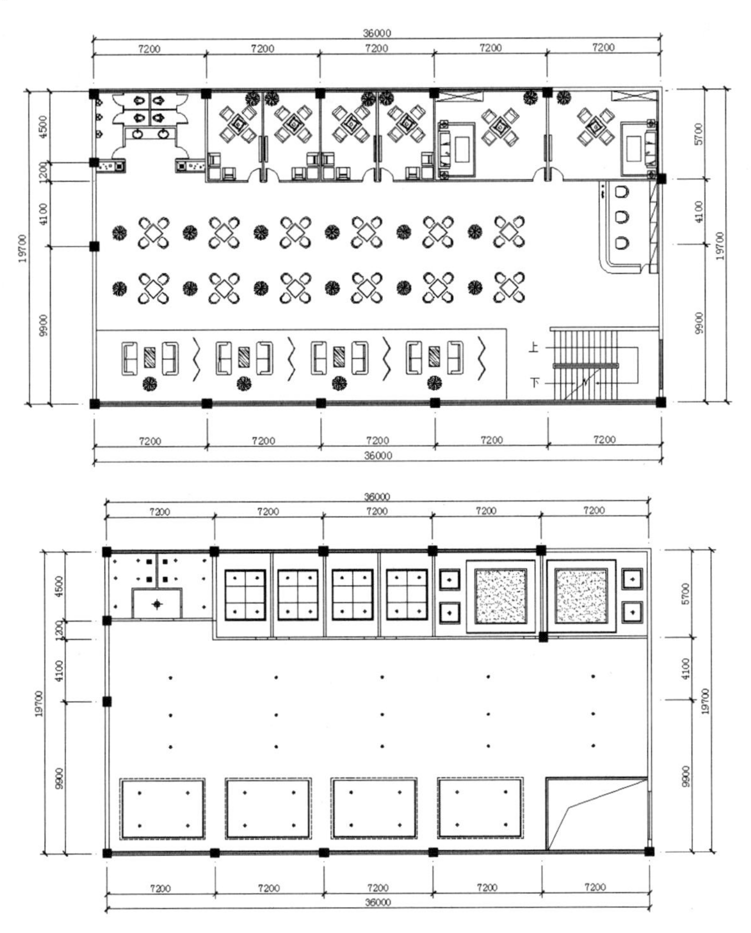

6.1 茶楼设计基础

茶楼设计属于室内设计的一部分，是人为环境设计的一个主要组成部分，也是建筑内部空间理性的创造方法。

6.1.1 茶楼氛围的设计

茶楼是顾客休闲娱乐谈话放松的场所，这里需要的是舒适的环境，轻松的氛围，人们可以在此抒发感情，尽情地享受朋友聚会带来的快乐和茶叶散发出来的香气。因此，在设计茶楼的过程中，茶楼氛围的设计就显得格外重要。

1. 应用灯饰

灯饰的颜色、形状与空间的搭配，可以营造出和谐的氛围，吊灯选用引人注目的款式，可对整体环境产生很大的影响。同样房间的多种灯具应该保持色彩协调或款式接近，如木墙、木柜、木顶的茶楼适合装长方形木制灯。

2. 应用挂画

选择画面时，要求画面色调朴实，给人沉稳、踏实的感觉，让消费者可以感受到宁静的气氛，在“旺位”除了可挂竹画外，同时亦可挂上牡丹画，因为牡丹素有“富贵花”之称，不但颜色艳丽，而且形状雍容华贵，故此一直被视为富贵的象征，所以在当旺的方位挂上这富贵花，可以说是锦上添花。

3. 营造气氛

顾客进茶楼通常是为了打发时光，希望得到放松，享受片刻的惬意。另外，茶楼也可以是朋友聚会的地方，意味着友谊的发源。

每个人都喜欢要上一杯茶，自由地去思考和谈论。因此，茶楼气氛的营造就显得尤为重要了。气氛营造的一个关键性因素，就是音乐，应该选择轻松的音乐为背景音乐，千万不要声音太大也不要太小，也就是既能给人轻松的感觉，又不至于影响顾客谈话。

6.1.2 茶楼设计的流程

室内设计师在接受茶楼设计任务以后，主要需要注意以下几点。

（1）对空间进行主题构思，并与茶楼最高经营者进行交谈，听取意见和要求后在最高经营者的决策下，对整个空间进行了解、分析、收集资料调查、现场测量尺寸等。

（2）使用前面绘制结构图的方法，根据提供的草图绘制茶楼结构图，规划出茶楼功能分区、交通动线等，并绘制大堂、包间的家具等，插入需要的图块等，完成平面图的绘制。

（3）平面图绘制完成后，绘制各房间的天花图，根据不同的区域设计不同的造型和灯具，不过茶楼中的照度不易过高。还需要考虑主光源和局部光源之间的联系与区别，主光源应该能够对茶楼进行全局照明，局部光源则考虑如何突出细部和特殊区域的照明。

（4）根据整个设计风格，绘制茶楼中重要的立面结构图。

6.2　绘制茶楼平面图

文件路径	案例效果
实例： 随书光盘\实例\第 6 章	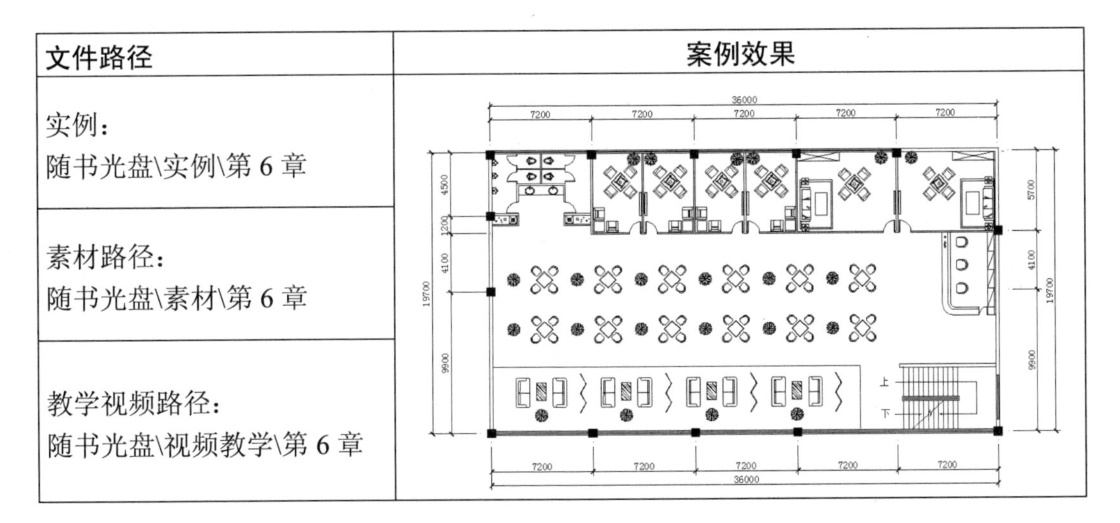
素材路径： 随书光盘\素材\第 6 章	
教学视频路径： 随书光盘\视频教学\第 6 章	

设计思路与流程

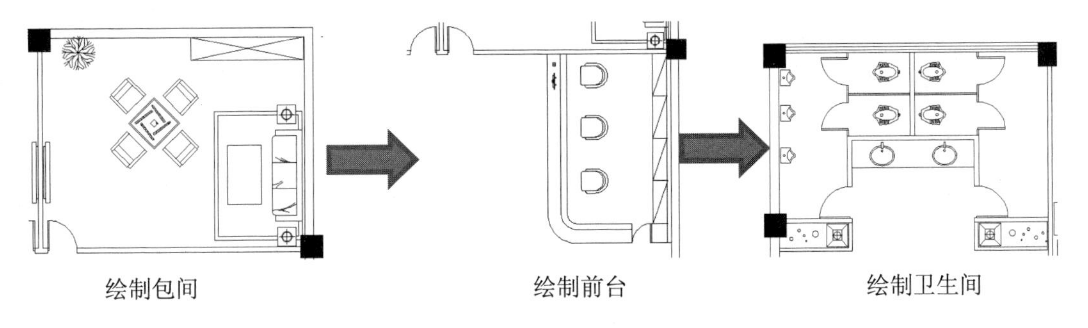

绘制包间　　绘制前台　　绘制卫生间

制作关键点

在本例的制作中，关键点是进行包间、大厅、前台和卫生间的绘制。

- 绘制包间　绘制包间时，首先要根据包间的大小确定包间中需要摆放的元素。在小包间中，只需要摆放必备的麻将桌、简易沙发和电视机即可；在大包间中可以设计得豪华、舒适一点，比如可以添加一个大的组合沙发和衣柜等。
- 绘制大厅　绘制大厅时，需要根据大厅的面积进行桌椅的摆放，除了在大厅中设计一个普通的休闲区域外，还可以设计一个稍微高端一点的区域，就是在靠窗户一侧设计一个地台，在这个区域摆放沙发和茶几，并在各个单元之间摆放一个屏风。
- 绘制前台　绘制前台时，可以将墙线进行偏移，再通过“圆角”和“修剪”命令创建出前台轮廓。

- 绘制卫生间　绘制卫生间时，可以使用“多线”、“偏移”和“修剪”命令创建卫生间的分隔图，再使用“矩形”和“圆弧”命令绘制平开门。

6.2.1　绘制包间分布图

1 打开素材文件	**2 绘制包间墙体线**
❶选择“文件”|“打开”命令，将素材文件“茶楼.dwg”打开。 ❷选择“文件”|“另存为”菜单命令，对文件进行另存。	❶执行 ML（多线）命令，设置多线比例为 120，对正方式为“无”。 ❷参照建筑轴线绘制多线作为包间墙体线。
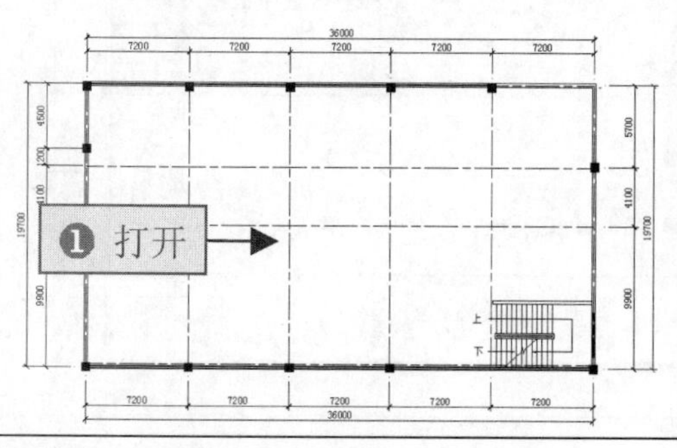	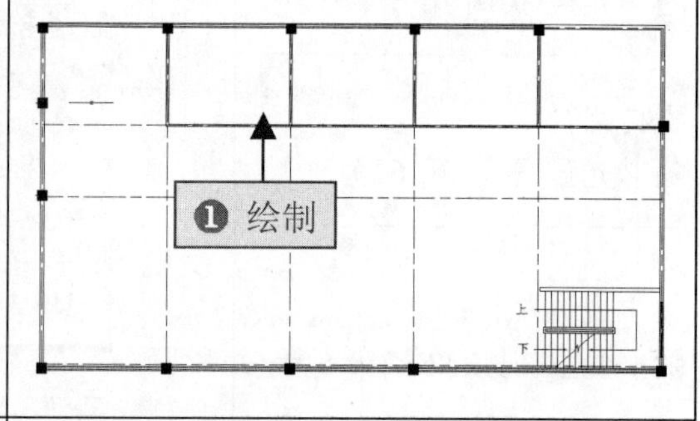
3 单击“T 形打开”选项	**4 T 形打开多线**
❶关闭“轴线”图层。 ❷选择“修改”|“对象”|“多线”命令，在打开的“多线编辑工具”对话框中单击“T 形打开”选项。	根据系统提示，选择垂直多线作为第一条编辑多线，选择水平多线作为第二条编辑多线。
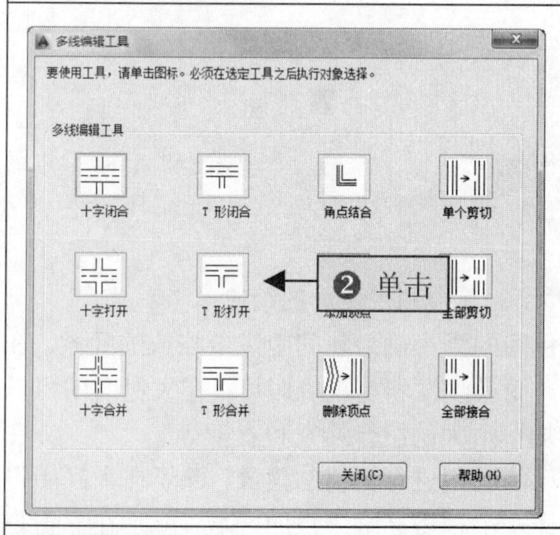	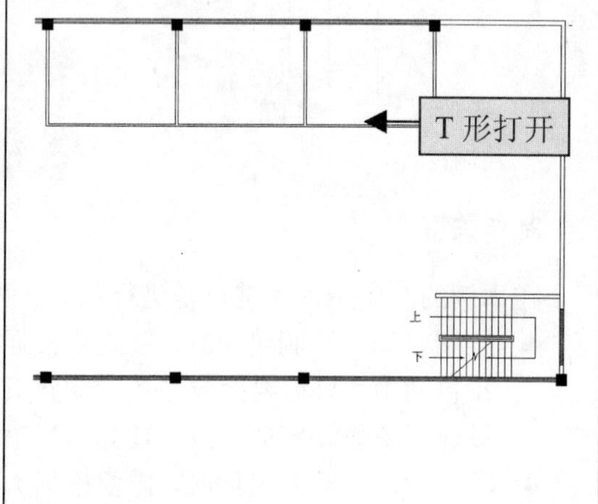
5 偏移墙线	**6 修剪线段**
执行 O（偏移）命令，将上方墙体的内墙线向下依次偏移 4200、120。	执行 TR（修剪）命令，以多线为修剪边界，对偏移的线段进行修剪。

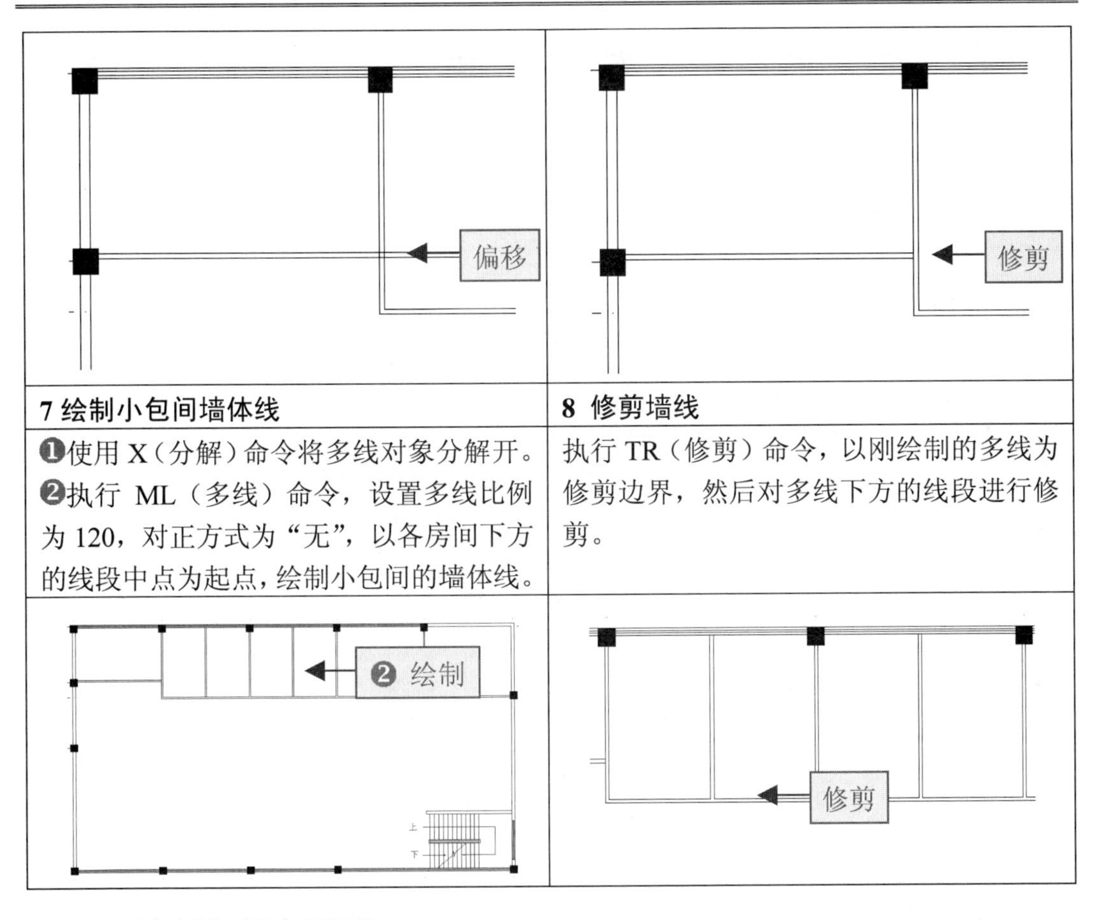

7 绘制小包间墙体线	8 修剪墙线
❶使用 X（分解）命令将多线对象分解开。❷执行 ML（多线）命令，设置多线比例为 120，对正方式为“无”，以各房间下方的线段中点为起点，绘制小包间的墙体线。	执行 TR（修剪）命令，以刚绘制的多线为修剪边界，然后对多线下方的线段进行修剪。

6.2.2　绘制包间布置图

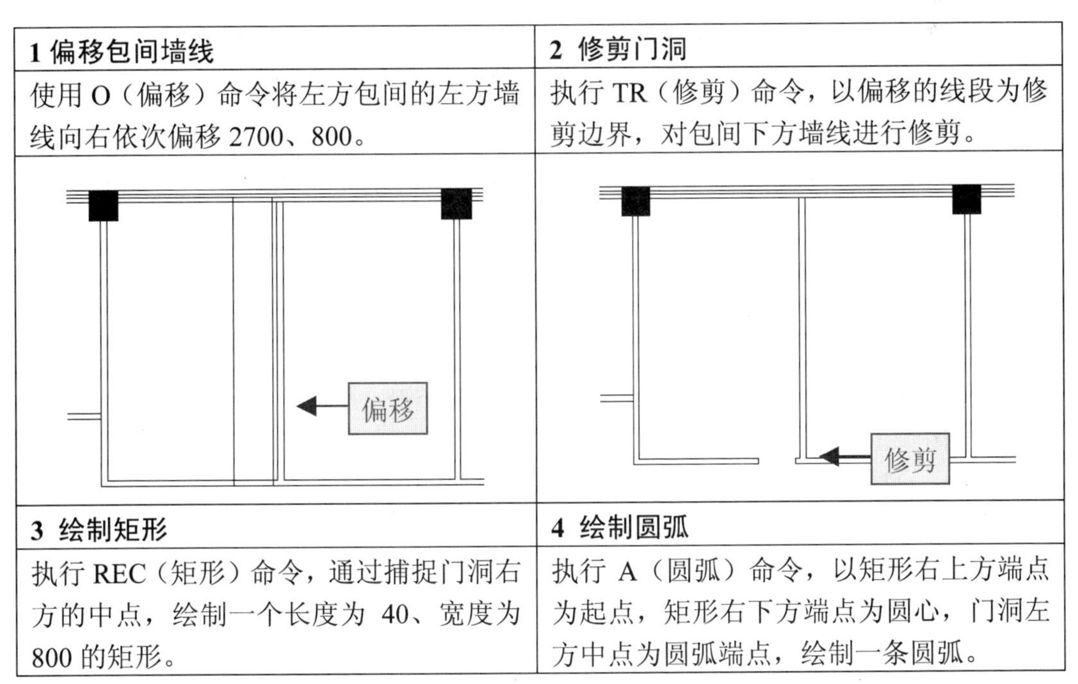

1 偏移包间墙线	2 修剪门洞
使用 O（偏移）命令将左方包间的左方墙线向右依次偏移 2700、800。	执行 TR（修剪）命令，以偏移的线段为修剪边界，对包间下方墙线进行修剪。

3 绘制矩形	4 绘制圆弧
执行 REC（矩形）命令，通过捕捉门洞右方的中点，绘制一个长度为 40、宽度为 800 的矩形。	执行 A（圆弧）命令，以矩形右上方端点为起点，矩形右下方端点为圆心，门洞左方中点为圆弧端点，绘制一条圆弧。

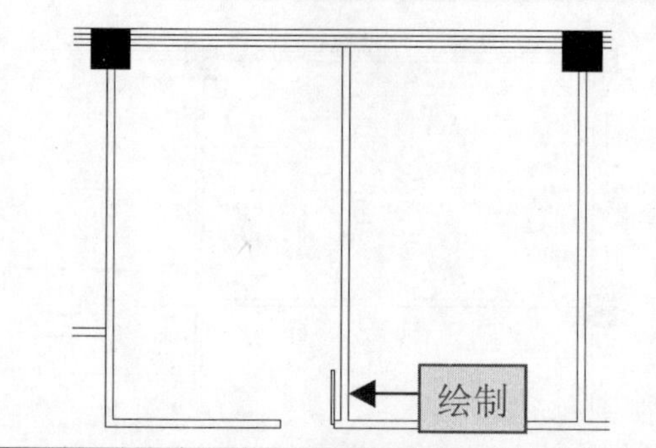

5 镜像复制平开门和门洞

执行 MI（镜像）命令，选择创建的平开门和门洞图形，将其镜像复制到相邻的小包间中。

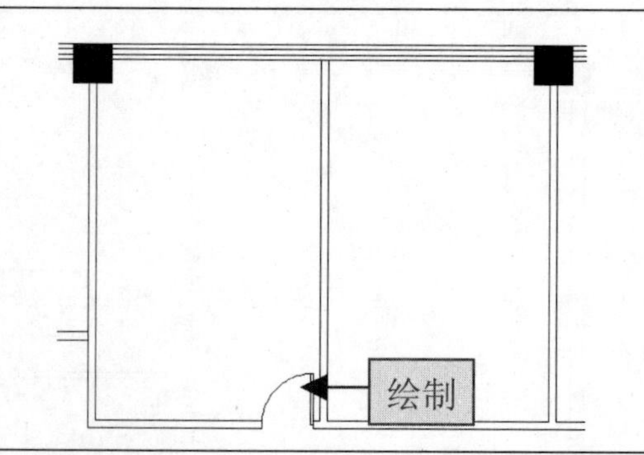

6 修剪门洞

执行 TR（修剪）命令，选择镜像复制得到的门洞墙线作为修剪边界，对平开门所在的墙体进行修剪。

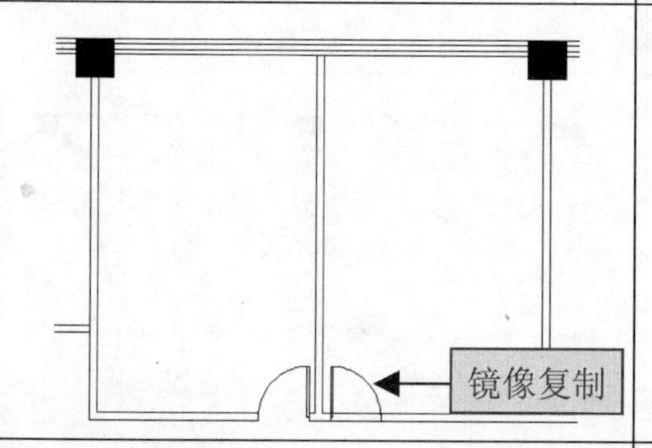

7 创建其他平开门

❶使用 CO（复制）命令将小包间的平开门及门洞图形复制到大包间中。

❷使用 TR（修剪）命令对门洞所在的墙线进行修剪。

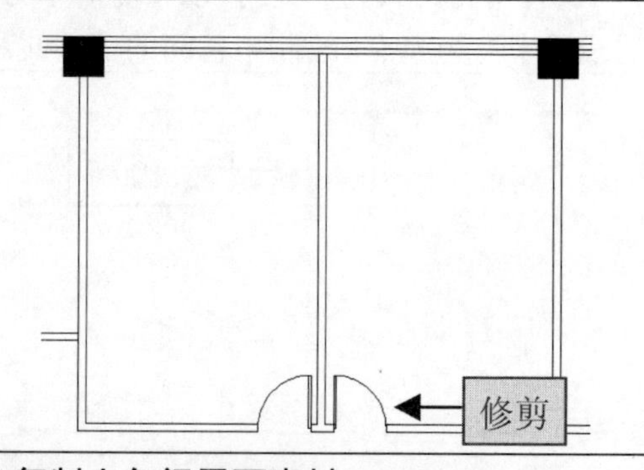

8 复制小包间平面素材

❶打开“平面图库.dwg”素材文件。

❷将其中的麻将桌、单人沙发、茶几、电视机和植物图形复制到小包间中。

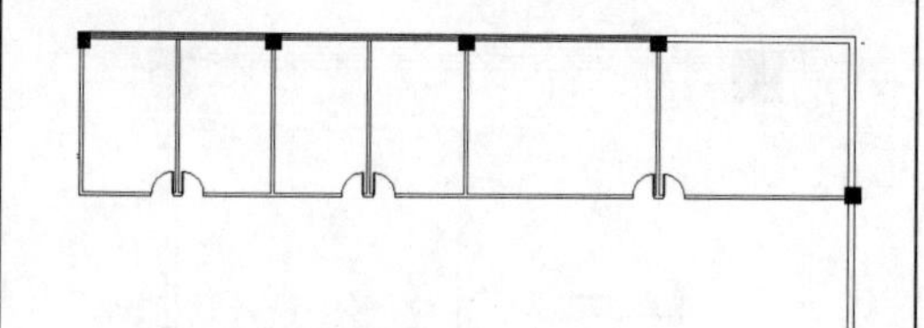

9 复制大包间平面素材

将“平面图库.dwg”素材文件中的麻将桌、多人沙发、电视机和植物图形复制到大包间中。

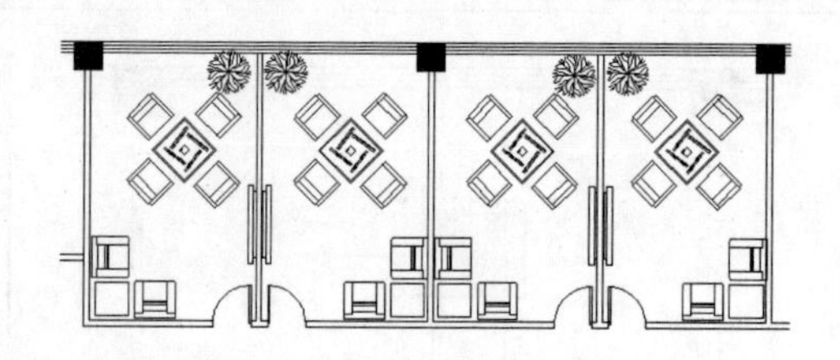

10 绘制矩形

❶执行 REC（矩形）命令，以大包间的墙线端点为矩形第一个角点。

❷设置矩形的另一个角点为“@－3000，－600”，绘制矩形。

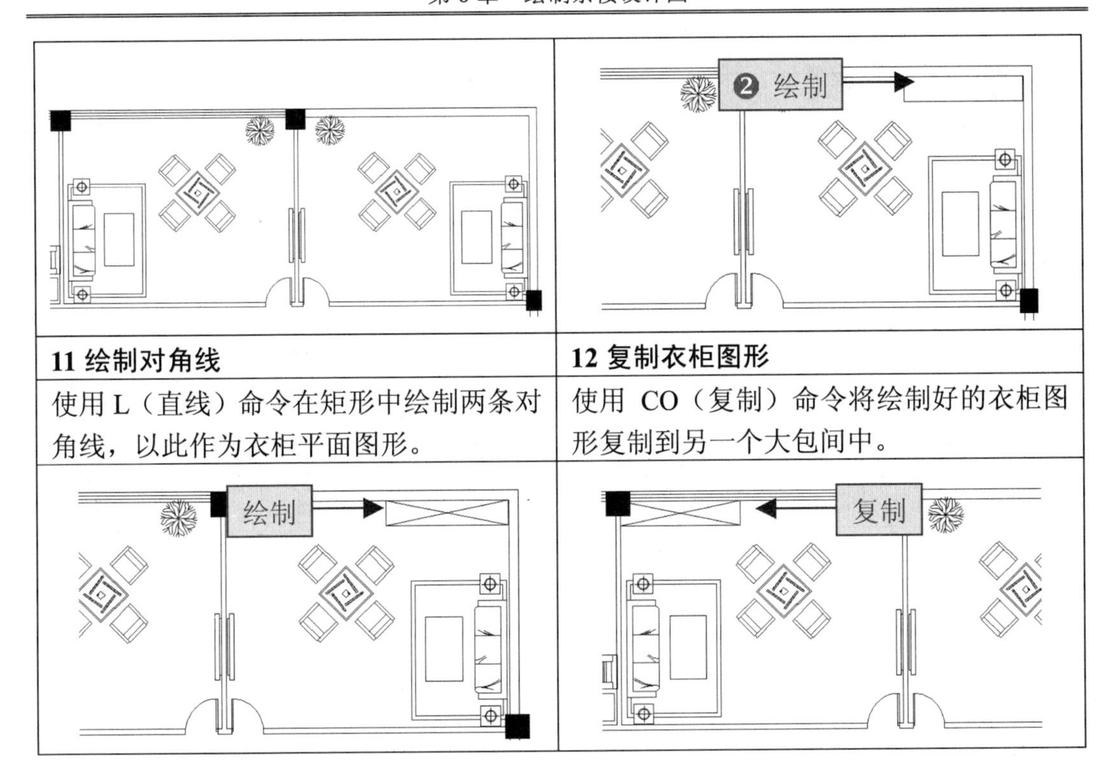

11 绘制对角线	12 复制衣柜图形
使用 L（直线）命令在矩形中绘制两条对角线，以此作为衣柜平面图形。	使用 CO（复制）命令将绘制好的衣柜图形复制到另一个大包间中。

6.2.3　绘制前台布置图

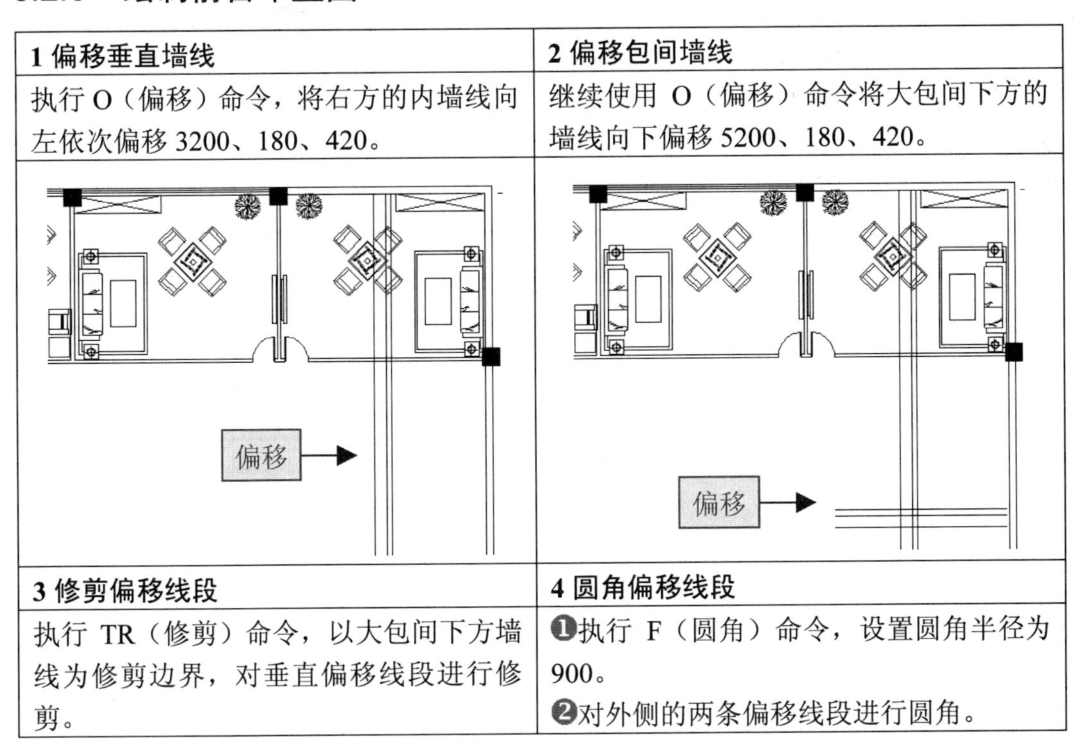

1 偏移垂直墙线	2 偏移包间墙线
执行 O（偏移）命令，将右方的内墙线向左依次偏移 3200、180、420。	继续使用 O（偏移）命令将大包间下方的墙线向下偏移 5200、180、420。
3 修剪偏移线段	**4 圆角偏移线段**
执行 TR（修剪）命令，以大包间下方墙线为修剪边界，对垂直偏移线段进行修剪。	❶执行 F（圆角）命令，设置圆角半径为 900。 ❷对外侧的两条偏移线段进行圆角。

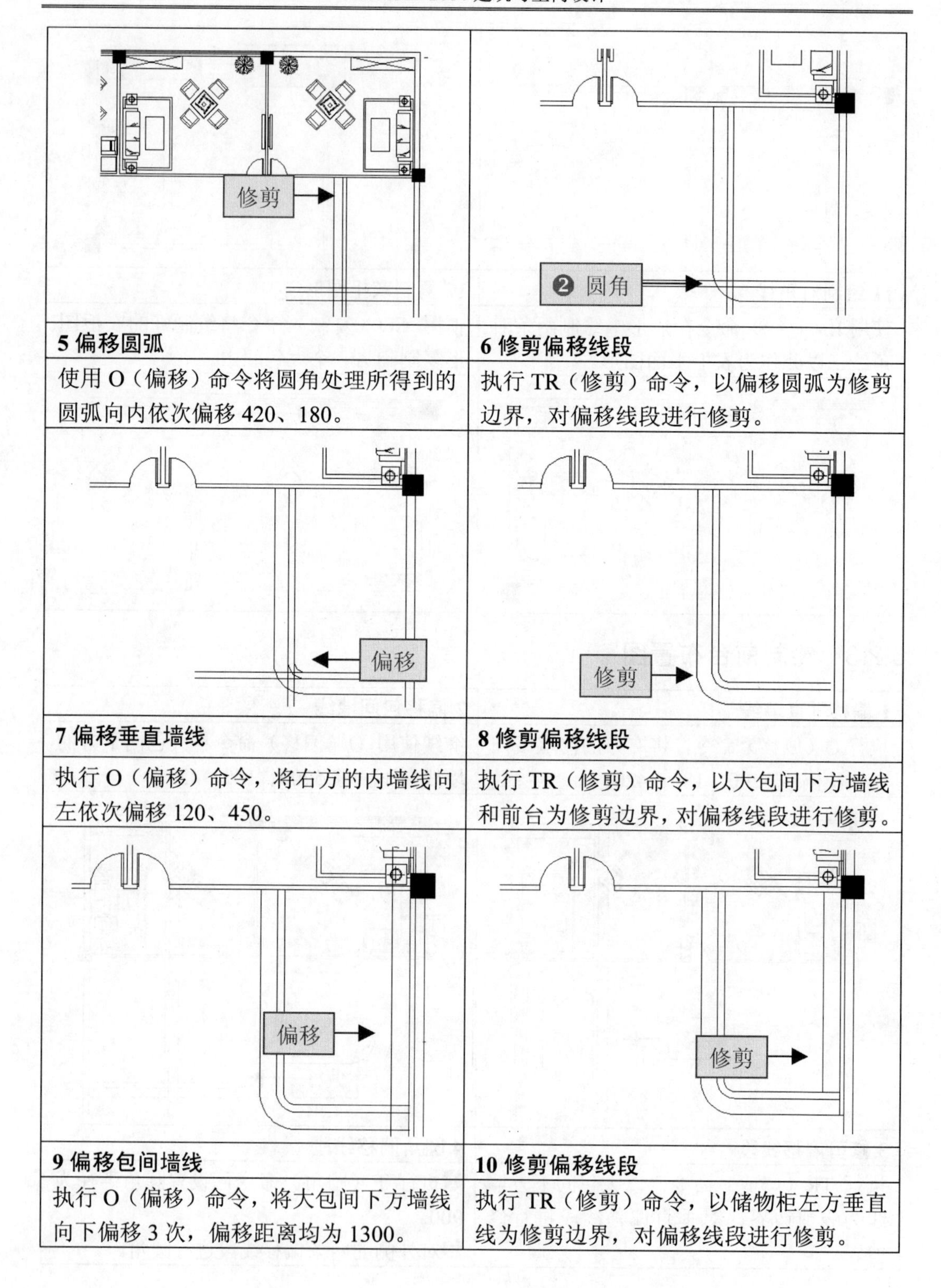

5 偏移圆弧	**6 修剪偏移线段**
使用 O（偏移）命令将圆角处理所得到的圆弧向内依次偏移 420、180。	执行 TR（修剪）命令，以偏移圆弧为修剪边界，对偏移线段进行修剪。
7 偏移垂直墙线	**8 修剪偏移线段**
执行 O（偏移）命令，将右方的内墙线向左依次偏移 120、450。	执行 TR（修剪）命令，以大包间下方墙线和前台为修剪边界，对偏移线段进行修剪。
9 偏移包间墙线	**10 修剪偏移线段**
执行 O（偏移）命令，将大包间下方墙线向下偏移 3 次，偏移距离均为 1300。	执行 TR（修剪）命令，以储物柜左方垂直线为修剪边界，对偏移线段进行修剪。

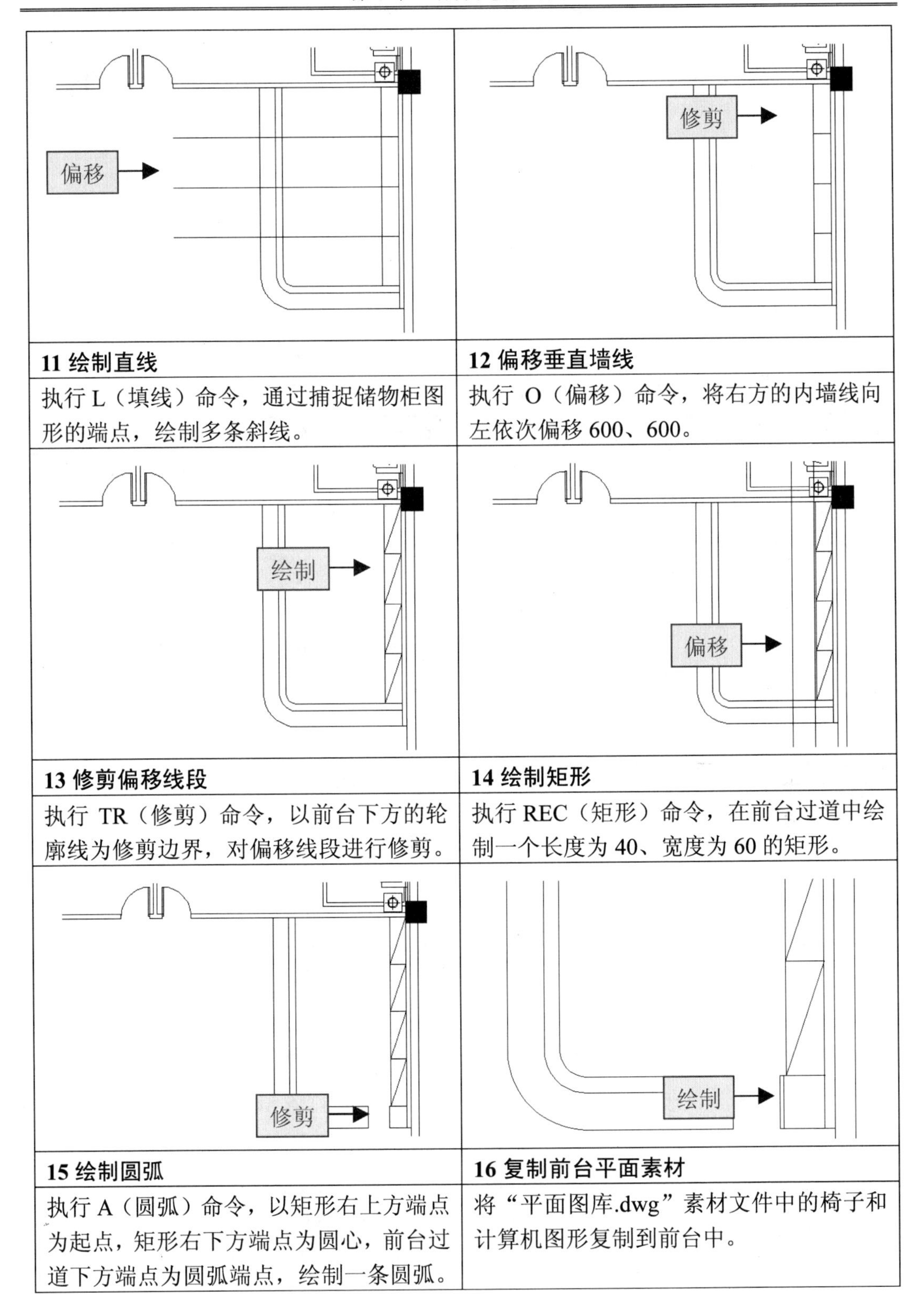

11 绘制直线

执行 L（填线）命令，通过捕捉储物柜图形的端点，绘制多条斜线。

12 偏移垂直墙线

执行 O（偏移）命令，将右方的内墙线向左依次偏移 600、600。

13 修剪偏移线段

执行 TR（修剪）命令，以前台下方的轮廓线为修剪边界，对偏移线段进行修剪。

14 绘制矩形

执行 REC（矩形）命令，在前台过道中绘制一个长度为 40、宽度为 60 的矩形。

15 绘制圆弧

执行 A（圆弧）命令，以矩形右上方端点为起点，矩形右下方端点为圆心，前台过道下方端点为圆弧端点，绘制一条圆弧。

16 复制前台平面素材

将“平面图库.dwg”素材文件中的椅子和计算机图形复制到前台中。

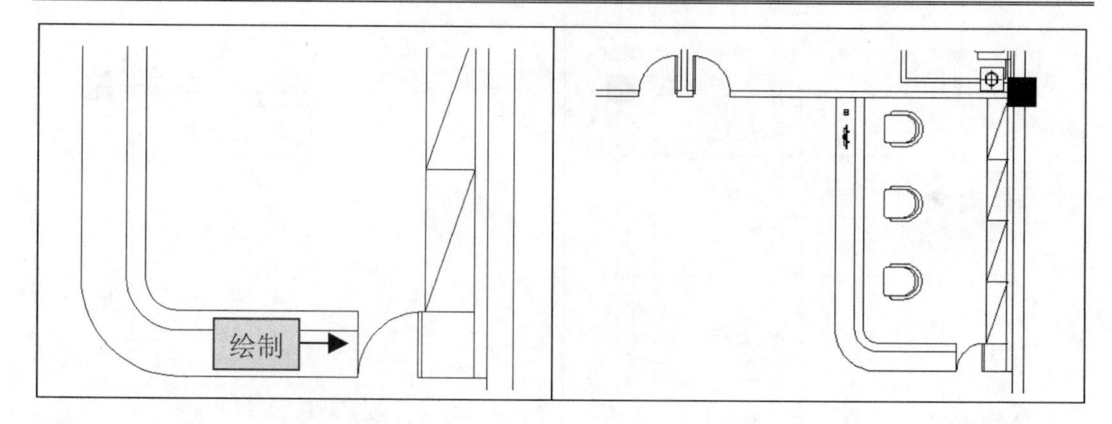

6.2.4 绘制大厅布置图

1 复制大厅平面素材	**2 向右复制图形**
将“平面图库.dwg”素材文件中的桌椅和植物图形复制到大厅中。	执行 CO（复制）命令，将大厅中的桌椅和植物向右复制 5 次，复制间距为 4500。
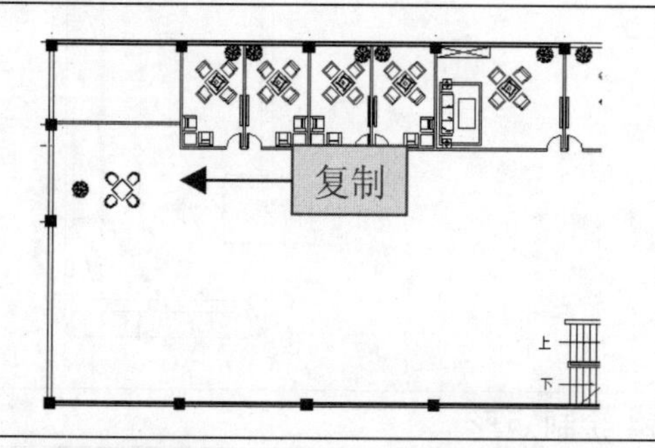	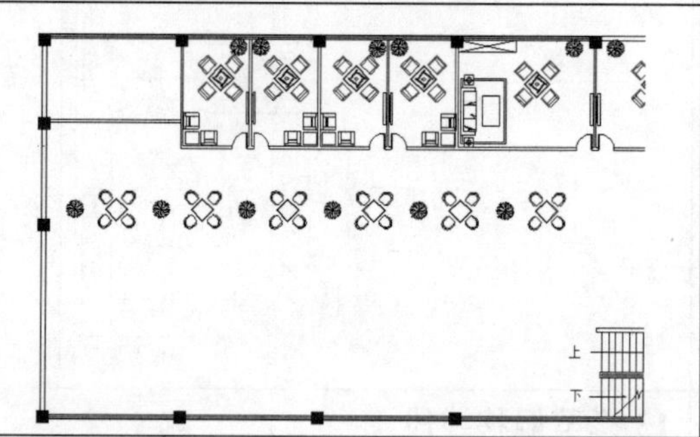
3 向下复制图形	**4 偏移墙线**
执行 CO（复制）命令，将大厅中的 6 组桌椅和植物向下复制 1 次，复制间距为 3500。 	使用 O（偏移）命令将大厅左方内墙线向右偏移 25000，将下方内墙线向上偏移 4500。
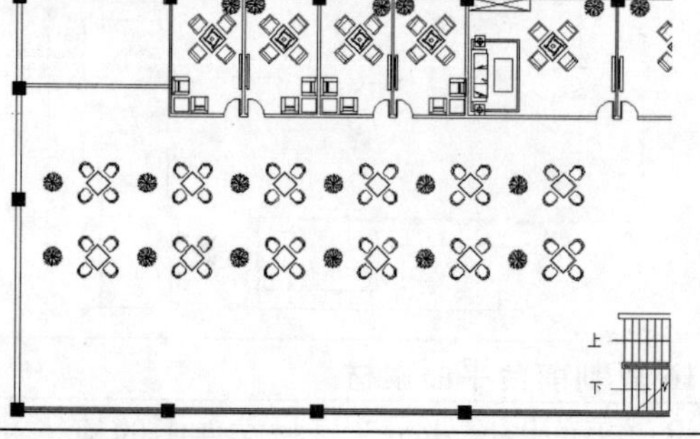	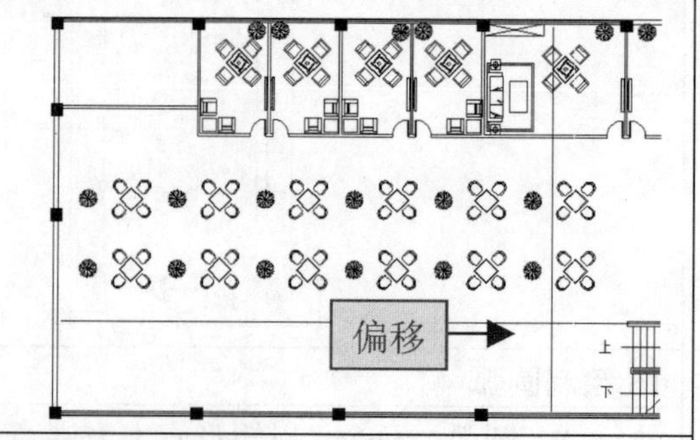
5 修剪地台图形	**6 复制地台素材**
执行 TR（修剪）命令，对偏移线段进行修剪，绘制出地台图形。	将“平面图库.dwg”素材文件中的沙发、茶几和植物图形复制到地台中。

<table>
<tr><td>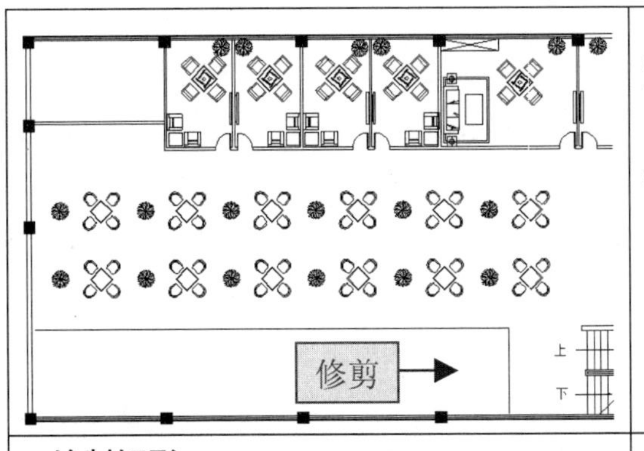
</td><td>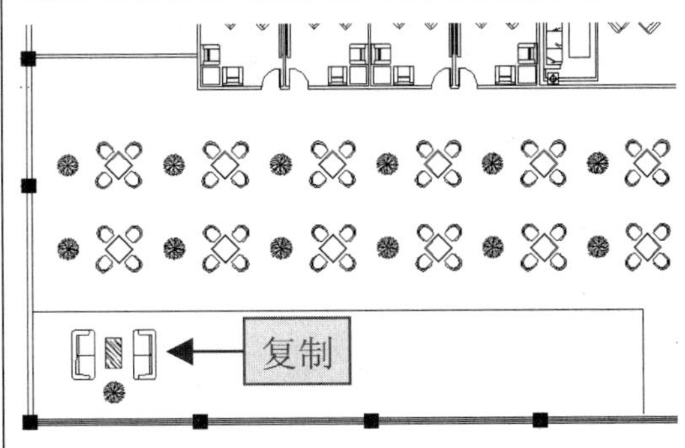
</td></tr>
<tr><td>7 绘制矩形</td><td>8 旋转矩形</td></tr>
<tr><td>使用 REC（矩形）命令在沙发右方绘制一个长度为 40、宽度为 800 的矩形。</td><td>❶执行 RO（旋转）命令，选择绘制的矩形，捕捉矩形右上方的端点作为旋转基点。
❷输入旋转角度为 30° 并确定，对矩形进行旋转。</td></tr>
<tr><td>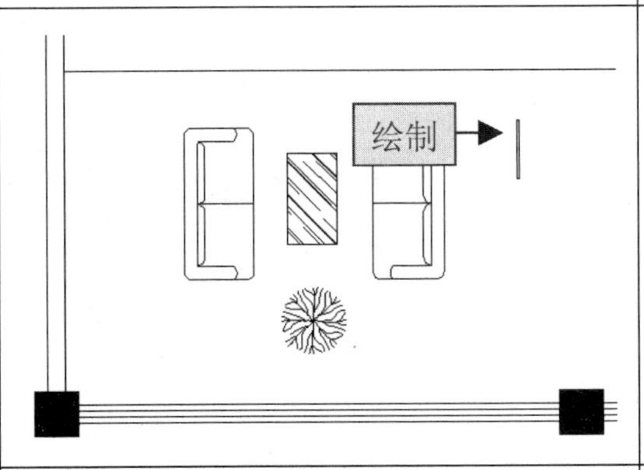
</td><td>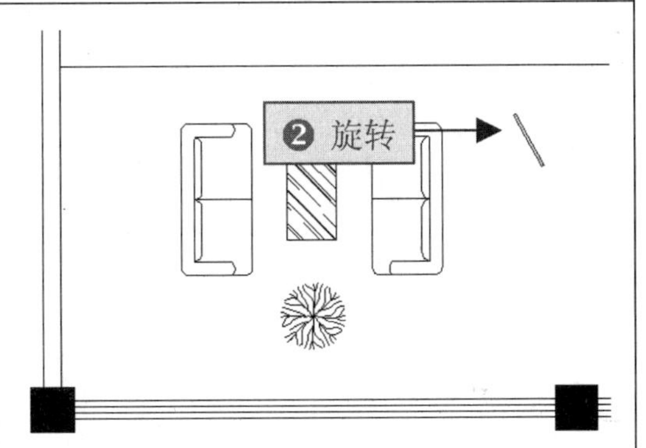
</td></tr>
<tr><td>9 镜像复制旋转矩形</td><td>10 复制图形</td></tr>
<tr><td>❶执行 MI（镜像）命令，对旋转后的矩形进行镜像复制。
❷继续使用 MI（镜像）命令再次对得到的两个矩形进行镜像复制。</td><td>执行 CO（复制）命令，将沙发、茶几、植物和镜像复制得到的矩形向右复制 3 次，复制的间距为 6000。</td></tr>
<tr><td>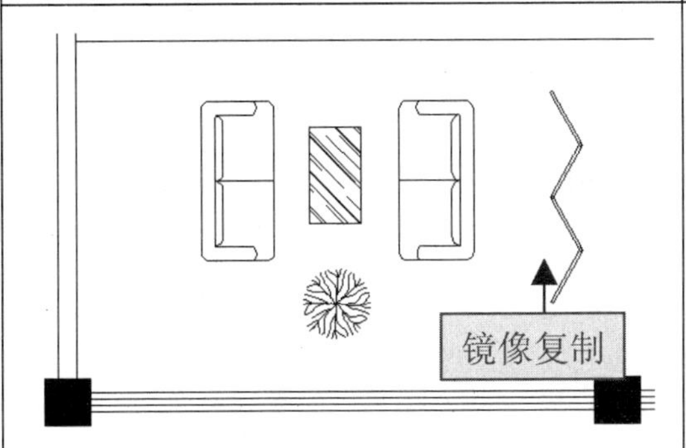
</td><td>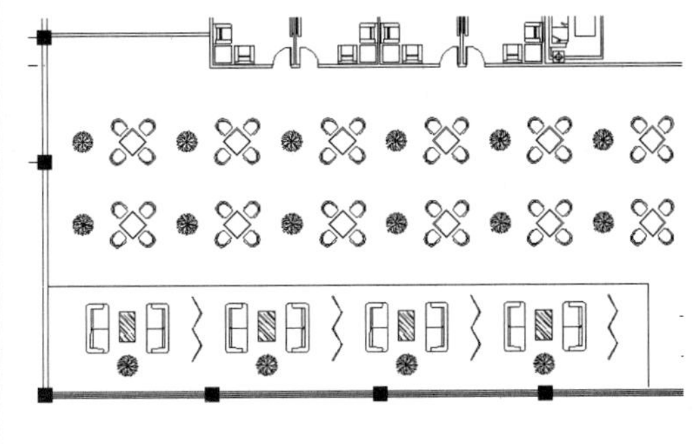</td></tr>
</table>

6.2.5 绘制卫生间布置图

1 绘制并分解多线	**2 偏移下方墙线**
❶执行 ML（多线）命令，以卫生间下方墙线的中点为起点，向上绘制一条比例为 120 的多线。 ❷使用 X（分解）命令将多线分解。	执行 O（偏移）命令，将卫生间下方内墙线向上偏移 4 次，偏移距离依次为 800、480、800、120。
3 偏移中间的多线	**4 修剪偏移线段**
使用 O（偏移）命令将中间的两条多线向外依次偏移 1620、80、40。	执行 TR（修剪）命令，对偏移线段进行修剪。
5 绘制平开门	**6 镜像复制平开门**
使用 REC（矩形）和 A（圆弧）命令绘制一个长度为 800、宽度为 40 的平开门。	使用 MI（镜像）命令将绘制的平开门镜像复制到右方门洞中。

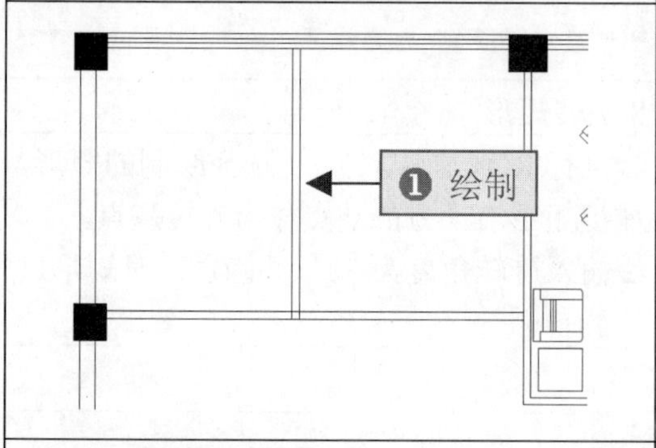

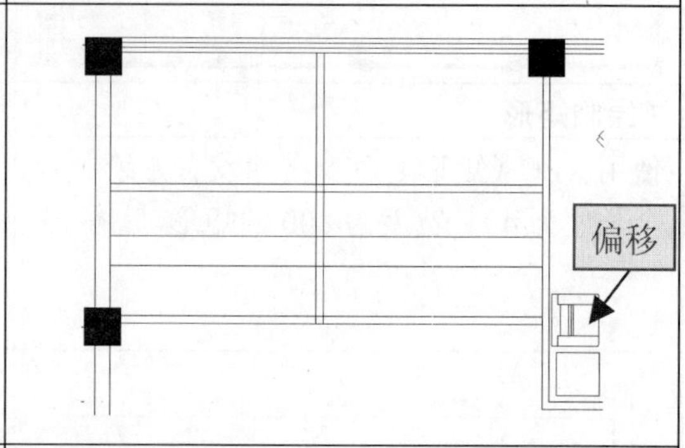

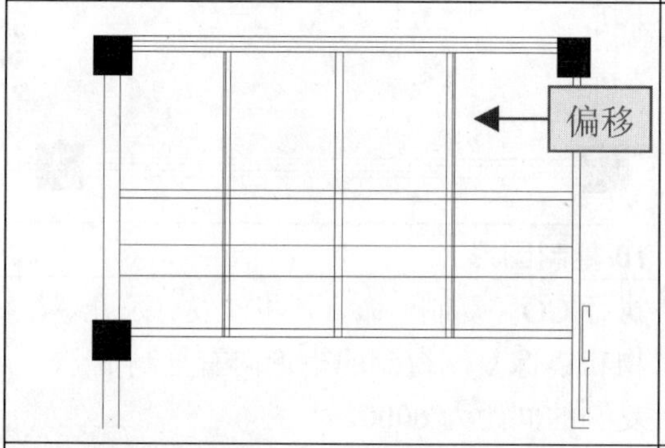

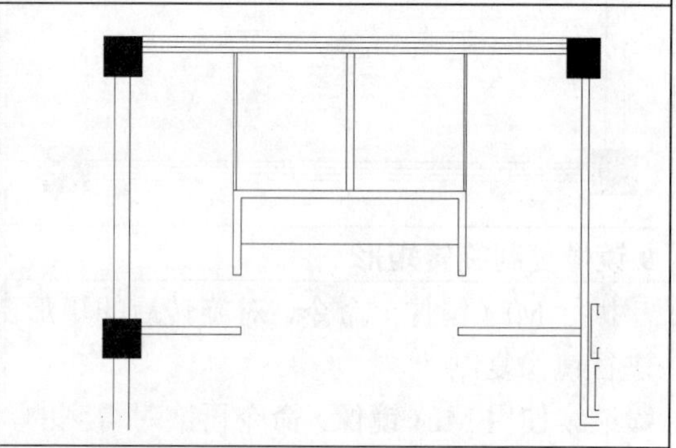

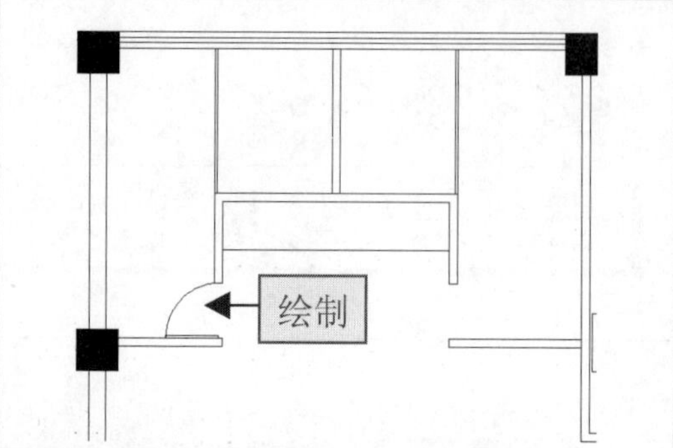

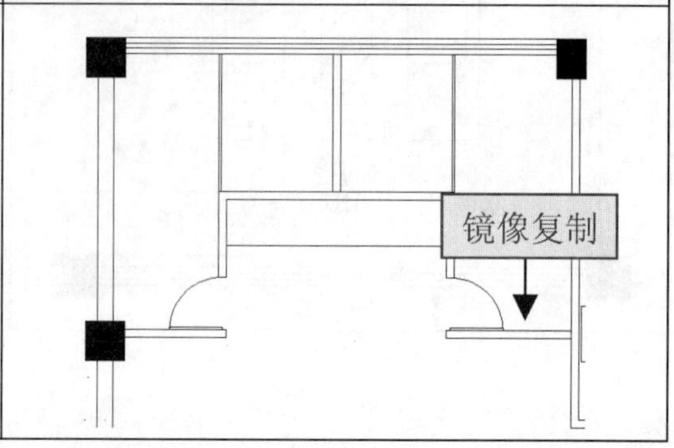

<table>
<tr><td>7 绘制多线</td><td>8 修剪门洞</td></tr>
<tr><td>使用 ML（矩形）命令在厕所区域的中间位置绘制一条比例为 40 的多线，将男女厕所各分成两个区域。</td><td>使用 L（直线）、O（偏移）和 TR（修剪）命令在每个厕所中创建一个宽度为 700 的门洞。</td></tr>
<tr><td>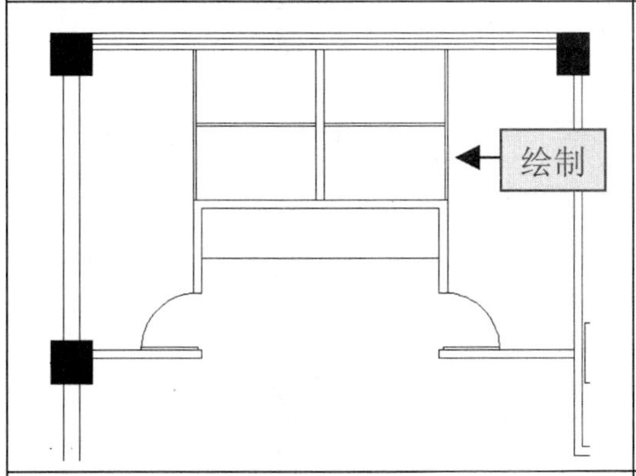</td><td>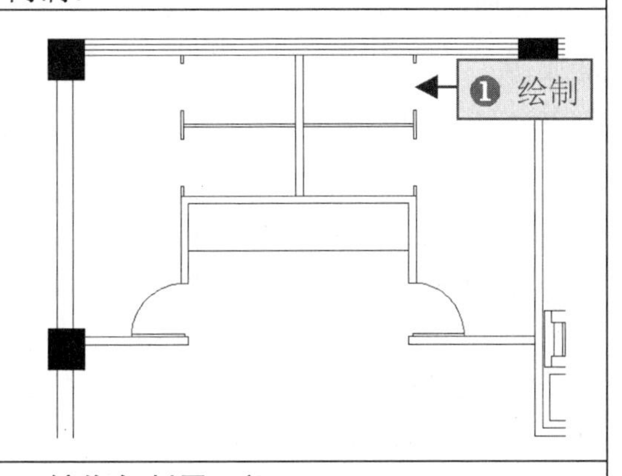</td></tr>
<tr><td>9 绘制平开门</td><td>10 镜像复制平开门</td></tr>
<tr><td>使用 REC（矩形）和 A（圆弧）命令绘制一个长度为 700、宽度为 40 的平开门。</td><td>使用 MI（镜像）命令将绘制的平开门镜像复制到下方门洞中。</td></tr>
<tr><td>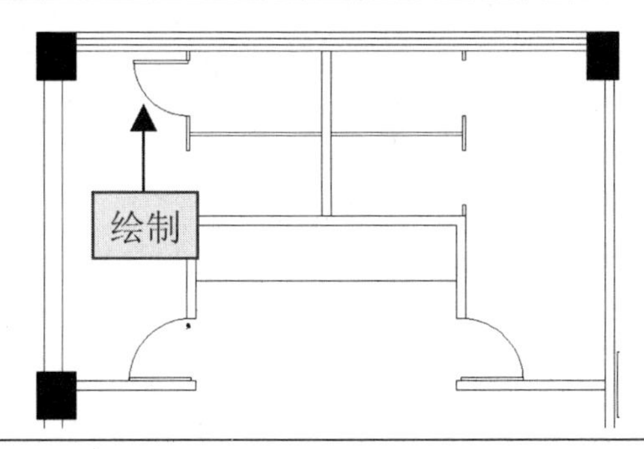</td><td>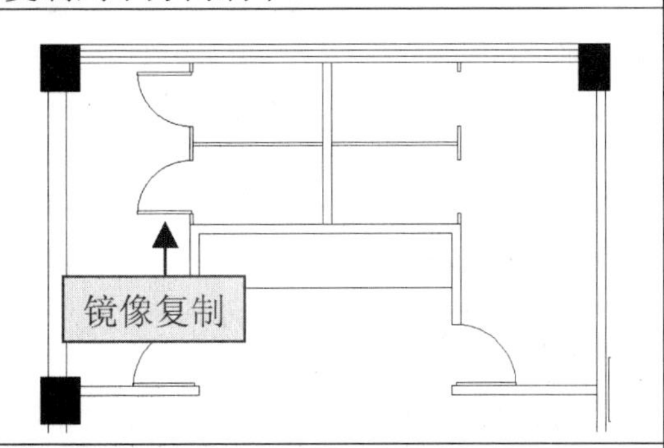</td></tr>
<tr><td>11 镜像复制平开门</td><td>12 复制卫生间素材</td></tr>
<tr><td>使用 MI（镜像）命令将绘制男厕所中的平开门镜像复制到女厕所门洞中。</td><td>将平面图库中的素材图形复制到卫生间中，并调整和复制其中的图形。</td></tr>
<tr><td>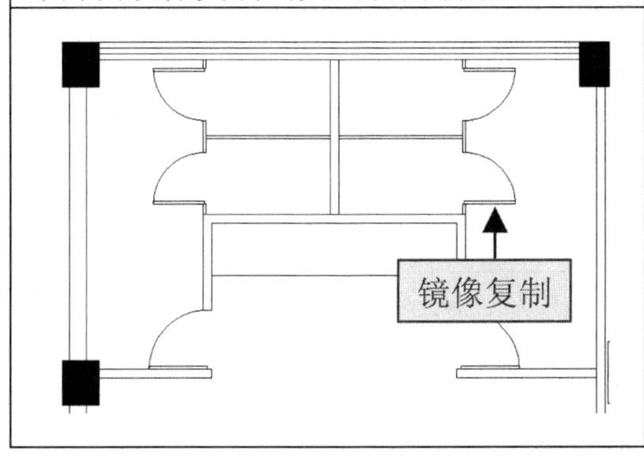</td><td>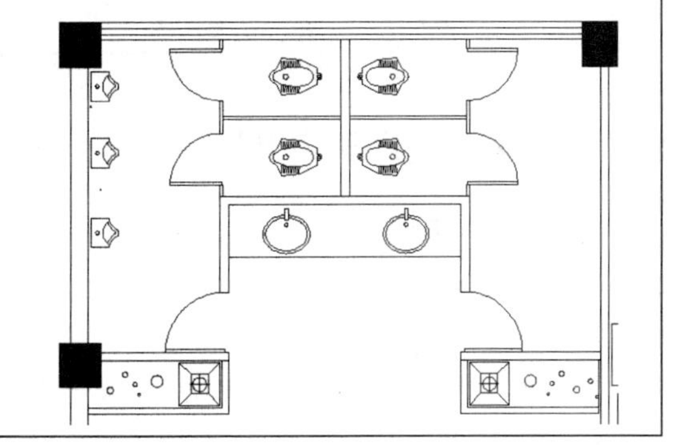</td></tr>
</table>

6.3　绘制茶楼天花图

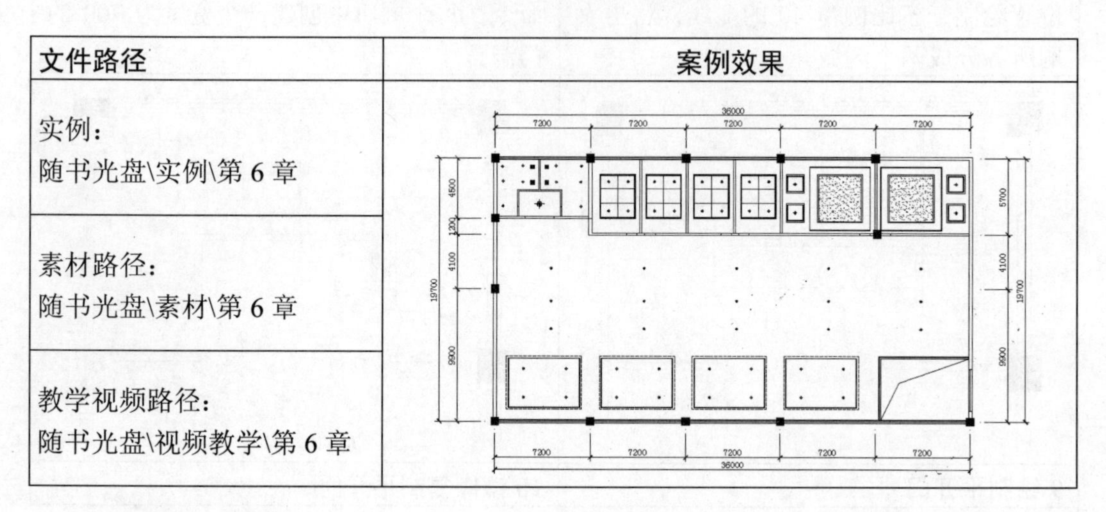

文件路径	案例效果
实例： 随书光盘\实例\第 6 章	
素材路径： 随书光盘\素材\第 6 章	
教学视频路径： 随书光盘\视频教学\第 6 章	

设计思路与流程

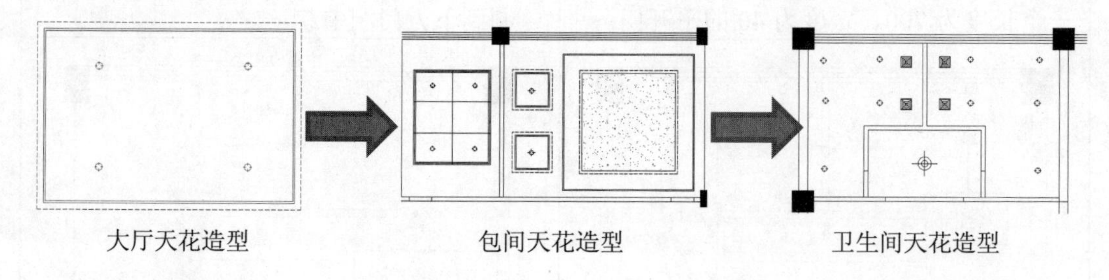

大厅天花造型　　包间天花造型　　卫生间天花造型

制作关键点

在本例制作中，关键点是大厅天花和包间天花的设计与制作。

- 大厅天花　在大厅中，主要是对靠窗户区域的顶面进行造型设计，可以通过绘制和偏移矩形，创建大厅天花的造型。
- 包间天花　在设计大包间和小包间的天花时，可以采用不同的效果。在大包间中可以设计复杂一点的造型，以便提高包间的档次；在小包间中可以进行简单的造型设计。这些造型可以通过绘制和偏移矩形的方法来完成。

6.3.1　绘制大厅天花图

1 修改茶楼平面图	2 绘制并偏移直线
❶将绘制好的茶楼平面图复制一次，然后将多余的图形删除。 ❷使用 L（直线）命令绘制直线连接各个门洞。	❶使用 O（偏移）命令将大厅右方的内墙线向左偏移 6660。 ❷使用 O（偏移）命令将下方的内墙线向上偏移 4600。

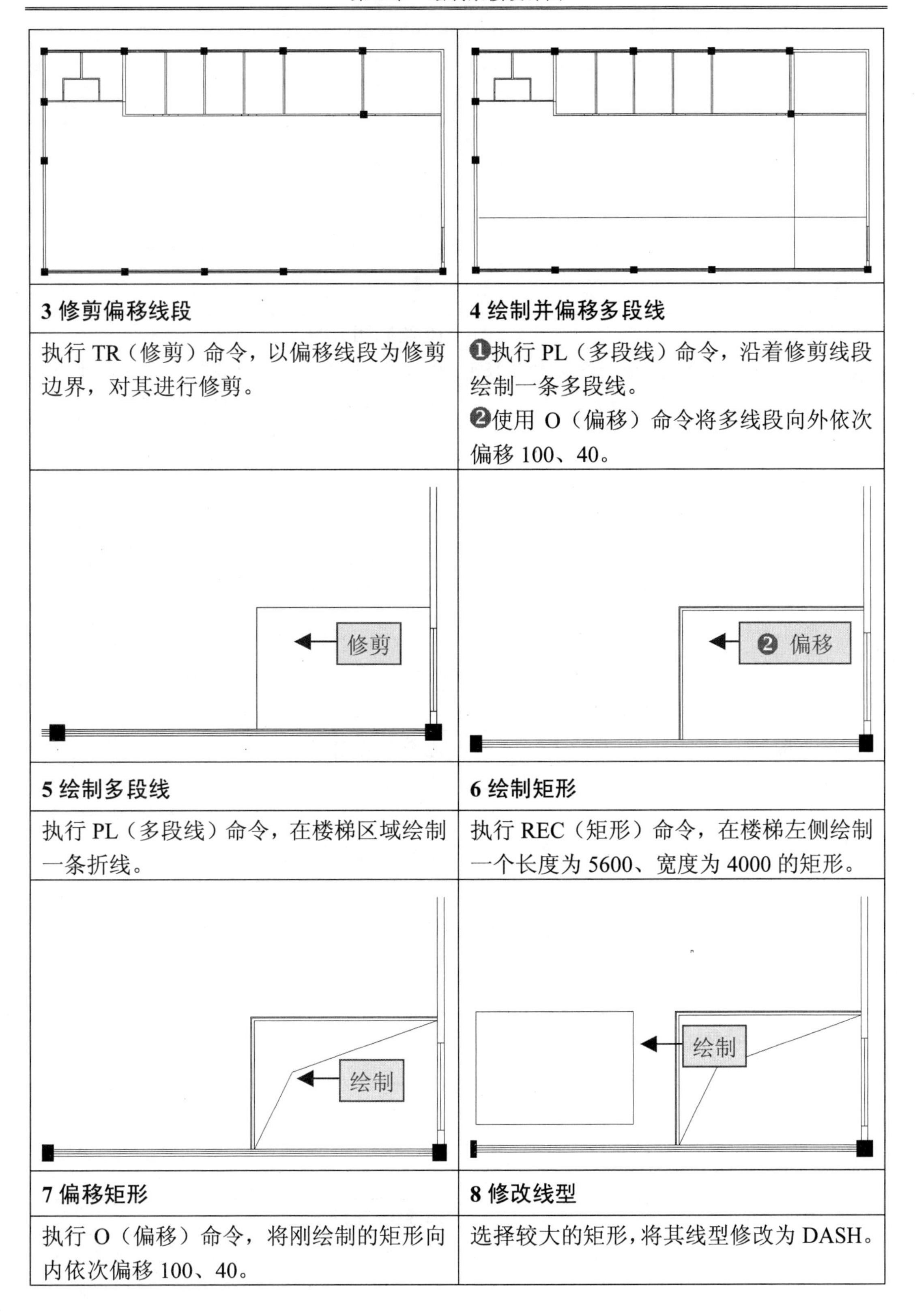

3 修剪偏移线段

执行 TR（修剪）命令，以偏移线段为修剪边界，对其进行修剪。

4 绘制并偏移多段线

❶执行 PL（多段线）命令，沿着修剪线段绘制一条多段线。

❷使用 O（偏移）命令将多线段向外依次偏移 100、40。

5 绘制多段线

执行 PL（多段线）命令，在楼梯区域绘制一条折线。

6 绘制矩形

执行 REC（矩形）命令，在楼梯左侧绘制一个长度为 5600、宽度为 4000 的矩形。

7 偏移矩形

执行 O（偏移）命令，将刚绘制的矩形向内依次偏移 100、40。

8 修改线型

选择较大的矩形，将其线型修改为 DASH。

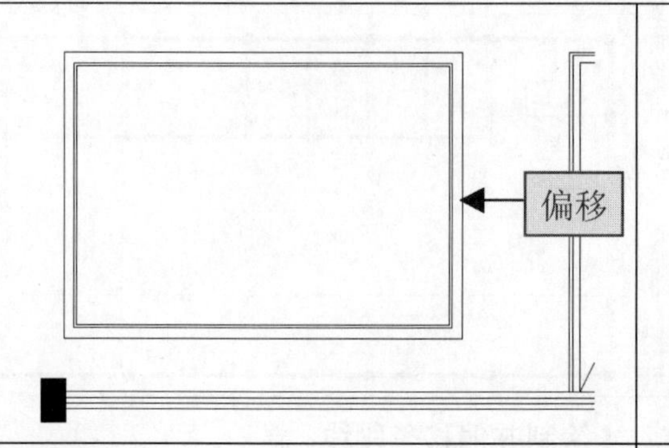

9 绘制线段

执行 L（直线）命令，绘制一条长度为 180 的水平线段和一条垂直线段。

10 绘制同心圆

执行 C（圆）命令，以线段的交点为圆心，分别绘制半径为 25 和 60 的同心圆。

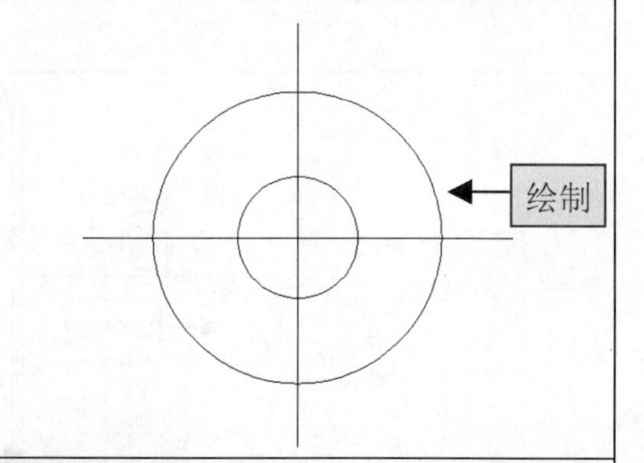

11 修剪线段

❶执行 TR（修剪）命令，对小圆内的线段进行修剪。

❷使用 E（删除）命令将小圆删除，以此图形作为筒灯图形。

12 复制筒灯

使用 CO（复制）命令将绘制好的筒灯复制 4 次到矩形造型中，筒灯的水平间距为 3200、垂直间距为 2100。

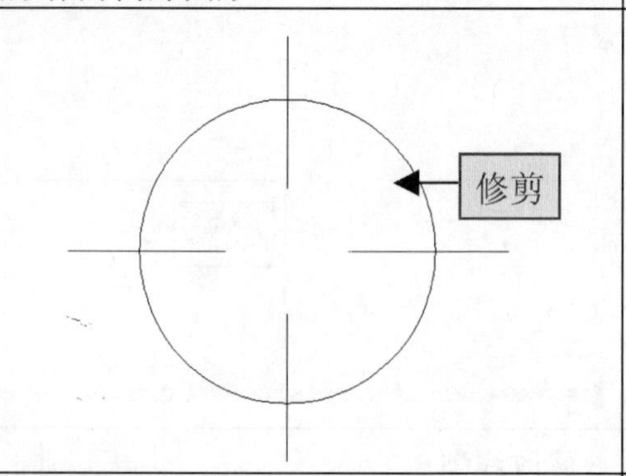

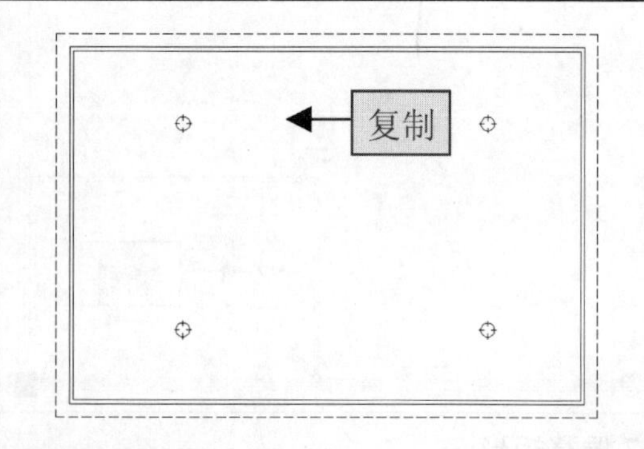

13 复制顶面造型

使用 CO（复制）命令将矩形造型和其内的筒灯向左复制 3 次，复制的间距为 7000。

14 复制筒灯

使用 CO（复制）命令对筒灯进行多次复制，筒灯的水平间距为 7000、垂直间距为 2400。

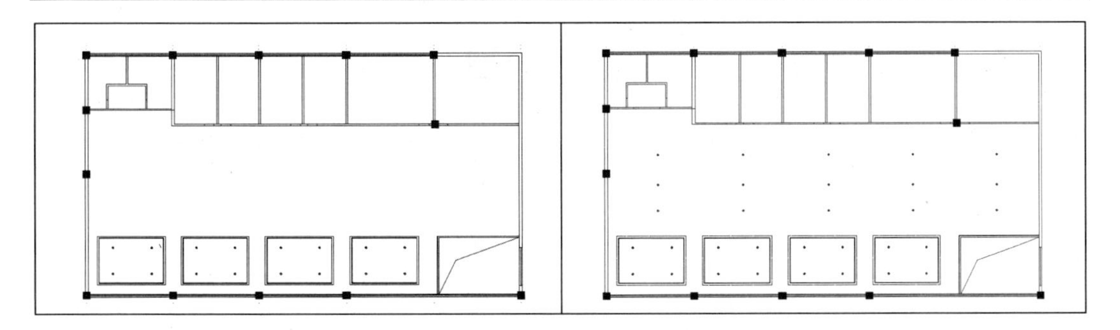

6.3.2　绘制包间天花图

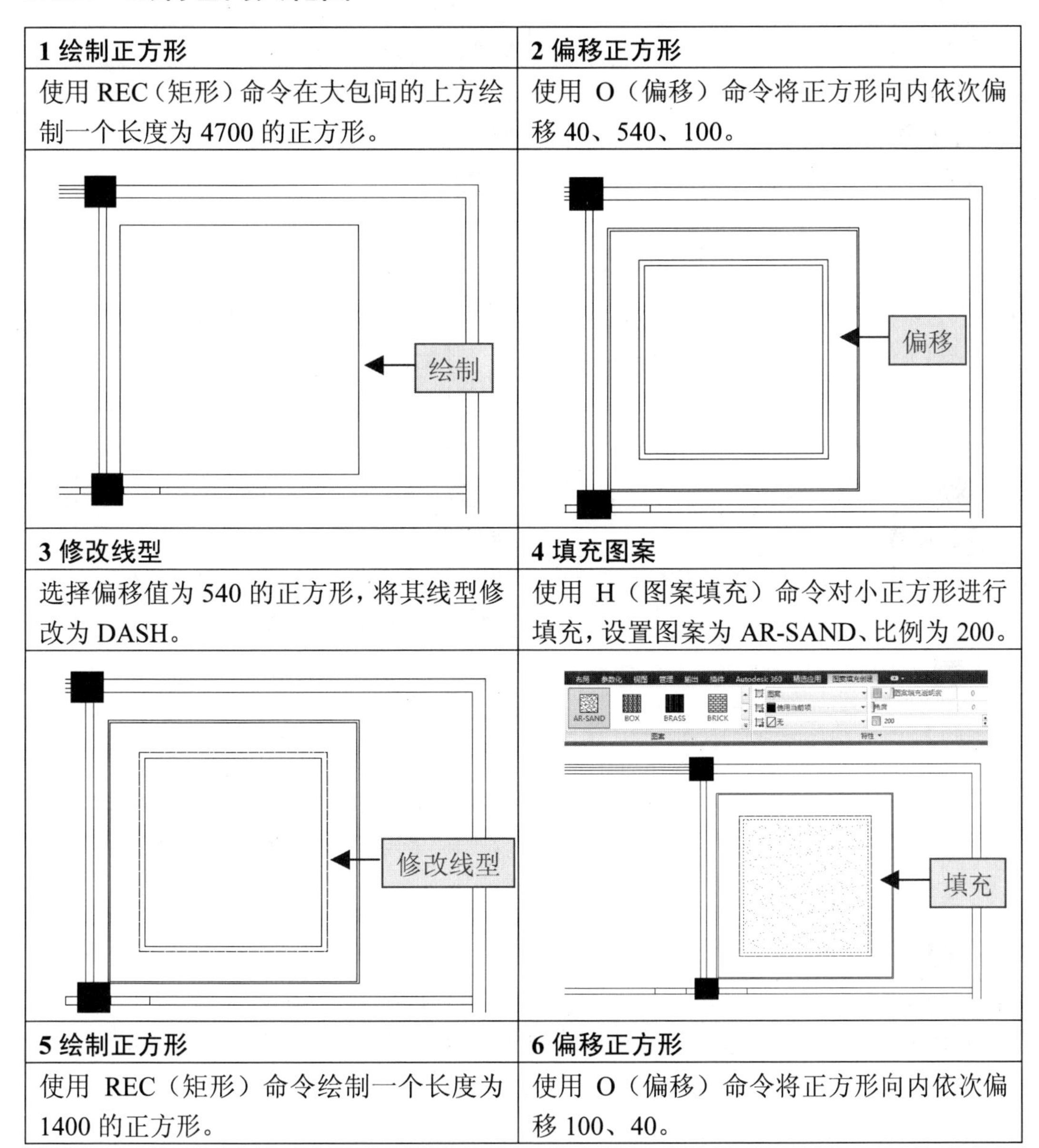

1 绘制正方形	2 偏移正方形
使用 REC（矩形）命令在大包间的上方绘制一个长度为 4700 的正方形。	使用 O（偏移）命令将正方形向内依次偏移 40、540、100。
3 修改线型	**4 填充图案**
选择偏移值为 540 的正方形，将其线型修改为 DASH。	使用 H（图案填充）命令对小正方形进行填充，设置图案为 AR-SAND、比例为 200。
5 绘制正方形	**6 偏移正方形**
使用 REC（矩形）命令绘制一个长度为 1400 的正方形。	使用 O（偏移）命令将正方形向内依次偏移 100、40。

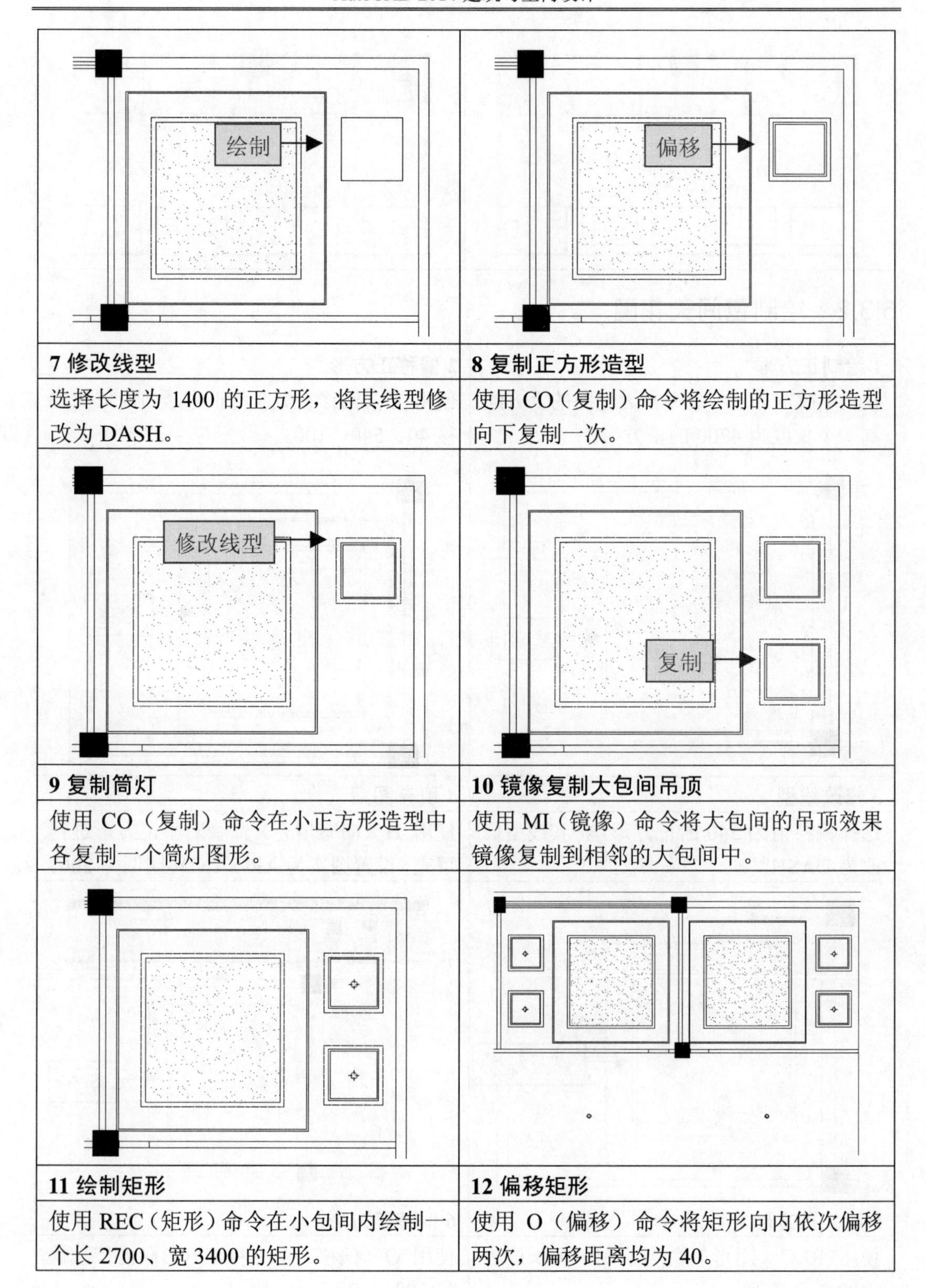

7 修改线型

选择长度为 1400 的正方形，将其线型修改为 DASH。

8 复制正方形造型

使用 CO（复制）命令将绘制的正方形造型向下复制一次。

9 复制筒灯

使用 CO（复制）命令在小正方形造型中各复制一个筒灯图形。

10 镜像复制大包间吊顶

使用 MI（镜像）命令将大包间的吊顶效果镜像复制到相邻的大包间中。

11 绘制矩形

使用 REC（矩形）命令在小包间内绘制一个长 2700、宽 3400 的矩形。

12 偏移矩形

使用 O（偏移）命令将矩形向内依次偏移两次，偏移距离均为 40。

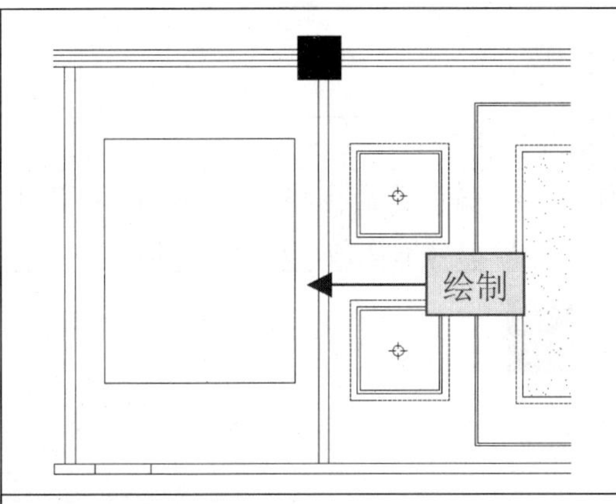

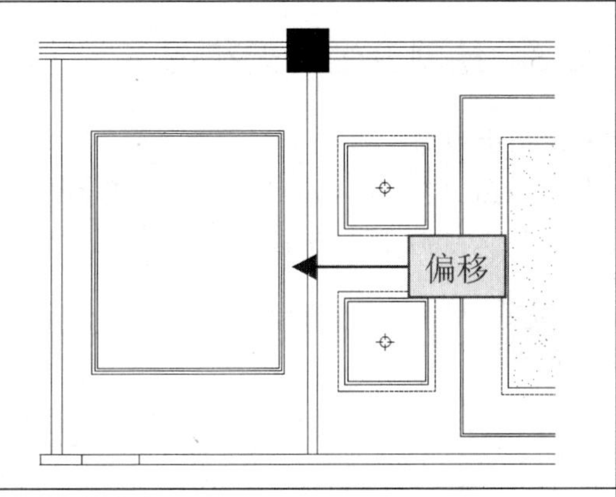

13 偏移线段

❶使用 X（分解）命令将小包间中的大矩形分解。

❷使用 O（偏移）命令将分解后的上方线段向下依次偏移两次，偏移距离均为 1100。

14 绘制直线

执行 L（直线）命令，通过大矩形上、下方的线段中点，绘制一条垂直线段。

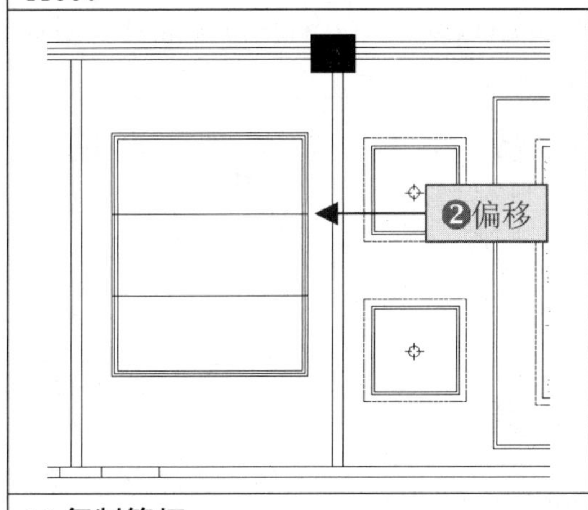

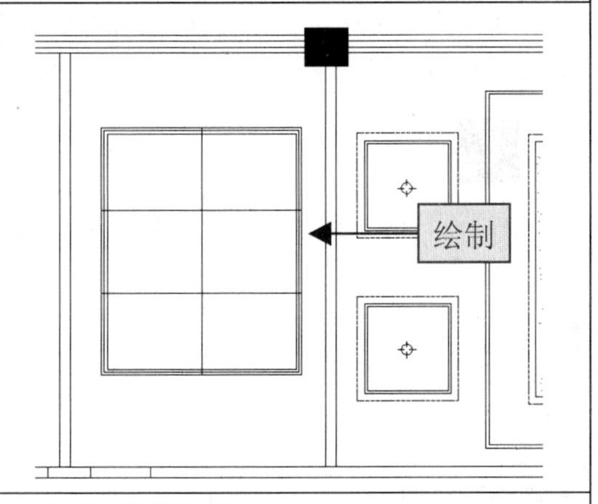

15 复制筒灯

使用 CO（复制）命令将筒灯复制到小包间的顶面造型中。

16 复制顶面造型

使用 CO（复制）命令将小包间的顶面造型依次复制到其他的小包间中。

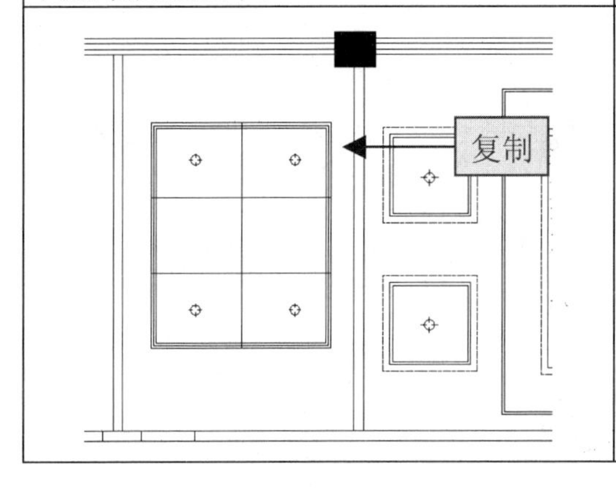

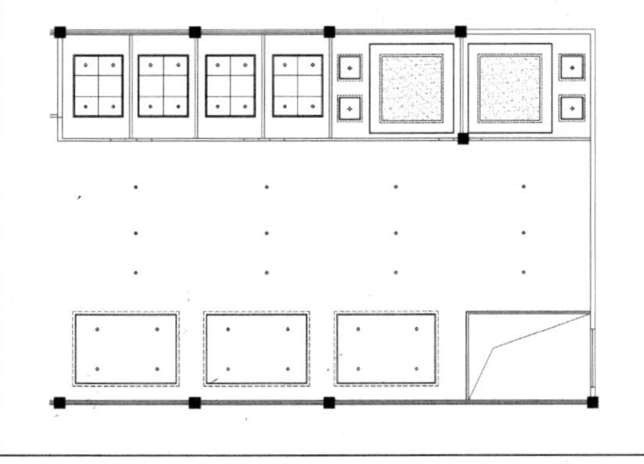

6.3.3 绘制卫生间天花图

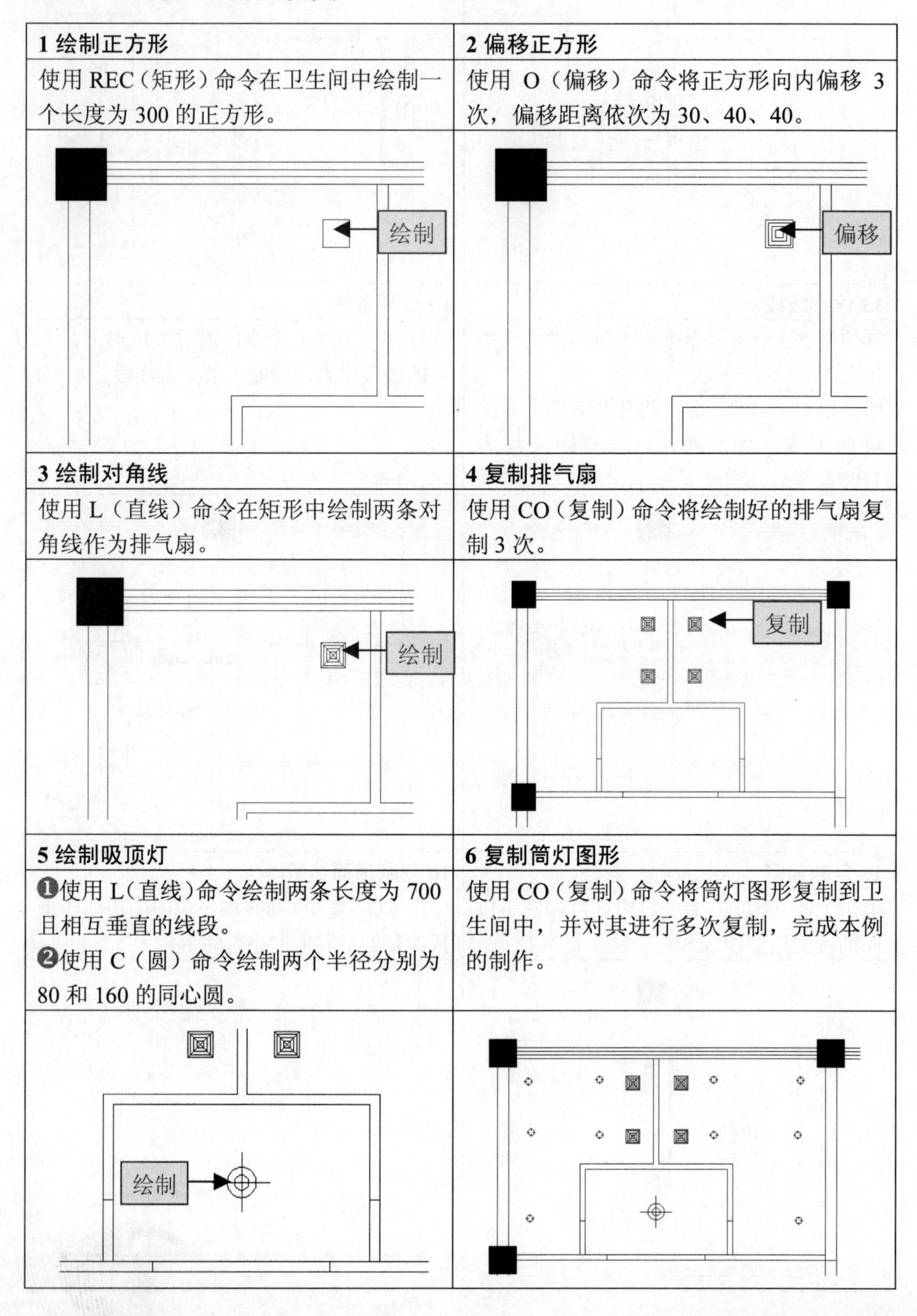

1 绘制正方形	**2 偏移正方形**
使用 REC（矩形）命令在卫生间中绘制一个长度为 300 的正方形。	使用 O（偏移）命令将正方形向内偏移 3 次，偏移距离依次为 30、40、40。
3 绘制对角线	**4 复制排气扇**
使用 L（直线）命令在矩形中绘制两条对角线作为排气扇。	使用 CO（复制）命令将绘制好的排气扇复制 3 次。
5 绘制吸顶灯	**6 复制筒灯图形**
❶使用 L（直线）命令绘制两条长度为 700 且相互垂直的线段。 ❷使用 C（圆）命令绘制两个半径分别为 80 和 160 的同心圆。	使用 CO（复制）命令将筒灯图形复制到卫生间中，并对其进行多次复制，完成本例的制作。

6.4　设计深度分析

茶楼是人们进行休闲、聊天的场所，很多茶楼仍保留了明清风格，即古色古香、飞檐斗拱、红柱青瓦、精雕细刻等特色，所以茶楼中的元素以仿古特色最为典型。茶楼的室内设计都是很有个性的，茶楼室内各种桌椅、茶几、室内挂件陈设相映成趣，浑然一体，整体结构也相当紧凑，从而突出了古典韵味。茶楼还需要以幽为特点，可以使用碎石铺小路以显示雅洁环境。

茶楼内部空间的分割要巧妙，不仅要古朴大方，在博古架上陈设各种茶具和陶艺工艺品，与周围环境相得益彰。还需要整体设计更精致、流畅，这也是我国传统美学中构建特征之一。

茶楼灯光不仅赋予了人们视觉能力，而且为茶楼起了重要的点缀作用。在茶楼中饮茶是一件十分有情趣的雅事，灯在这一过程中自然扮演了极其重要的角色。一是灯光所表现的实用性，即照明功效；二是灯具所具有的艺术性，即灯具的造型为茶楼的整体风格增加了几分风趣。

现在许多的茶楼装修一味地追求豪华的设计，其实这样的效果并不一定就会很好。太豪华的茶楼会使顾客认为，在这里消费会比较高，结果无形间流失了许多的顾客。在总体的风格上不需要太华丽，但是应当具有自己的特色。茶楼是一个文化气氛很重的空间，所以说在整体的设计上，应当能够充分体现出茶的文化。不同的茶楼装修设计让人可以领略到不同的风情，或庄重典雅，或乡风古韵，或西化雅致。

第 7 章　绘制别墅设计图

学习目标

别墅因为其独特的建筑特点，它的设计跟一般的居家住宅设计有一定的区别。别墅设计不但要进行室内的设计，而且要进行室外的设计，这是和一般房子设计的最大区别。因为设计的空间范围大大增加，所以在别墅的设计中，需要侧重表现的是一个整体效果。

本实例中的别墅共分为 3 层，在进行别墅空间的设计时，需要考虑整个空间的使用功能是否合理，然后在此基础上进行合理的设计。

效果展示

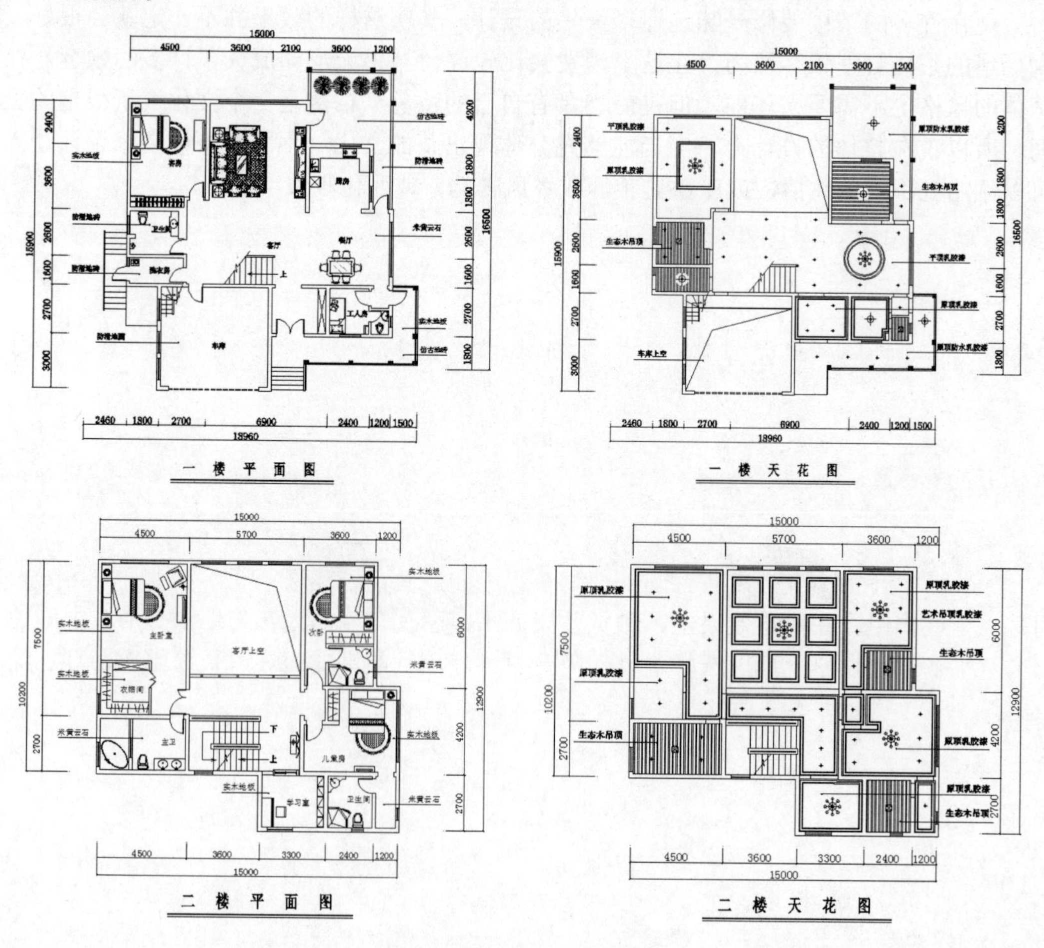

7.1 别墅设计基础

别墅设计的重点仍是对功能与风格的把握，需要在室内设计的过程中做必要的调整，以合理的功能安排和布局，满足业主对于生活功能的要求。

7.1.1 别墅设计的要点

一套别墅就像是一部历史，一个能买得起别墅的业主无疑事业上是成功的。在进行别墅设计时，有以下两个要点。

（1）别墅的设计一定要注重结构的合理运用。局部的细节设计应体现出主人的个性、优雅的生活情趣。在合理的平面布局下着重于立面的表现，注重使用玻璃、石材及质感、涂料来营造现代休闲的居室环境。

（2）在别墅的设计过程中，设计师要考虑整个空间的功能是否合理，在这基础上去演化优雅新颖的设计，因为有些别墅中格局的不合理性会影响整个空间的使用。合理拆建墙体，利用墙体的结构有利于更好地描述出主人的美好爱巢。尤其别墅中最常见的有斜顶、梁、管道、柱子等结构上出现的问题，如何分析和解决问题是设计过程的关键所在。

7.1.2 别墅设计的空间布局

在别墅装修设计中，可以利用使用功能的不同来设计不同的空间布局。在平面、顶面和立面设计中，可以从如下内容进行构思。

1. 平面

别墅设计就功能而言，相对比较齐全，与其他室内环境的装修看似相同，实际上却在功能分配、设计风格等方面，增加了不少难度。设计师将在平面中考虑到在移动的造型屏风、书柜、开敞式展架、投影墙等的设计，将功能分配把握得入木三分。

2. 顶面

天花顶面在人的上方，对空间的影响要比地面显著，因此，天花顶面处理对整修空间起决定性作用。在视觉效果上，触觉效果亦不容忽视，墙面天花与地面是形成空间的两个水平面。在材料上可以选择先进的吸音材料，流行的雷式射灯、长筒丝质吊灯、流行的灯光效果，设计出舒适的灯光环境。

3. 立面

在别墅立面的设计中，各个房间的立面在视觉上应形成独立的空间。设计师可以选用沙比利饰面板、磨砂玻璃等材质，在颜色和材料上相搭配，从而颇具现代感，也实用于豪华的室内空间。

在别墅立面中采用大量的金花米黄大理石饰面，可以显示出简洁、现代、豪华的设计格调。材质的合理利用能使空间充满层次感，特别是随着科技的发展，材料的更新又会带来更多更好的新形式。

7.2 绘制别墅一楼设计图

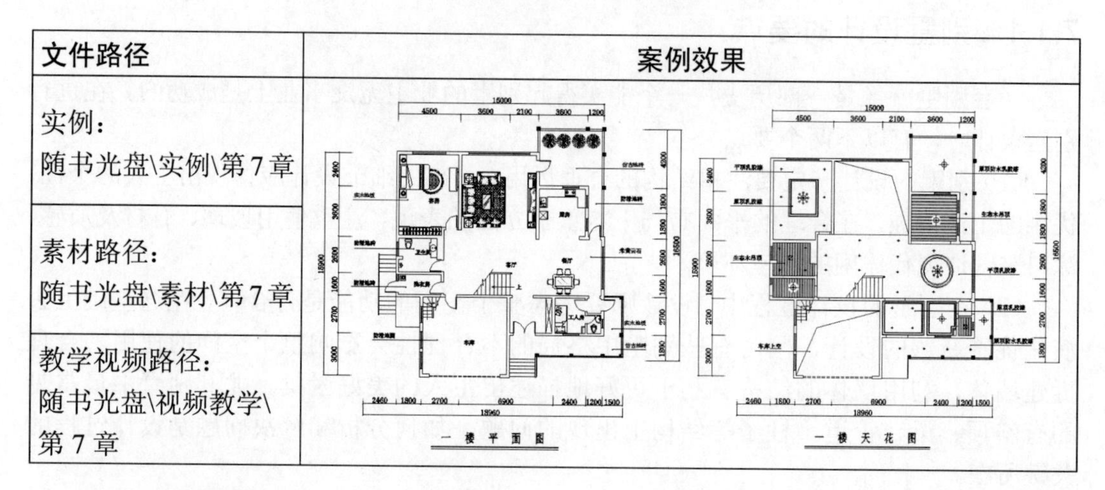

文件路径	案例效果
实例： 随书光盘\实例\第 7 章	一楼平面图　一楼天花图
素材路径： 随书光盘\素材\第 7 章	
教学视频路径： 随书光盘\视频教学\第 7 章	

设计思路与流程

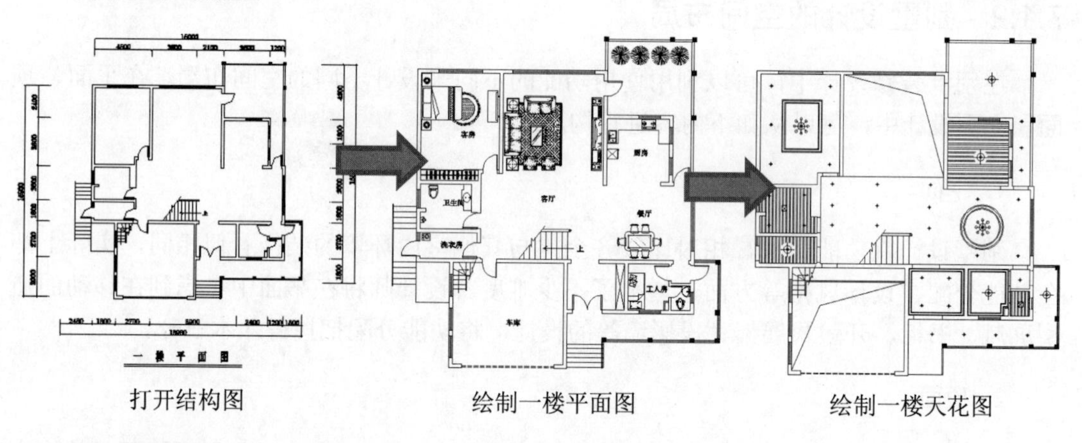

打开结构图　　绘制一楼平面图　　绘制一楼天花图

制作关键点

由于别墅图形的结构较为复杂，但绘制方法与普通家居相似，因此就不再讲解该部分的制作方法。本例的关键点是如何进行别墅一楼平面图和天花图的布置。

- 绘制一楼平面图　绘制一楼平面图时，首先要确定各个区域的功能，然后按照区域功能添加家具、电器等平面素材，在特殊地方需要使用绘图和编辑命令绘制相应装修元素图形，如储物柜、衣柜、厨柜等。
- 绘制一楼天花图　绘制一楼天花图时，需要在平面图的基础上进行修改，然后绘制天花图的造型和灯具，并对特殊区域进行图案填充。

7.2.1　绘制一楼平面图

1 打开素材文件	**2 添加一楼素材图形**
❶选择“文件”|“打开”命令，将素材文件“别墅.dwg”打开。 ❷选择“文件”|“另存为”菜单命令，对文件进行另存。	❶执行 Z（缩放）命令，将一楼平面进行放大显示。 ❷打开“平面图库.dwg”素材文件，将其中的素材图形复制到一楼对应的位置。
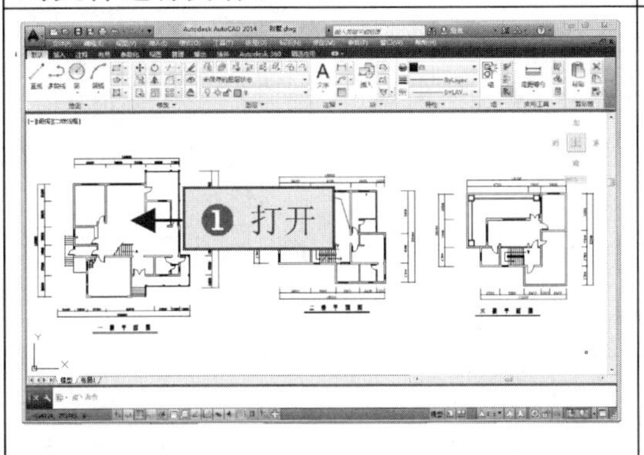	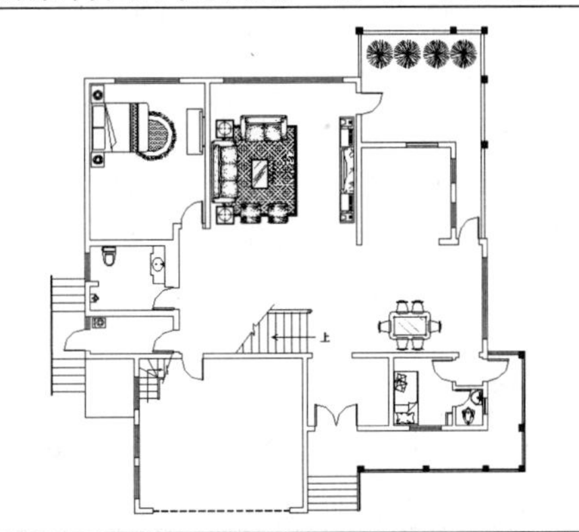
3 偏移厨房墙线	**4 圆角处理偏移线段**
❶执行 O（偏移）命令，设置偏移距离为 600。 ❷依次将厨房中各面墙线向内偏移一次。	❶执行 F（圆角）命令，设置圆角半径为 0。 ❷依次对偏移后的线段进行圆角处理，连接各个线段。
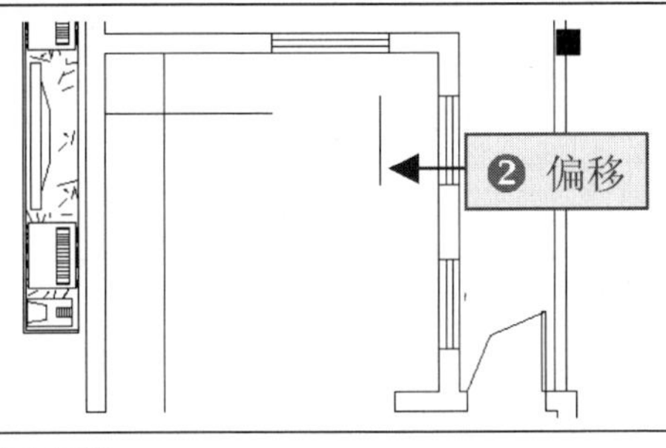	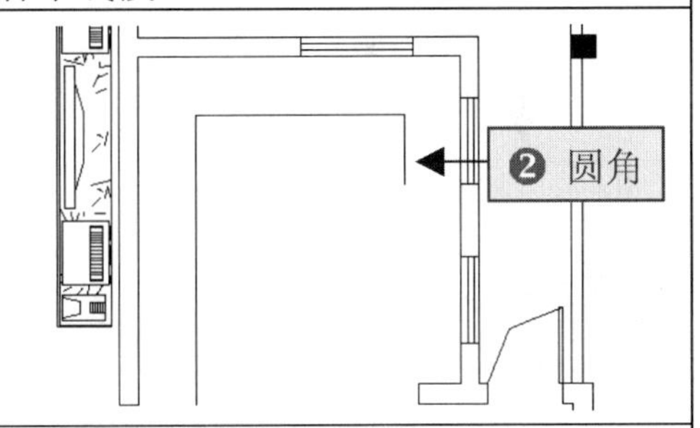
5 绘制直线	**6 修剪线段**
执行 L（直接）命令，通过捕捉厨房窗户的端点，向左绘制一条直线。	执行 TR（修剪）命令，对直线和偏移的线段进行修剪。
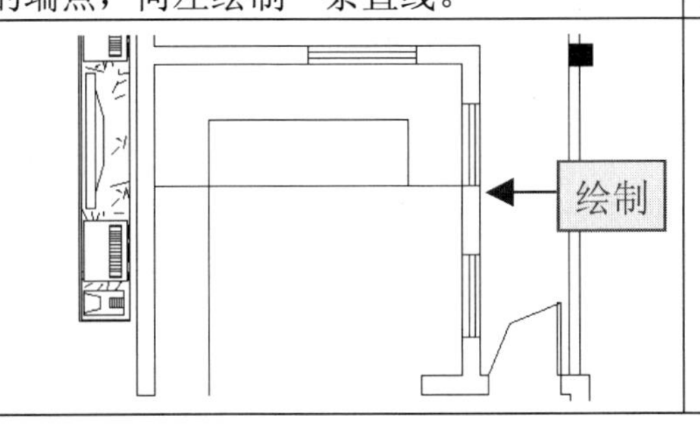	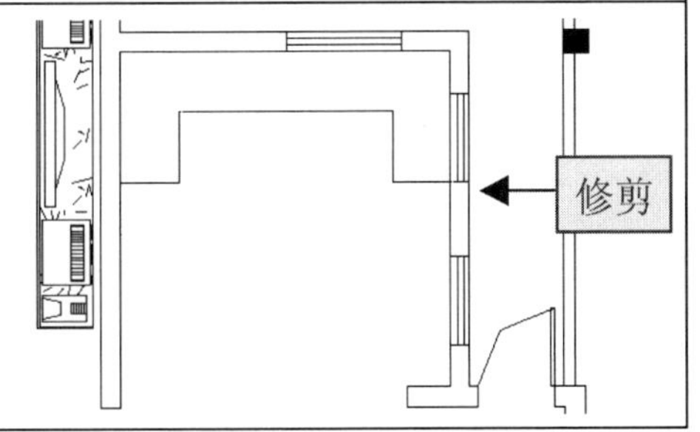

<table>
<tr><td>7 复制素材图形</td><td>8 绘制矩形</td></tr>
<tr><td>将“平面图库.dwg”素材文件中的灶具、水池和冰箱图形复制到厨房中，并适当调整各个图形的位置。</td><td>❶执行 REC（矩形）命令，捕捉客房进门处的墙体端点作为矩形第一个角点。
❷输入矩形另一个角点坐标为“@−780，−40”并确定。</td></tr>
<tr><td>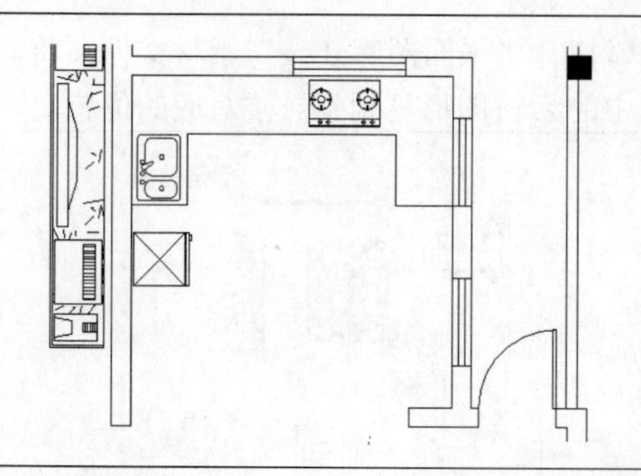</td><td>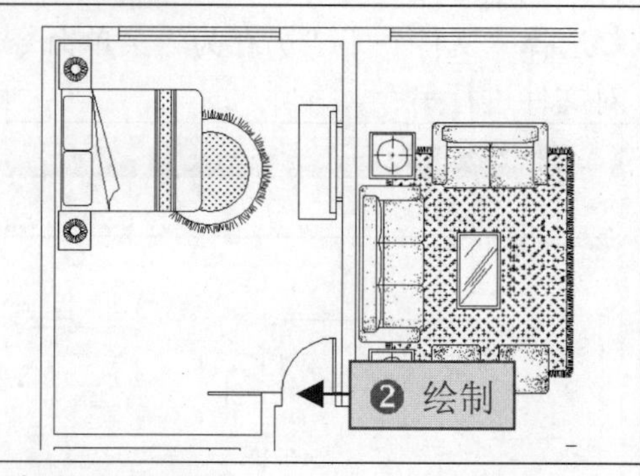
</td></tr>
<tr><td>9 复制矩形</td><td>10 复制衣架图形</td></tr>
<tr><td>执行 CO（复制）命令，通过捕捉矩形的端点，对矩形复制 3 次。</td><td>将“平面图库.dwg”素材文件中的衣架图形复制过来，并适当调整图形的数量和位置。</td></tr>
<tr><td>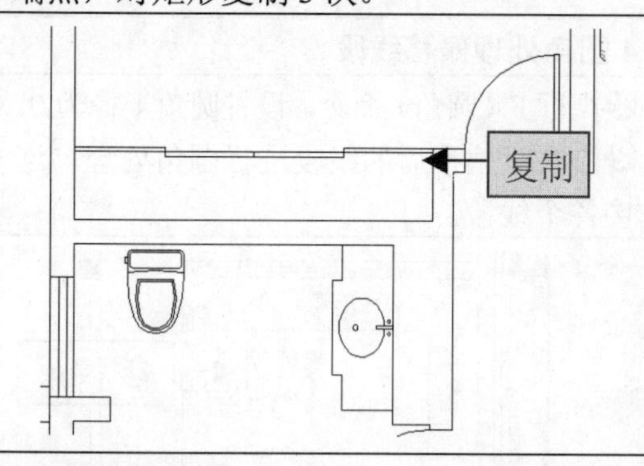
</td><td>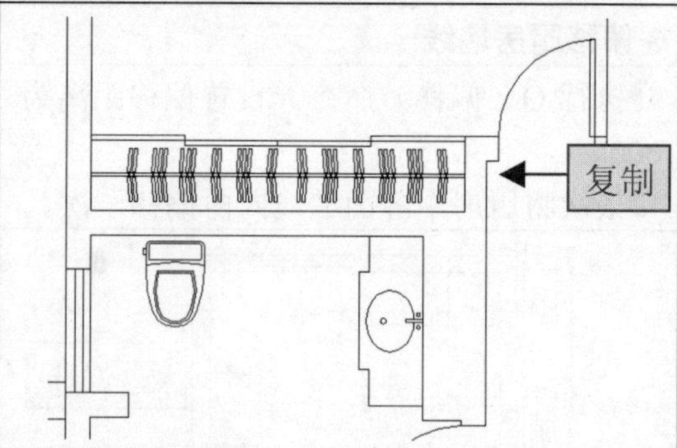
</td></tr>
<tr><td>11 偏移墙体线</td><td>12 绘制对角线</td></tr>
<tr><td>❶执行 O（偏移）命令，设置偏移距离为450。
❷将门厅右方的墙线向左偏移一次。</td><td>执行 L（直线）命令，在偏移线段后得到的矩形区域中绘制两条对角线。</td></tr>
<tr><td>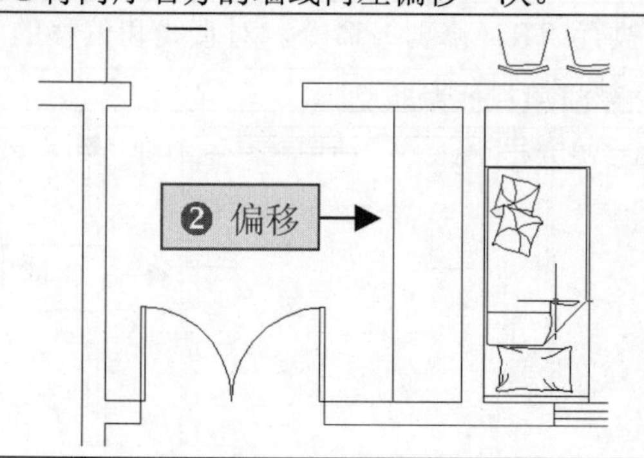
</td><td>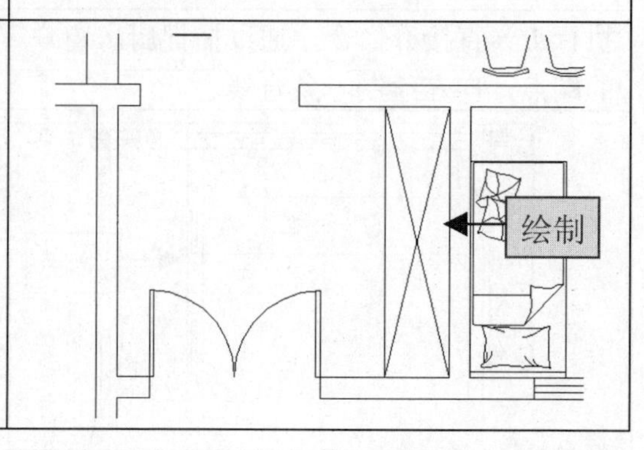
</td></tr>
</table>

13 输入房间功能文字

❶执行 MT（多行文字）命令，设置文字的高度为 280、字体为宋体。
❷依次在各个房间中输入相应的文字说明。

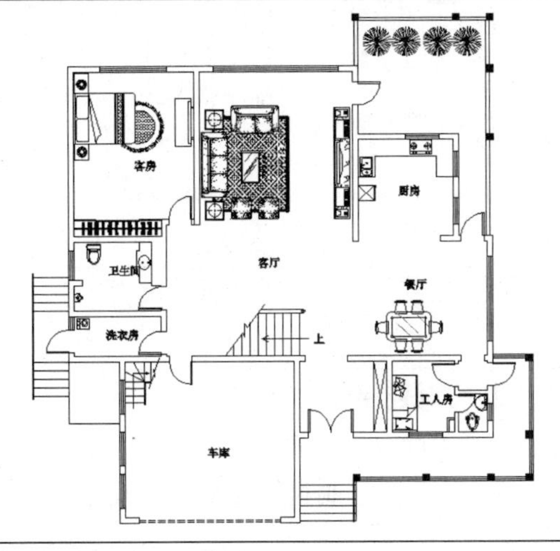

14 执行“多重引线”命令

❶选择“标注”｜“多重引线”命令。
❷按 Space 键选择默认选项“选项”，然后在快捷菜单中选择“内容类型”选项。

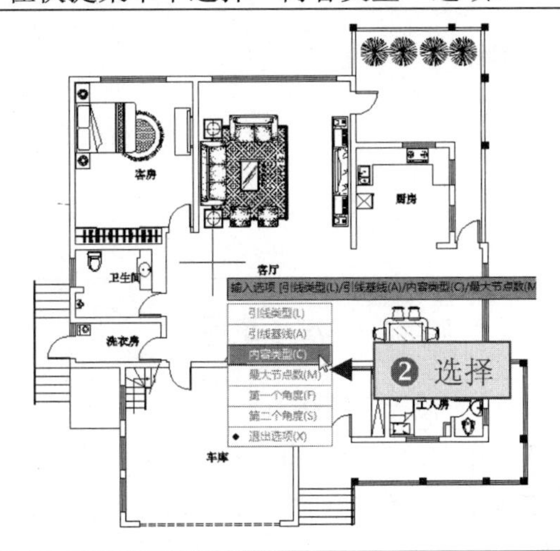

15 选择“无”选项

❶在弹出的快捷菜单中选择“无”选项。
❷返回上一级快捷菜单中选择“退出选项”选项。

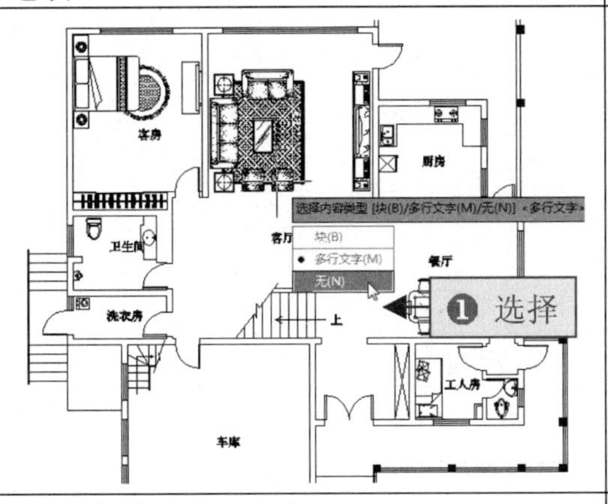

16 绘制多重引线

根据提示在车库中指定引线箭头的位置，然后在车库外指定引线基线的位置，绘制多重引线。

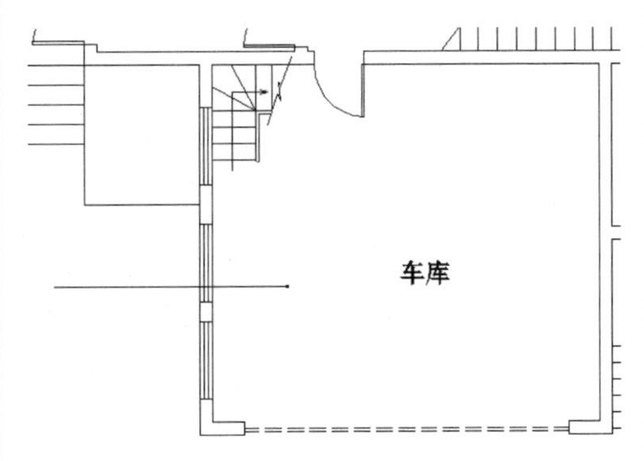

17 创建材质说明文字

❶执行 MT（多行文字）命令，设置文字高度为 280、字体为宋体。
❷在多重引线上方创建“防滑地面”文字内容。

18 创建其他说明文字

参照前面的方法，使用“多重引线”和“多行文字”命令创建其他地面材质的说明文字，完成一楼平面图的绘制。

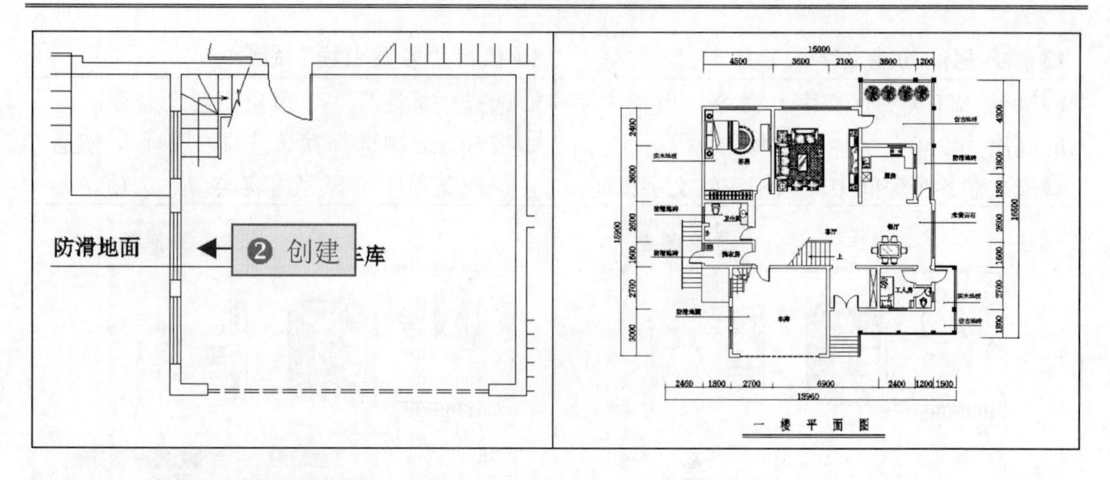

7.2.2 绘制一楼天花图

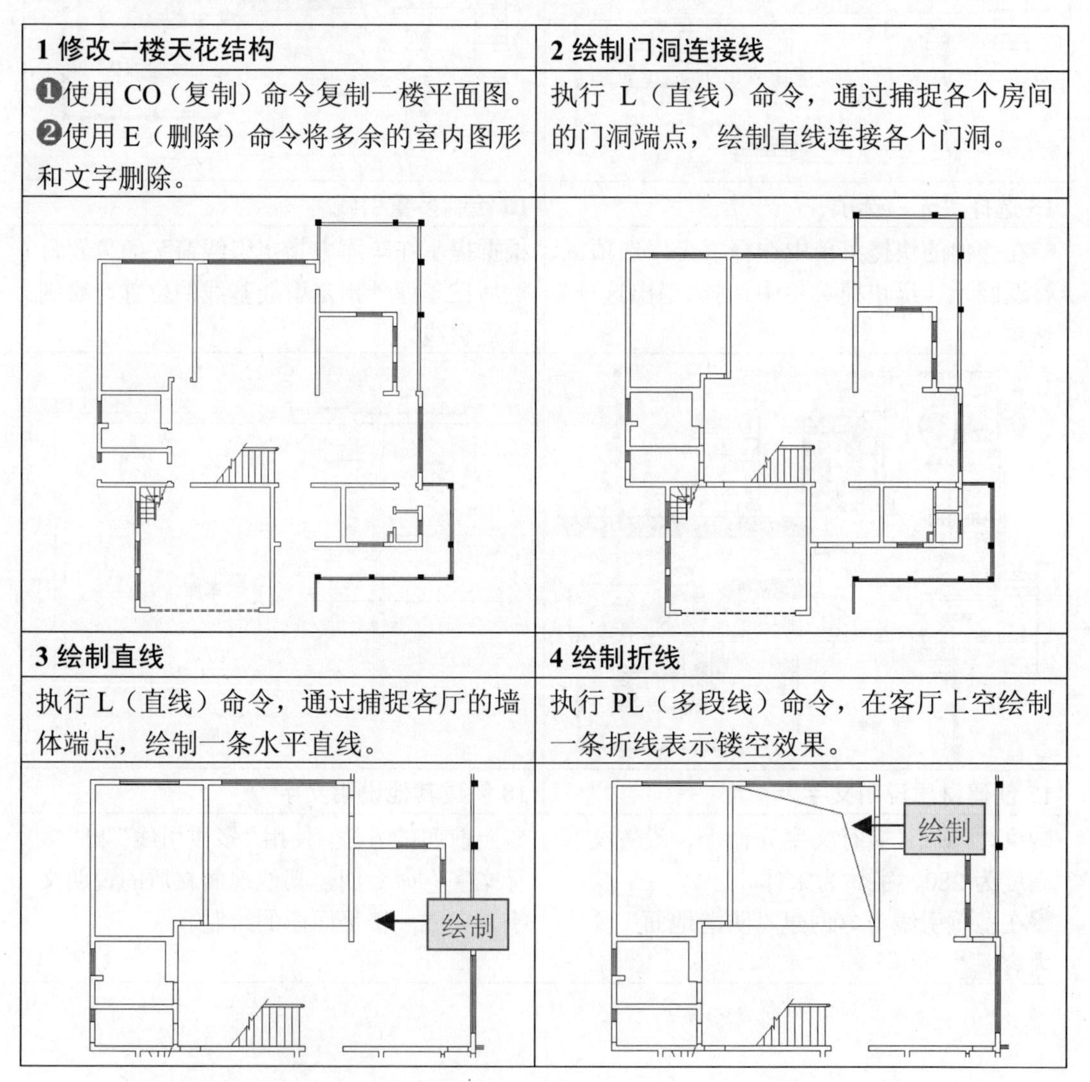

1 修改一楼天花结构

❶使用 CO（复制）命令复制一楼平面图。❷使用 E（删除）命令将多余的室内图形和文字删除。

2 绘制门洞连接线

执行 L（直线）命令，通过捕捉各个房间的门洞端点，绘制直线连接各个门洞。

3 绘制直线

执行 L（直线）命令，通过捕捉客厅的墙体端点，绘制一条水平直线。

4 绘制折线

执行 PL（多段线）命令，在客厅上空绘制一条折线表示镂空效果。

5 绘制参考直线

执行 L（直线）命令，通过捕捉餐厅右方的窗户中点，绘制一条水平直线作为参考线。

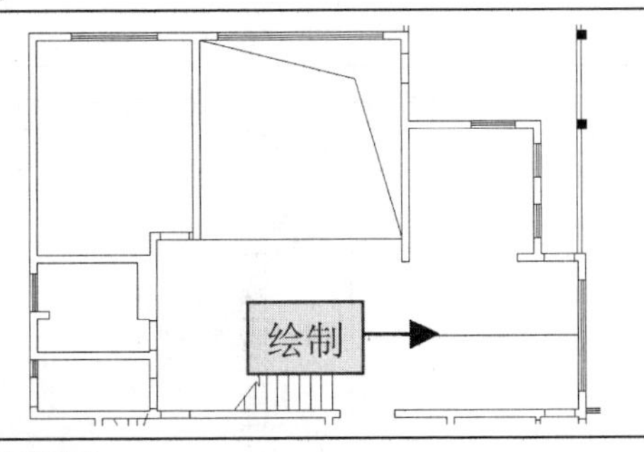

6 绘制圆

执行 C（圆）命令，捕捉参考直线的中心为圆心，绘制一个半径为 1200 的圆。

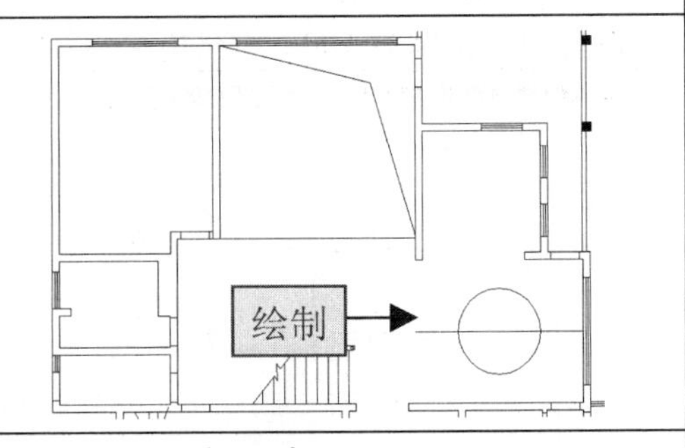

7 偏移圆

❶使用 E（删除）命令将餐厅中的参考直线删除。

❷使用 O（偏移）命令将圆向内依次偏移 40、100、40。

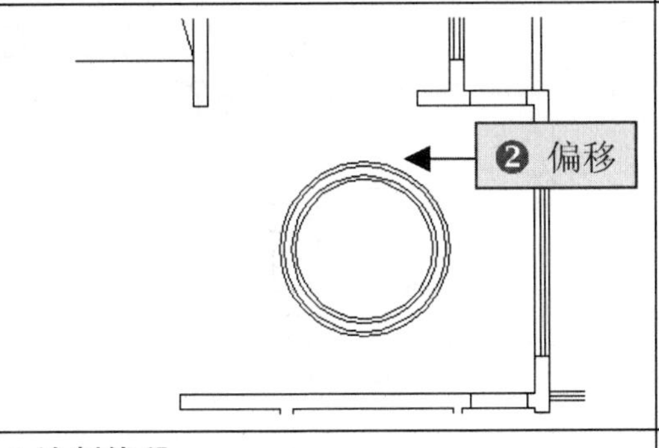

8 复制吊灯到餐厅中

❶打开“灯具图库.dwg”素材文件。

❷将灯具图库中的吊灯复制到餐厅的顶面造型中。

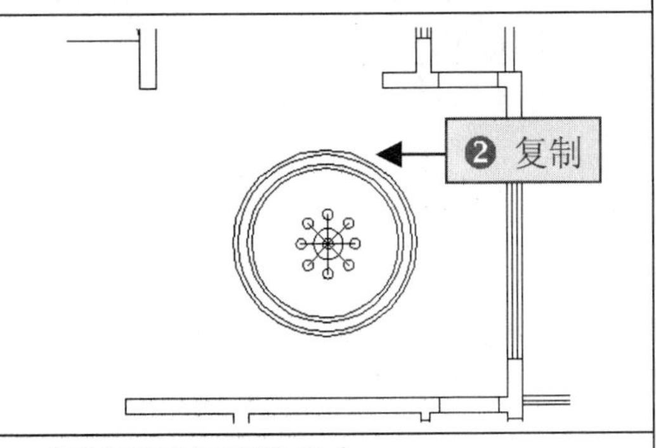

9 绘制线段

执行 L（直线）命令，在餐厅和厨房之间绘制两条直线，作为顶面的横梁。

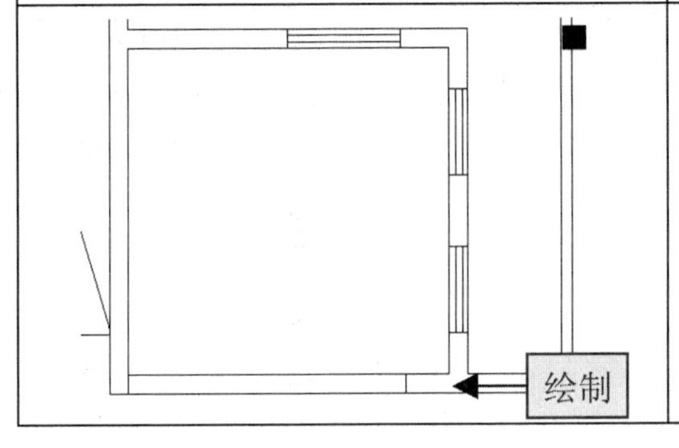

10 复制吸顶灯到厨房中

将灯具图库中的吸顶灯复制到厨房的顶面中。

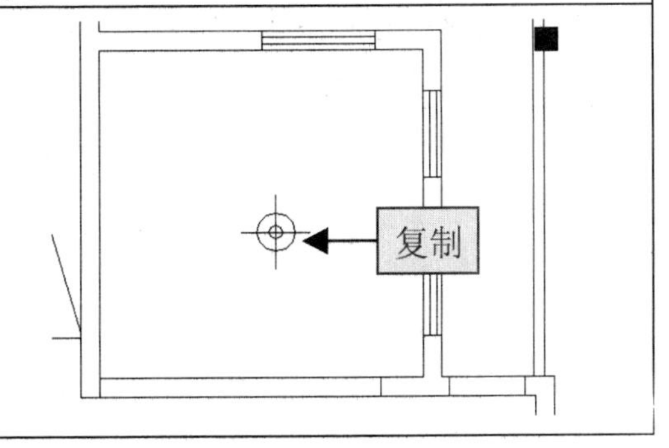

11 填充厨房顶面

❶执行 H（图案填充）命令，在厨房中指定填充的区域。
❷选择 ANSI32 图案。
❸设置图案比例为 500、填充角度为 315。

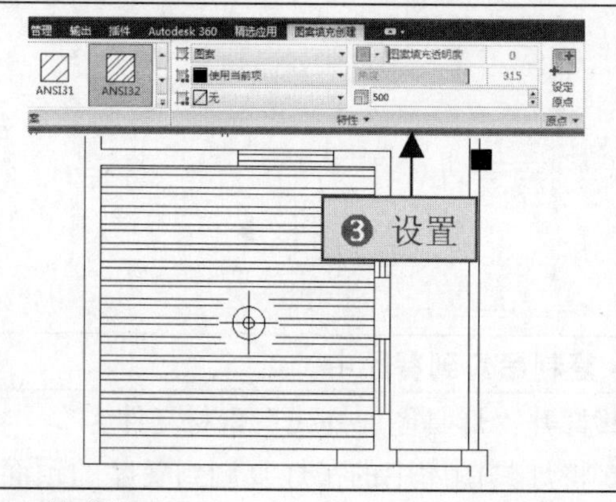

12 绘制矩形

执行 REC（矩形）命令，在客房的顶面中绘制一个长度为 1800、宽度为 2400 的矩形。

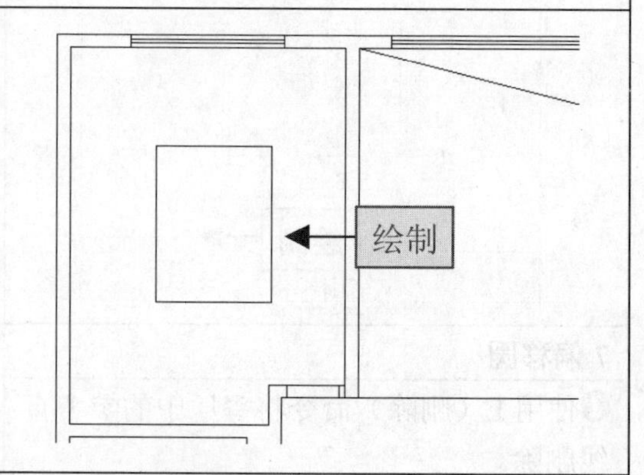

13 偏移矩形

使用 O（偏移）命令将矩形向内依次偏移 40、100、40。

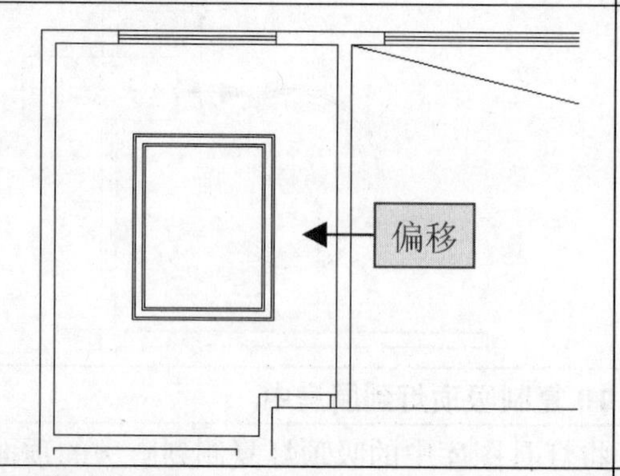

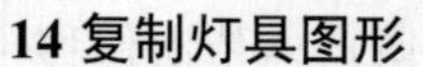

14 复制灯具图形

将灯具图库中的吊灯和筒灯复制到客房的顶面。

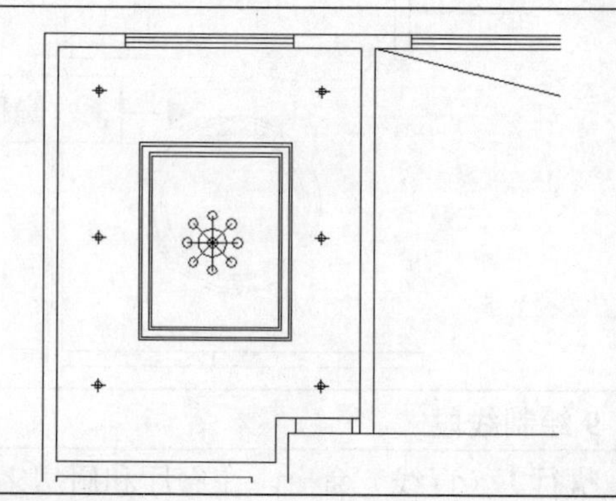

15 绘制多段线

执行 PL（多段线）命令，沿着工人房的边缘绘制一条封闭的多段线。

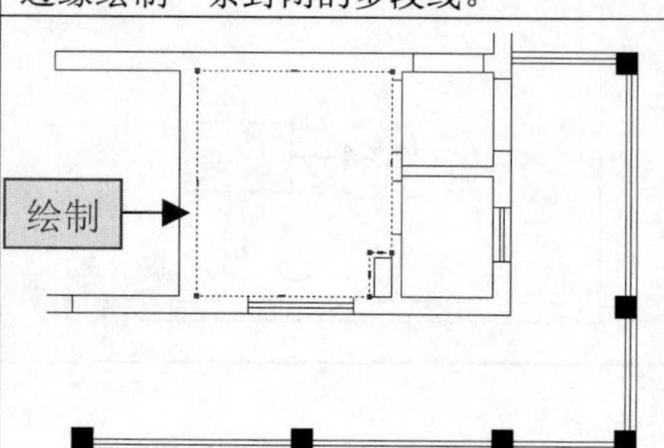

16 偏移多段线

使用 O（偏移）命令将多段线向内依次偏移 40、100、40，以此作为石膏阴角线。

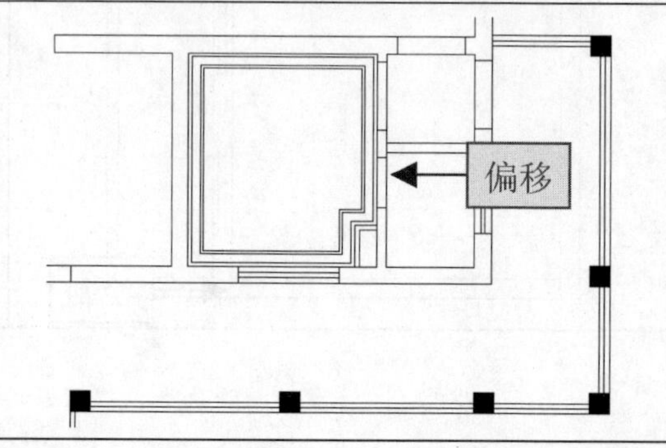

17 绘制并偏移矩形	**18 绘制并偏移直线**
❶使用 REC（矩形）命令沿着门厅的边缘绘制一矩形。 ❷使用 O（偏移）命令将矩形向内依次偏移 40、100、40。	❶使用 L（直线）命令捕捉车库中楼梯线的端点，绘制一条水平直线。 ❷使用 O（偏移）命令将直线向上偏移 50，以此作为栏杆。
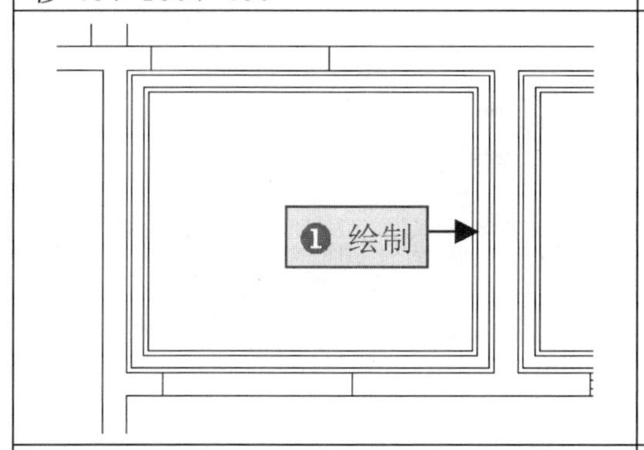	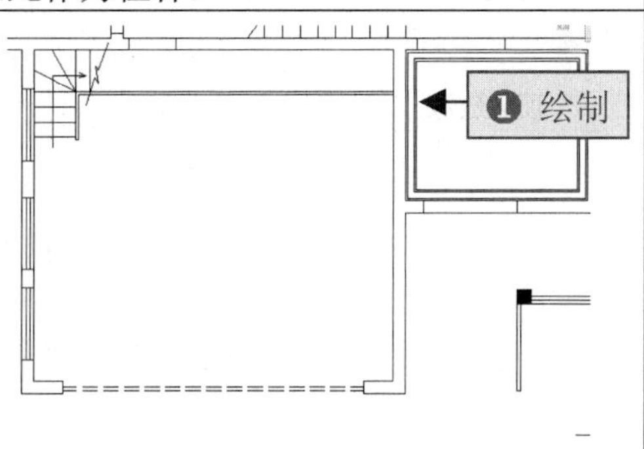
19 绘制折线	**20 复制灯具**
执行 PL（多段线）命令，在车库中绘制一条折线表示镂空效果。	将灯具图库中的吸顶灯、筒灯和浴霸分别复制到卫生间和洗衣房中。
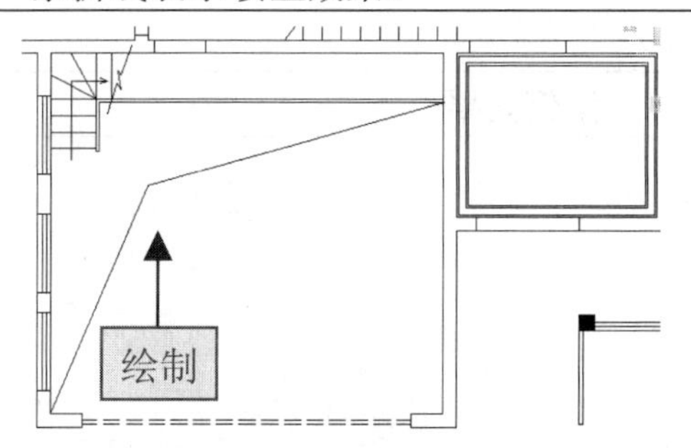	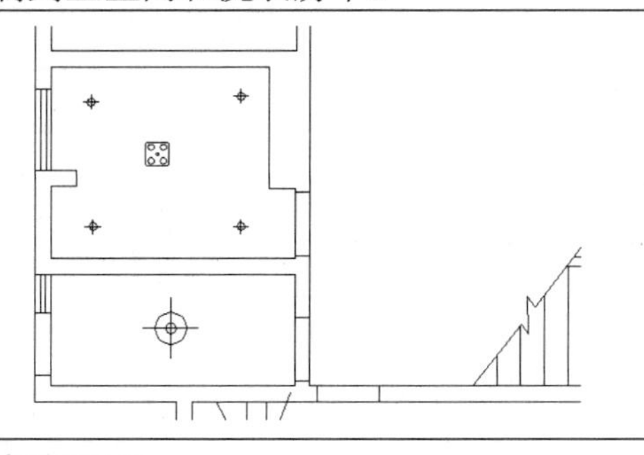
21 填充卫生间和洗衣房	**22 复制灯具**
❶执行 H（图案填充）命令，在卫生间和洗衣房中指定填充的区域。 ❷选择 ANSI32 图案。 ❸设置图案比例为 500、填充角度为 45。	❶将灯具图库中的吸顶灯、筒灯和浴霸分别复制到各个房间中。 ❷使用 CO（复制）命令对筒灯进行复制。
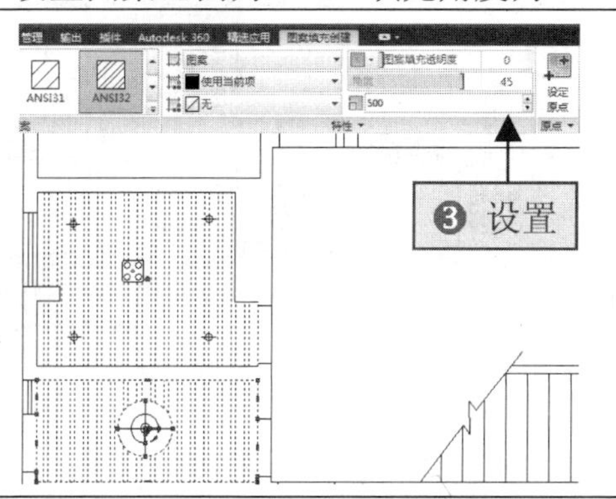	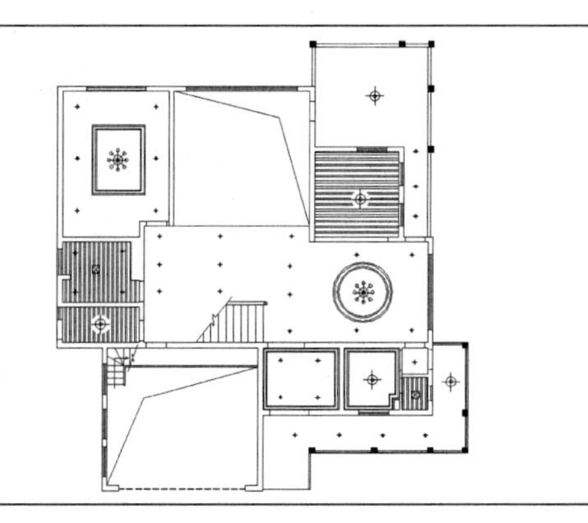

23 创建顶面材质说明	24 创建其他说明文字
❶选择“标注”|“多重引线”命令，在客房处绘制一条引线。 ❷使用 MT（多行文字）命令在引线上方创建说明文字，设置文字高度为 300。	❶ 继续使用“多重引线”和“多行文字”命令对其他地方的材质进行文字注释。 ❷双击图形下方的图形说明文字，然后将其修改为“一楼天花图”，完成本例的制作。
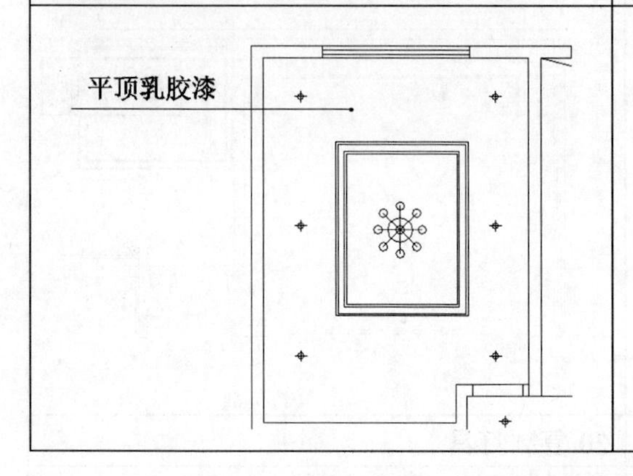	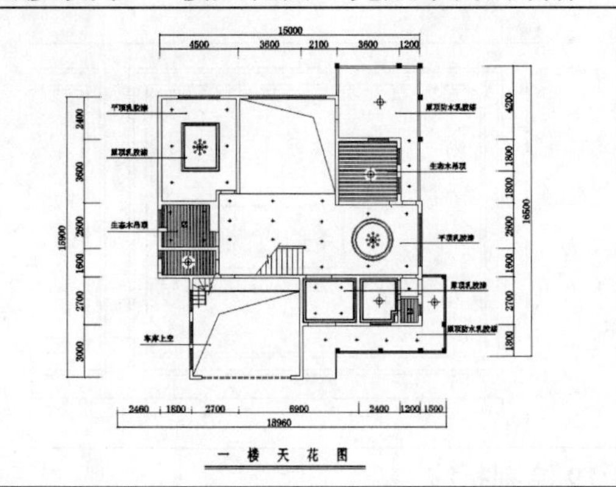

7.3 绘制别墅二楼设计图

文件路径	案例效果
实例： 随书光盘\实例\第 7 章	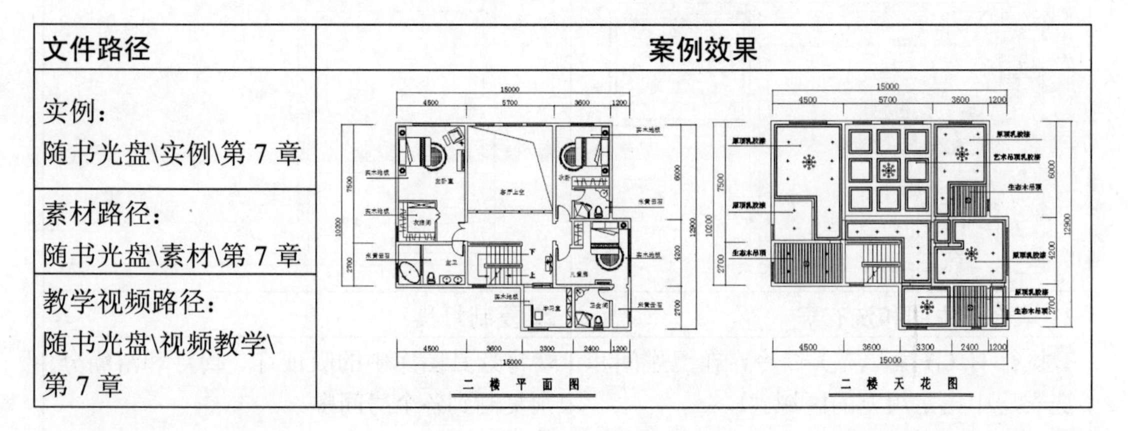
素材路径： 随书光盘\素材\第 7 章	
教学视频路径： 随书光盘\视频教学\第 7 章	

设计思路与流程

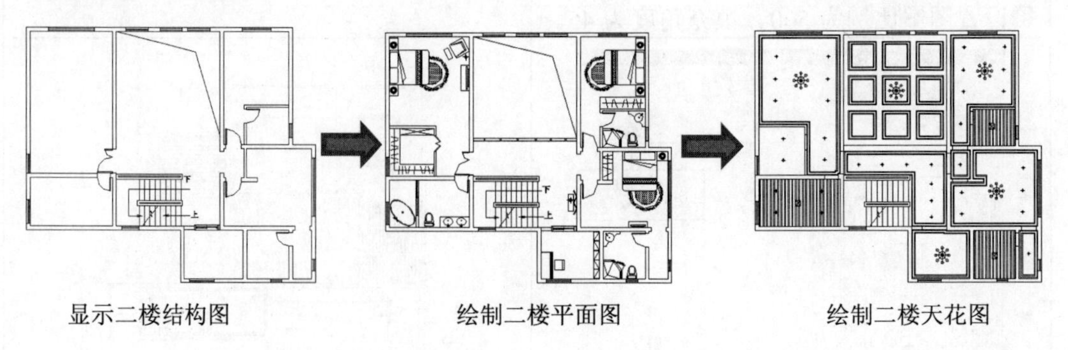

显示二楼结构图　　绘制二楼平面图　　绘制二楼天花图

制作关键点

本例的关键点是进行主卧室、学习室平面和客厅天花造型的设计与制作。

- 绘制主卧室平面　在主卧室中需要绘制一个衣帽间，然后在其中绘制衣柜图形，衣柜的宽度为 600。
- 绘制学习室平面　在书房中需要绘制一个书柜，本例中学习室的宽度为 300。
- 绘制客厅天花造型　在别墅建筑中，客厅的层高一般都很高，其顶面通常在二楼顶面的位置，这样的客厅就显得十分气派。本例的客厅天花的造型是对矩形进行偏移和阵列得到的。

7.3.1　绘制二楼平面图

1 放大显示二楼平面	**2 绘制并偏移直线**
执行 Z（缩放）命令，将“别墅.dwg”素材图形中的二楼平面进行放大显示。	❶使用 L（直线）命令在客厅上方的走廊处绘制一条水平直线。 ❷使用 O（偏移）命令将直线向下偏移 50，以此作为栏杆。
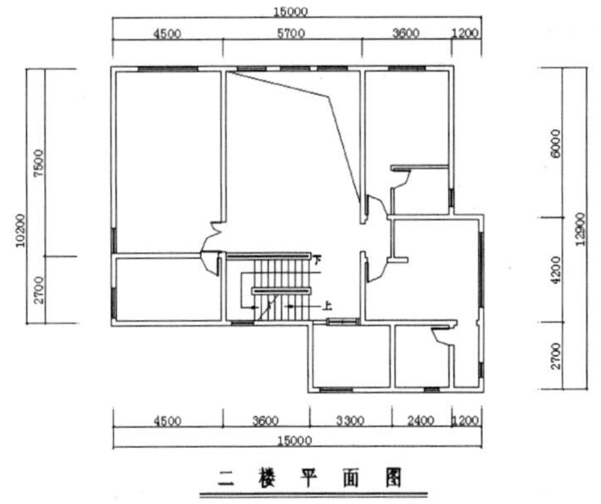 15000 4500 5700 3600 1200 7500 10200 2700 6000 4200 12900 2700 4500 3600 3300 2400 1200 15000 二楼平面图	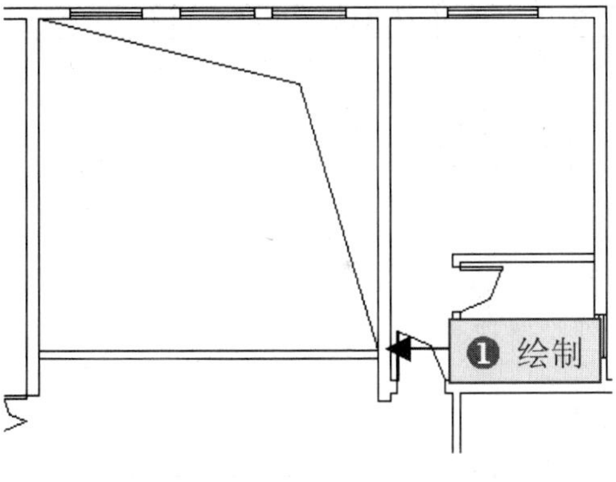 ❶ 绘制
3 绘制矩形	**4 复制矩形**
执行 REC（矩形）命令，在栏杆中绘制一个长度为 40、宽度为 50 的矩形。	执行 CO（复制）命令，将矩形复制 5 次，复制的间距为 900。
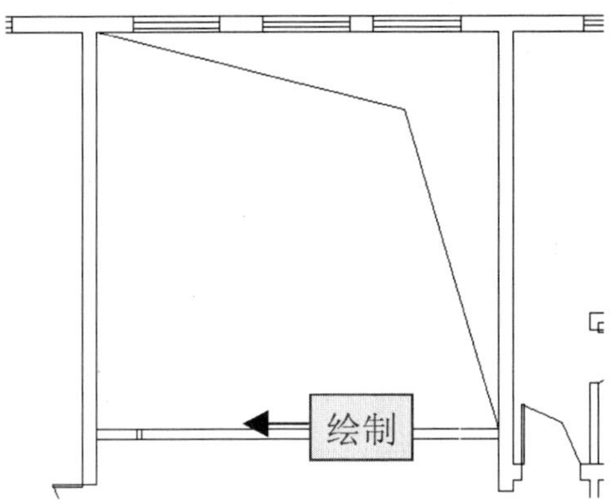 绘制	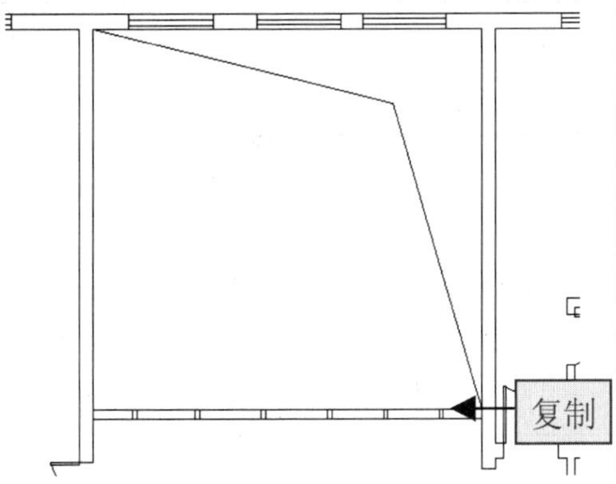 复制

5 复制平面素材

将“平面图库.dwg”素材文件中的素材图形复制到二楼对应的位置，并适当调整各个图形的位置和角度。

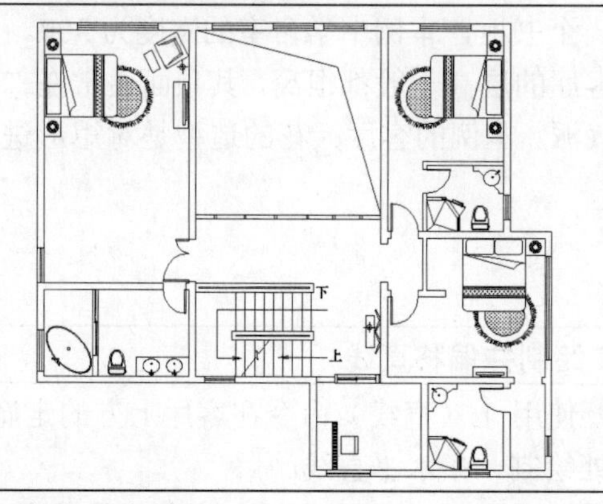

6 偏移水平墙线

执行 O（偏移）命令，将主卧室下方的水平墙线向上依次偏移 2500、120。

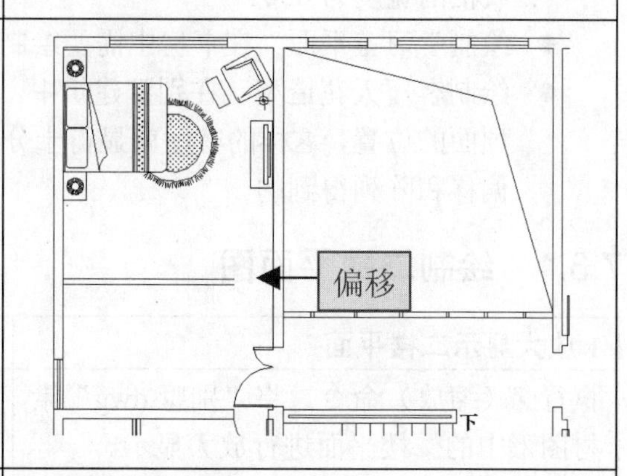

7 偏移垂直墙线

执行 O（偏移）命令，将主卧室左方的垂直墙线向右依次偏移 2400、120。

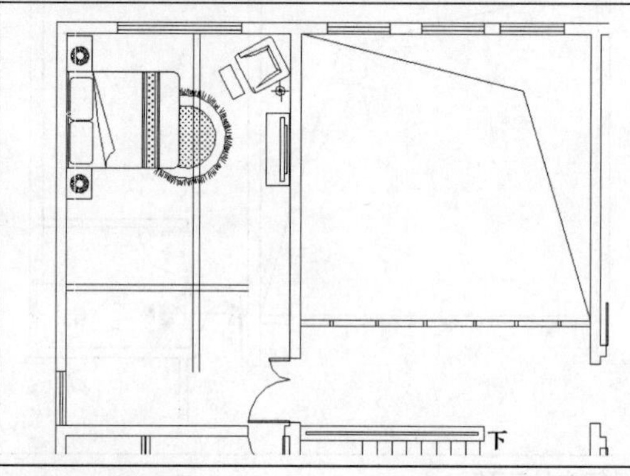

8 延伸偏移墙线

执行 EX（延伸）命令，对偏移的墙线进行延伸。

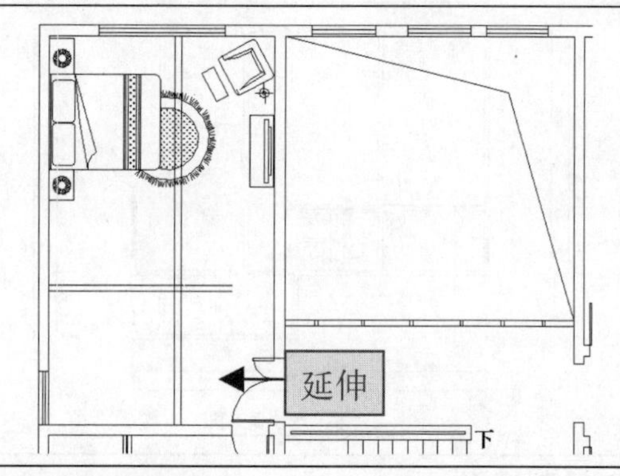

9 修剪线段

执行 TR（修剪）命令，对偏移和延伸的线段进行修剪。

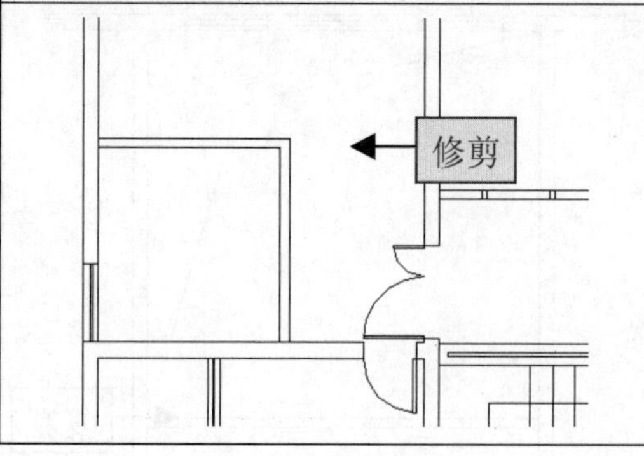

10 偏移水平墙线

执行 O（偏移）命令，将主卧室下方的水平墙线向上依次偏移 1300、800。

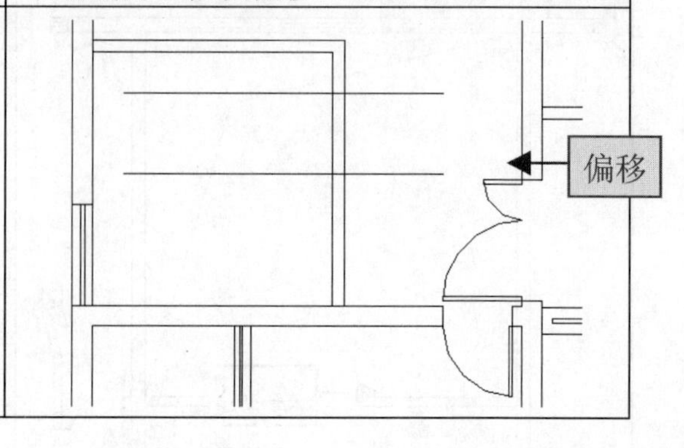

11 修剪线段

执行 TR（修剪）命令，对偏移的线段进行修剪。

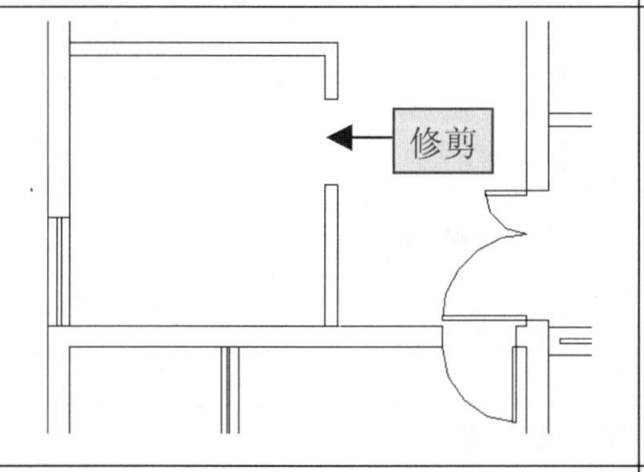

12 绘制矩形

执行 REC（矩形）命令，绘制一个长度为 40、宽度为 400 的矩形。

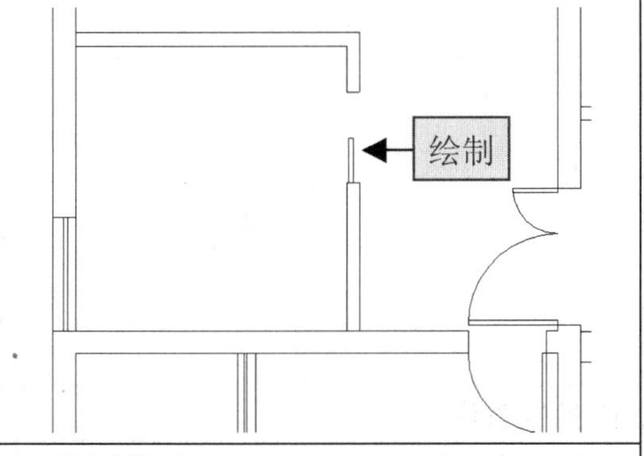

13 旋转矩形

❶执行 RO（旋转）命令，选择矩形作为旋转的对象。

❷以矩形右下方的端点为旋转基点，设置旋转角度为－45。

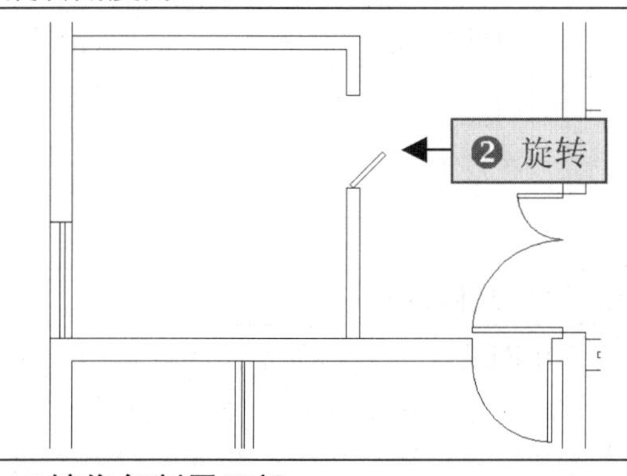

14 绘制圆弧

❶执行 A（圆弧）命令，在矩形右上方端点处指定圆弧的起点。

❷以矩形右下方端点为圆心，绘制圆弧。

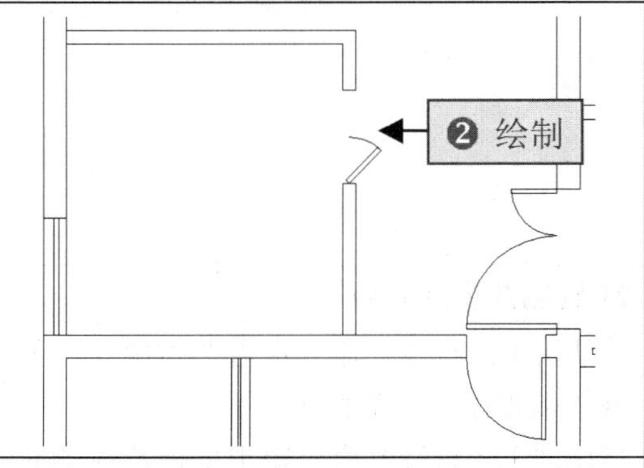

15 镜像复制平开门

执行 MI（镜像）命令，选择绘制好的衣帽间平开门，以圆弧上方端点所在的水平线为镜像线，对平开门进行镜像复制。

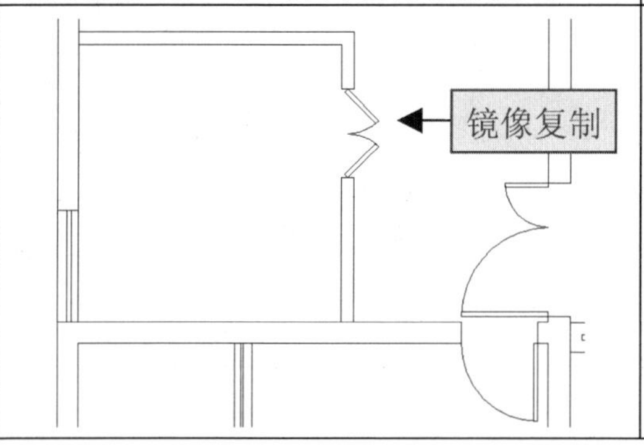

16 偏移衣帽间墙线

执行 O（偏移）命令，将衣帽间上方墙线向下偏移 350，将衣帽间左方和下方的墙线向内偏移 600。

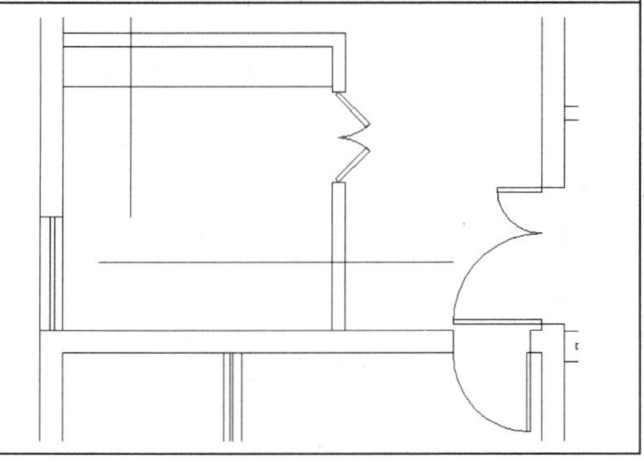

17 修剪线段

执行 TR（修剪）命令，对偏移的线段进行修剪。

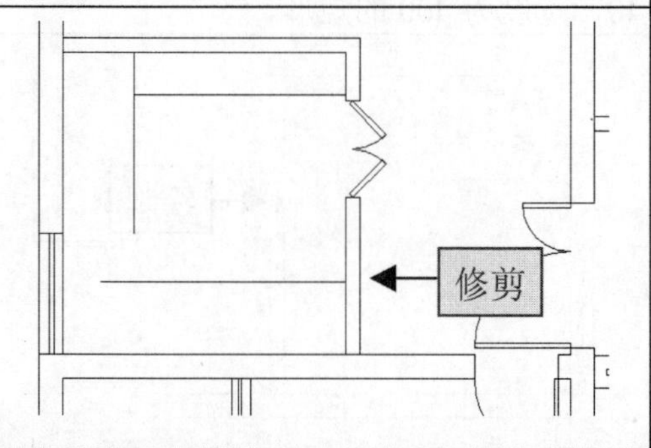

18 圆角线段

执行 F（圆角）命令，设置圆角半径为 0，对左方和下方的线段进行圆角设置。

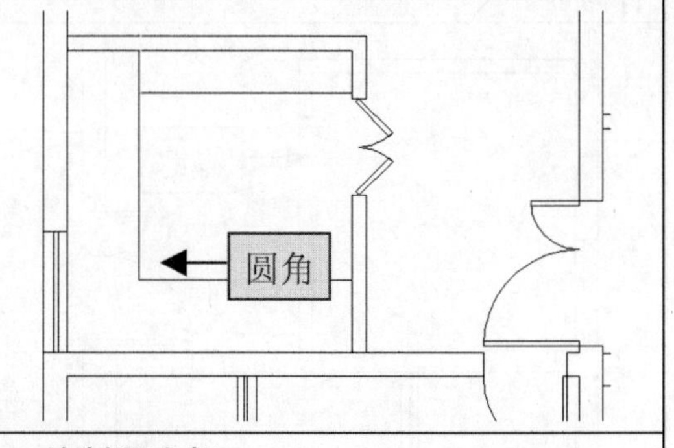

19 绘制直线

执行 L（直线）命令，在上方矩形区域中绘制两条对角线。

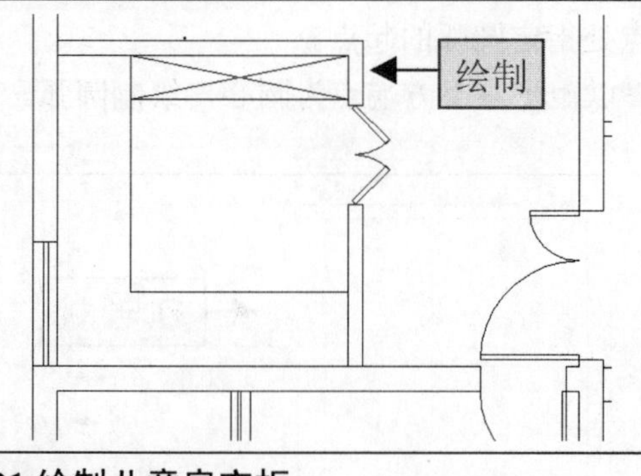

20 绘制晒衣架

执行 L（直线）命令，绘制晒衣架图形。

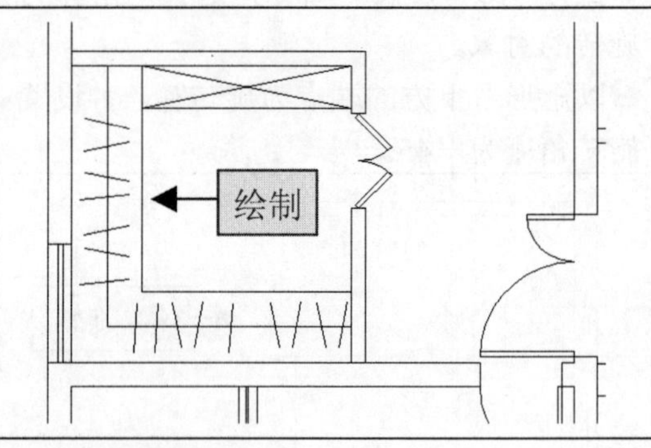

21 绘制儿童房衣柜

❶使用 L（直线）命令沿着儿童房左方的墙体端点绘制一条直线。

❷使用 L（直线）命令矩形框内绘制晒衣架图形。

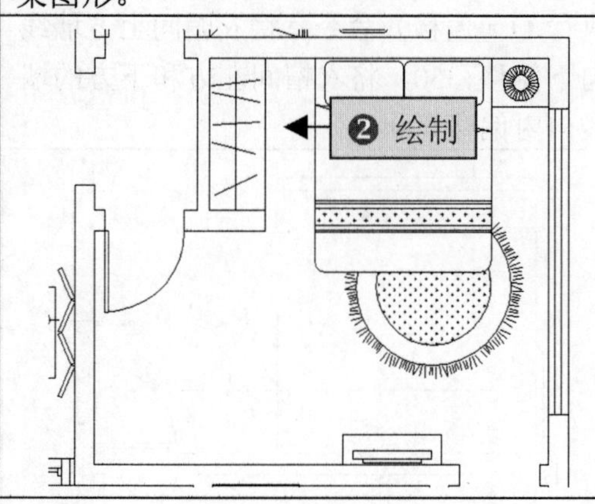

22 绘制次卧衣柜

❶使用 REC（矩形）命令在次卧室中绘制一个长度为 2360、宽度为 600 的矩形。

❷使用 L（直线）命令在矩形中绘制晒衣架图形。

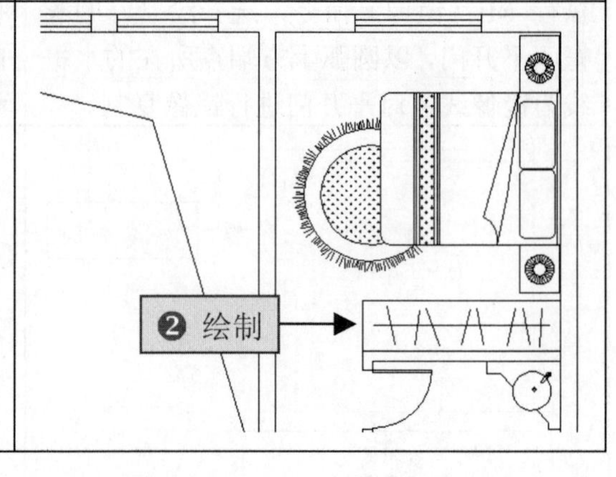

23 偏移右方墙线

执行 O（偏移）命令，将学习室右方的墙线向左偏移 300。

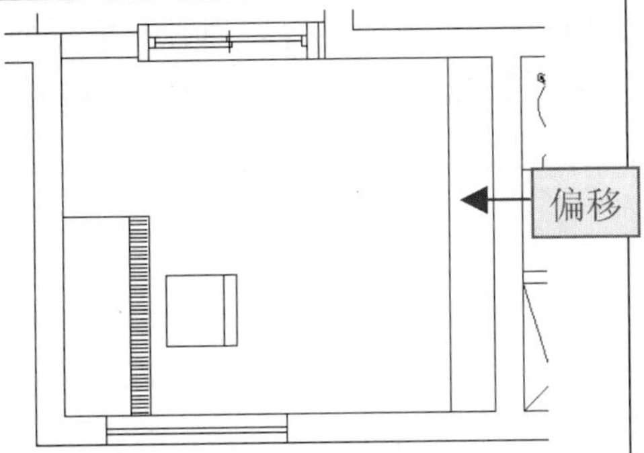

24 偏移上方墙线

执行 O（偏移）命令，将学习室上方的墙线向下依次偏移 30、480。

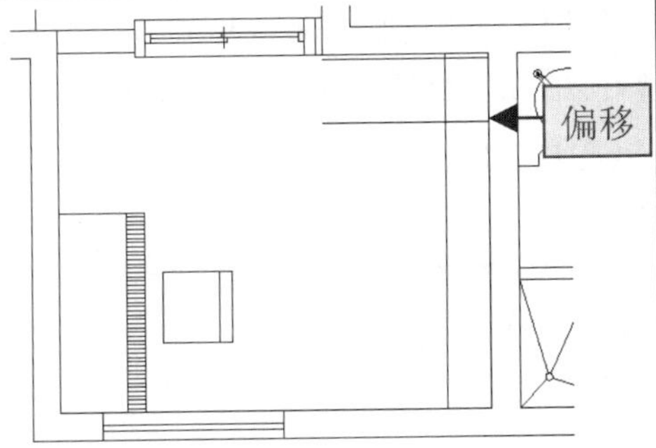

25 复制偏移线段

执行 CO（复制）命令，选择偏移上方墙体得到的两条线段，将其向下复制 4 次，复制间距为 500。

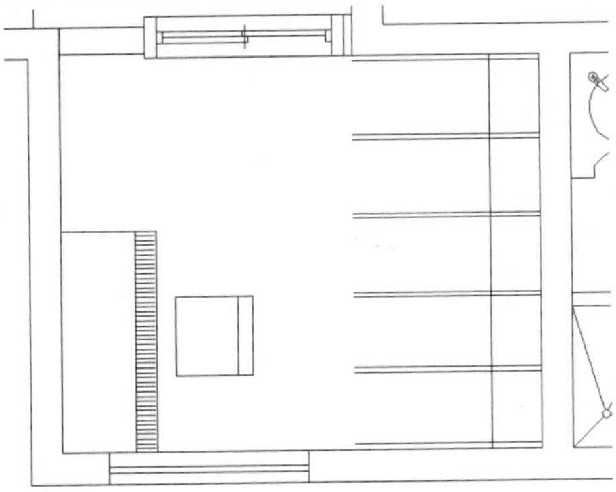

26 修剪线段

执行 TR（修剪）命令，对偏移和复制的线段进行修剪。

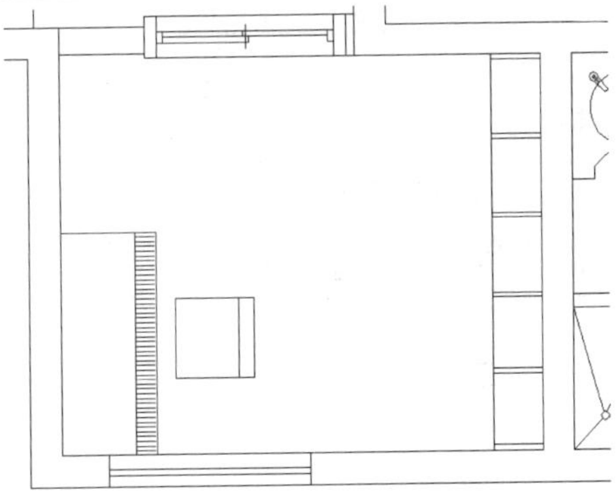

27 绘制直线

执行 L（直线）命令，绘制多条斜线。

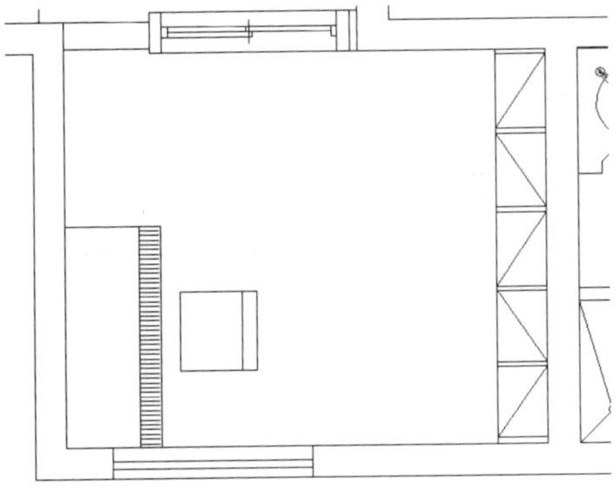

28 创建说明文字

使用“多重引线”和“多行文字”命令对二楼房间功能和地面材质进行文字注释。

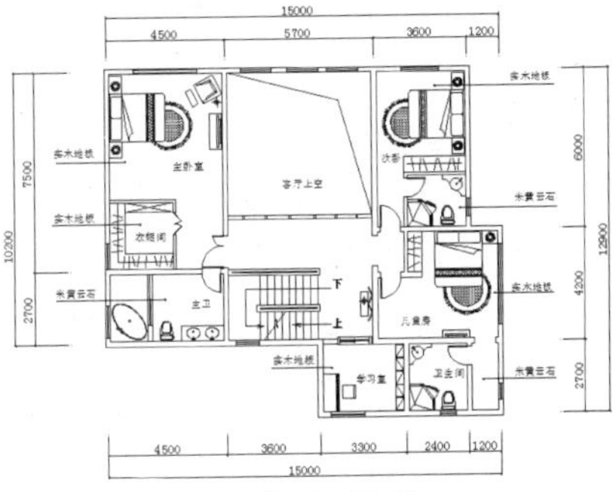

二　楼　平　面　图

7.3.2 绘制二楼天花图

1 修改二楼天花结构

❶使用 CO（复制）命令复制二楼平面图。❷使用 E（删除）命令将多余的室内图形和文字删除。

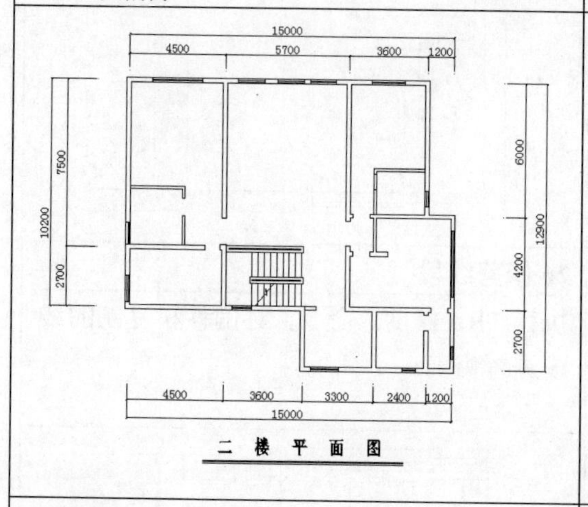

2 绘制门洞连接线

执行 L（直线）命令，通过捕捉各个房间的门洞端点，绘制直线连接各个门洞。

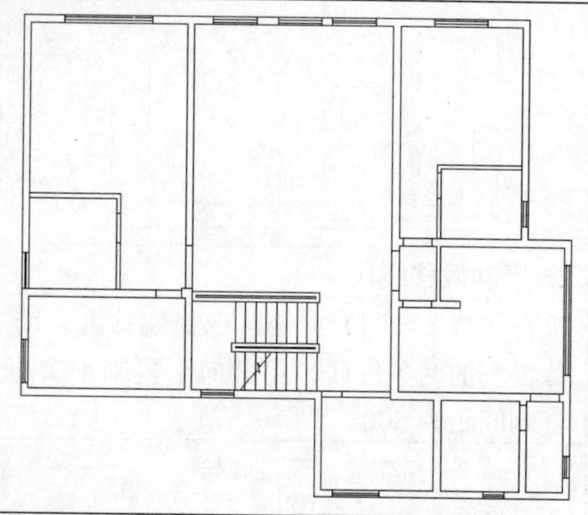

3 绘制直线

执行 L（直线）命令，在客厅上空通过捕捉墙体的端点，绘制一条水平直线。

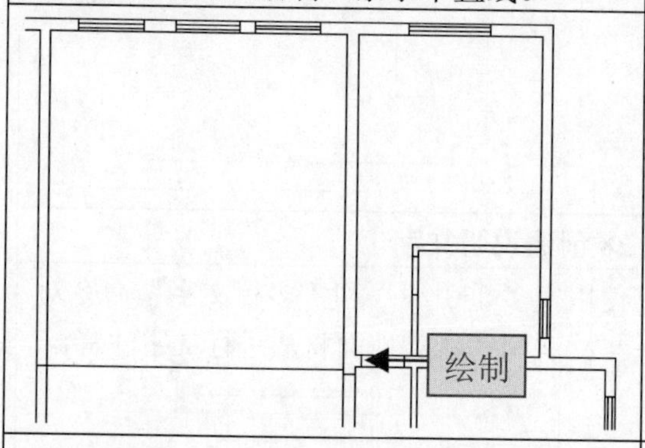

4 偏移线段

执行 O（偏移）命令，将绘制的线段向上偏移 300，作为横梁图形。

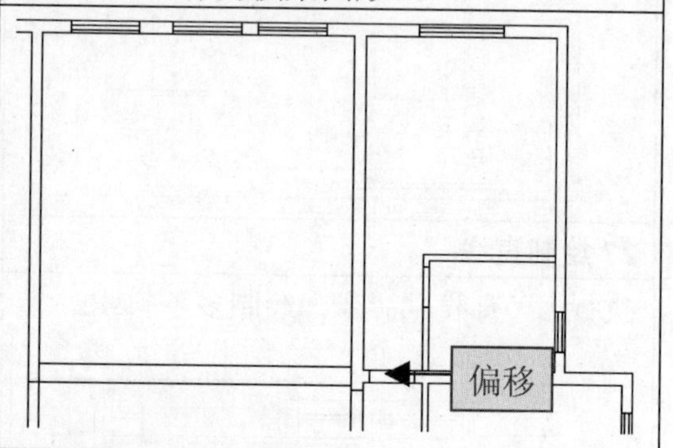

5 绘制矩形

❶执行 REC（矩形）命令，以横梁左上方端点为基点，设置偏移值为“@200,300”，❷绘制一个长度为 1500、宽度为 1500 的矩形。

6 偏移矩形

执行 O（偏移）命令，将绘制的矩形向内偏移 3 次，偏移的距离依次为 40、100、40。

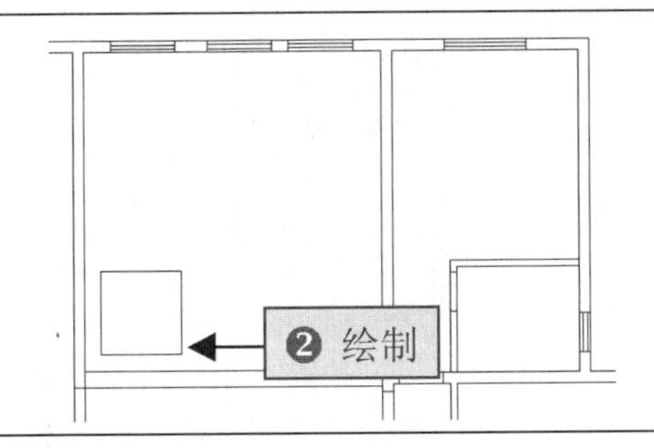

7 阵列矩形

❶执行 AR（阵列）命令，选择创建的矩形为阵列对象。
❷设置阵列方式为“矩形”，设置行数和列数为 3、行距和列距为 1800。

8 复制吊灯到客厅上空

❶打开“灯具图库.dwg”素材文件。
❷将灯具图库中的吊灯复制到客厅的顶面造型中。

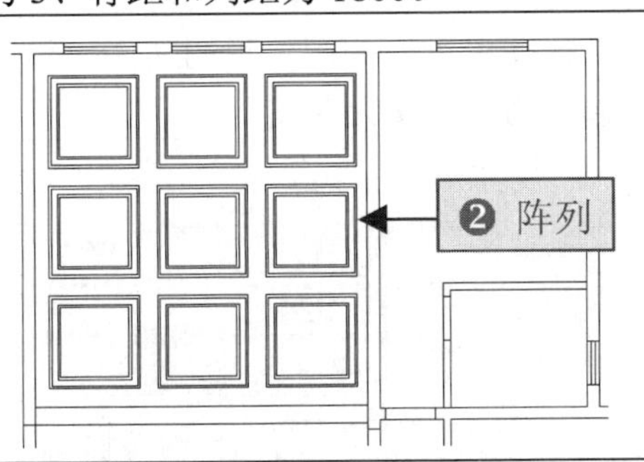

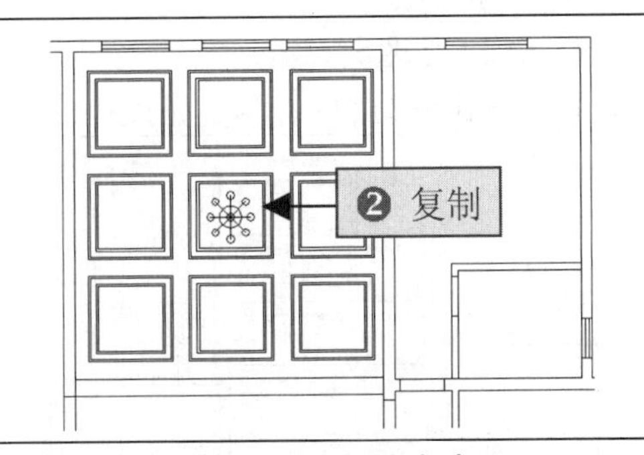

9 绘制和偏移多段线

❶执行 PL（多段线）命令，沿着主卧室的边缘绘制一条多段线。
❷执行 O（偏移）命令，将多段线向内依次偏移 40、100、40。

10 复制吊灯和筒灯到主卧室中

将灯具图库中的吊灯和筒灯图形复制到主卧室的顶面，并对筒灯进行多次复制。

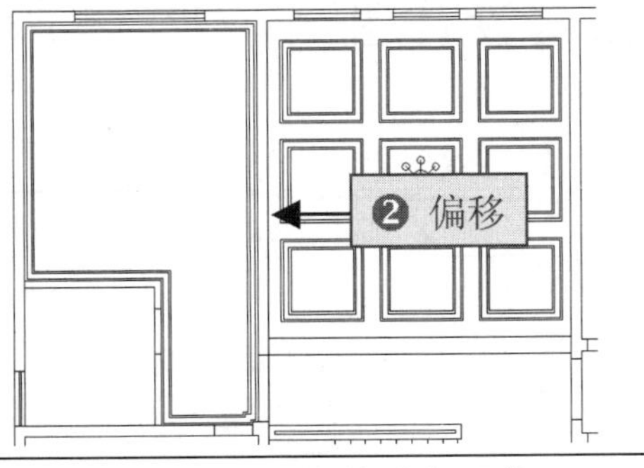

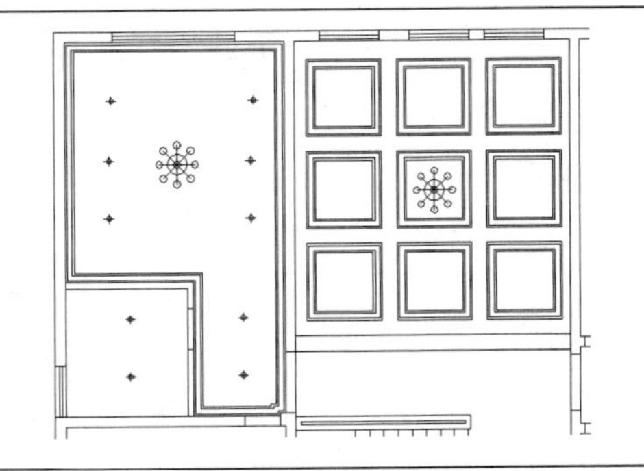

11 在其他区域中绘制和偏移多段线

❶执行 PL（多段线）命令，在其他区域绘制多段线。
❷执行 O（偏移）命令，将多段线向内依次偏移 40、100、40。

12 复制吊灯和筒灯到主卧室中

将灯具图库中的吊灯、筒灯和浴霸图形复制到各个房间的顶面，并对筒灯进行多次复制。

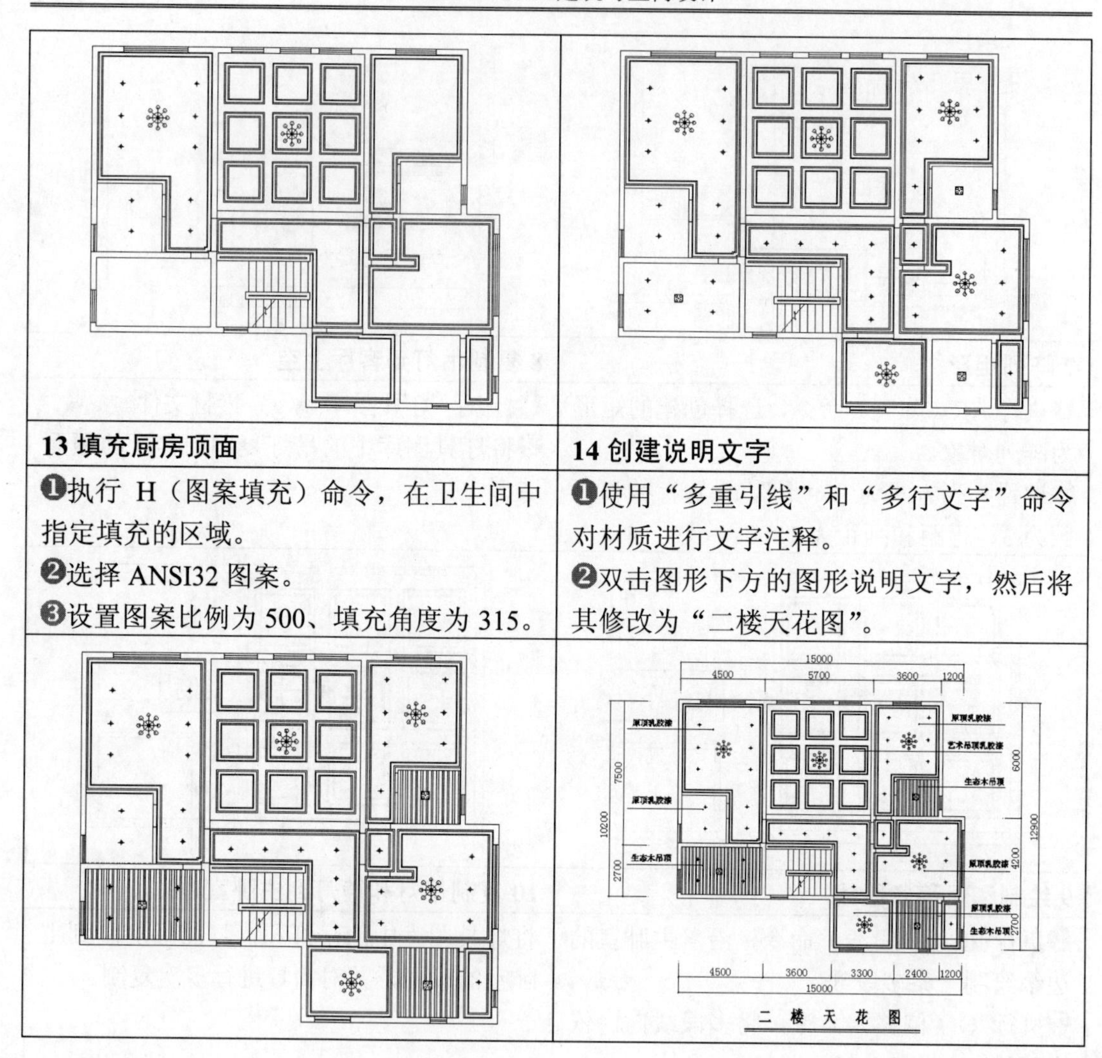

13 填充厨房顶面

❶执行 H（图案填充）命令，在卫生间中指定填充的区域。
❷选择 ANSI32 图案。
❸设置图案比例为 500、填充角度为 315。

14 创建说明文字

❶使用“多重引线”和“多行文字”命令对材质进行文字注释。
❷双击图形下方的图形说明文字，然后将其修改为“二楼天花图”。

7.4 绘制别墅三楼设计图

文件路径	案例效果
实例： 随书光盘\实例\第 7 章	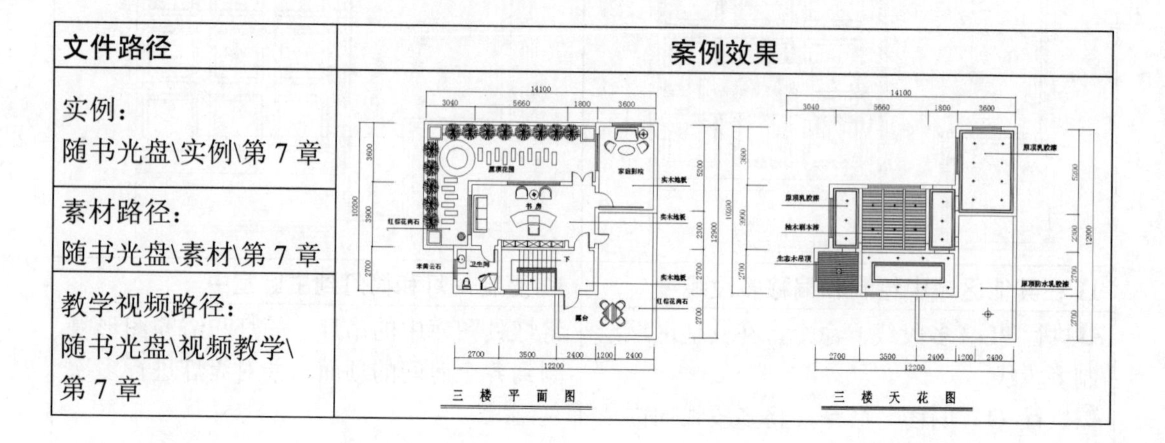
素材路径： 随书光盘\素材\第 7 章	
教学视频路径： 随书光盘\视频教学\第 7 章	

设计思路与流程

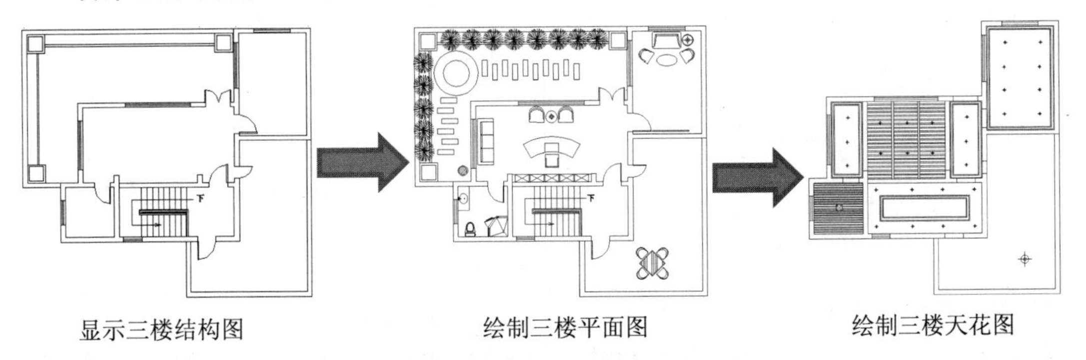

显示三楼结构图　　　　绘制三楼平面图　　　　绘制三楼天花图

制作关键点

本例的关键点是绘制书房和屋顶花园的平面，以及书房顶面造型的设计制作。

- 绘制书房平面　在书房中需要绘制一个书柜，本例中书房的宽度为 380，书柜图形可以使用“偏移”、“阵列”、“复制”命令绘制。
- 绘制屋顶花园平面　在屋顶花园中需要绘制屋顶花园的地面效果和植物的分布效果，还需要绘制排水的地漏图形。
- 绘制书房顶面造型　在本例中，书房顶面造型展示了木质吊顶的效果，图形效果可以使用“偏移”和“图案填充”命令绘制。

7.4.1　绘制三楼平面图

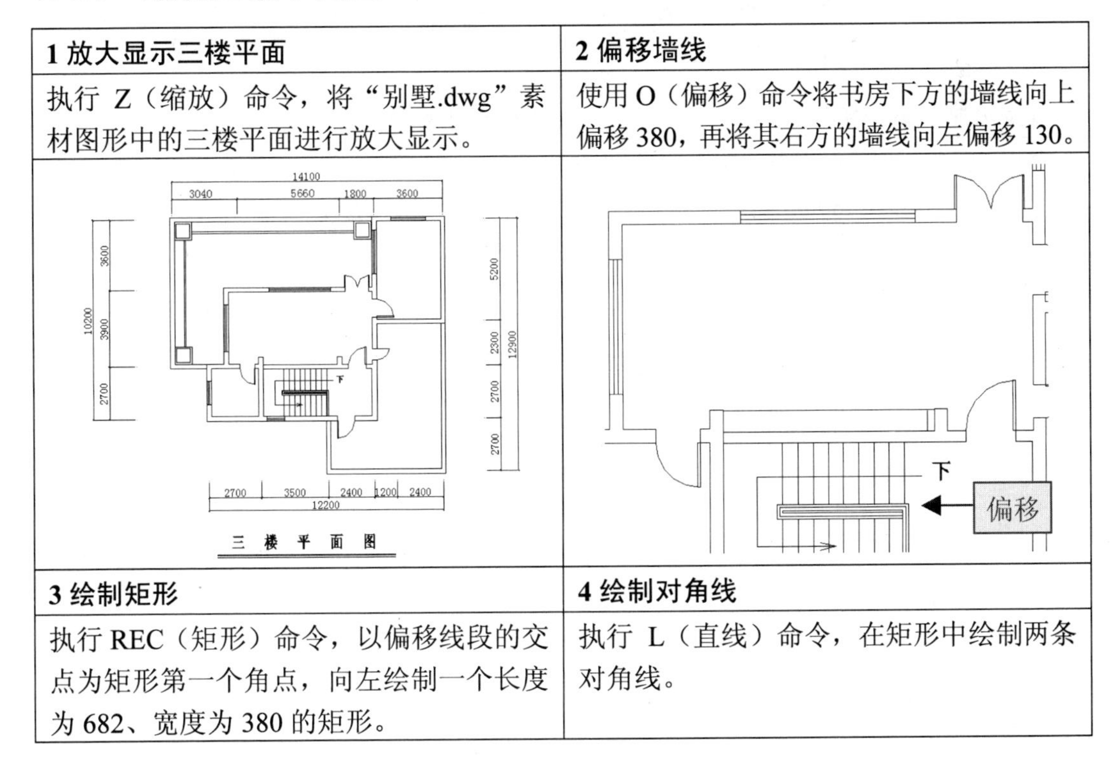

1 放大显示三楼平面	**2 偏移墙线**
执行 Z（缩放）命令，将“别墅.dwg”素材图形中的三楼平面进行放大显示。	使用 O（偏移）命令将书房下方的墙线向上偏移 380，再将其右方的墙线向左偏移 130。
3 绘制矩形	**4 绘制对角线**
执行 REC（矩形）命令，以偏移线段的交点为矩形第一个角点，向左绘制一个长度为 682、宽度为 380 的矩形。	执行 L（直线）命令，在矩形中绘制两条对角线。

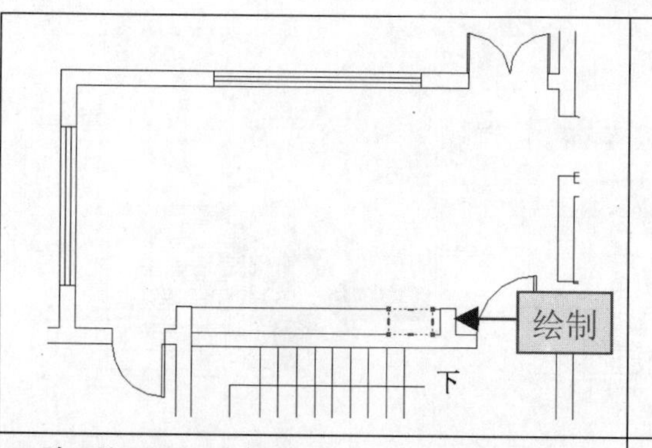

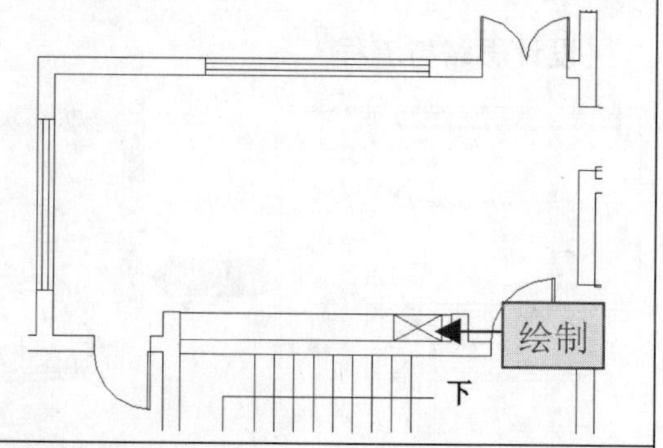

5 阵列矩形和对角线

❶执行 AR（阵列）命令，选择矩形和对角线为阵列对象。

❷设置阵列方式为“矩形”，设置行数为 1、列数为 5、列距为－732。

6 绘制并复制矩形

❶执行 REC（矩形）命令，在屋顶花园上方绘制一个长度为 250、宽度为 800 的矩形。

❷执行 CO（复制）命令，对矩形进行复制。

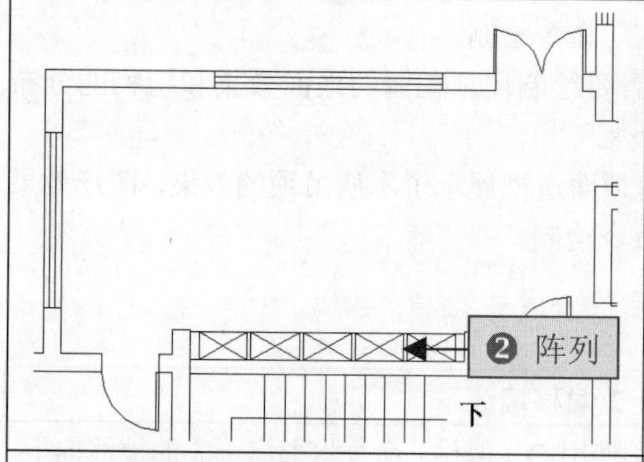

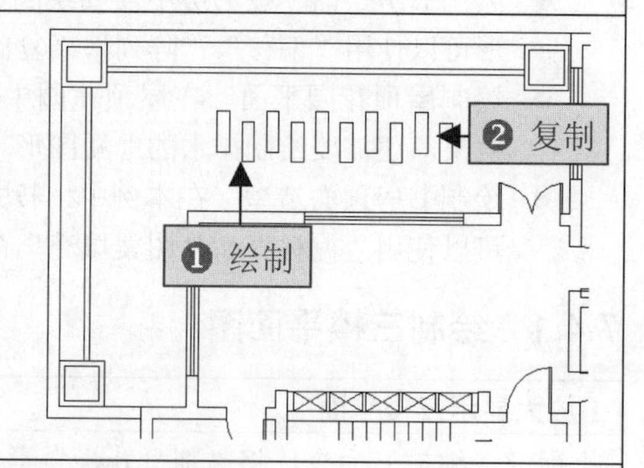

7 继续绘制并复制矩形

❶执行 REC（矩形）命令，在屋顶花园左方绘制一个长度为 800、宽度为 250 的矩形。

❷执行 CO（复制）命令，对矩形进行复制。

8 绘制并偏移圆形

❶执行 C（圆）命令，在屋顶花园左上方绘制一个半径为 1100 的圆形。

❷执行 O（偏移）命令，将圆形向内偏移 450。

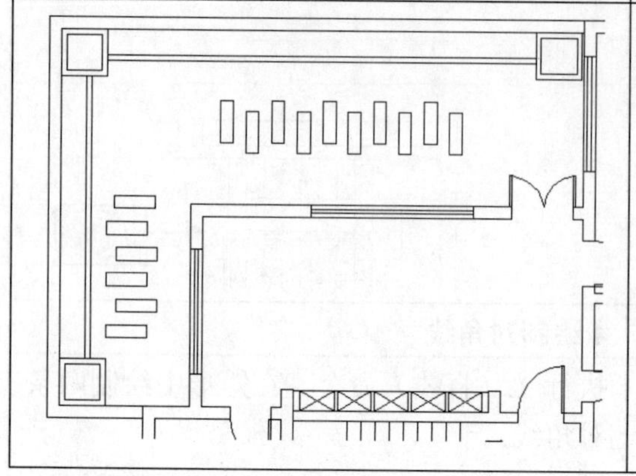

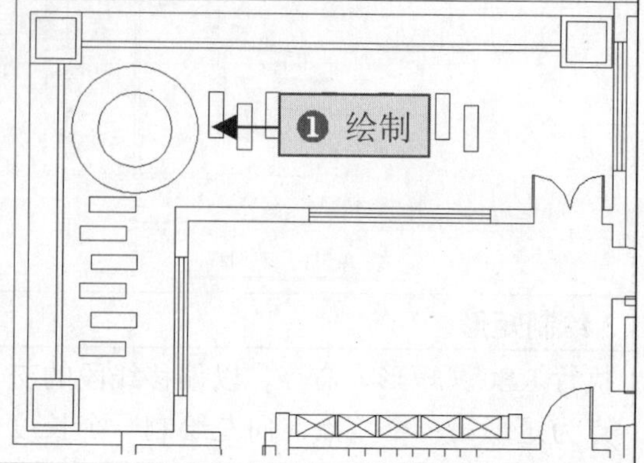

<table>
<tr><th>9 继续绘制并偏移圆形</th><th>10 填充地漏图形</th></tr>
<tr><td>❶执行 C（圆）命令，在屋顶花园左下方绘制一个半径为 200 的圆形。
❷执行 O（偏移）命令，将圆形向内偏移 50。</td><td>❶执行 H（图案填充）命令，在刚创建的圆形中指定填充的区域。
❷选择 ANSI31 图案。
❸设置图案比例为 300。</td></tr>
<tr><td>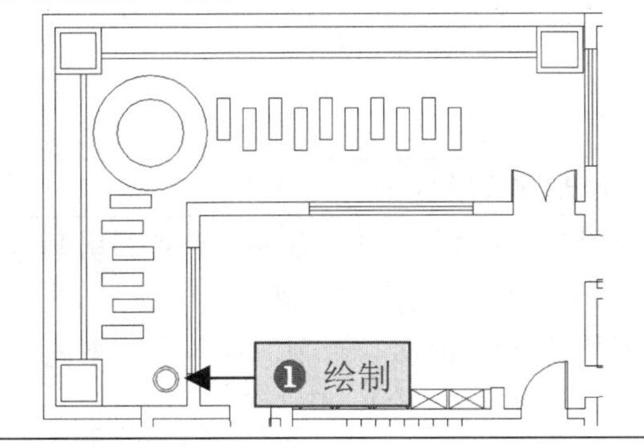
</td><td>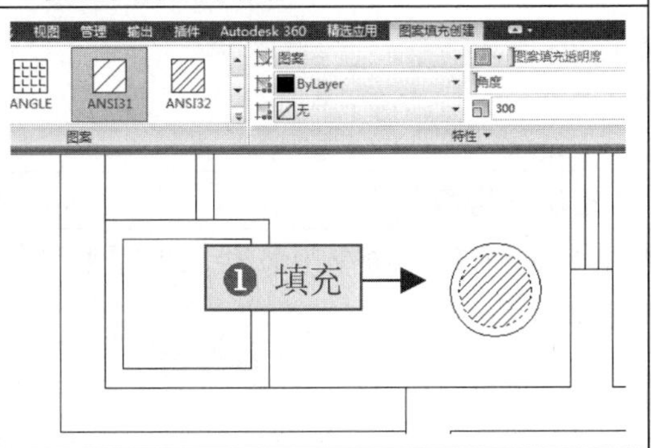
</td></tr>
<tr><th>11 复制平面素材</th><th>12 创建说明文字</th></tr>
<tr><td>将“平面图库.dwg”素材文件中的素材图形复制到三楼对应的位置，并适当调整各个图形的位置和角度。</td><td>使用“多重引线”和“多行文字”命令对三楼房间功能和地面材质进行文字注释。</td></tr>
<tr><td>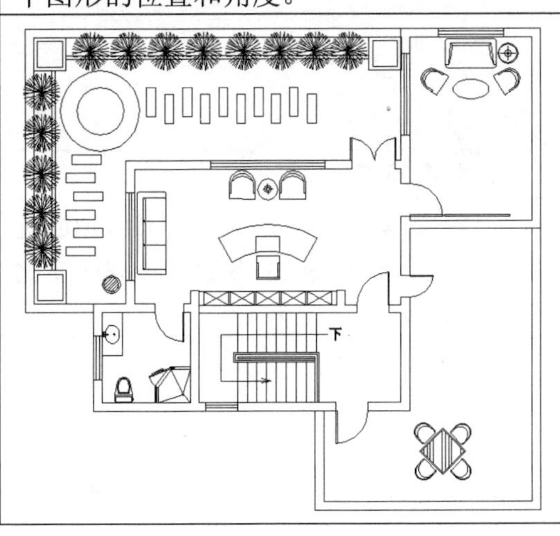
</td><td>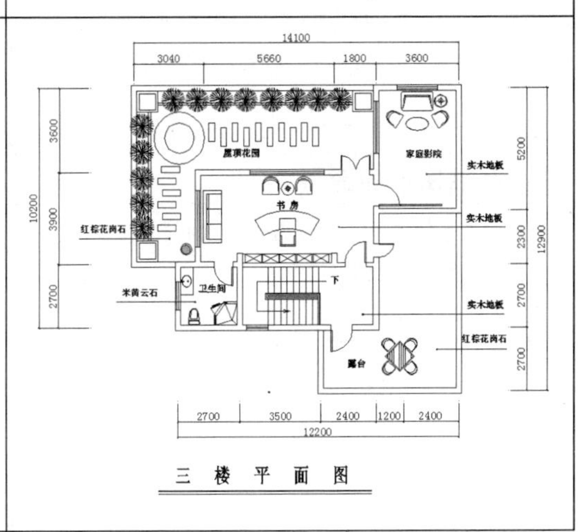
</td></tr>
</table>

7.4.2　绘制三楼天花图

1 修改三楼天花结构	2 绘制门洞连接线
❶使用 CO（复制）命令复制三楼平面图。❷使用 E（删除）命令将多余的室内图形和文字删除。	执行 L（直线）命令，通过捕捉各个房间的门洞端点，绘制直线连接各个门洞。

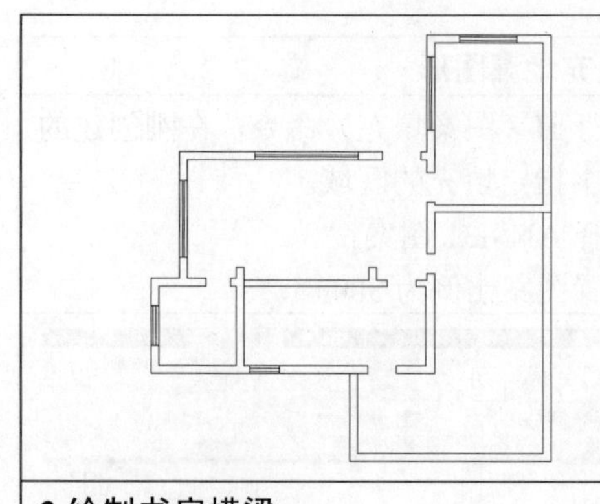	
3 绘制书房横梁	**4 绘制和偏移矩形**
使用 L（直线）命令在书房中绘制两条横梁。	❶执行 REC（矩形）命令，沿着书房两方的矩形框各绘制一个矩形。 ❷执行 O（偏移）命令，将各个矩形向内依次偏移 40、100、40。
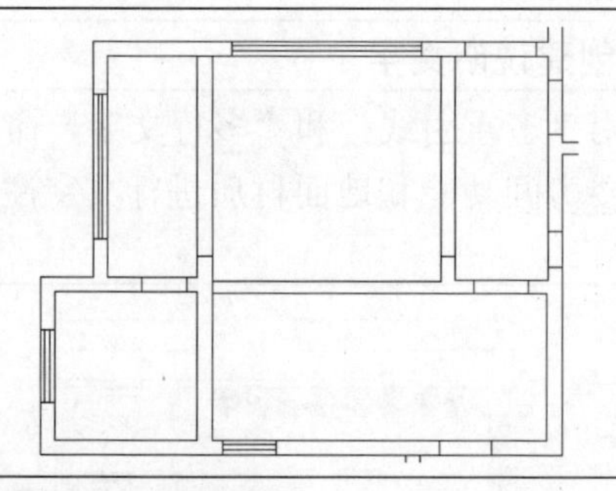	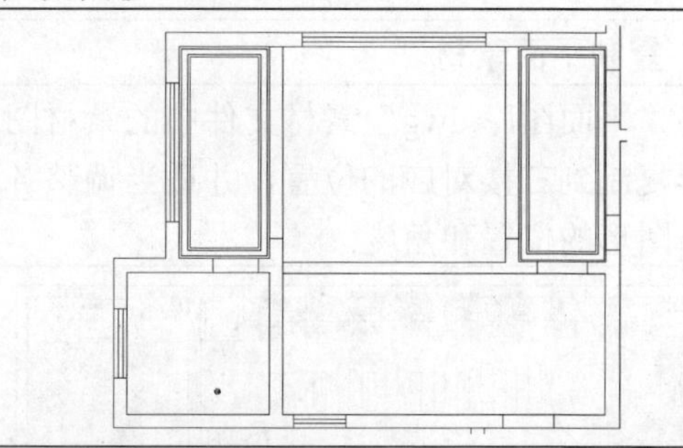
5 绘制书房顶面造型	**6 填充书房顶面**
使用 O（偏移）和 EX（延伸）命令绘制书房顶面的造型。	执行 H（图案填充）命令，对书房顶面进行填充。选择 ANSI32 图案，设置图案比例为 500、填充角度为 135。
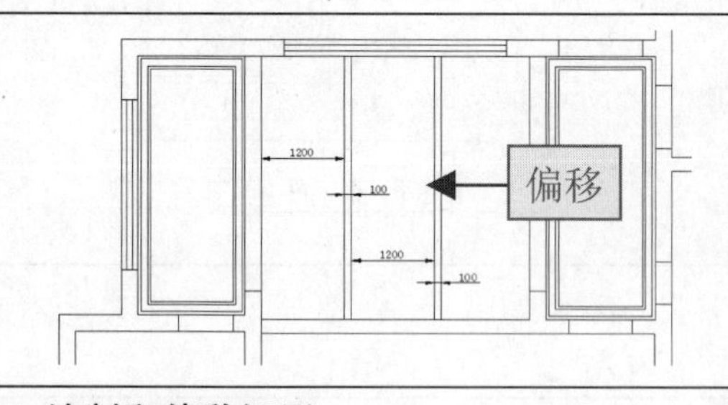	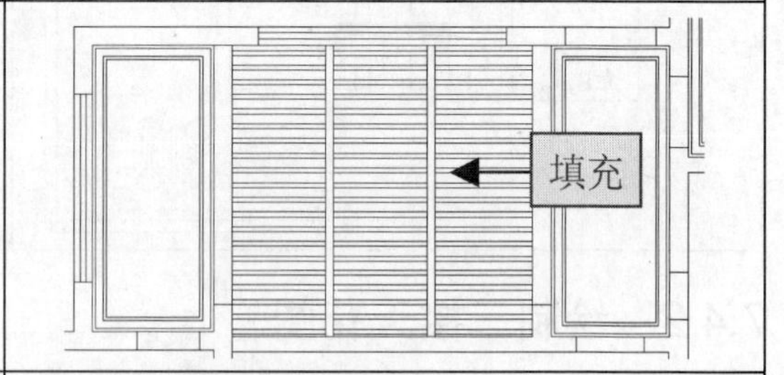
7 绘制和偏移矩形	**8 填充卫生间顶面图案**
❶执行 REC（矩形）命令，在梯楼间和家庭影院中沿着墙体边缘各绘制一个矩形。 ❷执行 O（偏移）命令，将梯楼间中的矩形向内依次偏移 600、40、100、40；将家庭影院中的矩形向内依次偏移 40、100、40。	执行 H（图案填充）命令，对卫生间顶面进行填充。选择 ANSI32 图案，设置图案比例为 300、填充角度为 135。

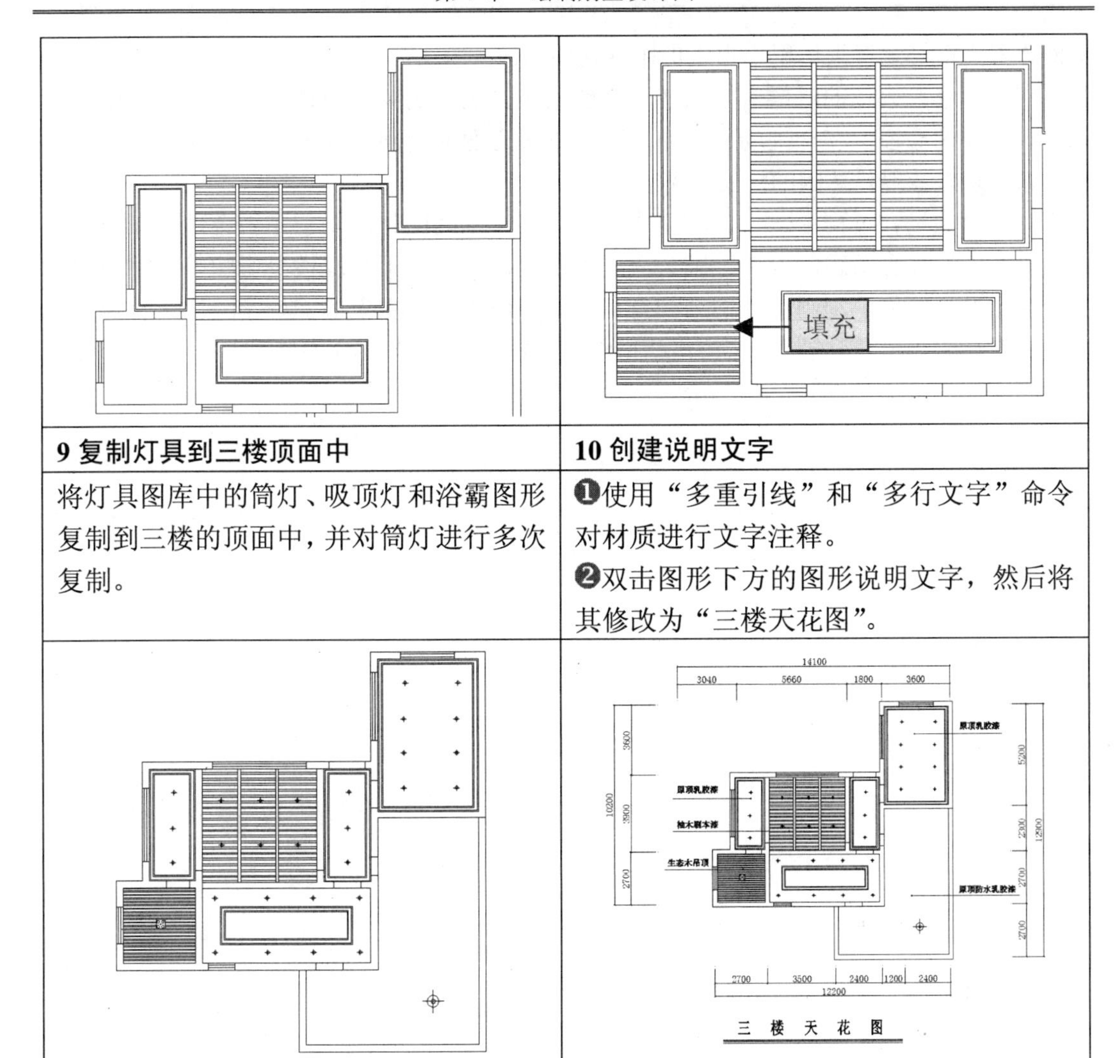

9 复制灯具到三楼顶面中	**10 创建说明文字**
将灯具图库中的筒灯、吸顶灯和浴霸图形复制到三楼的顶面中，并对筒灯进行多次复制。	❶使用“多重引线”和“多行文字”命令对材质进行文字注释。 ❷双击图形下方的图形说明文字，然后将其修改为“三楼天花图”。

7.5　设计深度分析

别墅每个空间的划分相较于一般空间的划分，其注重的点也不相同。大宅别墅的空间衔接过渡更多的是体现主人居住的品味与感受，而非实用功能性为主。但是会客厅及娱乐空间数量及分布层面较多，应注意动静区域的相对独立，互不干扰。

在满足一般的空间功能外，别墅装修中对空间的划分更多的是体现主人对居室环境的品味要求，这就要求设计师必须与业主有一个深入的沟通，通过各个方面来发现主人内心的一些真实想法，在此基础上才能通过装修设计方案透彻地表现出来。

别墅由于面积较大、房间较多，家庭辅助人员的通道、入口及居住应与整体空间相协调。如果建筑设计上没有相应考虑，则可于装修过程中加以调整。

别墅装修设计要在考虑和谐融于整体外界环境的同时，再加入主人个性化的要素。在装修设计上，可以选择种植一些主人比较偏爱的观赏性庭院植物，或者加入水景设计、室外休闲桌椅等元素来体现出主人的个性化要素。

别墅装修在设计的时候一定构建合理的架构。局部的细节设计是显示主人个性、优雅生活情趣的象征。在合理的平面布局下着重于立面的表现，注重使用玻璃、石材及质感、涂料来营造现代休闲的居室环境。

在别墅的设计过程中，设计师首先应考虑整个空间的使用功能是否合理，在这个基础之上去创造优雅新颖的设计，因为有些别墅装修格局的不合理性会影响整个空间的使用。合理设计墙体，利用墙体的结构有利于更好地描述出主人的美好家园。尤其是在别墅中最常见的斜顶、柱子等结构的应用上更能体现出别墅的与众不同。

第 8 章　绘制室内水电图

学习目标

在室内装修过程中，电路与给排水设计可以为施工人员提供水电施工的依据，从而使装修工作更为顺利，也利于以后对室内的水电进行检查和维修。

本章将学习室内电路与给排水图的绘制方法。首先学习水电图的基础知识，然后根据设计理论绘制室内电路与给排水图。

效果展示

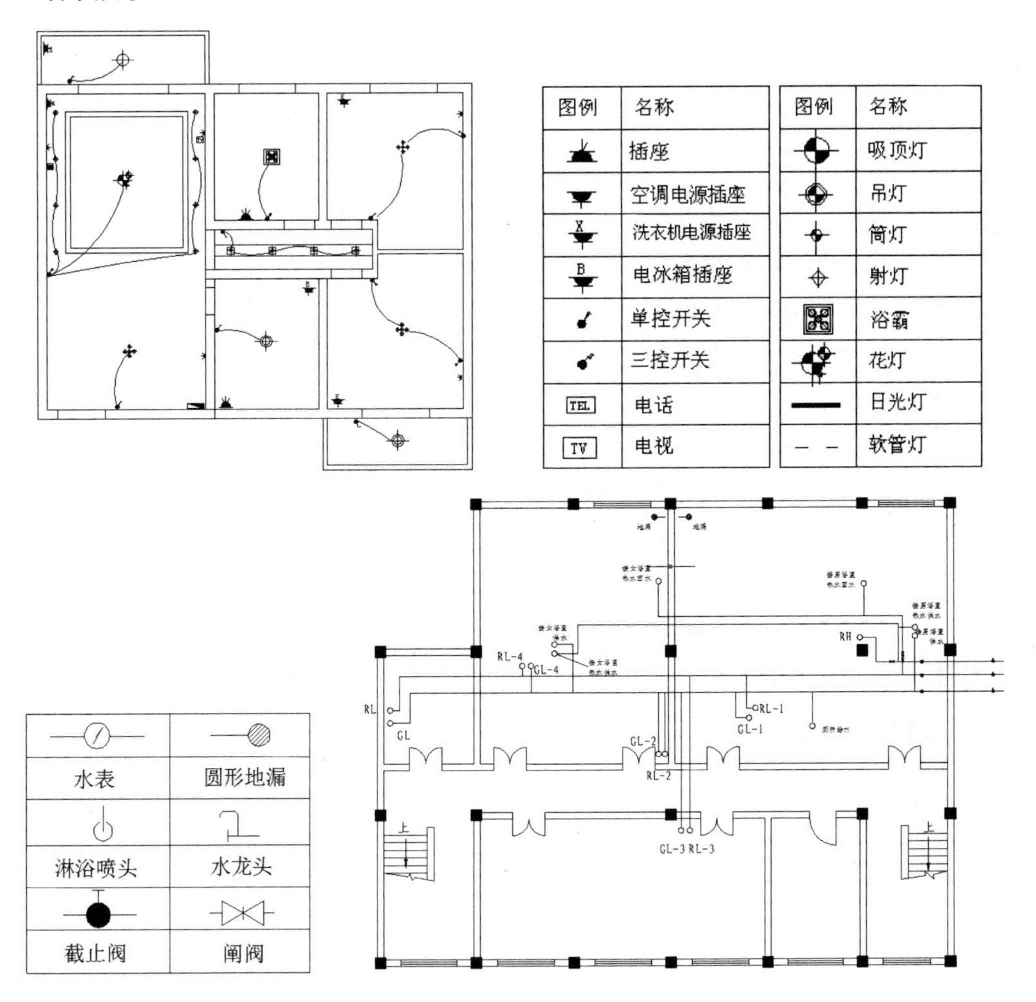

8.1　室内水电图设计基础

在绘制室内水电图之前，首先需要掌握水电图的一些基本知识，例如，电路符号和给排水图符号的认识。

8.1.1　电路图基本知识

在本节学习中，将介绍电路图的基本知识，包括电路符号和电路元件图例的认识。

1. 认识电路符号

在电路图的表现中，电路的图形符号通常包括一般符号、符号要素、限定符号和方框符号 4 种。

- 一般符号　一般符号用来表示一类产品或此类产品特征的简单符号，常见的一般符号包括电容、电阻和电感等，如下图所示。

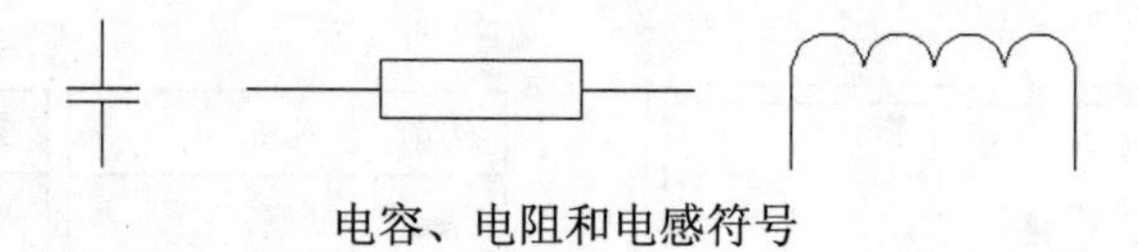

电容、电阻和电感符号

- 符号要素　符号要素是一种具有确定意义的简单图形，必须同其他图形组合构成一个设备或概念的完整符号。符号要素通常不能单独使用，需要按照一定方式组合起来才能构成完整的符号，不同的组合可以构成不同的符号。
- 限定符号　限定符号是指一种用以提供附加信息的加在其他符号上的符号。限定符号只用于说明某些特征、功能和作用等，不表示独立的设备、器件和元件。限定符号一般不单独使用，通常与一般符号加在一起，得到不同的专用符号。例如，给开关的一般符号加上相应的限定符号可得到隔离开关、断路器、接触器、按键开关、转换开关等。
- 方框符号　方框符号用以表示元件、设备等的组合及其功能，不给出元件、设备的细节，不考虑所有这些连接的简单图形符号。方框符号通常在系统图和框图中使用较多。

2. 认识电路元件

在绘制电路施工图时，所有的电路元件均用规定的图例来表示其类型和平面位置，其大小可以根据实际情况适当改变和变换角度，需要配合天花图的设计，常用电路元件的图例如下页图所示。

图例	名称	图例	名称
	插座		吸顶灯
	空调电源插座		吊灯
X	洗衣机电源插座		筒灯
B	电冰箱插座		射灯
	单控开关		浴霸
	三控开关		花灯
TEL	电话		日光灯
TV	电视	— —	软管灯

电路元件图例

8.1.2　给排水基本知识

室内给排水图是在建筑施工图基础上绘出的室内给排水的分布图。在给排水图中需要标出进水管、出水管、地漏等位置。在绘制室内给排水图时，会用到许多给排水元件图形。下图所示为一些常用的给排水元件图形。

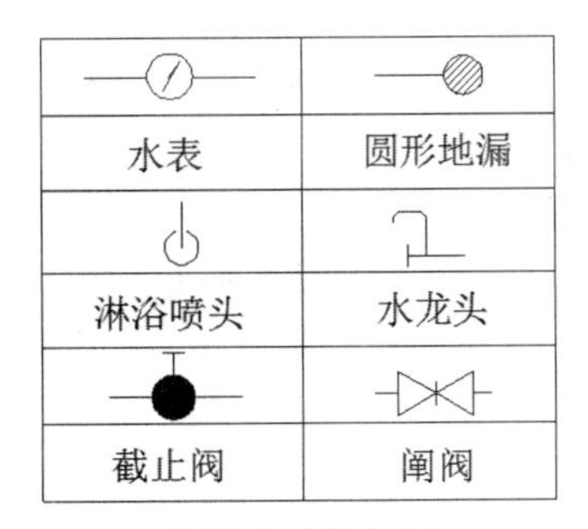

水表	圆形地漏
淋浴喷头	水龙头
截止阀	闸阀

给排水元件图例

8.2　绘制室内电路图

文件路径	案例效果
实例： 随书光盘\实例\第 8 章	
素材路径： 随书光盘\素材\第 8 章	
教学视频路径： 随书光盘\视频教学\第 8 章	

设计思路与流程

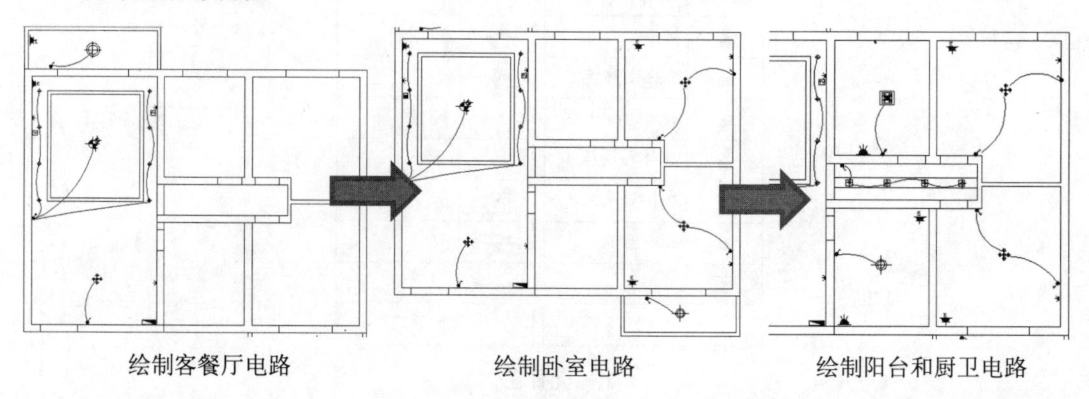

绘制客餐厅电路　　　　绘制卧室电路　　　　绘制阳台和厨卫电路

制作关键点

本例的关键点是进行电路元件的排布和线路的连接绘制。

- 排布电路元件　排布电路元件时，要根据各房间的功能充分考虑需要的开关、插座和灯具对象，针对多种灯光组合的灯具对象，需要安装多控开关进行灯具控制。
- 电路线的连接绘制　电路线主要是用来绘制灯具和开关之间的连接，在电路图中，通常以圆弧效果连接灯具和开关之间的线路。

8.2.1　绘制客餐厅电路图

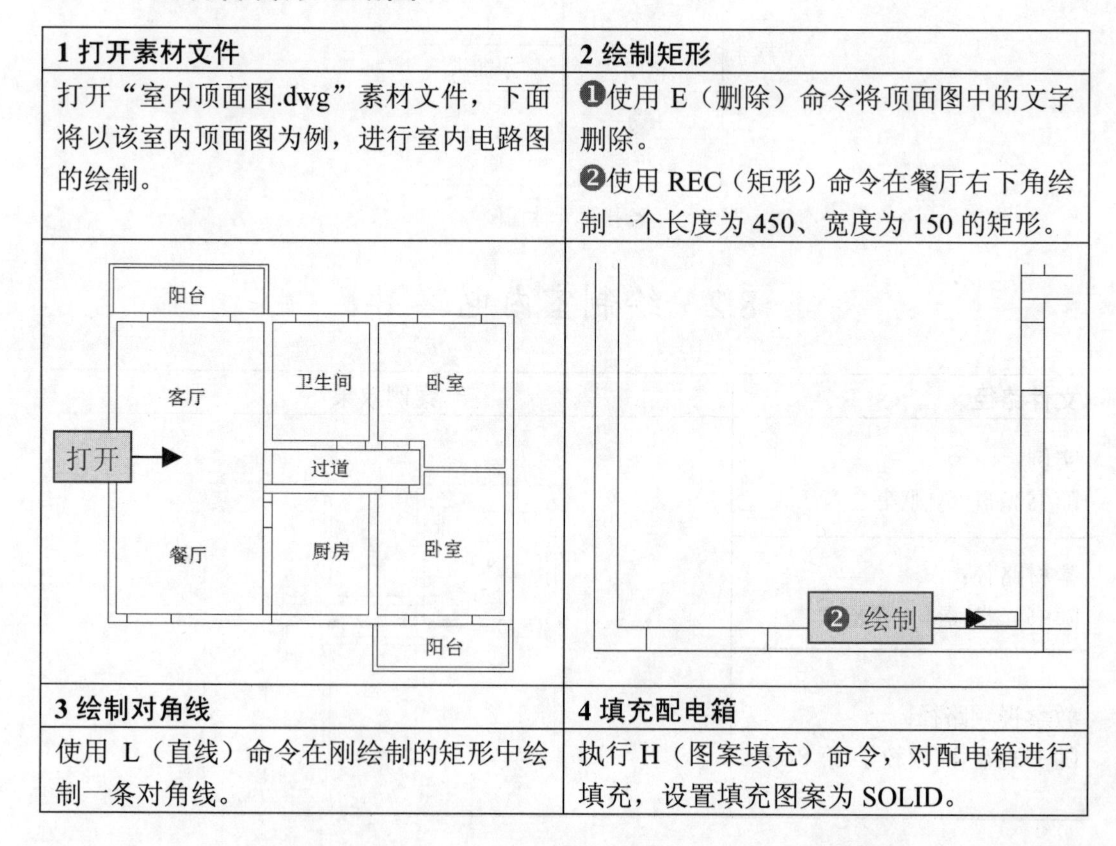

1 打开素材文件	2 绘制矩形
打开“室内顶面图.dwg”素材文件，下面将以该室内顶面图为例，进行室内电路图的绘制。	❶使用 E（删除）命令将顶面图中的文字删除。 ❷使用 REC（矩形）命令在餐厅右下角绘制一个长度为 450、宽度为 150 的矩形。
3 绘制对角线	**4 填充配电箱**
使用 L（直线）命令在刚绘制的矩形中绘制一条对角线。	执行 H（图案填充）命令，对配电箱进行填充，设置填充图案为 SOLID。

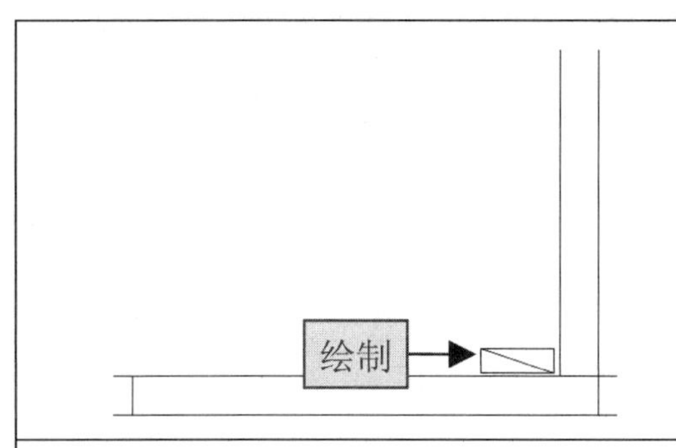

5 绘制矩形

使用 REC（矩形）命令在客厅中绘制一个长度为 3000、宽度为 3400 的矩形。

6 偏移矩形

执行 O（偏移）命令，设置偏移距离为 120，将绘制的矩形向内偏移一次。

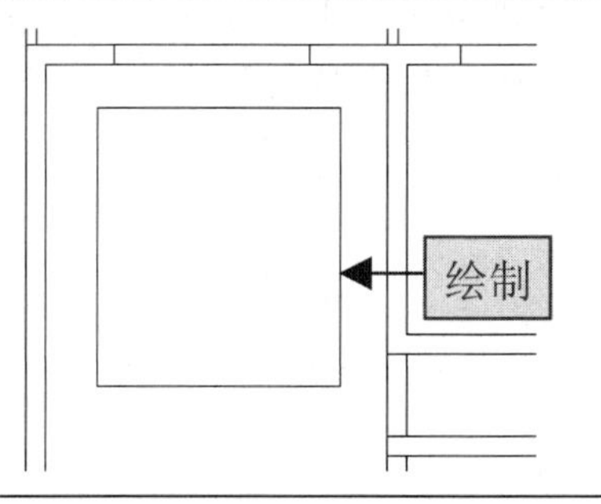

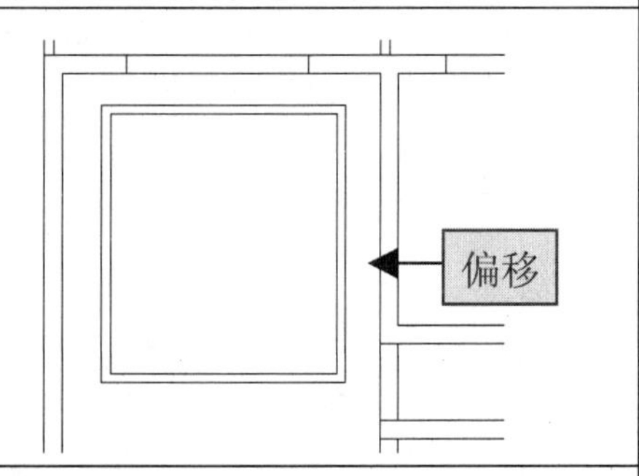

7 复制电路元件图例

打开“电路元件.dwg”素材文件，将电路图例复制到当前文件中。

8 绘制插座图形

使用 CO（复制）命令将图例中的电视插座、空调插座、电话插座、洗衣机插座等插座图形复制到客餐厅和客厅阳台中。

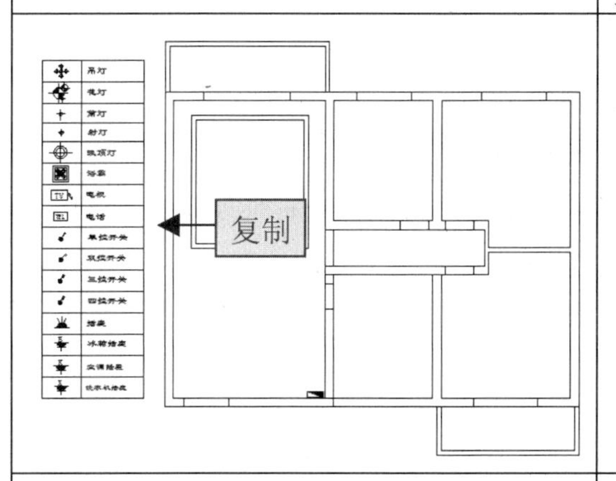

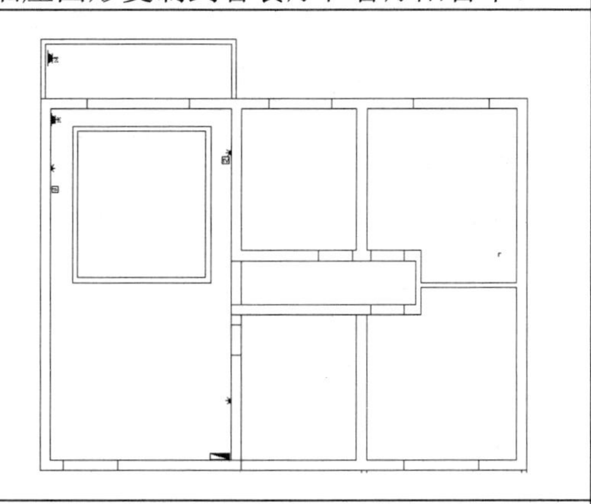

9 绘制灯具图形

使用 CO（复制）命令，将图例中的吊灯、花灯、射灯和吸顶灯复制到客餐厅和客厅阳台的天花中，客厅中的射灯间距约为 1200。

10 绘制开关图形

使用 CO（复制）命令将图例中的单控开关复制到进门和阳台处，将三控开关复制到客厅左方的墙体处。

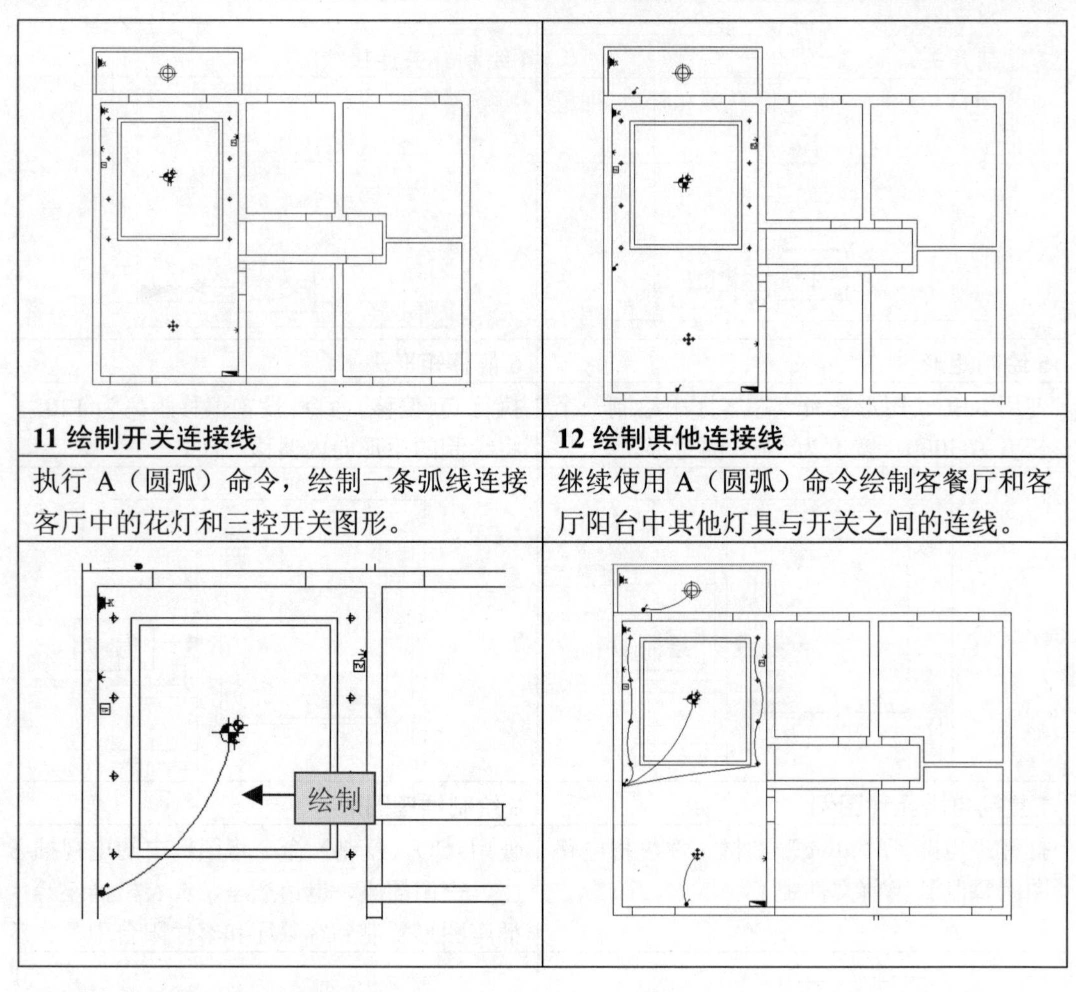

11 绘制开关连接线

执行 A（圆弧）命令，绘制一条弧线连接客厅中的花灯和三控开关图形。

12 绘制其他连接线

继续使用 A（圆弧）命令绘制客餐厅和客厅阳台中其他灯具与开关之间的连线。

8.2.2 绘制卧室电路图

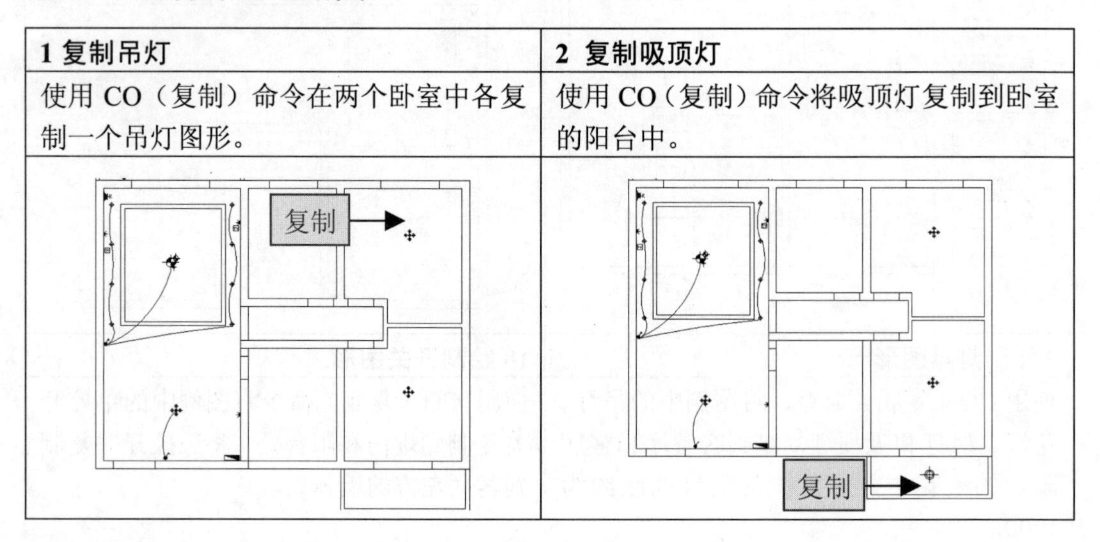

1 复制吊灯

使用 CO（复制）命令在两个卧室中各复制一个吊灯图形。

2 复制吸顶灯

使用 CO（复制）命令将吸顶灯复制到卧室的阳台中。

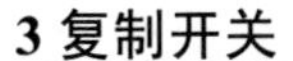

3 复制开关	**4 绘制开关连接线**
使用 CO（复制）命令将开关和插座图块复制到卧室和阳台中。	执行 A（圆弧）命令，绘制卧室和阳台中各个灯具与开关之间的连线。
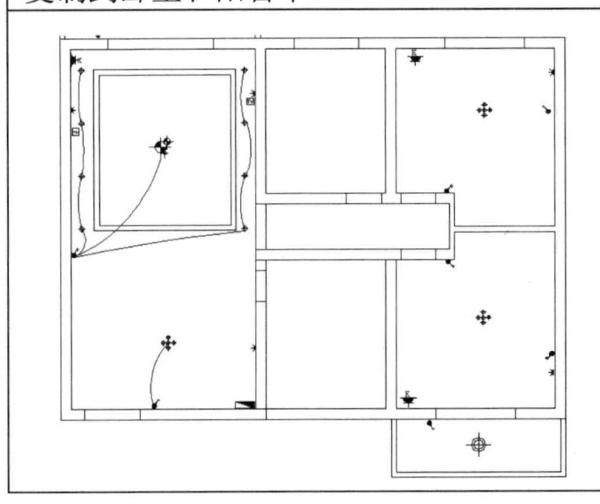	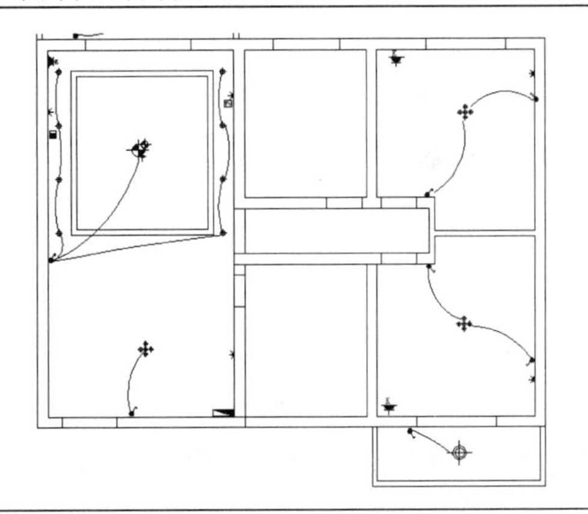

8.2.3　绘制过道电路图

1 绘制多线	**2 绘制矩形**
执行 ML（多线）命令，设置多线比例为 300，在过道中绘制一条水平多线。	使用 REC（矩形）命令绘制一个长度为 180 的正方形。
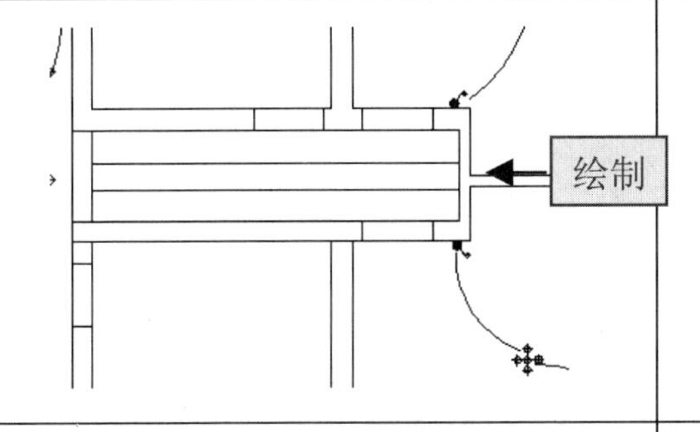	绘制
3 复制矩形	**4 复制筒灯**
使用 CO（复制）命令将矩形向右复制 3 次，复制的间距为 1100。	使用 CO（复制）命令将筒灯图形复制到过道的各个矩形中。

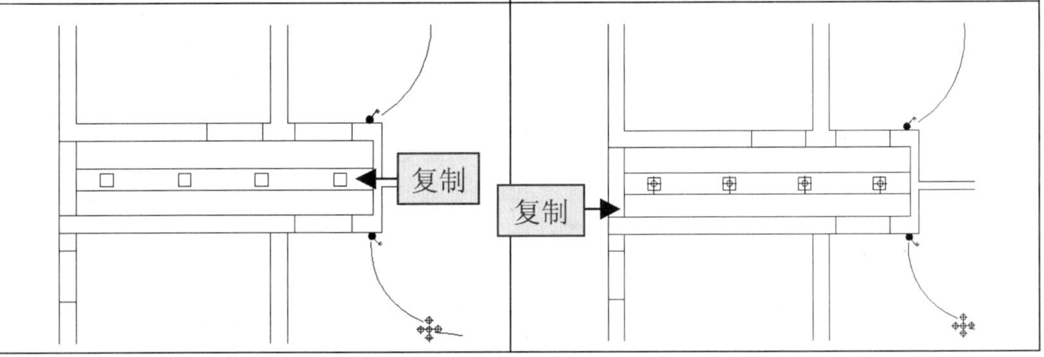

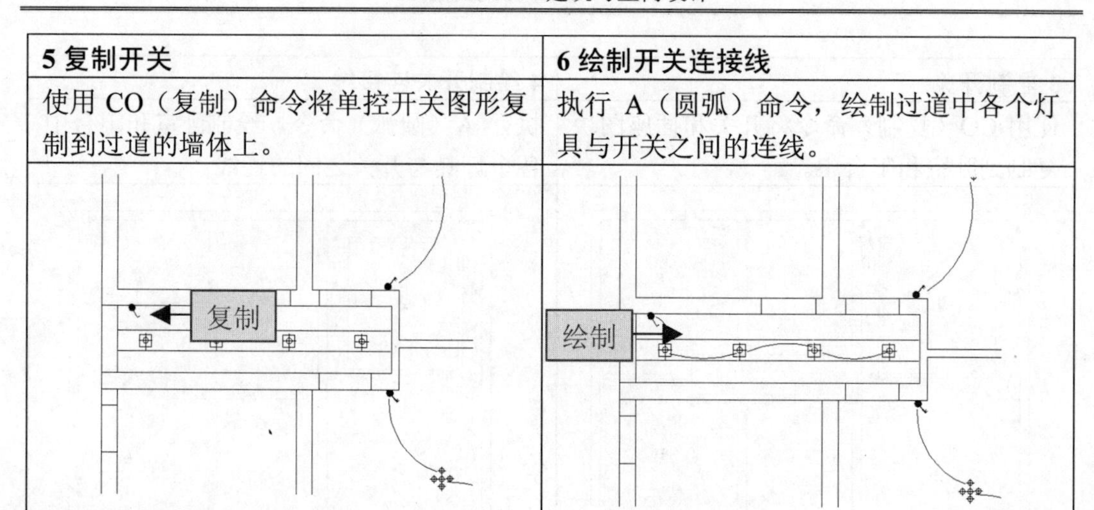

5 复制开关

使用 CO（复制）命令将单控开关图形复制到过道的墙体上。

6 绘制开关连接线

执行 A（圆弧）命令，绘制过道中各个灯具与开关之间的连线。

8.2.4 绘制厨卫电路图

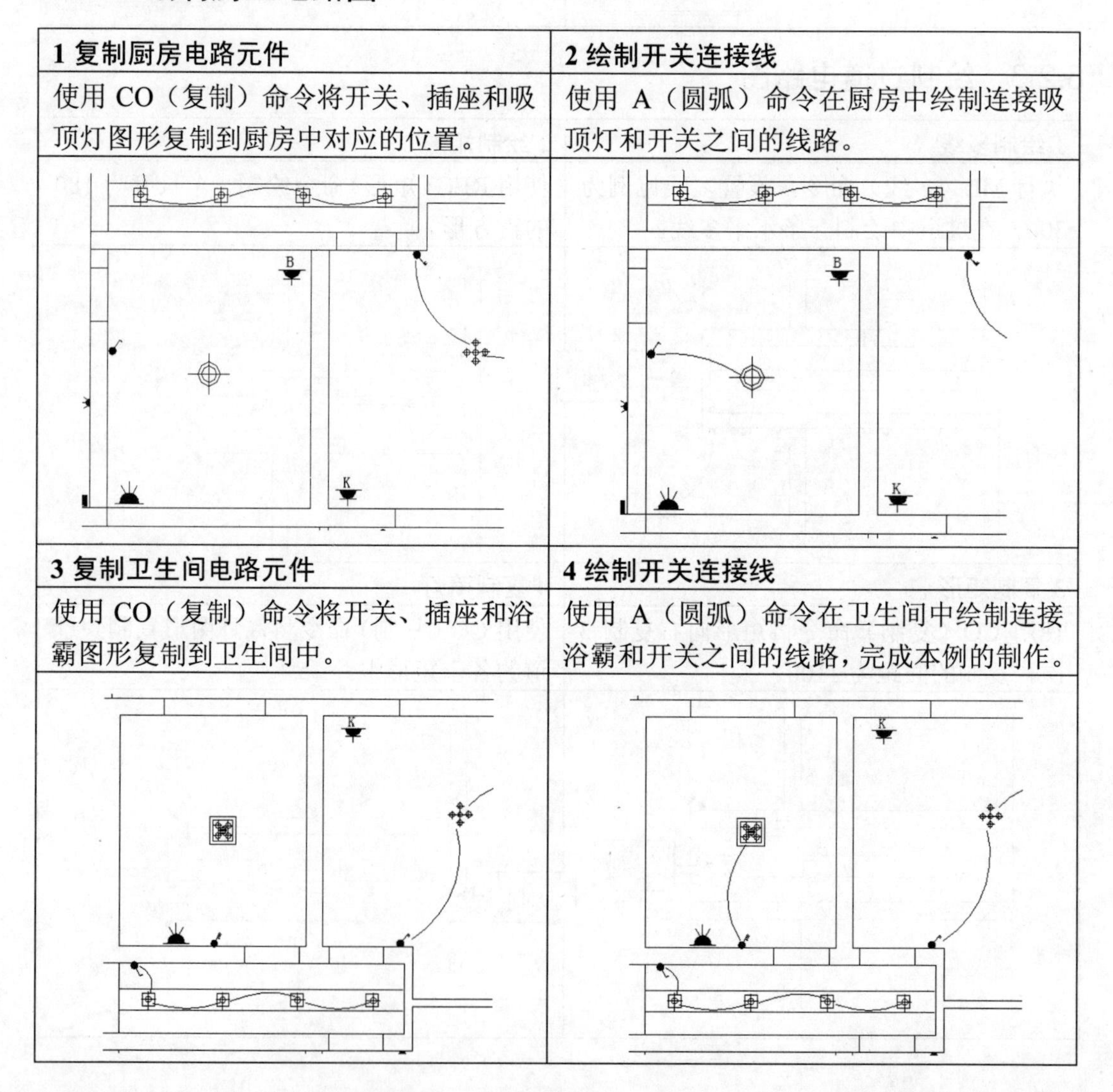

1 复制厨房电路元件

使用 CO（复制）命令将开关、插座和吸顶灯图形复制到厨房中对应的位置。

2 绘制开关连接线

使用 A（圆弧）命令在厨房中绘制连接吸顶灯和开关之间的线路。

3 复制卫生间电路元件

使用 CO（复制）命令将开关、插座和浴霸图形复制到卫生间中。

4 绘制开关连接线

使用 A（圆弧）命令在卫生间中绘制连接浴霸和开关之间的线路，完成本例的制作。

8.3　绘制室内给排水图

文件路径	案例效果
实例： 随书光盘\实例\第 8 章 素材路径： 随书光盘\素材\第 8 章 教学视频路径： 随书光盘\视频教学\第 8 章	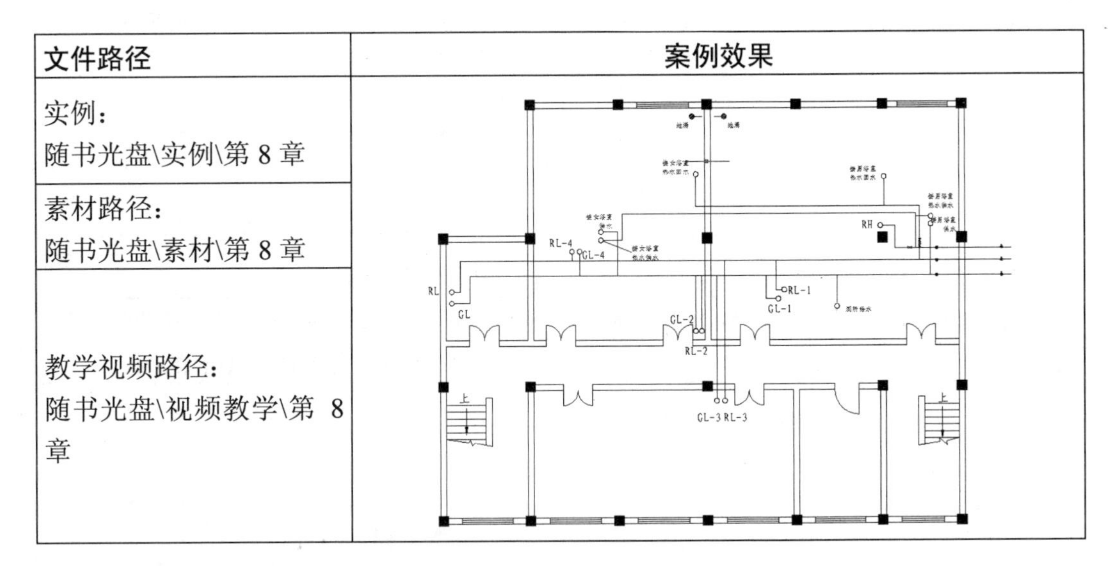

设计思路与流程

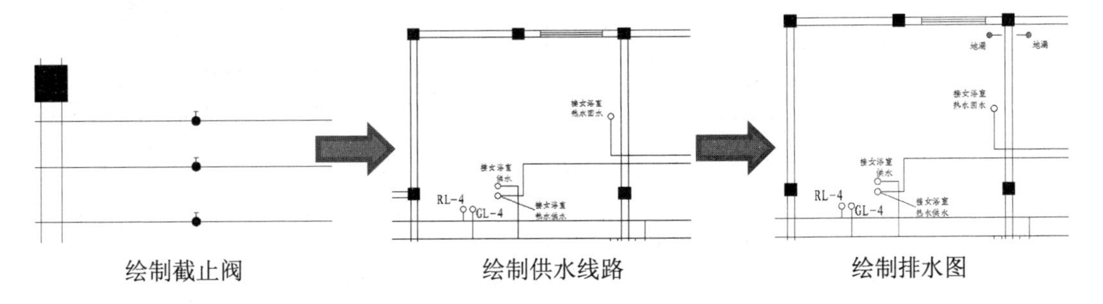

绘制截止阀　　绘制供水线路　　绘制排水图

制作关键点

本例的关键点是绘制室内供水线路和排水图。

- 绘制室内供水线路　绘制室内供水线路包括进入管、冷热水供水管及热水回水线路，在绘制供水线路时，还需要绘制截止阀和闸阀图形。
- 绘制排水图　室内排水主要通过地漏进行排水，绘制排水图就需要绘制地漏图形，可以使用“圆”和“图案填充”命令绘制地漏图形。

8.3.1　绘制室内给水图

1 打开素材文件	2 绘制进水管路
打开“给排水原始图.dwg”素材文件，以该平面图为例进行室内给排水图的绘制。	执行 PL（多段线）命令，绘制 3 条进水管路线。

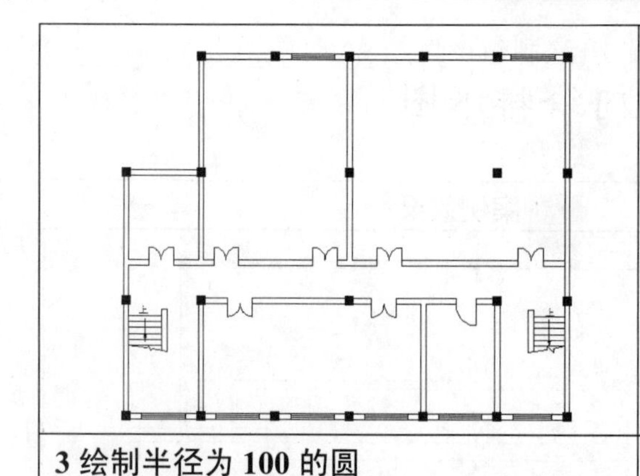

3 绘制半径为 100 的圆

执行 C（圆）命令，在第一条进水线的左端绘制一个半径为 100 的圆。

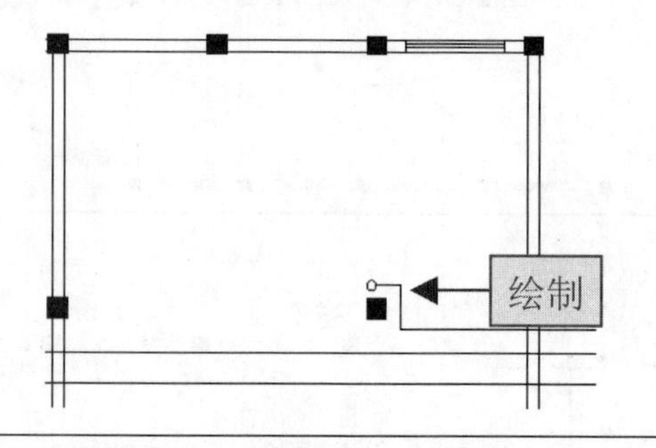

4 绘制另外两个圆

重复执行 C（圆）命令，在另外两进水线的左端各绘制一个半径为 100 的圆。

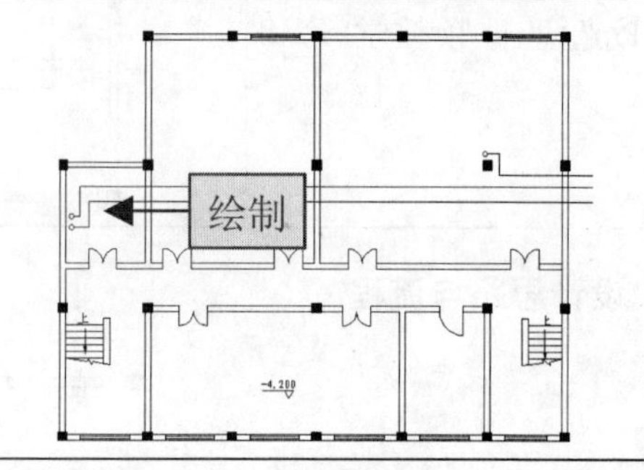

专业提示：在给排水图例中，GL 表示给水管，RL 表示热水给水管，RH 表示热水回水管。

5 绘制圆形

执行 C（圆）命令，在上方的进水管中绘制一个半径为 50 的圆。

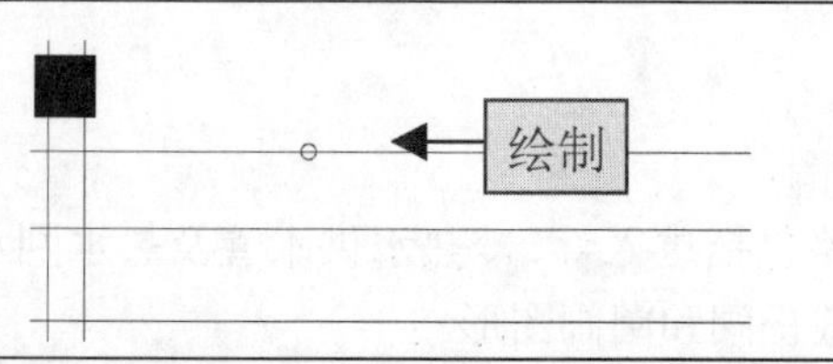

6 修剪线段

执行 TR（修剪）命令，以圆为边界，对上方的进水管线段进行修剪。

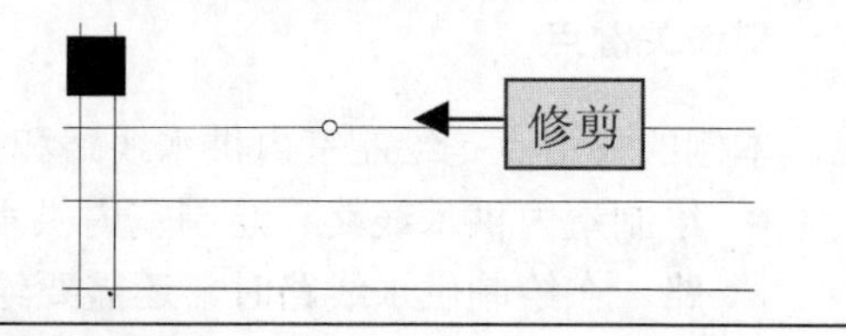

7 设置填充图案

执行 H（图案填充）命令，在打开的“图案填充创建”功能区中选择 SOLID 图案。

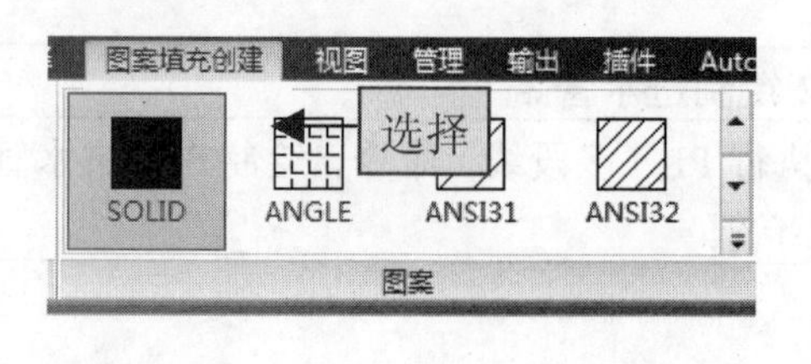

8 填充圆形

选择半径为 50 的圆形作为填充对象并确定。

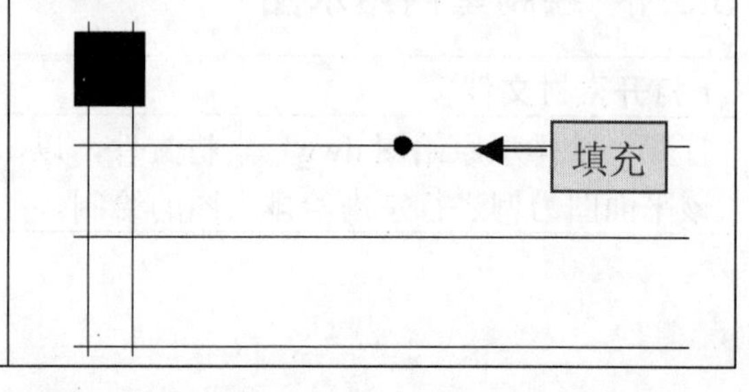

9 绘制线段

执行 L（直线）命令，在圆上方绘制一条水平线和一条垂直线作为截止阀。

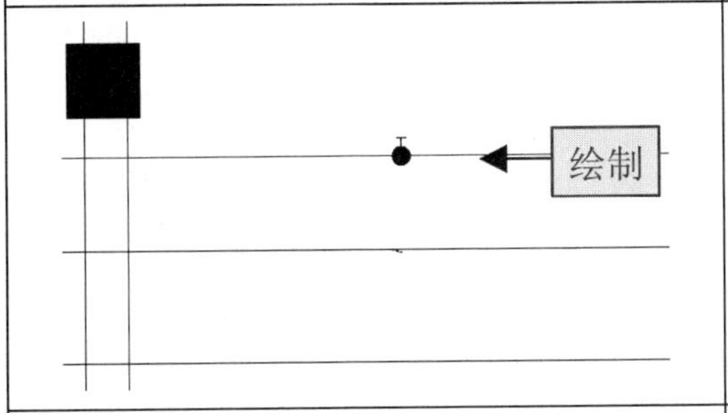

10 复制截止阀

执行 CO（复制）命令，对截止阀图形进行复制。

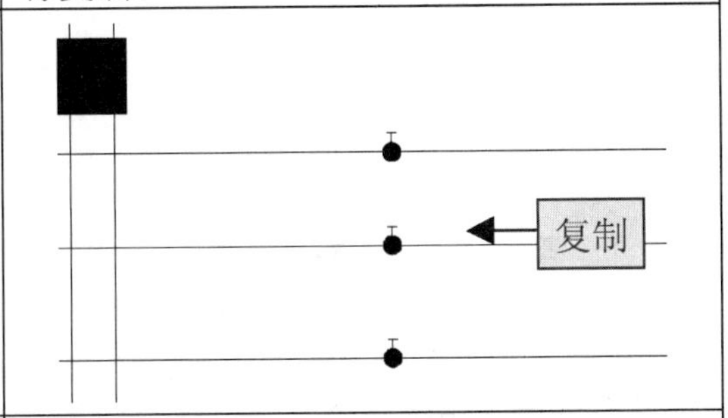

11 绘制圆形

执行 C（圆）命令，在上方进水管中绘制一个半径为 50 的圆。

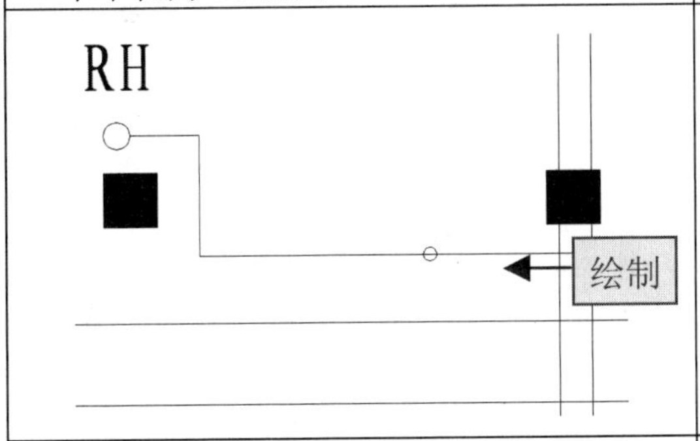

12 修剪线段

执行 TR（修剪）命令，以圆为边界，对上方的进水管线段进行修剪。

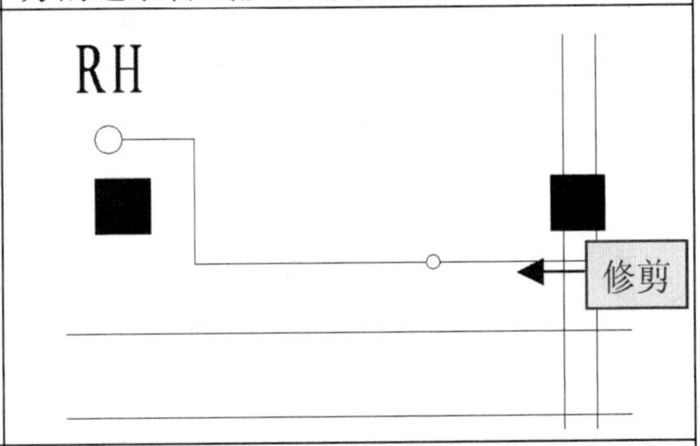

13 绘制进水指示图

执行 DT（单行文字）命令，在圆内创建 L 文字内容，设置文字的高度为 80，以此图形作为进水指示图。

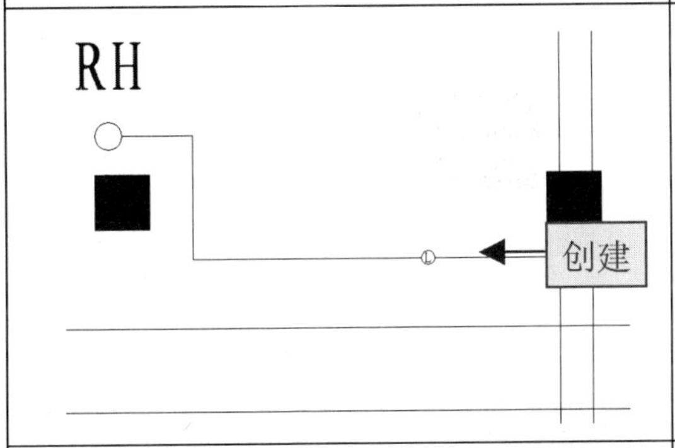

14 复制进水指示图

❶执行 CO（复制）命令，对进水指示图形进行复制。

❷使用 TR（修剪）命令对进水线路进行修剪。

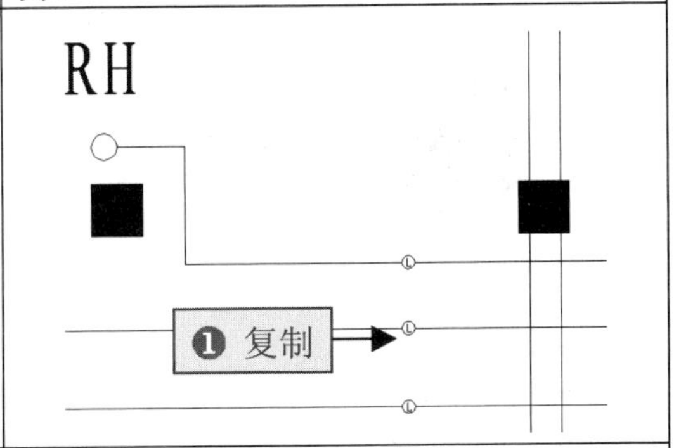

15 绘制给水线路

使用 L（直线）和 C（圆）命令绘制给水线路。

16 创建文字注释

执行 DT（单行文字）命令，创建“接男浴室供水”文字内容，设置文字高度为 200。

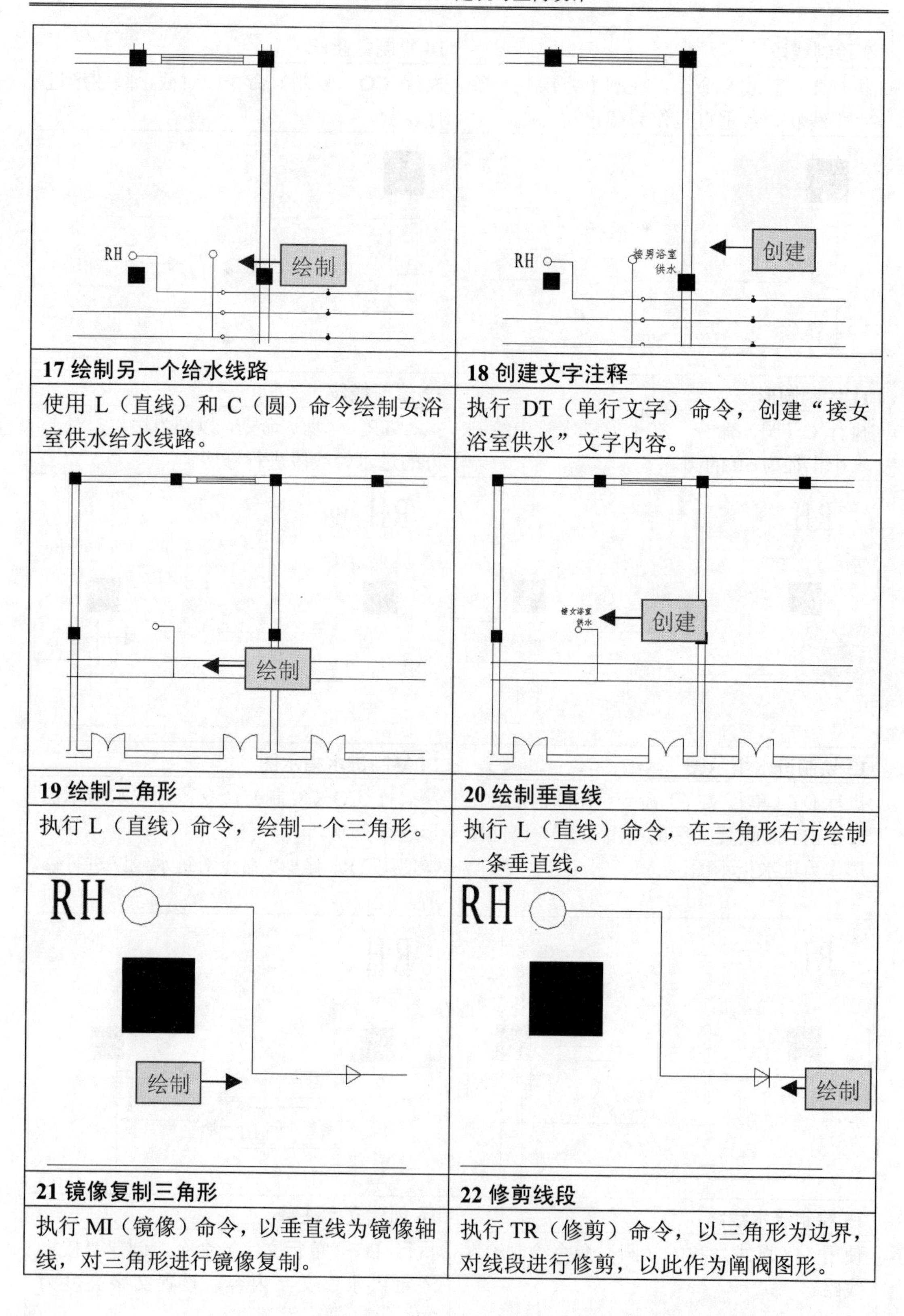

17 绘制另一个给水线路

使用 L（直线）和 C（圆）命令绘制女浴室供水给水线路。

18 创建文字注释

执行 DT（单行文字）命令，创建“接女浴室供水”文字内容。

19 绘制三角形

执行 L（直线）命令，绘制一个三角形。

20 绘制垂直线

执行 L（直线）命令，在三角形右方绘制一条垂直线。

21 镜像复制三角形

执行 MI（镜像）命令，以垂直线为镜像轴线，对三角形进行镜像复制。

22 修剪线段

执行 TR（修剪）命令，以三角形为边界，对线段进行修剪，以此作为闸阀图形。

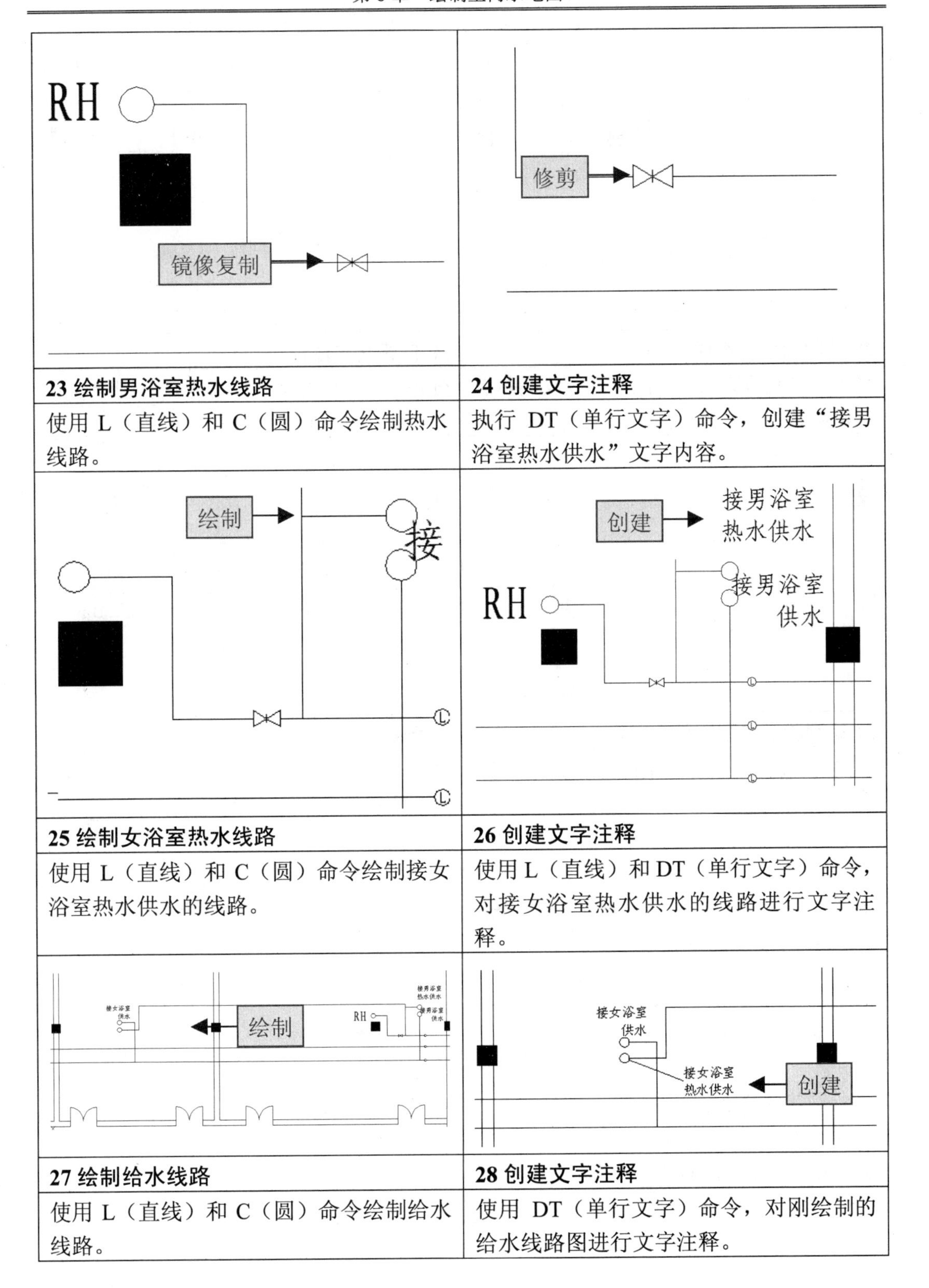

23 绘制男浴室热水线路

使用 L（直线）和 C（圆）命令绘制热水线路。

24 创建文字注释

执行 DT（单行文字）命令，创建“接男浴室热水供水”文字内容。

25 绘制女浴室热水线路

使用 L（直线）和 C（圆）命令绘制接女浴室热水供水的线路。

26 创建文字注释

使用 L（直线）和 DT（单行文字）命令，对接女浴室热水供水的线路进行文字注释。

27 绘制给水线路

使用 L（直线）和 C（圆）命令绘制给水线路。

28 创建文字注释

使用 DT（单行文字）命令，对刚绘制的给水线路图进行文字注释。

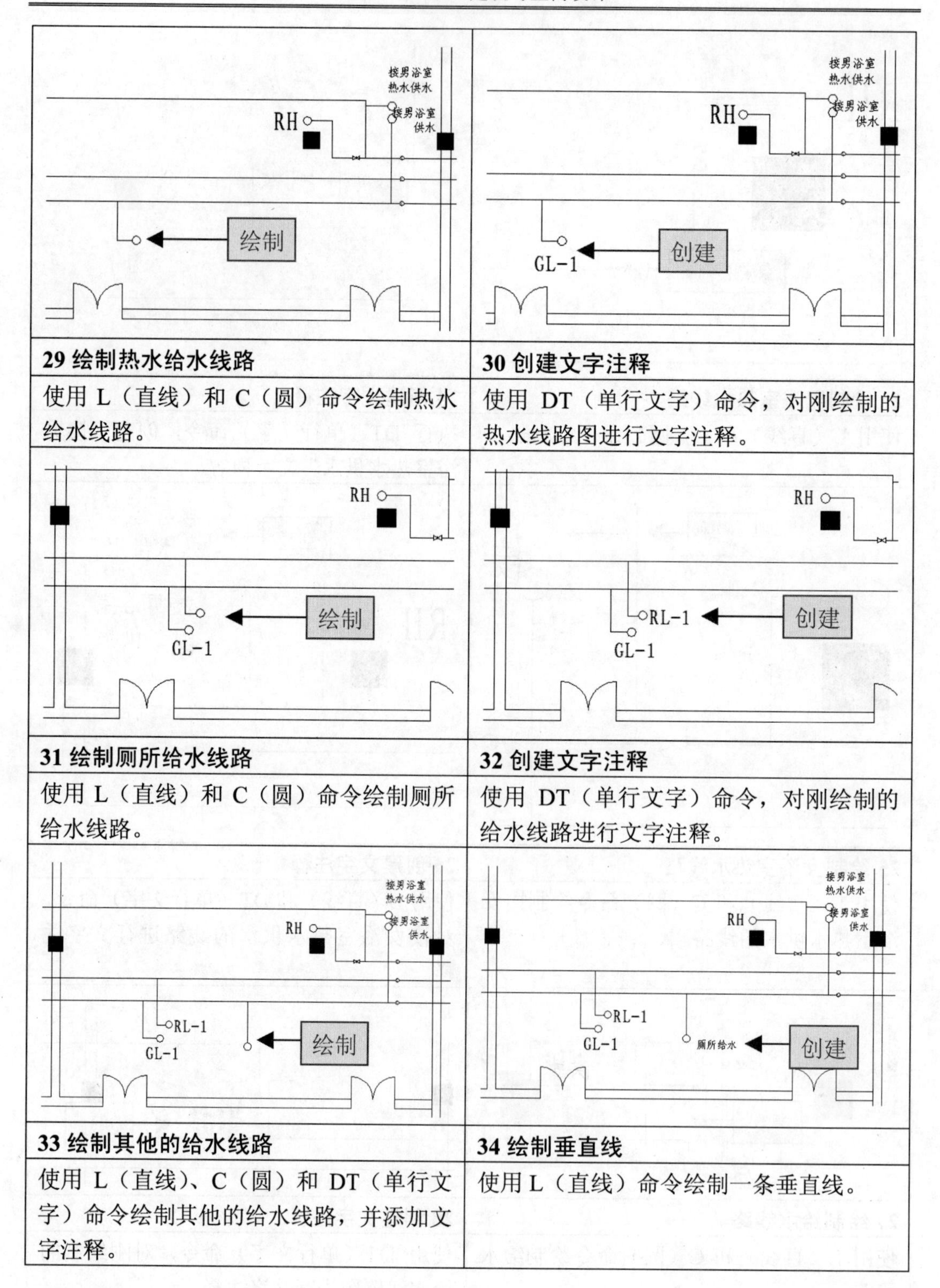

29 绘制热水给水线路

使用 L（直线）和 C（圆）命令绘制热水给水线路。

30 创建文字注释

使用 DT（单行文字）命令，对刚绘制的热水线路图进行文字注释。

31 绘制厕所给水线路

使用 L（直线）和 C（圆）命令绘制厕所给水线路。

32 创建文字注释

使用 DT（单行文字）命令，对刚绘制的给水线路进行文字注释。

33 绘制其他的给水线路

使用 L（直线）、C（圆）和 DT（单行文字）命令绘制其他的给水线路，并添加文字注释。

34 绘制垂直线

使用 L（直线）命令绘制一条垂直线。

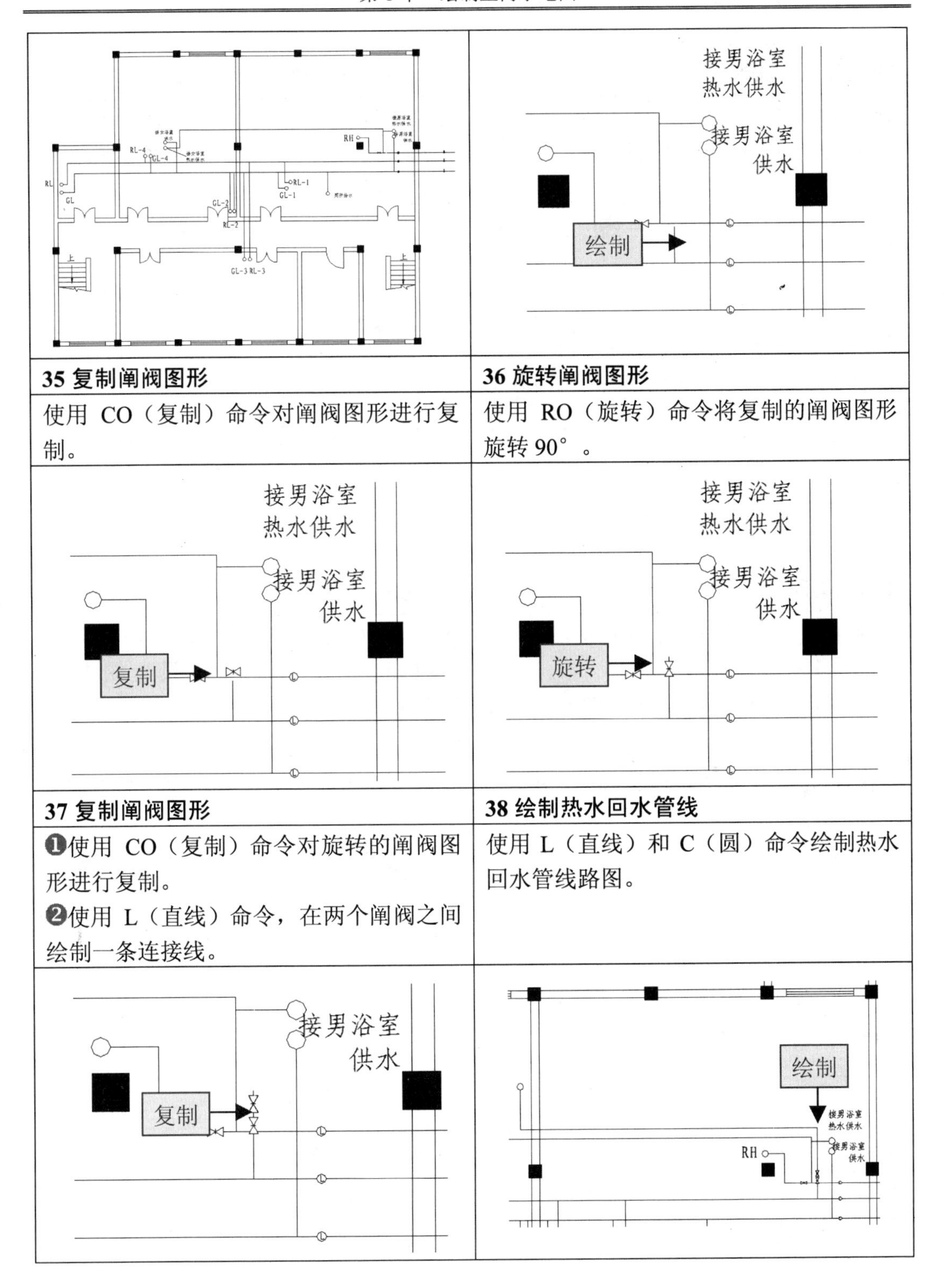

35 复制闸阀图形

使用 CO（复制）命令对闸阀图形进行复制。

36 旋转闸阀图形

使用 RO（旋转）命令将复制的闸阀图形旋转 90°。

37 复制闸阀图形

❶使用 CO（复制）命令对旋转的闸阀图形进行复制。

❷使用 L（直线）命令，在两个闸阀之间绘制一条连接线。

38 绘制热水回水管线

使用 L（直线）和 C（圆）命令绘制热水回水管线路图。

39 创建文字注释

使用 DT（单行文字）命令，对刚绘制的热水回水管线路进行文字注释。

40 绘制另一个热水回水管线

使用 L（直线）、C（圆）和 DT（单行文字）命令绘制接男浴室热水回水管线路图，并对线路进行文字注释。

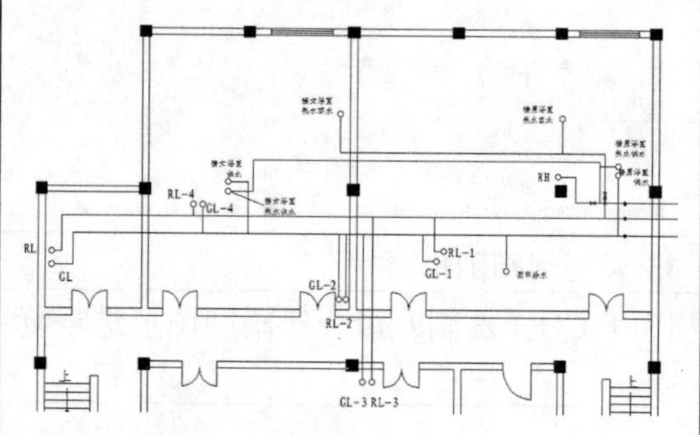

8.3.2 绘制室内排水图

1 绘制圆形

❶执行 C（圆）命令，在右上角绘制一个半径为 100 的圆。

❷执行 L（直线）命令，在圆的右方绘制一条直线。

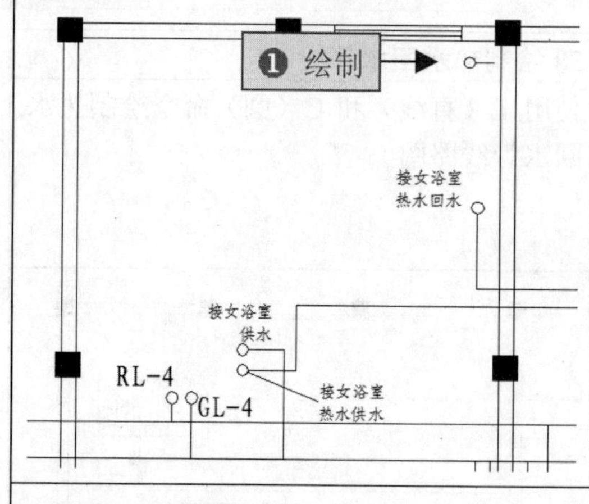

2 填充圆形

❶执行 H（图案填充）命令，在打开的“图案填充创建”功能区中设置图案为 ANSI31、比例为 5。

❷对绘制的圆进行填充。

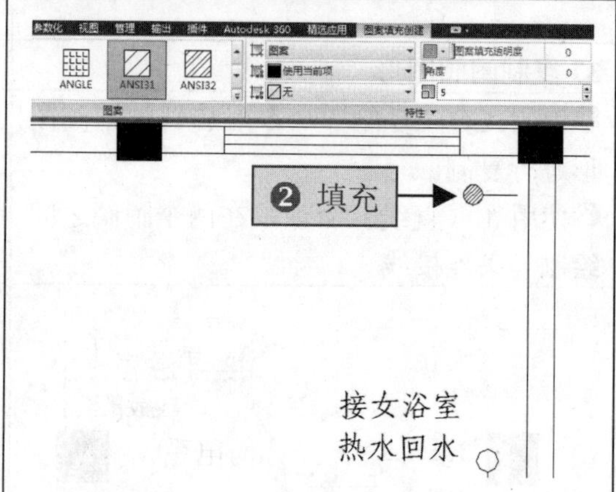

3 创建文字注释

使用 DT（单行文字）命令，对刚绘制的地漏图形进行文字注释。

4 镜像复制地漏和文字

执行 MI（镜像）命令，对地漏和文字进行镜像复制，完成本例的制作。

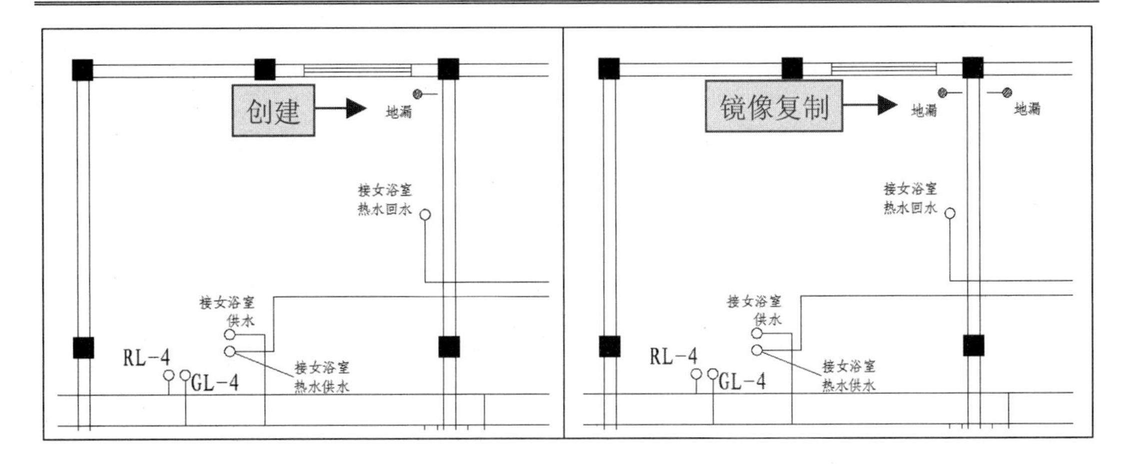

8.4　设计深度分析

在室内设计装修中，住宅通常只设一个照明电路，一般从用户装置引出，通往各个照明点，将各照明点串联在一起，直到最后一个照明点处结束。

布线一般都采用在墙上开槽埋线的办法。布线时要用暗管敷设，导线在管内不应有接头和扭结，不能把电线直接埋入抹灰层内，因为这样不仅不利于以后线路的更换，更不安全。在布线过程中，要遵循“火线进开关，零线进灯头”的原则；插座接线要做到“左零右火，接地在上”；在进行电线的连接时，不能只简单地用绝缘胶布把两根导线缠在一起，一定要在接头处刷上锡，并用钳子压紧，这样才能避免线路因过电量不均匀而导致老化。

在布线时还应慎重考虑插座数量的多少，如果插座数量偏少，用户不得不乱拉电线和接插座板，造成不安全隐患，因此对插座的数量要有超前的考虑，尽量减少住户以后对接线板的使用。在安装复杂电路前，应检查用户电表负荷，以保证用电安全，并根据要求绘制线路图，标明线路的走向和导线规格，以便日后出现故障时，查找方便。为确保用电安全，电线应选用 2.5 平方毫米以上的铜质绝缘电线或铜质塑料绝缘护套线，保险丝要使用铅丝，严禁使用铅芯电线或使用铜丝作保险丝。

电线数量不宜超过四根，在电器布线时，暗管铺设需采用 PVC 管，明线铺设必须使用 PVC 线槽，这样做可以确保隐蔽的线路不被破坏。在同一管内或同一线槽内，电线的数量不宜超过 4 根，而且弱电系统与电力照明线不能同管铺设，以避免使电视、电话的信号接收受到干扰。

做好的线路要注意及时保护，以免出现墙壁线路被电锤打断，铺装地板时气钉枪打穿 PVC 线管或护套线而引起的线路损伤。线路接头过多或处理不当是引起断路、短路的主要原因，如果墙壁的防潮处理不好，还会引起墙壁潮湿带电，所以铺设线路时要尽量减少接头，必要的接头要做好绝缘及防潮处理。